普通高等教育"十四五"规划教材

动物遗传学

李婉涛　赵淑娟　李春丽　主编

中国农业大学出版社
· 北京 ·

内容简介

本书系统介绍了动物遗传学的基本概念、基本理论和基本方法，包括遗传的细胞与分子学基础、遗传信息的传递、遗传的基本定律、遗传物质的变异、非孟德尔遗传、群体遗传学基础、数量遗传学基础、动物基因组学基础、动物基因工程等。根据课程需要，本书还附有动物遗传学实验指导，包括细胞有丝分裂标本片的制备与观察、动物染色体核型分析、果蝇的形态鉴别及遗传性状的观察、果蝇唾液腺染色体标本片的制备与观察、家禽自别雌雄杂交模式设计与验证、果蝇的伴性遗传、采用 PCR 方法快速鉴定动物性别、人群遗传性状统计及其结构分析和人类 X 染色质的制片与观察等 9 个实验。

本书力求符合高等院校应用型、创新型复合人才的培养目标，在介绍基本概念、基本理论和方法的基础上，吸收本领域的新成果和新技术，突出重点，通过问题讨论、案例分析，强化学生对知识应用能力和分析解决问题能力的训练。编写形式上注重图文并茂，每章附有视频链接，以利于学生的探索性学习和自主性学习；实验指导针对性、可操作性强，旨在培养学生的操作技能和解决实际问题的能力。

本书可作为动物科学类、动物医学类、水产养殖类及生物类相关专业本科生的教材，也可供教师和相关科技工作者参考。

图书在版编目(CIP)数据

动物遗传学/李婉涛，赵淑娟，李春丽主编．--北京：中国农业大学出版社，2022.6
ISBN 978-7-5655-2783-8

Ⅰ.①动… Ⅱ.①李…②赵…③李… Ⅲ.①动物遗传学－高等学校－教材 Ⅳ.①Q953

中国版本图书馆 CIP 数据核字(2022)第 095366 号

书　名　动物遗传学
作　者　李婉涛　赵淑娟　李春丽　主编

策划编辑　康昊婷　　责任编辑　康昊婷
封面设计　郑　川
出版发行　中国农业大学出版社
社　址　北京市海淀区圆明园西路 2 号　　邮政编码　100193
电　话　发行部 010-62733489，1190　　读者服务部 010-62732336
　　　　编辑部 010-62732617，2618　　出　版　部 010-62733440
网　址　http://www.caupress.cn　　E-mail cbsszs@cau.edu.cn
经　销　新华书店
印　刷　运河（唐山）印务有限公司
版　次　2022 年 6 月第 1 版　2022 年 6 月第 1 次印刷
规　格　185 mm×260 mm　16 开本　20.75 印张　540 千字
定　价　59.00 元

图书如有质量问题本社发行部负责调换

编写人员

主　　编　李婉涛（河南牧业经济学院）
赵淑娟（河南科技大学）
李春丽（河南农业大学）

副 主 编　李聪聪（河南牧业经济学院）
唐雪峰（信阳农林学院）
韩芬霞（河南科技学院）

编写人员　（按姓氏笔画排序）
刘延鑫（河南中医药大学）
李东华（河南农业大学）
李春丽（河南农业大学）
李婉涛（河南牧业经济学院）
李聪聪（河南牧业经济学院）
赵淑娟（河南科技大学）
姜东凤（河南牧业经济学院）
唐雪峰（信阳农林学院）
韩芬霞（河南科技学院）

主　　审　李锁平（河南大学）

前　言

“动物遗传学”是动物生产类、动物医学类、水产养殖类及生物类专业的一门重要的专业基础课。为了全面贯彻应用型本科教育以培养“服务区域经济发展的高素质应用型人才”的培养目标，该课程依据高阶性、创新性、挑战度“两性一度”的金课标准，在教学内容、教学方法、教学资源上不断更新、改革和完善。本书将实验指导与理论内容合二为一，编写形式上图文并茂，章节中设置了相应的问题讨论或案例分析等内容，加入了编者对理论应用性的阐释，以体现知识的通俗性和应用性；同时挖掘课程的思政元素，培养学生的家国情怀、科学精神、思辨能力，让知识教育和思政教育有机结合，提高教学效果。学习方式上除了线下学习外，还提供了自建的省级精品网络课程视频，希望能在激发广大读者学习兴趣、拓展思维、培养能力等方面起到一定的积极作用。

本书内容共分 10 章，第一章是从细胞和分子角度阐述遗传的物质基础，为性状的遗传和变异理论的学习奠定基础；第二章介绍遗传信息的复制、转录和表达机制，为在分子水平上研究性状的表达、变异、人工转移或操控基因奠定理论基础；第三章是对动物性状遗传的基本定律的学习，有助于认识生产实践中的遗传现象，为动物育种工作提供理论依据和思路方法；第四章介绍性状在遗传过程中发生异常改变的细胞和分子机制，为新品种培育提供了重要途径，也为动物遗传疾病的诊断治疗提供了依据；第五章介绍表观遗传和核外遗传的非孟德尔遗传方式，是对经典遗传定律的进一步拓展，也是随着遗传学在分子水平上的发展，使人们对遗传现象的认识更精准、更深入；第六章、第七章分别介绍动物群体的遗传结构及其定向改变途径、动物数量性状的遗传特点及遗传参数的应用，为动物的育种、保种工作奠定理论基础；第八章、第九章分别介绍动物基因组学、动物基因工程的理论与方法，为现代育种工作提供理论指导和技术支撑；第十章是动物遗传学实验指导。为了便于广大读者学习和掌握教材的基本内容，培养和提高学习者分析和解决问题的能力以及自主学习的积极性，每章附有视频链接和复习思考题，供大家在学习中参考。

本书由李婉涛、赵淑娟、李春丽任主编，李聪聪、唐雪峰、韩芬霞任副主编。编写分工如下：绪论由李春丽编写，第一章由赵淑娟编写，第二章由韩芬霞编写，第三章由李婉涛、李春丽、刘延鑫、姜东凤编写，第四章由李婉涛、刘延鑫、李东华编写，第五章由李东华编写，第六章由唐雪峰、姜东凤编写，第七章由唐雪峰、李聪聪编写，第八章由李春丽编写，第九章由李聪聪编写，第十章由李聪聪、姜东凤编写。全书由李婉涛、赵淑娟、李春丽统稿，李聪聪整理。感谢河南农业大学孙桂荣老师在教材编写过程中提出宝贵建议。

由于编者水平有限，本书错误和不当之处在所难免，恳请同行予以批评和指正。

编　者

2022 年 4 月

目 录

CHAPTER

绪　论

一、动物遗传学的研究内容

(一)遗传与变异

二维码 0-1
遗传学概述

遗传学(Genetics)是研究生物遗传(heredity)与变异(variation)规律的科学,遗传和变异是生物界最普遍、最基本的两个特征。遗传是指亲代与子代的相似性,即生物在世代传递过程中可以保持物种和生物个体各种特性不变,“龙生龙,凤生凤,老鼠生来会打洞”就是对遗传现象的形象描述。变异是指生物在亲代与子代之间,以及子代与子代之间表现出一定差异的现象。“一母生九子,九子各不同”描述的就是变异现象。遗传和变异是伴随着生物的生殖而发生,二者相互制约又相互依存。只有遗传没有变异,就没有生物的进化;如果只有变异而没有遗传,变异就失去了意义。遗传是相对和保守的,变异是绝对和发展的。遗传和变异共同推动生物的进化和发展。

遗传、变异和选择是生物进化和新品种选育的三个重要因素。生物进化就是环境条件(选择条件)对生物变异进行的自然选择,在自然选择中得以保存的变异传递给子代(遗传),同时变异的逐代积累导致物种演变并产生新的物种。动植物新品种选育(育种)实际是以选择强度更大的人工选择代替了自然选择。环境可以引起生物性状的改变,这种变化分为可遗传的变异和不可遗传的变异,也就是说有些改变是能够遗传给后代的,有些只在生物当代表现,不能够遗传给后代。所以我们考察生物遗传与变异应该在给定的环境条件下进行。

(二)动物遗传学的研究内容

遗传学是一门新兴的、发展非常迅速的学科,已成为生物科学领域中一门十分重要的基础学科。动物遗传学是遗传学的一个重要分支学科,主要研究畜禽性状的遗传规律和遗传改良的原理与方法。该课程主要介绍遗传的物质基础、遗传信息的传递与调控、遗传的基本定律及其扩展、遗传物质的变异、非孟德尔遗传,以及群体遗传学、数量遗传学基础,同时还涉及动物基因组学和动物基因工程等方面的一般原理与方法。

动物遗传学与生产实践联系密切，它不仅能为育种实践提供理论指导和技术支撑，同时还可以利用分子遗传学技术，在育种中剔除有害基因、对基因进行编辑和改造，以培育出符合人类需求的畜禽新品种，提高畜产品品质和产量，造福人类。

二、遗传学的发展简史

遗传学的发展分为三个时期：第一个时期是古代遗传学知识的累积，第二个时期是近代遗传学的奠基，第三个时期是遗传学的建立和发展。

二维码 0-2
遗传学的发展简史(一)

二维码 0-3
遗传学的发展简史(二)

二维码 0-4
遗传学的发展简史(三)

(一)古代遗传学知识的积累

远古时代，在遗传和变异的概念尚未提出来之前，人们已经开始进行植物的栽培和家畜的驯化。从考古学的资料可以看出，公元前 8 000 年至公元前 1 000 年，马、骆驼、牛以及犬已经被圈养和驯化，并进行了选种选育。公元前约 5 000 年，人们已经开始栽培包括玉米、小麦、水稻等很多植物。对于人类自身的来源问题也展开了广泛讨论。例如：公元前 500 年到公元前 400 年，古希腊的亚里士多德曾经提出，男方的精液中含有特殊的热能，这种热能作用于母体促成了子代个体的形成。在随后的 1 900 年间(公元前 300 年—公元 1600 年)，虽然遗传学的理论没有新的进展和突破，但是在实践中，植物的嫁接和动物育种已经十分常见。到 17 世纪，欧洲有学者提出先成论(theory of performation)，这种理论认为在精子或者卵子里面有一个微缩的小人，受精后小人随着个体发育过程逐渐长大。与之对应，英国的解剖学家哈维(William Harvey)提出渐成论的思想，认为婴儿的各种组织器官是在个体发育中逐步形成的。

(二)近代遗传学的奠基

1802 年，法国的博物学家拉马克(J. B. Lamark，1744—1829)提出了用进废退和获得性遗传的观点。拉马克是进化论的倡导者和先驱。他认为环境条件的改变是生物变异的根本原因。1830 年，施莱登(M. Schleiden)和施旺(T. Schwann)提出了细胞学说，认为所有的组织器官都是由细胞组成的。1859 年，英国的博物学家达尔文(C. K. Darwin，1809—1882)在他出版的《物种起源》一书中，提出了以自然选择为基础的进化学说，该学说详细地论证了生物是由简单到复杂、由低级到高级逐渐进化而来的。达尔文是进化论的奠基人，1831 年到 1836 年他在贝格尔战舰上进行了环球旅行，这个过程中他通过细致的观察和深入的思考，发现了生物的多样性，比如海龟在不同的岛屿上有不同的形态，他认为生物的这种不同的形态是由于适应于不同的环境所致，由此便提出了进化论的思想。达尔文的进化学说也被誉为十九世纪最伟大的发现之一。此外，达尔文支持拉马克的获得性遗传学说，他于 1868 年提出“泛生论假说”(hypothesis of pangenesis)，认为动物每个器官里都普遍存在微小的“泛生粒”(Pangene)，能分裂繁殖，并在体内流动，最后聚集到生殖器官里形成生殖细胞。当受精卵发育成为成体时，这些泛生粒就进入各器官发挥作用，因而表现出与亲代相同的性状；如果亲代泛生粒发生改变，则子代表现也随之改变。

1865年，孟德尔（G. J. Mendel，1822—1884）提出了遗传学著名的两大遗传定律：分离定律和自由组合定律。孟德尔出生于一个农民家庭，21岁被送到布隆地区的修道院学习，25岁时成为一个牧师。1851—1853年，他到维也纳大学学习植物学和物理学等课程。1856年，他开始在修道院里种植豌豆并进行杂交试验，历经8年的时间，终于揭示出豌豆7对相对性状的遗传定律。1865年，孟德尔在奥地利布隆的科学协会上宣读了一篇题为《植物杂交试验》的论文，介绍了他8年来豌豆杂交实验的结果。1866年，该论文正式发布在该协会的会刊上。这个杂交实验的论文提出了遗传学上著名的两大遗传定律：分离定律和自由组合定律。这一伟大的发现一直埋没了35年。孟德尔是遗传学的奠基人，后人称他为“遗传学之父”，但遗憾的是，1884年孟德尔因肾衰竭去世的时候，人们只知道他是一位牧师。

1883年，德国的生物学家魏斯曼（A. Weismann，1834—1914）提出了种质连续学说。魏斯曼是新达尔文主义的首创者，他支持达尔文的选择学说，但是否定获得性遗传。他针对后天获得的性状是否能遗传的问题，做了著名的小鼠割尾实验。他把刚出生的小鼠的尾巴割去，然后进行杂交，以观察无尾巴的小鼠后代是否也没有尾巴。他连续做了22代的小鼠割尾巴实验，发现小鼠的尾巴依然完好。魏斯曼通过观察和研究，提出了种质连续学说，该学说的主要内容是：多细胞生物是由种质（germplasm）和体质（somaplasm）组成的，种质是生殖细胞，负责生殖和遗传；体质是体细胞，仅营养个体。种质可以自我再生，但体质不能再生；体质由种质产生，环境（后天）只影响体质，不影响种质，因此，后天获得的性状不遗传。该学说在当时和之后的很长时间对遗传学的发展都产生了重要影响。

（三）遗传学的建立和发展

1. *初创时期*（1900—1909）

1900年，荷兰的德弗里斯（D. Vries）、德国的科伦斯（K. Correns）和奥地利的切尔马克（E. Tsehermark）分别在研究月见草、玉米和豌豆时，几乎同时发现并证实了孟德尔的遗传定律。孟德尔定律的重新发现，是遗传学诞生并正式成为一门独立学科的标志。1903年，萨顿（W. Sutton，1876—1916）和博韦里（T. Boveri）等分别提出染色体遗传理论，认为孟德尔描述的“遗传因子”位于细胞核内染色体上，从而将孟德尔的遗传定律与细胞学的研究结合起来。1906年，贝特森（W. Bateson）建议把孟德尔定律及重新发现的内容作为一门学科，叫遗传学（Genetics）。并提出了杂合体、纯合体等术语。1909年，约翰逊（W. L. Johannson，1857—1927）提出了“gene”的概念，以代替孟德尔所描述的“遗传因子”，并且提出了基因型和表现型的概念。基因型（genotype）是指形成生物性状的遗传结构。表现型（phenotype）是指可以观察到的生物个体的性状，是特定基因型在一定环境条件下的表现。这样就把生物的内在遗传结构和外在表现进行了辩证统一，这两个概念是遗传学最基本最重要的两个概念。1906年，贝特森（W. Bateson）和彭乃特（R. C. Punnett）在进行香豌豆杂交实验时，发现了性状的连锁现象。1908年，英国数学家哈迪（G. H. Hardy，1877—1947）和德国医生温伯格（W. Weinberg，1862—1937）分别推导出了群体遗传学的平衡定律，称为哈迪-温伯格定律；1908年，尼尔松—埃乐（Nilsson-Ehle）通过小麦籽粒种皮颜色的研究，认为数量性状是受多基因控制的，并提出了多基因假说，这是数量遗传学的基础。

2. 全面发展时期(1910—1944)

1910 年,美国的遗传学家摩尔根(T. H. Morgan,1866—1945)以果蝇为材料,建立了细胞遗传学。摩尔根 1866 年出生于名门望族,在他 20 岁的时候获得了动物学学士学位,1890 年,获得了约翰霍普金斯大学的博士学位。1891 年,他受聘于布林马尔学院,任生物系副教授;1895 年,升为教授。1903 年,摩尔根到哥伦比亚大学,任动物学教授。在 1909—1928 年,他以果蝇为研究材料,从事遗传方面的研究工作。果蝇作为遗传学研究的模式生物,其繁殖周期短、繁殖能力强,是遗传学研究的理想材料。1910 年,摩尔根发现了一只异常的白眼雄性果蝇,他用白眼雄蝇与红眼的雌果蝇进行杂交,发现了伴性遗传现象,并且摩尔根还发现了连锁与互换定律,连锁与互换定律是经典遗传学的第三个遗传基本定律,同时创立了基因论。他提出基因在染色体上是直线排列的,基因是三位一体的,既是功能单位,也是交换和突变的基本单位。由于他的杰出贡献,1933 年获得了诺贝尔生理学或医学奖。1927 年,穆勒(H. J. Muller,1890—1967)和斯特德勒(L. J. Stadler)几乎同时采用 ß 射线,分别诱发果蝇和玉米突变成功。1946 年,穆勒因辐射遗传学研究方面的重大贡献而获得诺贝尔生理学或医学奖,他是摩尔根的学生,也是继摩尔根之后获得诺贝尔奖的第二位遗传学家。1930—1932 年,费希尔(R. A. Fisher)等估计了群体性状遗传参数,奠定了数量遗传学基础。以遗传参数和育种值估计为基础的数量遗传学的不断发展,推动了动植物育种的发展。

从 1940 年开始,科学家开始用微生物做实验材料,因其结构简单,繁殖周期很短,便于实验研究。1941 年,比德尔(G. W. Beadle)和他的老师泰特姆(E. L. Tatum)等用红色面包霉(*Neurosopora crassa*)(也称为链孢霉)做材料,发现基因是通过酶的合成来决定性状的表现,提出了一个基因一个酶的理论。

3. 分子遗传学时期(1944—)

1944 年,艾弗里(O. Avery)通过肺炎双球菌的转化实验,直接证明了 DNA 是遗传物质。1952 年,赫希(A. Hershey)与蔡斯(M. Chase)通过噬菌体侵染实验,进一步证明了 DNA 是遗传物质。

1951 年,美国遗传学家麦克林托克(B. McClintock,1902—1992)发现基因在染色体上的位置并不固定,存在跳跃基因,提出了转座子的概念。麦克林托克 1902 年 6 月出生于美国,1923 年在康乃尔大学农学院获得理学学士学位,1925 年获得硕士学位,1927 年获植物学博士学位。1944 年,麦克林托克对长有斑纹的玉米籽粒及其染色体进行了研究。她发现有一种玉米籽粒和叶片上的色斑变异频率极高,而且看起来毫无规律性,随之开展了一系列杂交以及细胞遗传学实验。经过大量的统计和观察,直到 1947 年,终于画出了某些结构基因的调节和控制轮廓。1950 年,麦克林托克将自己的研究成果以《玉米易突变位点的起源与行为》为题进行了公开发表。1951 年,在冷泉港的学术研讨会上,麦克林托克以《染色体结构和基因表达》为题,对自己的学术思想进行了阐述。但是她的学说直到 20 世纪 80 年代才被认可,她被认为是遗传学发展历史上的第二个孟德尔。她于 1983 年获得诺贝尔生理学或医学奖,是遗传学领域内第一位独立获得诺贝尔奖的女科学家,也是世界上第三位独立获诺贝尔奖的女科学家。

1953 年,沃森(J. Watson)和克里克(F. Crick)提出 DNA 分子的双螺旋(double helix of DNA structure)模型,这是分子遗传学及分子生物学建立的标志,为从分子水平研究基因的结构和功能,揭示生物遗传与变异的奥秘奠定了基础,具有划时代的意义。沃森 1951—1953 年在英国剑桥大学卡文迪许实验室进修期间，遇到了在这里进行研究工作的克里克，两人一起考虑研究基因结构与蛋白特性的关系，他们从立体化学角度出发，建立了一个能够在分子水平上阐述遗传基本特征的 DNA 二级结构——DNA 双螺旋结构模型。DNA 双螺旋结构模型的提出，一个重要的依据就是 DNA 的 X 衍射照片，这张照片可以清晰地放映出 DNA 的双螺旋结构特征。这张照片来自富兰克林(R. E. Franklin，1920—1958)。富兰克林是英国的物理学家，1942 年毕业于剑桥大学物理系，1947 年，在法国巴黎国家中央化学实验室工作，学习 X 射线晶体衍射技术。在学习期间她发表了不少独创性的论文。1951 年回到英国的国王学院工作。该学院的物理学家蓝道尔指派她加入 DNA 化学结构的研究团队，在这里工作的还有威尔金斯(M. H. F. Wilkins)和葛林斯(R. G. Gosling)。1952 年 5 月，富兰克林与葛林斯经过了长时间的研究，获得了一张 B 型 DNA 的 X 射线晶体衍射照片，由此提出了 DNA 的双螺旋结构模型。1962 年克里克、沃森和威尔金斯三位科学家也因此获得诺贝尔生理学或医学奖，而富兰克林则因病英年早逝，与诺贝尔奖失之交臂，但是我们不会遗忘这位伟大的女科学家。

1957 年，法国遗传学家本泽(S. Benzer)以 T4 噬菌体为材料，提出基因的“顺反子学说”，打破了经典遗传学中基因三位一体的概念，并提出遗传、突变和重组的最小单位是一个碱基。1958 年，克里克提出了遗传信息的传递是从 DNA 到 RNA、再到蛋白质的中心法则。1960 年，南非生物学家布伦纳(S. Brenner，1927—2019)、法国生物学家雅各布(F. Jacob)和美国遗传学家梅瑟森(M. Meselson)合作，发现了 DNA 和蛋白质的中介——信使 RNA(mRNA)。1961 年，雅各布(F. Jacob)和莫诺(J. Monod)提出了大肠杆菌“乳糖操纵子”学说，这是原核生物基因表达调控的一个很重要的学说，他们因此获得了 1965 年的诺贝尔奖。1961 年美国生化学家尼伦伯格(Nirenberg)和科拉纳(Khorana)等逐步搞清了基因是以核苷酸三联体为一组编码氨基酸的，并于 1967 年完成了全部 64 个遗传密码的破译工作。遗传密码的发现，把生物界统一起来，遗传信息的概念把基因的核酸密码和蛋白质的合成联系起来。从而提出了遗传信息传递的中心法则(central dogma)，揭示了生命活动的基本特征。他们也由此获得 1968 年诺贝尔奖。1970 年，美国病毒学家特明(H. Temin)和他的学生戴维·巴尔的摩(David Baltimore)在病毒体内发现一种能以 RNA 为模板合成 DNA 的酶叫“逆转录酶”(reverse transcriptase)，证明遗传信息还可以从 RNA 传递到 DNA，这一发现进一步发展和完善了“中心法则”。此项研究于 1975 年获得诺贝尔生理学或医学奖。1973 年，阿尔伯(W. Arber)、那森斯(D. Nathans)和史密斯(H. Smith)发现了限制性内切酶，并在此基础上建立了基因工程技术。他们于 1978 年获得了诺贝尔生理学或医学奖。1975 年，英国的生物学家萨瑟恩(E. M. Southern)发明了用于检测样品中特定 DNA 序列的方法，称为 Southern 印迹杂交。1977 年，美国斯坦福大学阿尔温(J. Alwine)、坎普(D. Kemp)和史塔克(G. Stark)发明了 Northern blot，是一种通过检测 RNA 的表达水平来检测基因表达的方法。1977 年，美国物理学家与生物化学家吉尔伯特(W. Gibert)和桑格(F. Sanger)分别建立了化学测序和双脱氧链末端终止法进行 DNA 测序的技术，并共同获得了 1980 年的诺贝尔化学奖。1982 年，切赫(T. R. Cech)和阿尔特曼(S. Altman)发现 RNA 具有催化反应的能力，提出了核酶的概念，并于 1989 年获得了诺贝尔化学奖。1982 年，基因工程药物胰岛素投放市场。

1984 年，英国遗传学家杰弗里斯(A. Jeffreys)发明了 DNA 指纹分析和 DNA 序列分析技术，可以用人的头发、血液和精液等来鉴定身份。他发明的 DNA 指纹分析和 DNA 序列分析技术带来了遗传学和法医学上的革命。1985 年，穆利斯(K. Mullis)发明了 PCR 技术，目前已经成为实验室的常规技术，他也因此获得了 1995 年的诺贝尔化学奖。1986 年，胡德(L. E. Hood)开发自动测序机，为基因组学的研究奠定基础。1990 年，美国正式启动人类基因组计划，计划投资 30 亿美元，利用 15 年的时间完成人类基因组 30 亿个碱基的测定，随后，德国、日本、英国、法国和我国也相继加入该计划。人类基因组计划于 2001 年提前完成。人类基因组计划与曼哈顿原子弹计划和阿波罗计划并称为三大科学计划，是人类科学史上的一个伟大工程，被誉为生命科学的"登月计划"。我国承担其中 1%的任务。

1997 年，英国爱丁堡罗斯林研究所(Roslin)的维尔穆特(I. Wilmut)报道了一项震惊世界的研究成果，利用已经分化成熟的体细胞核(乳腺细胞)，通过核移植技术克隆培育出了一只小母羊，称为"Dolly"。1998 年，菲尔(A. Fire)和梅洛(C. Mello)发现了 RNA 干涉现象，这是一种可以针对特定基因，降解其 mRNA 的技术。他们因此获得 2006 年诺贝尔生理学或医学奖。现在 RNA 干涉已经成为研究基因功能的常用技术。

1999 年，人类第 22 号染色体测序完成，这是第一个完成测序的人类染色体。2000 年，果蝇和拟南芥的基因组测序完成，同时，人类基因组计划组织和温特(C. Venter)领导的塞雷拉基因组(Celera Genomics)公司相继宣布，人类基因组草图完成。2001 年，塞雷拉基因组公司和人类基因组计划的科学家分别发表了人类基因组草图，推动了全基因组序列的测定，是遗传学发展史上重要的里程碑事件，对遗传学的发展具有重大的意义，标志着一个新时代的来临。2002 年，水稻、小鼠、疟原虫和按蚊基因组计划完成。2003 年 4 月 15 日，美、英、德、法、日和我国科学家共同宣布了人类基因组测序完成。人类基因组序列图绘制成功，标志着完成了人类基因组计划的所有目标。之后，除了基因组，还有转录组、蛋白组、代谢组等组学迅速发展，以及由于组学的发展而发现的 Micro RNA、Circular RNA、lnc RNA 等。目前新的技术仍在不断发展，比如基因编辑技术(CRISPR/cas9)使人们可以定向的改造基因等。短短 100 多年的时间，遗传学已经由经典遗传学发展到细胞遗传学、分子遗传学以及现代基因组学，同时，发展了群体遗传学和数量遗传学等，正是由于遗传学研究者们的辛勤工作和对生命现象的不断探索，才使遗传学发展日新月异，其研究成果已经融入生命科学的各个领域，融入我们日常生活的方方面面。

综上所述，现代遗传学的概念是指研究生物体遗传信息的组成、传递和表达规律的一门科学，其主题是研究基因的结构和功能以及两者之间的关系，所以遗传学也可称为基因学。

复习思考题

1. 什么是遗传学？其研究的主要内容是什么？

2. 什么是遗传和变异？二者的辩证关系是什么？

3. 在遗传学发展史中，你对哪个科学家的贡献感触最深？从这个科学家身上你能够学到些什么？对你今后的学习和工作有什么启发作用？

4. 试列举遗传学理论及技术在动物生产和人类生活中的应用。

CHAPTER 1

第一章 遗传的细胞学与分子学基础

到目前为止，人类已经鉴定的物种，大约有 170 万种。例如，哺乳动物有 4 200 种，鸟类有 8 700 种，爬行动物有 5 100 种，两栖动物 3 100 种，鱼类 21 000 种等。但近年来，科学家对热带森林中的昆虫进行分类研究后，认为地球上的生物可能有 3 000 万种。虽然这些生物在形态、结构和特性上千差万别，但除了最低等生物如病毒和立克次氏体外，其他生物都是由细胞构成的。

遗传学的研究从细胞水平推进到分子水平，是基于两项重大发展：一是对基因的化学和物理结构的了解日益深入；二是研究材料采用了新的生物类型，即细菌和病毒。孟德尔(G. J. Mendel)的试验证明了遗传物质的存在，但遗传物质究竟是什么？随着多学科的发展、交叉和渗透，最后才确认遗传物质是核酸。

第一节　细胞的结构与功能

细胞(cell)是生物体结构和生命活动的基本单位。只有在充分认知细胞的结构、功能及其繁殖方式的基础上，才能深入研究和认识生物遗传与变异的规律及机制。

一、细胞的分类

组成一个生物体的细胞数量因物种的不同而差异悬殊，少的只有一个细胞，如细菌、草履虫，多的则以千万亿计。细胞一般很小，只有在显微镜下才能看到。高等动物的大多数细胞直径为 20～30 μm，但鸟类的卵细胞是动物中最大的单个细胞，如鸵鸟的卵细胞直径可达 5 cm 左右。

细胞的形状多种多样，有椭圆形、方形、扁平形、圆柱形、纤维形和星形等，随着它们所处的解剖部位和生理机能的不同而不同。游离的细胞多为圆形或椭圆形，如血细胞和卵细胞；紧密连接的细胞有方形、扁平形、柱形等，如皮肤细胞；有收缩机能的多为纺锤形或纤维形，如肌细胞;具有传导机能的则为星形,多具长的突起,如神经细胞(图 1-1)。这些数量、大小、形态各不相同的细胞,共同构成了一个有机整体。现代细胞生物学按照细胞核和遗传物质存在方式的差异,把生物细胞分为原核细胞(prokaryotic cell)和真核细胞(eukaryotic cell)两大类。

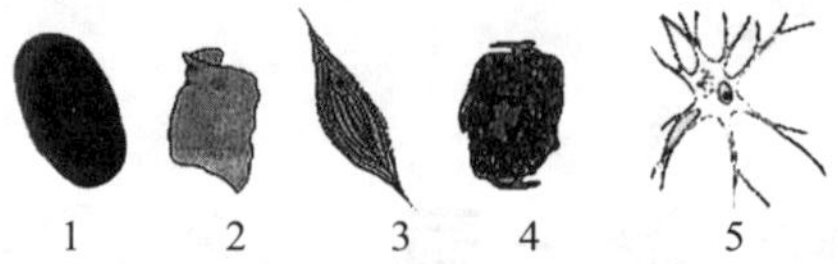

图 1-1 各种不同形状的细胞(引自李婉涛等,2021)

1. 红细胞 2. 脂肪细胞 3. 肌肉细胞 4. 骨细胞 5. 神经细胞

二、细胞的结构与功能

所有生物都具有一定的细胞结构,但因生物细胞结构组成的不同而异。原核细胞一般较小,结构简单,种类较少,细胞膜内为 DNA、RNA、蛋白质及由其他小分子物质构成的细胞质,没有核膜、核仁和真正的细胞核,在细胞质内也不存在线粒体、叶绿体、内质网、高尔基体和中心体等细胞器。各种细菌、蓝藻和放线菌等低等生物由原核细胞构成,统称为原核生物。除原核生物外,生物界中存在着更高级的真核生物,真核生物是由原核生物进化而来的,其细胞结构和功能比原核生物要复杂得多。真核细胞由细胞膜(cell membrane)、细胞质(cytoplasm)和细胞核(nucleus)三部分组成(图 1-2)。

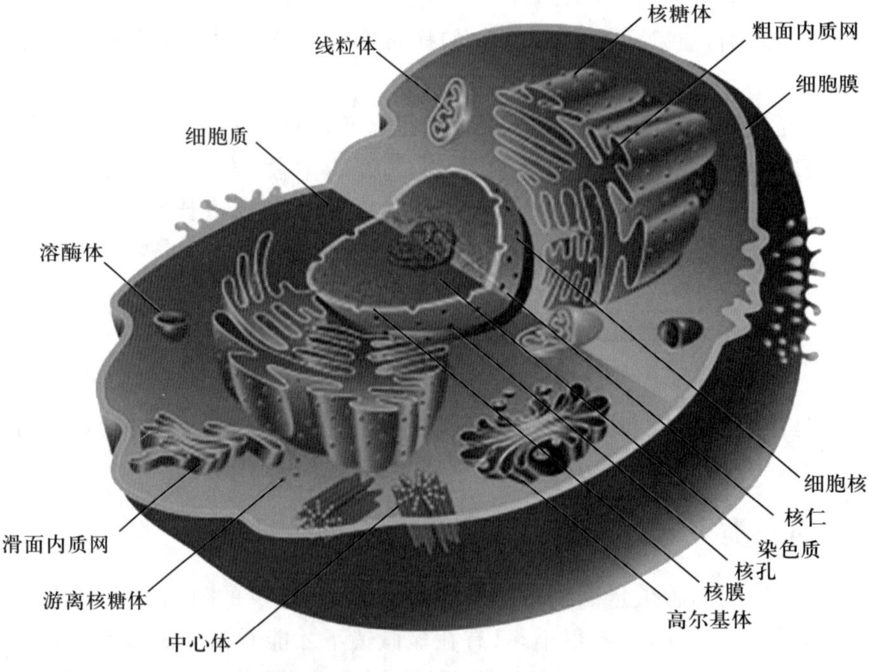

图 1-2 真核细胞的结构图(引自陈国宏等,2009)

(一)细胞膜(cell membrane)

细胞膜是包被细胞内原生质的薄膜,是所有细胞不可缺少的表面结构,简称质膜。它是细胞成为具有一定形态结构单位的支架,对调节和维持细胞内微环境的相对稳定性具有重要作用。细胞膜与细胞内的其他膜相结构一样，主要由脂类(约占 50%)和蛋白质(约占 40%)组成，另外还有少量的糖类(占 1%～10%)等物质，但随膜的种类不同组成成分会有很大差异。通常，膜中蛋白质越多，膜的功能越复杂多样；相反，膜中蛋白质种类和数量越少，膜的功能越简单。

关于细胞膜的结构，被普遍接受的是辛格(Singer)和尼克尔森(Nicolson)在 1972 年提出的液态镶嵌模型。该模型认为细胞膜是嵌有球形蛋白的脂类二维排列液态体，是一种动态的、不对称的具有流动性特点的结构。其厚度为 7～10 nm，磷脂双分子层构成膜的连续主体，它既具有固体分子排列的有序性，又具有液体的流动性；而球形蛋白在膜中的分布是不均匀的，它们以镶嵌在磷脂中间、或穿透双分子层等不同形式与磷脂双分子层相结合。

细胞膜的主要功能是主动而有选择地通透某些物质。这既能使细胞外必需的物质顺利渗入，又能阻止细胞内有机物质的渗出，同时还能排出细胞内的废物，从而使细胞保持营养物质和体液的平衡。研究表明，细胞膜上的某些蛋白质，特别是酶蛋白，可与一些特定物质结合，引起膜蛋白空间结构改变形成通道，使物质通过细胞膜进入细胞或从细胞中排出。此外细胞膜对于信息传递、能量转换、细胞的生长、分裂及分化、癌变和免疫应答等，都具有重要的作用。

(二)细胞质(cytoplasm)

细胞质是在细胞膜以内、核膜以外的原生质胶体溶液。细胞质的重要组成部分包括基质、细胞器和内含物。基质是细胞质内除细胞器和内含物以外的半透明液态部分。它为细胞质内的各种代谢反应提供内环境，并提供所需的各种酶类、底物等。内含物是细胞质内除细胞器外的有型成分，有代谢产物、有储存的营养成分，还有组成细胞骨架的蛋白纤丝。细胞骨架的主要功能是维持细胞的形状，并使细胞器在细胞内保持在合适的位置。主要的细胞器有：线粒体、核糖体、内质网、高尔基体、中心体、溶酶体等(图 1-2)，其中线粒体、中心体、核糖体和内质网等具有重要的遗传功能。

1. 线粒体(mitochondria)

线粒体是动植物细胞中普遍存在的一种细胞器，是细胞 ATP 氧化磷酸化的主要场所，是唯一含有 DNA 的细胞器。其形状和大小因细胞类型不同而有很大差异，多数为圆柱状，也可呈环状、哑铃状、线状等；一般直径为 0.5～1.0 μm，长为 0.5～3.0 μm，在一定的细胞和生理条件下，其形状和大小是相对稳定的。细胞内线粒体的数目也因物种和细胞种类的不同而异，如一个多核变形虫细胞内有 500 000 个，成年的肝细胞内有 1 000～1 600 个，精子内一般只有 20～24 个，而成熟的红细胞内没有线粒体。线粒体数目和形状的变化与细胞的代谢强度呈正相关，能量需要大的细胞含线粒体较多，其内部结构复杂。细胞内的需能部位有线粒体聚集现象，如骨骼肌、心肌的线粒体集中在肌原纤维周围，精子的线粒体集中在鞭毛中轴的周围。

线粒体的结构是由外膜、内膜、膜间隙和基质四部分组成。外膜是包围在线粒体最外面的一层平滑而连续的边界膜，由孔蛋白组成，厚 6～7 nm。外膜上有直径为 2～3 nm 的小孔，这些小孔有着分子筛的作用，相对分子质量在 1×10^4 以下的小分子物质可出入小孔。

内膜位于外膜的内侧，厚 5～8 nm，把膜间隙与基质分开，内膜对物质的通透性很低，只有不带电荷的小分子物质才能通过。内膜向内室折叠突起形成的皱褶称为嵴，嵴使内膜的表面积成倍增加，如肝细胞线粒体内膜的表面积是外膜的 5 倍，这对线粒体进行高效的生化反应起着重要作用。又如心肌细胞的线粒体嵴数目是肝细胞的 3 倍多，可能是心脏细胞需要大量

ATP 的原因。

膜间隙是外膜和内膜之间形成的封闭狭窄腔隙，宽 6～8 nm，含有许多可溶性酶、底物和辅助因子等，其中以腺苷酸激酶为特征酶。

内膜和嵴包围的空腔称为内室，内室里充满了液态基质，基质内含有三羧酸循环酶、脂肪酸和丙酮酸氧化酶、线粒体基因表达的酶等数百种酶类，这使得线粒体能进行氧化磷酸化、传递和储存能量，并成为细胞里氧化和呼吸作用的中心及细胞的“动力站”。线粒体环状 DNA、RNA、核糖体等遗传物质也存在于基质中。

研究发现，线粒体 DNA 不与组蛋白相结合，是裸露的环状 DNA；具有自己的遗传体系和独立合成蛋白质的能力，但线粒体中的密码子与通用密码子有所不同；其遗传方式属非孟德尔遗传，且有更高的突变率。另外，线粒体基因组含有的遗传信息量非常有限，对于其完成能量转换和供应及其他生命活动是不够的，因此大多数线粒体内的蛋白，是由核基因组编码合成后运达线粒体内的，所以说线粒体是半自主细胞器。

2. 核糖体(ribosome)

核糖体是蛋白质合成的主要场所，因细胞质中大约 85%的 RNA 在核糖体中，其主要成分是核糖体核糖核酸(rRNA)，所以亦称核糖蛋白体。核糖体由大约 60%的 RNA 和 40%的蛋白质组成，是直径约为 20 nm 的球形细胞器，且没有外膜包被。它在细胞质中的存在形式有两种：一是附着在内质网上，二是游离在细胞质中。核糖体即可单个存在，也可由多个核糖体联合形成复合体存在。动物细胞中合成蛋白质的是 80S 核糖体复合体，而细菌细胞、线粒体和质体中合成蛋白质的是 70S 的核糖体复合体。

核糖体在整个细胞重量上占有的比例很大，是细胞质中非常重要的组成成分之一。在蛋白质合成旺盛的细胞中，会有更多数目的核糖体。

3. 内质网(endoplasmic reticulum)

内质网是广泛分布于真核细胞质中的单层膜结构细胞器，因最初被发现为细胞质中的网状结构而得名。内质网的形态有小管状、小囊状或小泡状等多型结构，由这些小管状、小囊状或小泡状连接成一个网状系统，并贯穿于整个细胞质中。向内延伸与核膜相连，向外与细胞膜连接，把核膜和细胞膜连成一个完整的膜体系，为细胞空间提供机械支持作用。内质网是一种动态结构，它的形态、位置以及核糖体的有无等，随着生物细胞的生理状况都会发生变化，即便在同一组织内也有很大的差异。

内质网可分为两种类型：一种为含有大量核糖体颗粒而形成粗糙表面的糙面内质网(rER)。蛋白质的合成、加工与修饰以及脂类的合成都在这里完成，并将合成的产物通过内质网输送到细胞的其他部位，因此越是分泌蛋白旺盛的细胞，糙面内质网越多。另一种为无核糖体附着、表面光滑的滑面内质网(sER)，它可能在类固醇激素合成与释放、肝解毒、肝细胞葡萄糖的释放及钙离子储存等方面有重要作用。

4. 中心体(central body)

中心体是动物和某些低等植物细胞中特有的细胞器。一般位于细胞中心、细胞核的附近，其形状呈圆柱状。中心体含有一对由微管蛋白组成、结构复杂的中心粒。中心粒呈中空的圆筒状，筒壁由 9 套三联微管组成。在细胞分裂时，中心体移向细胞两极，形成纺锤丝并与染色体的着丝粒相连，在纺锤丝的牵引下染色体分开向两极移动，因此中心体被称作细胞分裂的动力器官。

5. 高尔基体(Golgi body)

高尔基体是细胞核周围内质网的衍生物,是由表面光滑、重叠平行排列的扁平囊泡堆积构成的细胞器。它的直径约为 2 μm,厚度约 0.5 μm。1898 年由意大利学者高尔基(Golgi)在猫头鹰的神经细胞中首次发现而得名。

高尔基体的主要功能是将粗面内质网中合成的蛋白质进一步加工修饰、浓缩成颗粒状的分泌物,再运输到细胞外的各个部位;高尔基体还参与蛋白酶的水解和许多复杂多糖的合成。此外,它还能生成新的细胞膜代替或修补旧的细胞膜。

6. 溶酶体(lysosome)

溶酶体是一种能降解消化生物大分子的细胞器,也称消化泡,由高尔基体衍生而来。其形状呈球状,大小为 0.3～15 μm,体外有一层膜,体内含有多种消化酶、核酸分解酶和蛋白酶等。不同细胞内溶酶体的数量、大小有差异,如巨噬细胞的溶酶体数量多且大,损伤和衰老的细胞则相反。

溶酶体的消化功能有两种:一是自溶作用,它能清除多细胞动物在个体发育过程中产生的无用生物大分子、衰老的细胞器及衰老损伤和死亡的细胞等。例如,蝌蚪晚期要退化掉尾巴变成蛙时,尾部细胞中的溶酶体就会释放水解酶导致尾部细胞自溶而消失,同时将分解物输送到蛙体中供其生长所用。又如精卵受精时,精子头部的溶酶体会释放出一种溶解酶,消化清除掉卵细胞的透明带,以便精子入卵受精。二是异溶作用,在消化外源侵入的异物、细菌、病毒以及线粒体的更新时,溶酶体发挥着重要的异溶作用。具体的异溶方式有两种,一是吞噬作用,即当外来物接触到细胞膜时,细胞膜内陷形成囊泡将异物包围,成为一个吞噬小体;二是当外来物为液体时,这个过程称作胞饮作用。当吞噬体与溶酶体接触时,二者的膜融合形成消化泡,大分子物质在消化泡里被分解,分解物再通过膜进入到细胞质里,参与各种生命活动。

7. 叶绿体(chloroplast)

叶绿体是绿色植物细胞中所特有的一种细胞器。其形状有球状、盘状、棒状和泡状等,大小、形状及分布因植物和细胞类型的不同而有很大差异。叶绿体与线粒体相似,有双层膜,含有 DNA、RNA 和核糖体等,能够合成蛋白质,能分裂增殖还能发生白化突变等。这些特征说明叶绿体也是遗传物质的载体,具有特定的遗传功能。叶绿体的主要功能是利用光能和 CO_2 进行光合作用,合成碳水化合物供机体所用。

(三)细胞核(nucleus)

细胞核是细胞的一个重要组成成分,一般位于细胞的中央,是遗传物质聚集的主要场所,对指导生物的生长发育和控制性状的表达有着重要作用。真核生物细胞一般都有一个或几个呈球形或椭圆形的细胞核,如蟾蜍的肝细胞有 2 个核,兔、鼠的肝细胞有 10 个核。只有极少数的高度分化细胞没有核,如哺乳动物的红细胞,但这些细胞的寿命较短。在不同生物和不同组织的细胞中,胞核的形态、大小有着很大的差异,如分裂细胞的核比不分裂细胞的核大。间期细胞核的主要结构有核膜、核基质、核仁和染色质(详见第二节)。

1. 核膜(nuclear membrane)

核膜由内外两层磷脂膜组成,把胞质与核质分开。内膜平滑,与染色质紧密接触;外膜通过内质网膜与细胞膜相通。核膜上有许多规律排列的小孔,称为核孔,其直径为 40～70 nm,核孔是有选择性地调节细胞核与细胞质之间物质交换的通道。在细胞分裂前期,核膜逐渐消失，形成小泡状物分散在细胞质中；在细胞分裂末期，核膜重新出现，并把染色质包被起来。

2. 核基质(nucleoplasm)

核基质是一种充满核内的透明胶体状物质，又称为核液。核基质的主要成分是蛋白质、RNA、各种酶以及无机盐。在核液中含有核仁和染色质。

3. 核仁(nucleolus)

细胞核中一般有一个或几个折光率很强的圆球形小体，称为核仁，其外围无膜，主要是蛋白质和 RNA，可能还含有类脂和少量 DNA。在电子显微镜下，可以看到核仁的构造特征：一是位于核仁周边的颗粒区；二是位于核仁中心的纤维区；三是位于核仁周围及内部的细丝状染色质；四是基质。核仁的主要功能是合成核糖核酸(RNA)，并参与细胞质内核糖体的生物合成。核仁合成核糖体，核糖体合成蛋白质，缺一不可。核仁的体积变化与其活动强度有关。在细胞分裂时，核仁有短时间的消失或暂时的分散，细胞分裂结束又重新形成。

第二节 染色质与染色体

1848 年，霍夫迈斯特(W. Hofmeister)发现了染色体(chromosome)。1879 年，弗莱明(W. Flemming)提出了染色质这一术语，用以描述细胞核中能被碱性染料深染的物质。1888 年，瓦尔代尔(W. Waldeyer)将其正式命名为染色体。很久以来，人们对遗传物质的载体——染色质和染色体之间的相互转化，以及染色体中 DNA 分子与蛋白质分子之间的关系等问题不甚了解，直到 20 世纪 70 年代初期，核小体被发现后该问题才得到较为圆满的解答。染色质是真核细胞遗传物质在分裂间期的存在形式，而染色体是细胞在分裂过程中染色质浓缩而成的棒状结构。二者是细胞在不同生理阶段同一化学组成的两种形态结构，主要区别在于包装程度的不同。

二维码 1-1
染色体和染色质

一、染色质的化学组成与类型

(一)染色质的化学组成

染色质由 DNA、组蛋白、非组蛋白及少量 RNA 组成。DNA 与组蛋白是染色质的稳定成分，非组蛋白与 RNA 的含量则随细胞的生理状态和细胞类型的不同而变化。在真核生物的染色体中，DNA 约占 27%、组蛋白和非组蛋白约占 66%、RNA 约占 6%。

1. 组蛋白(histone)

组蛋白是构成真核生物染色质的主要蛋白成分，是一种富含带正电荷的赖氨酸(Lys)和精氨酸(Arg)的碱性蛋白质。组蛋白通过带正电荷的氨基(N)末端区域与带负电荷的 DNA 骨架链相互作用。组蛋白有 5 种，在功能上可分为两类：

一是核心组蛋白，共有 4 种，分别是 H2A、H2B、H3、H4 组蛋白。核心组蛋白是一类小分子蛋白质，分子量为 10 000～20 000 U。组蛋白没有种属与组织特异性，且高度保守。这 4 种组蛋白通过羧基(C)端疏水氨基酸的相互结合，使其有形成聚合体的趋势；而 N 端的氨基酸则向四面伸出与 DNA 分子相互作用，以便帮助 DNA 螺旋缠绕形成核小体的稳定结构。

二是 H1 组蛋白，其分子量约为 23 000 U，比核心组蛋白大。组蛋白具有一定的种属与组织特异性，在连接核小体并维持染色质的高级结构方面发挥重要作用。H1 组蛋白中的氨基酸分布与核心组蛋白正好相反，其碱性区域在羧基区域，不在氨基区域，它与 DNA 的结合紧密。H1 组蛋白主要是和非组蛋白相结合并与核心组蛋白相作用，引起染色质的超螺旋化，并产生其高级结构。

2. 非组蛋白(non-histone)

非组蛋白是指染色体上与特异 DNA 序列相结合的蛋白质，又称序列特异性 DNA 结合蛋白，是细胞核中另一类种类繁多、极其复杂的重要蛋白质。主要包括与组蛋白和 DNA 的代谢、复制、重组、转录调控等密切相关的各种酶类，还有形成染色质高级结构的支架蛋白及具有基因调控作用的高迁移率蛋白等 500 多种。

非组蛋白主要有以下三方面特性：

(1)多样性与组织特异性　不同物种、不同组织细胞中，非组蛋白的种类和数量各不相同，非组蛋白的组织特异性与基因的选择性表达有关。

(2)与 DNA 结合的特异性　非组蛋白能够通过氢键和离子键，识别 DNA 双螺旋上的大沟部分，并与特异的 DNA 序列结合。这些 DNA 序列在不同生物基因组间种属专一，且具有进化上的保守性。

(3)功能的多样性　非组蛋白稳定细胞中期染色体的形态结构、参与基因的表达调控。如协助 DNA 分子折叠以形成不同的结构域，从而促进 DNA 复制、RNA 转录及调节基因表达。

3. DNA

DNA 是主要的遗传物质，在生物的遗传、变异及生长发育过程中发挥着极其重要的作用。DNA 属生物大分子，一条染色(单)体中的 DNA 就是一个 DNA 大分子。如猪体细胞中的 38 条染色体可以看作是 38 个 DNA 大分子。

4. RNA

在所有分离的染色质中都含有少量 RNA，RNA 数量仅占 DNA 的 1%～3%。至今，这些少量的 RNA 是染色质的固有成分，还是转录或分离过程中的 RNA，仍是一个有争议的问题。

1965 年黄(Huang)和邦纳(Bonner)首次在豌豆芽染色质中发现了一种与染色质组蛋白结合的独特 RNA，称为染色体 RNA。这种主链长 40～60 个核苷酸、沉降系数为 3.2 s 的 RNA，与 rRNA、tRNA 不同，其二氢嘧啶含量高达 11.3%，而 rRNA 和 tRNA 只有 1% 和 3.1%。此种 RNA 可与同源的 DNA 高度杂交，且有明显的组织特异性。1968 年 Bonner 认为这种染色体 RNA 可能是与组蛋白结合，对基因表达起着调控作用。1972 年 Huang 等的染色质重建实验再次证明，染色体 RNA 对基因表达调控有作用。

(二)染色质的类型

根据染色质的形态特征和对碱性染料着色的深浅，将其分为常染色质和异染色质两种类型。

1. 常染色质(euchromatin)

常染色质是指在间期细胞核内，对碱性染料着色浅、染色质纤维螺旋化程度低、处于较为伸展松弛状态的染色质，多存在于核质中央。常染色质的 DNA 主要由单一序列 DNA 和中度重复序列 DNA 构成，属于活跃的 DNA 分子部分，能进行转录和翻译。

2. 异染色质(heterochromatin)

异染色质是指在间期细胞核内，对碱性染料着色深、染色质纤维折叠压缩程度高、处于异固缩状态的染色质。异染色质常存在于细胞核的周边部位，属于不活跃的 DNA 分子部分，通常不能进行转录和翻译。异染色质又可分为结构异染色质和兼性异染色质。

结构异染色质是指在整个细胞周期中，除复制以外，均处于聚缩状态。结构异染色质具有如下特征：

(1)在细胞中期染色体上，多定位于着丝粒、次溢痕、端粒及染色体臂内的某些节段；

(2)主要由相对简单、高度重复的 DNA 序列构成；

(3)具有显著的遗传惰性，不转录，也不编码蛋白质；

(4)在复制过程中，比常染色质复制晚、聚缩早；

(5)在核 DNA 中占有较大比例，主要功能是参与染色质高级结构的形成，当作为核 DNA 的转座子时，可引起遗传变异。

兼性异染色质是指在某些细胞类型或一定的发育阶段，由原来的常染色质发生聚缩并丧失其基因转录活性，从而变为异染色质的染色质。其总量常因不同细胞类型而变化，一般胚胎细胞中含量很少，高度特化的细胞中含量较多，说明随着细胞的分化，较多的基因活性渐次以聚缩状态而关闭。因此常染色质通过紧密折叠聚缩，可能是关闭其基因活性的一种有效途径。典型的例子就是雌性哺乳动物体细胞中的两条 X 染色体，其中一条会在发育早期随机发生异染色质化而失活，失活的 X 染色体称为巴尔氏小体(Barr body)，巴尔氏小体在配子发生时可重新复活。因此检查哺乳动物羊水中胚胎细胞的巴尔氏小体数量，可用来鉴别胎儿的性别及性别异常。

(三)从 DNA 到染色体的四级结构模型

染色质与染色体是细胞周期中遗传物质的不同存在形式。1977 年巴克(A. L. Bak)等认为从 DNA 到染色质和染色体的转化过程中，存在四级螺旋化结构。

1. 一级结构——核小体(nucleosome)

核小体是染色质的基本结构单位。每个核小体单位由核心颗粒和连接线两部分组成。核心颗粒是有一个由 H2A、H2B、H3 和 H4 各 2 个分子组蛋白组成的八聚体，其表面盘绕 146 bp 的超螺旋 DNA 分子 1.75 圈。在相邻的两个核小体之间由长 60 bp 的 DNA 连接，称为连接线。连接线中间结合 1 个分子的 H1 组蛋白，将 DNA 进出两端封住，以稳定核小体的结构(图 1-3)。目前对核心颗粒的形态和 5 种组蛋白的氨基酸组成，已经基本清楚。

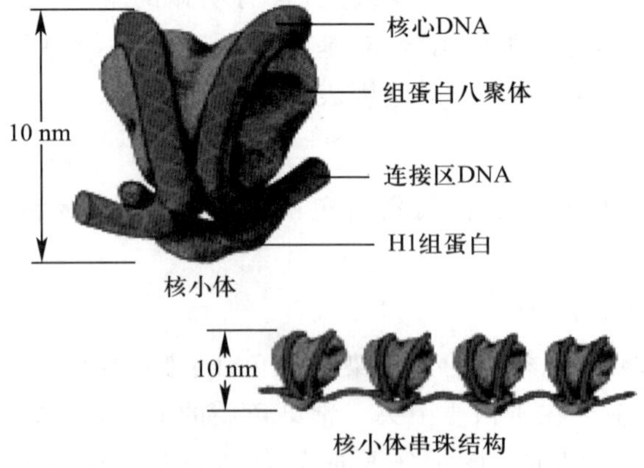

图 1-3　核小体的结构(引自李婉涛等，2021)

许多核小体重复串联形成的串珠结构是染色质的一级结构。从 DNA 到核小体,DNA 长度在核小体这个等级上压缩了 7 倍,宽度增加了 5 倍,其直径为 10 nm。

2. 二级结构——螺线管(solenoid)

核小体的串珠结构进一步螺旋化,形成外径 30 mm、内径 10 mm、每周螺旋 6 个核小体,螺距 11 nm 的中空线状结构,称为螺线管。DNA 长度在这个等级上压缩了 6 倍,宽度增加了 3 倍。

3. 三级结构——超螺线管(supersolenoid)

由直径 30 nm 的螺线管进一步螺旋化,形成直径为 400 nm 的圆筒状结构,称为超螺线管。DNA 长度在这个等级上又压缩了 40 倍左右,宽度增加了 13 倍。

4. 四级结构——染色单体(chromatid)

超螺线管进一步螺旋折叠形成染色单体,一般长 2～10 μm,这是由 11～60 μm 长的超螺线管经螺旋折叠后,压缩 1/5 的结果。因此 DNA 长度在这个等级上又压缩了 5 倍,宽度又增加了 2.5～5 倍。

由于 DNA 和染色质的多级螺旋化,使几厘米长的 DNA 形成几微米长的染色体,其长度的缩短约为原来的 1/8 400,宽度却增加了 500～1 000 倍(图 1-4)。

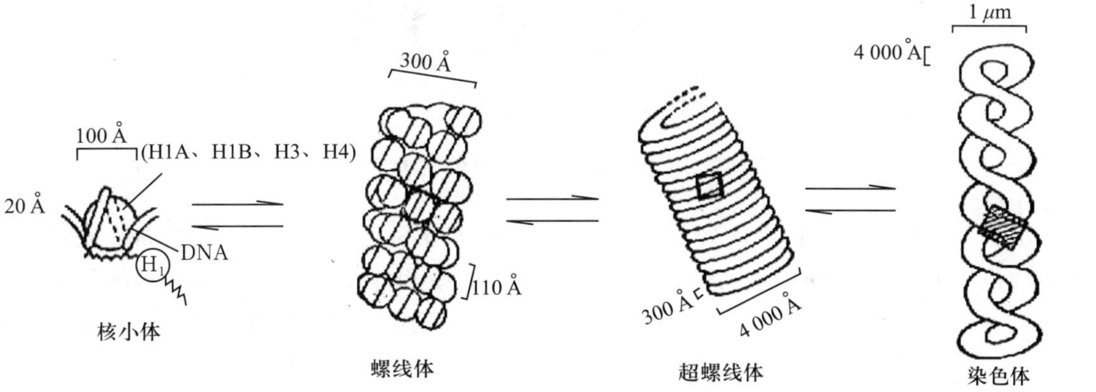

图 1-4 染色质到染色体的四级结构模型(引自浙江农业大学,1986)

二、染色体的形态特征和数目

在生物界中,每个物种的染色体都有其特定的形态特征和数目。了解物种染色体的形态特征和数目,对于研究物种的起源、演化和分类,鉴别染色体的来源,以及开展基因定位和绘制遗传图谱等具有重要的意义。

(一)染色体的形态特征

在细胞分裂过程中,染色体的形态结构会发生一系列规律性的变化,其中以有丝分裂中期染色体的表现最为明显和典型。在这个阶段染色体收缩到最粗、最短的状态,并且分散地排列在赤道板上,易于计数,因此这个时期是进行染色体形态识别和研究的最佳时机。真核生物染色体的形态特征标志,主要有以下几个方面:

1. 着丝粒与主缢痕

着丝粒(centromere)是大多数染色体最显著的形态特征之一,对碱性染料着色浅,且表现缢缩的部位，所以也叫主缢痕，在此位置染色体可以弯曲。着丝粒位于两条染色单体连接处，将染色体分为长臂(q)和短臂(p)。动粒是着丝粒周围有蛋白质性质的盘状结构，可直接连接纺锤丝，是纺锤丝的附着区域(图 1-5)。

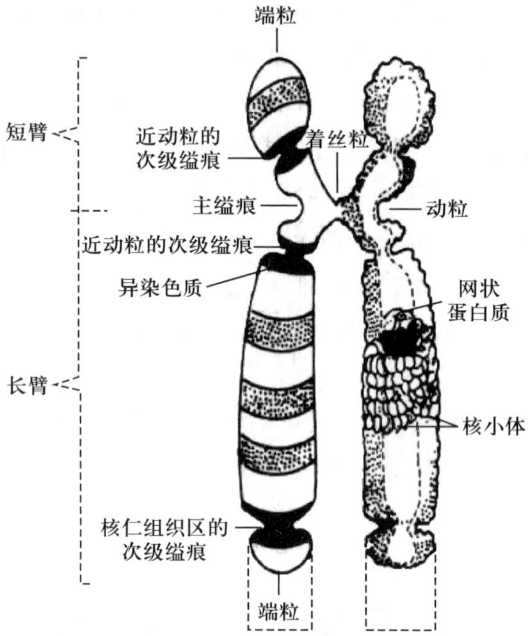

图 1-5　染色体形态特征

根据着丝粒在染色体上所处的位置，可将染色体分为 4 种类型：中着丝粒染色体(m)，着丝粒的位置大约在染色体的中间，两臂长度相等或大致相等(a = 1.00～1.70)，细胞分裂后期向两极移动时呈 V 形；近中着丝粒染色体(sm)，着丝粒靠近染色体的中部，但与两端的距离不等，具有明显的长臂和短臂(a = 1.71～3.00)，细胞分裂后期向两极移动时呈 L 形；近端着丝粒染色体(st)，着丝粒靠近染色体的端部，但与端部还有一段距离，具有长臂和微小的短臂(a = 3.01～7.00)，细胞分裂后期向两极移动时也呈 L 形；端着丝粒染色体(t)，着丝粒位于染色体一端，形成只有一个染色体臂的染色体(a > 7.00)，细胞分裂后期向两极移动时呈棒形(图 1-6)。

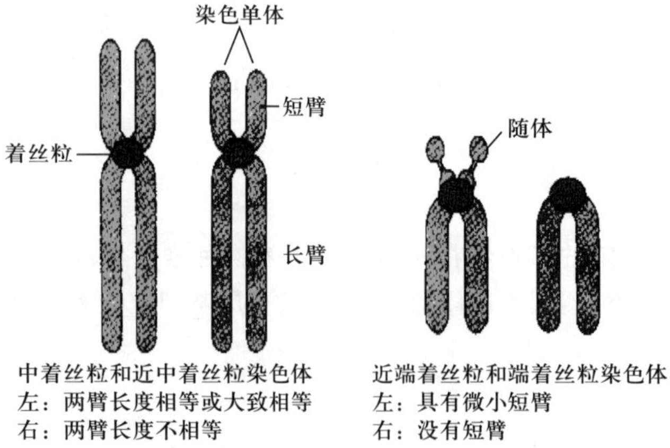

图 1-6　染色体的类型(引自李宁，2011)

着丝粒是细胞分裂过程中纺锤丝结合的区域，它在细胞裂过程中被纺锤丝牵拉使染色体分向两极。因此着丝粒对染色体向子细胞的正确分配起着关键的作用。另一方面着丝粒对基因交换有重要的影响，研究表明，着丝粒附近的基因交换率显著小于远离着丝粒的基因之间的交换率。

2. 次缢痕与核仁组织区

有些染色体除主缢痕以外还具有染色较淡、直径较小的缢缩部位称为次缢痕。次缢痕在染色体臂上呈透明状缢缩区，一般位于染色体的短臂上。其数目、位置和大小是染色体的重要形态特征，可作为鉴定染色体的标记。

次缢痕具有组成核仁的特殊功能，在细胞分裂时，它紧密联系着核仁，因而被称为核仁组织区(NOR)。染色体核仁组织区是 rRNA 基因所在的部位，与间期细胞核仁的形成有关。细胞分裂前期，次缢痕和核仁相连。进入中期后，核仁消失。通常，生物形成核仁的数目与具有次缢痕染色体的数目相关。

3. 随体

有些染色体末端还有一个球状或棒状的结构称为随体，它通过次缢痕区与染色体主体部分相连接。随体的有无和位置等是相对恒定的，也是识别某一特定染色体的重要标志。随体的大小差异很大，有的小到难以辨别，有的却是巨型随体，即使是同源染色体其随体也不一定相同。随体常由异染色质组成，具有高度重复的 DNA 序列。

4. 端粒

端粒是染色体端部的特殊结构，是一条完整染色体不可缺少的组成部分。端粒通常有富含鸟嘌呤的短的串联重复序列 DNA 和端粒酶组成。端粒酶由 RNA 和蛋白质构成，并具有逆转录酶的特性。端粒的功能主要有：防止染色体末端被 DNA 酶酶切；防止染色体末端与其他 DNA 分子的结合；使染色体末端在 DNA 复制过程中保持完整。

据资料报道：端粒越长，细胞老化所需的时间越长，寿命也越长。一些研究认为，减少压力、戒烟、吃富含欧米伽 3 脂肪酸的食物如深海鱼油等，可以增加端粒长度，但百岁老人的端粒长是基因所致。

5. 染色单体

染色单体是染色体复制后形成的两个纵长的亚结构，它们由一个着丝粒连接在一起，其中的每一条称作一个染色单体。一条染色体复制产生的两条染色单体互称为姐妹染色单体，一对同源染色体各自产生的姐妹染色单体之间互称为非姐妹染色单体。

(二)染色体形态分析参数

国际上通常用的染色体分析参数(测量指标)有 3 个，分别是臂比指数、着丝粒指数和相对长度，一条染色体可以通过该三个参数予以鉴定识别。

1. 臂比指数(arm index，a)

臂比指数是指染色体的长臂长度(q)与短臂长度(p)的比值。

即，臂比指数 $a=q/p$

2. 着丝粒指数(centromere index，c)

着丝粒指数是指短臂长度占整个染色体长度的百分比。

即，着丝粒指数 $c=p/(p+q)\times100\%$

臂比指数和着丝粒指数反映了着丝粒的相对位置，按莱文(Levan)(1964)的划分标准，根据臂比指数不同，可将染色体分为四类(表 1-1)。

表 1-1　根据臂比划分染色体的标准

染色体分类	长臂/短臂	着丝点位置	染色体形态	缩写	中期形态	中后期形态
中着丝粒染色体	1.00～1.70	中部	V 形	m		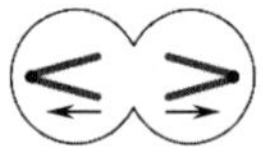
近中着丝粒染色体	1.71～3.00	近中	L 形	sm		
近端着丝粒染色体	3.01～7.00	近端	L 形	st		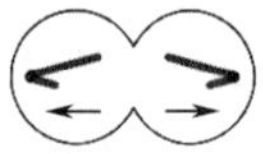
端着丝粒染色体	>7.00	端部	棒形	t		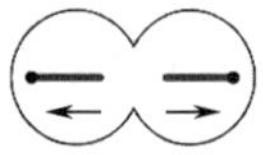

3. 相对长度(relative length)

相对长度是指单条染色体的长度占包括 X 染色体在内的单倍常染色体总长度的百分比。

即,相对长度=每条染色体长度/(单倍常染色体总长度+X 染色体长度)×100%

由于染色体标本制备过程中,应用的药物、温度等处理条件不同,会导致染色体凝缩程度的差异,但相对长度则较为一致,有利于进行比较分析。相对长度反映的是每一物种的染色体长度变异范围。

4. 染色体臂数(NF)

染色体臂数的多少是根据着丝粒位置来确定的,对于中着丝粒染色体、近中着丝粒染色体或近端着丝粒染色体,其臂数均为 2 个;端着丝粒染色体的臂数则为 1 个。

(三)染色体数目

不同的生物其染色体数目通常是不同的,同一物种的染色体数目则是恒定的。在其世代的延续中,染色体的数目一般保持不变,这对维持物种的遗传稳定性有着重要意义。在大多数生物的体细胞中,染色体是成对存在的,数目用 $2n$ 表示,称为二倍体;而在性细胞中染色体是成单存在的,数目用 n 表示,称为单倍体。例如,猪 $2n=38$,$n=19$;绵羊 $2n=54$,$n=30$;果蝇 $2n=8$,$n=4$。

遗传学上,把生物体细胞中成对存在、形态、结构相同、遗传功能相似,一条来自父方、一条来自母方的一对染色体称为同源染色体。这一对同源染色体与其他同源染色体互称为非同源染色体。同源染色体中有一对特殊的染色体,其大小、形状不同,且与性别发育有关,这对染色体称作性染色体。在哺乳动物中,雌性的两条性染色体组成为 XX,雄性的两条性染色体组成为 XY。在鸟类中,性染色体的组成情况与哺乳动物刚好相反,即雄性的性染色体组成为 ZZ,雌性的性染色体组成为 ZW。在体细胞中,除一对性染色体以外的其他所有同源染色体雌雄个体都一样,统称为常染色体。

上述概念之间的相互关系,如图 1-7 所示。

不同物种的染色体数目差异很大(表 1-2),例如,有一种马蛔虫变种的染色体 $2n=2$,$n=1$;而甲壳类的染色体数目可高达 200 多条。染色体数目的多少与该物种的进化程度一般没有对应关系。染色体的大小与该染色体所含基因的数目也不成比例,如黑腹果蝇的 Y 染色体比 X

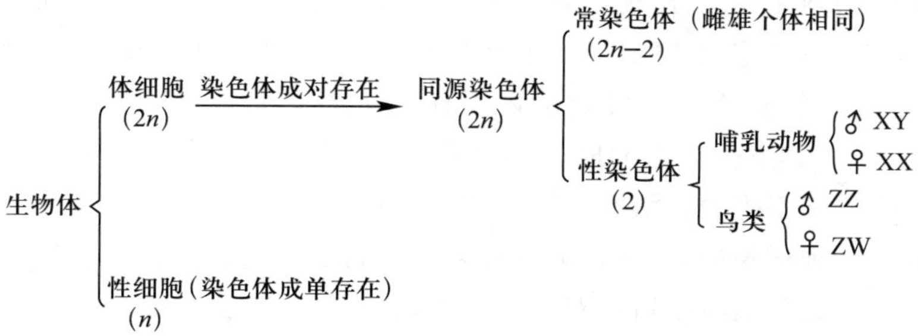

图 1-7　同源染色体、常染色体、性染色体之间的关系（引自李婉涛等，2021）

染色体长，但 Y 染色体几乎全部由异染色质组成，其上只有很少的基因；又如牛的 29 号染色体与 Y 大小相近，但 29 号染色体要比 Y 染色体的基因数目多得多。这种差异可能与染色体的聚缩程度有关。对染色体数目和形态特征的研究对鉴别物种进化、亲缘关系，特别是对近缘物种的分类具有重要作用。

表 1-2　常见动物染色体数目

动物	染色体数目(2*n*)	动物	染色体数目(2*n*)
人	46	鸽	80
马	64	蜜蜂	♂16，♀32
驴	62	果蝇	8
黄牛、牦牛	60	家蚕	56
河流水牛	50	小鼠	40
沼泽水牛	48	大鼠	42
山羊	60	豚鼠	64
绵羊	54	中国地鼠	22
猪	38	金黄地鼠	44
鸡	78	长爪沙鼠	44
火鸡	82	兔	44
鸭	80	犬	78
鹅	82	猫	38
鹌鹑	78	猴	42

三、特殊类型的染色体

(一)多线染色体与灯刷染色体

在某些生物的细胞内，特别是在发育的某一阶段，可以观察到一些特殊的、体积很大的染色体，称为巨大染色体，包括多线染色体和灯刷染色体。染色体在通常情况下具有单线性，但双翅目昆虫（果蝇、摇蚊）的幼虫唾液腺、肠、马氏管等的细胞中存在多线染色体。多线染色体的产生，源于核内有丝分裂，即核内 DNA 多次复制而细胞不分裂，产生的子染色体并行排列，且同源染色体紧密结合在一起、出现假联会现象，阻止了染色体的缠绕，从而形成体积巨大的多线染色体。具有多线染色体的细胞处于永久间期，并且体积也相应增大，因此形成巨大细胞。例如，果蝇唾腺染色体经 10～11 次的内源有丝分裂，可形成 1 024 或 2 048 条染色质线的多线染色体(图 1-8)。其染色体上明暗相间的条纹，代表了基因转录活性的不同。因此它是研究染色体结构变异和基因表达活性差异的实验材料。

灯刷染色体是一种很长的、在主轴上有许多环、状似灯刷的一种染色体(图 1-9)。它是卵母细胞进行第一次减数分裂时停留在双线期的染色体，是一个交叉结合的二价体，包括 4 条染色单体。灯刷染色体以两栖类卵母细胞中的最为典型。一套灯刷染色体上大约有 10 000 个环，不同物种环的数目和伸展方向不同，而对于同一物种环具有相同的序列和伸展方式，说明环的数目和形式具有物种特异性。对灯刷染色体的研究，有助于深入了解染色体的细微结构和基因功能。

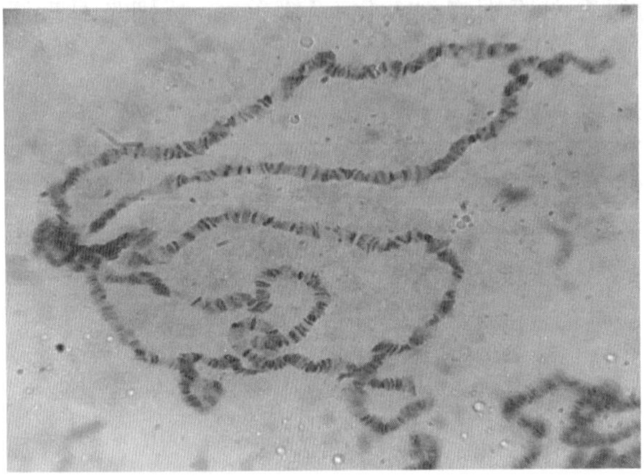

图 1-8　果蝇多线染色体(引自赵淑娟，2018)

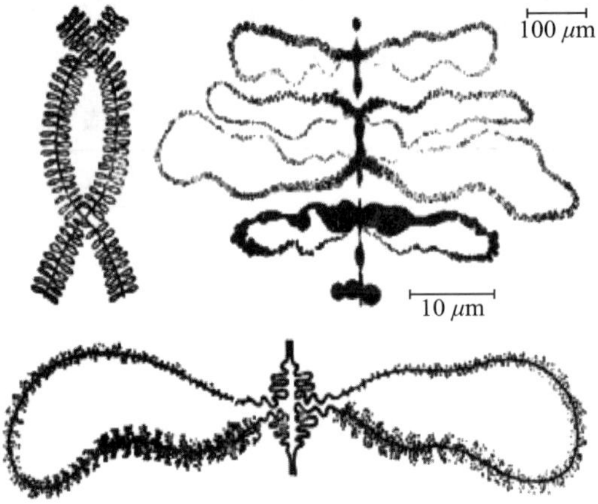

图 1-9　灯刷染色体

(二)A 染色体与 B 染色体

在许多动植物的细胞中除了正常恒定数目的染色体外，还常出现额外的染色体。通常把正常的染色体称为 A 染色体，把这种额外染色体统称为 B 染色体，也称为副染色体或超数染色体。目前在 260 余种动物包括哺乳动物中都发现有 B 染色体。B 染色体(图 1-10)一般比 A 染色体小，在减数分裂时不与 A 染色体配对，说明它们没有同源性，在结构上也不同，而且 B 染色体彼此之间配对能力也很差。在大多数情况下，B 染色体极少发生丢失现象。B 染色体的数目在群体、个体之间有较大的差异。在多数生物中，B 染色体对细胞、个体的发育和生存没有明显的影响，但其数目明显增加时生物的可育性降低。其详细的来源和功能，目前尚不甚清楚。

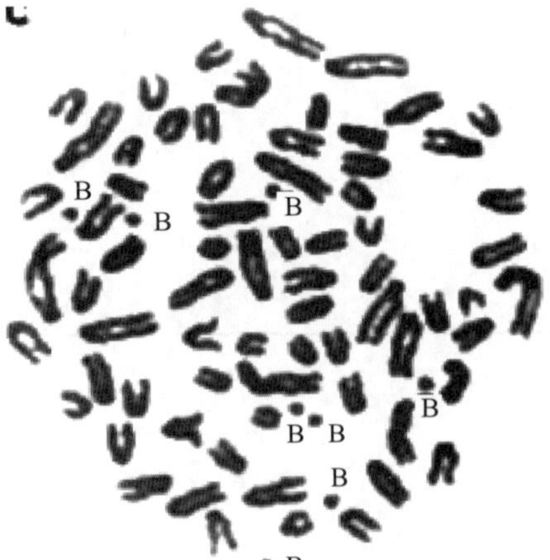

图 1-10　B 染色体

四、核型分析与染色体显带技术

(一)核型分析的概念及意义

莱尤恩(Leieune)1956 年发现了人类先天愚型患者的体细胞中，多了一条 21 号染色体，提出了染色体数目与遗传病的关联，使染色体从理论研究进入到实际应用阶段，促进了染色体形态学的发展，因此出现了一系列的染色体核型分析技术和方法。

1. 核型分析的概念

核型(karyotype)是指染色体组在有丝分裂中期的表型，包括染色体的数目、大小、形态特征等。核型表示方式有图形和公式两种，图形表示的核型是通过显微摄影得到单个中期细胞分裂中所有染色体的系统排列，它是根据染色体的形态特征、带纹等将同源染色体配对，分组编号而成的图形。如图 1-11 是河南大尾寒羊公羊染色体核型，其染色体有 27 对($2n=54$)，其中 X 和 Y 染色体的形态大小不同。表示染色体组成的公式称为核型式，如“$2n=54$，XY”通常表示正常公绵羊的细胞有 54 条染色体，性染色体为 XY 型。为了便于比较家畜染色体的特征常采用统一标准。1976 年在英国瑞丁召开的第一届国际家畜显带核型会议上，宣布了牛、山羊、绵羊、猪、马和猫的显带核型和命名系统，该命名系统是世界各国的家畜显带核型研究和分类的重要依据。

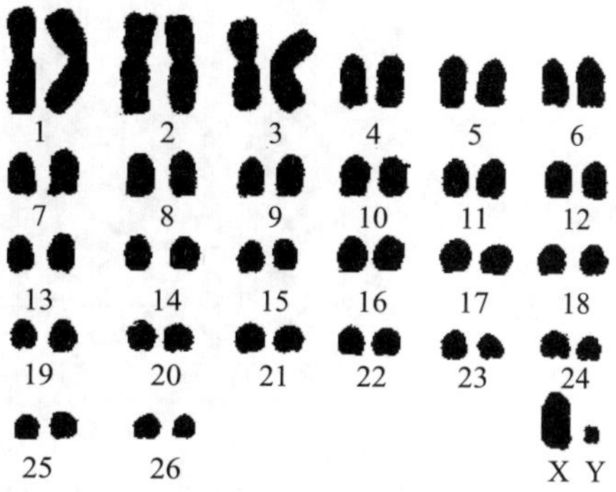

图 1-11 河南大尾寒羊染色体核型(♂)(引自赵淑娟，2008)

按照染色体的数目、大小和着丝粒位置、臂比、次缢痕、随体的有无等形态特征，对生物核内的染色体进行配对、分组、归类、编号等分析的过程称为染色体核型分析(karyotype analysis)。

2. 核型分析的意义

染色体核型分析的意义：

(1)用于染色体数目和结构变异引起的遗传性疾病的诊断；

(2)用于动物育种、远缘杂种的鉴定；

(3)研究物种间的亲缘关系及物种的进化机制；

(4)追踪鉴别外源染色体或染色体片段；

(5)为生物制品的生产提供细胞核学检查依据。

如人的 21 三体、LMH(鸡肝细胞)细胞染色体核型、Hi5(粉纹夜蛾)工程细胞染色体核型等都具有典型的畸形核型。图 1-12 中，LMH 细胞的染色体核型 $2n=94$，ZZ，与正常鸡的 $2n=78$，ZZ 明显不同，说明癌变导致鸡的肝细胞染色体数目、结构发生明显改变；图 1-13 中，

Hi5 细胞染色体核型 $n \approx 220$，Hi5 细胞是来自粉纹夜蛾卵巢（$n=31$）的细胞系，二者的染色体数目差异非常大，说明 Hi5 细胞体外培养传代后染色体异倍化严重，这将引起细胞生物学特性的改变。这些实验结果将为生物制品的生产提供细胞核学检查依据。

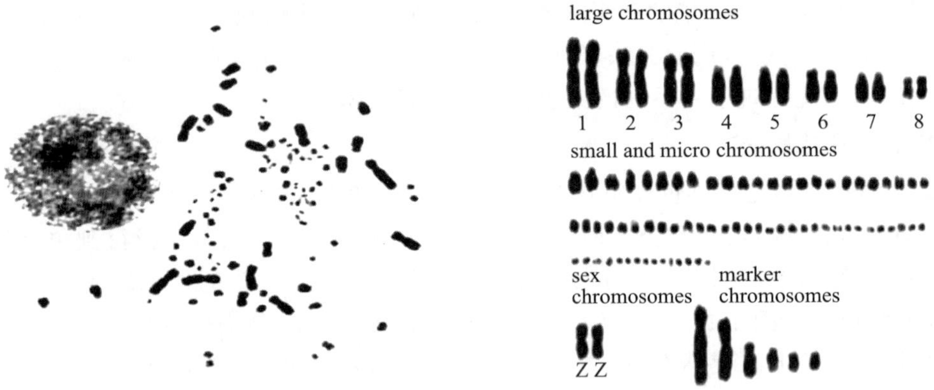

图 1-12　LMH 细胞染色体核型（♂）2*n*＝94，ZZ（引自赵淑娟，2019）

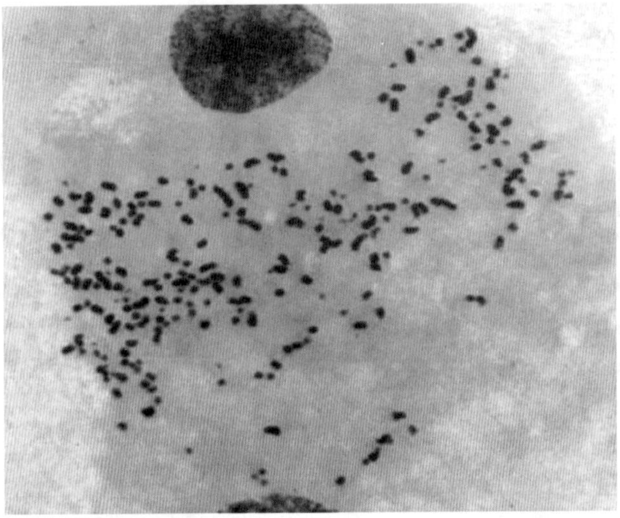

图 1-13　Hi5 细胞染色体核型（引自赵淑娟，2020）

在核型分析中，首先要通过外周血淋巴细胞培养法、骨髓法等制备染色体标本片，然后通过显微镜观察寻找分散良好、背景清晰的染色体中期分裂象，进行统计分析。核型分析方法主要有 3 种。

（1）镜下核型分析　即在显微镜下直接观察被检细胞的染色体，鉴别染色体形态结构、数目等是否有异常情况，这种方法已广泛应用于人类染色体疾病的临床诊断中。

（2）显微照片核型分析　把显微照片上所有染色体剪下，按照染色体的大小、着丝点的位置、随体的有无等特征进行归类配对粘贴后，统计分析染色体的数目和形态结构是否异常，这种方法可以直观显示被检材料，适用于教学、科研和染色体鉴定人员的训练过程。

（3）自动核型分析　首先把显微镜和电脑结合在一起，将每条染色体的形态分析参数输入电脑中，然后把需要分析的细胞染色体分裂象展现在显微镜下，自动核型分析仪便能阅读每条染色体，按照染色体分类标准排列成核型图，并报告出核型分析结果。这种方法已在人的染色体疾病诊断中普及。

(二)染色体显带

1. 染色体显带技术概述

染色体核型分析虽然被广泛应用,但对那些染色体数目多、染色体小、形态相似、彼此不易区分的物种,可以通过染色体显带技术进行准确的识别。常用的显带技术有G带、Q带、R带、C带、T带等。

染色体显带技术根据其产生带型的分布与特点,可分为两大类:一类是产生的染色带遍及整条染色体长度上,如Q带、G带和R带以及显示DNA复制形式的技术;另一类是只能使少数特定染色体区段或结构显带,如显示着丝粒的C带、显示端粒的T带以及显示核仁组织区的N带技术等。G带就是基于吉姆萨(Giemsa)染色法的最常用的染色体显带技术,是将处于细胞分裂中期的染色体经过胰酶的处理再经吉姆萨染色后,染色体上出现的明暗相间、宽窄不同的条带,同源染色体的条带相同,非同源染色体的条带各异。据此能准确区分形态相似、难以区分的染色体。如图1-14是人的染色体吉姆萨显带分析图。Q带就是喹吖因荧光染色技术,在富含AT碱基的DNA区域显示出荧光带型,产生与G带类似的带型。R带也是基于吖啶橙的染色技术,在富含GC碱基的DNA区域显示出荧光带型,产生与G带或R带相反的带型,故也称反带。C带也是基于吉姆萨染色的另一种技术,可显示异染色质区域,主要用来显示着丝粒的位置,如图1-15所示。T带是R带技术的改进,主要用来显示端粒的位置。

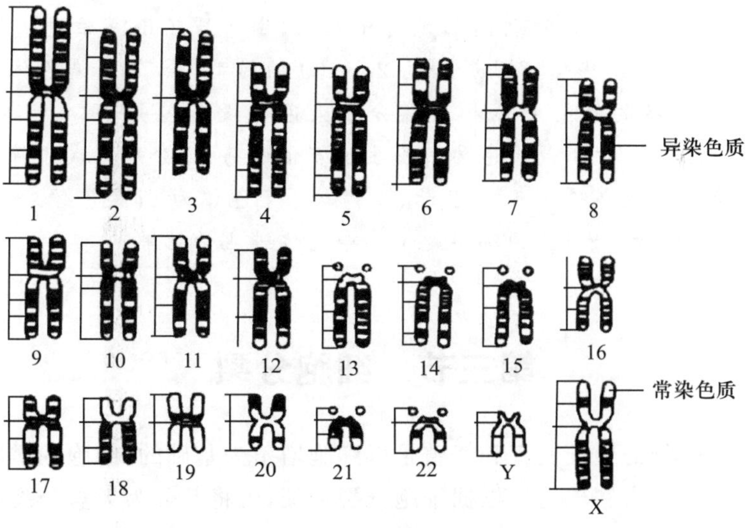

图1-14 人的染色体吉姆萨显带分析图(引自卢良峰,2001)

2. 染色体带型的表示方法

染色体带型的表示方法通常是以染色体的着丝粒为界标,区和带则沿着染色体的长臂和短臂,由着丝粒向外编号。在表示某一特征的带型时,需包括以下4个方面:①染色体号;②臂号;③区号;④在该区的带号。以上4项依次列出,无须间隔或标点符号,但再将带划分为亚带、次亚带时,要在带后加一小数点。如5p12,表示5号染色体短臂的1号区2号带;6q23.21,表示6号染色体长臂的2号区3号带2号亚带1号次亚带;7q31.31表示7号染色体长臂的3号区1号带3号亚带1号次亚带。

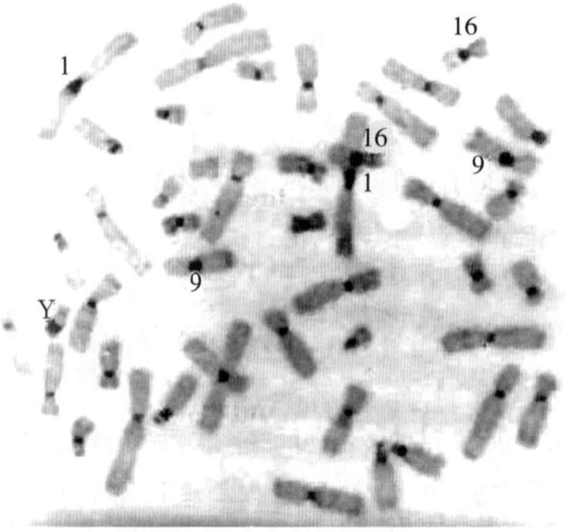

图 1-15 显示着丝粒位置的 C 带图(引自赵淑娟,2008)

案例分析:

如何从进化的角度分析绵羊和山羊核型的差异?

从染色体核型进化的角度看,一般认为,具有较多的 st/t 染色体的物种可能是相对出现较早的原始种;而 m/sm 型较多的种则相对特化,可能是出现较晚的种。

山羊和绵羊是从 $2n=60$ 的共同祖先进化而来,由于罗伯逊易位造成绵羊染色体数目减少为 $2n=54$,而山羊仍保留了原始的 $2n=60$ 的核型,除了 Y 染色体为 m 外,均为 t 染色体。绵羊与山羊的性染色体和大部分常染色体没有差异,但由于山羊的 1 号与 3 号、2 号与 8 号及 5 号与 11 号染色体都发生了罗伯逊易位,分别形成了绵羊的三对中着丝点染色体,绵羊的染色体除了 1 号、2 号、3 号和 Y 染色体为 m 染色体外,其余仍为 t 染色体。所以从核型分析上看,认为绵羊是山羊染色体进化的结果。

第三节 细胞分裂

二维码 1-2 有丝分裂和细胞周期

生物的生长发育和繁殖是以细胞增殖为基础的,细胞的增殖则是以细胞分裂的方式来实现的。根据细胞分裂特征,可将其分为无丝分裂和有丝分裂两种方式,减数分裂是特殊的有丝分裂。

一、细胞周期(cell cycle)

从一次细胞分裂结束到下一次细胞分裂结束所经历的过程,称为细胞周期。

根据动物细胞在分裂过程中,DNA 合成及细胞分裂的特点,可将细胞周期分为间期(interphase)和分裂期(mitosisphase,M)两个大的时期(图 1-16)。

根据间期 DNA 的合成特点,又将细胞间期划分为先后连续的 3 个时期:G1 期(Gap1 phase)、S 期(Synthesis phase)和 G2 期(Gap2 phase)。

G1 期又称 DNA 合成前期,是从上一次细胞分裂结束之后到 DNA 合成前的间隙期,此时主要进行细胞体积的增大，并为 DNA 合成做好准备。对于不分裂细胞则停留在与 G1 期相似又截然不同的 G0 期(图 1-16 右)，处于 G0 期的细胞不再进入下一个细胞周期，行使其功能直到衰老死亡。例如，果蝇唾液腺细胞就是处于 G0 期的细胞，幼虫变蛹后退化。但处于 G0 期的细胞也可通过某种刺激退出 G0 期重新进入细胞周期。

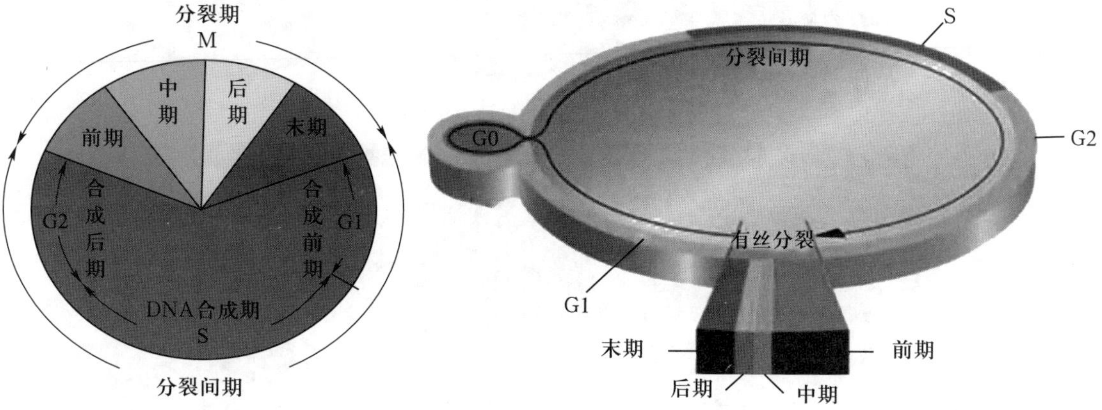

图 1-16　细胞周期(引自陈国宏等，2009)

S 期为 DNA 合成期，主要进行 DNA 的复制，使细胞核中的 DNA 含量增加 1 倍。同时完成组蛋白、非组蛋白等染色质蛋白的合成，并组装成具有一定结构的染色质。S 期的 DNA 复制是有顺序的。一般来讲，常染色质先复制，异染色质后复制；GC 含量高的部分先复制，AT 含量高的后复制。

G2 期又称 DNA 合成后期，是从 DNA 合成后到细胞开始分裂前的间隙期，有少量 DNA 和蛋白质合成，为细胞进入分裂期准备充分的物质条件。通常将含有 G1、S、G2 和 M 期 4 个不同时期的细胞周期称为标准的细胞周期。同种细胞之间，细胞周期时间长短相同或相似；不同种类细胞之间，细胞周期时间长短各不相同。一般而言，细胞周期时间的长短主要取决于 G1 期持续的时间，其次为 G2 期，而 S 期和 M 期相对较为恒定。

二、无丝分裂(amitosis)

无丝分裂也称为直接分裂，是细胞体积增大，细胞核拉长缢裂成两部分，然后细胞质从中部凹陷，最终分裂成两个相似的子细胞。在整个分裂过程中因为没有纺锤丝的形成，故称为无丝分裂。无丝分裂是低等生物，如细菌等原核生物、高等植物一些专化组织、肿瘤和愈伤组织等的主要分裂方式。过去认为在高等生物中比较少见，但近年来的研究表明，高等生物的许多正常组织也常发生无丝分裂，例如动物的胚胎膜和肌肉组织、植物的胚乳细胞等，也观察到了无丝分裂现象。

三、有丝分裂(mitosis)

有丝分裂是高等生物细胞分裂的主要方式，它是一个复杂的生物学过程，在分裂过程中因有纺锤丝的形成，称为有丝分裂。

(一)有丝分裂的过程

根据细胞核分裂过程中细胞形态结构的变化，可将其划分为 4 个时期：前期、中期、后期和末期(图 1-17)。

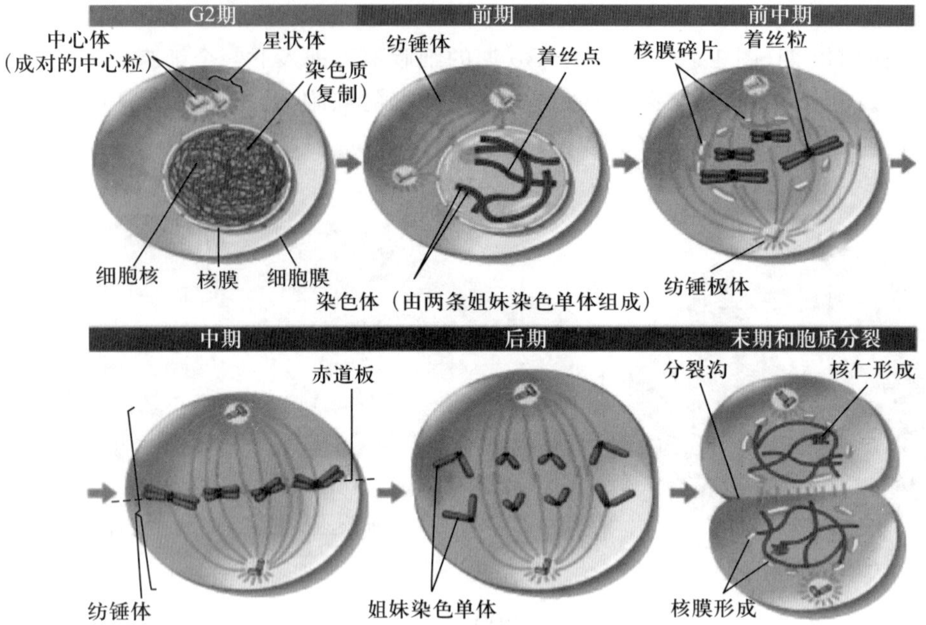

图 1-17　有丝分裂模式图(引自陈国宏等,2009)

1. 前期(prophase)

前期是有丝分裂的开始,其标志是细胞核内出现细长而卷曲的染色体,每条染色体有两条姐妹染色单体组成,表明此时染色单体已经自我复制,但染色体的着丝粒还没有分裂。与此同时核仁逐渐消失。中心体形成两个放射状星体并向两极移动,逐渐形成丝状的纺锤丝,纺锤丝与星体连接形成纺锤体。

2. 中期(metaphase)

中期的开始以核膜消失为标志,这时染色体进一步凝集浓缩、变粗变短、形态清晰。$2n$ 条染色体有规律地排列在赤道板上。纺锤体也变得清晰可见。每个染色体的两条染色单体分别由纺锤丝与细胞两极相连。

此时,染色体高度螺旋化形成最典型的形状,适宜进行染色体形态和数目的观察,是核型分析的最佳时期。中期结束的标志是着丝粒发生纵裂和所有染色单体都从着丝粒部位分开。

3. 后期(anaphase)

后期每条染色体的着丝粒一分为二,两条染色单体相互分离,形成子代染色体,并由纺锤丝牵引向两极移动,移向细胞两极的两组染色体形态和数目相同。由于各条染色体上的着丝粒位置不同,使后期的染色体在纺锤丝的牵引下,呈现出“V”形、“L”形和棒形。如果用秋水仙素处理细胞使纺锤体解体,染色体的移动就不会发生。这也是制备细胞中期染色体标本片之前,要用秋水仙素处理细胞的原因之一。

4. 末期(telophase)

当两组染色体移动到细胞两极后,纺锤丝逐渐消失;染色体开始解旋,逐渐变成松散而细长的染色质线;核膜、核仁重新出现,新的细胞核形成;与此同时,细胞质在赤道板处凹陷分裂。最后,一个细胞分裂为两个子细胞,重新进入细胞间期,完成有丝分裂的全过程。

有时，有丝分裂过程会发生异常情况，一种是细胞核进行多次分裂，而细胞质不分裂，因此形成多核细胞。另一种是染色质连续复制、着丝点不分离、细胞核也不分裂，从而引起核内染色质加倍，即所谓的核内有丝分裂。例如果蝇唾液腺细胞中的多线染色体就是核内有丝分裂造成的。

(二)有丝分裂的特点及意义

细胞有丝分裂的特点是 DNA 复制一次、细胞分裂一次，由一个母细胞分裂为两个子细胞，染色体均等而准确地分配到两个子细胞中，因此子细胞和母细胞在染色体数目、形态结构等方面保持相同。有丝分裂促进了细胞数目和体积的增加，维持了个体的正常生长发育，也保证了物种的稳定性和连续性。

四、减数分裂(meiosis)

减数分裂是发生在性母细胞成熟时、配子形成过程中的一种特殊的有丝分裂，由于分裂后形成的子细胞中染色体的数目比母细胞减少了一半，因此而得名，又称为成熟分裂。减数分裂随着染色体的数目减半，基因的含量也同样减半，故使原来的二倍体细胞变成单倍体细胞，即由 $2n$ 变为 n。

减数分裂的过程包括：第一次染色体数目减半的分裂，第二次染色体等数的分裂，分别称为减数分裂Ⅰ(meiosis Ⅰ)和减数分裂Ⅱ(meiosis Ⅱ)。它们都可划分为前期、中期、后期和末期。减数分裂Ⅰ的 4 个时期通常称为前期Ⅰ、中期Ⅰ、后期Ⅰ和末期Ⅰ；减数分裂Ⅱ的 4 个时期称为前期Ⅱ、中期Ⅱ、后期Ⅱ和末期Ⅱ(图 1-18)。

二维码 1-3
减数分裂

(一)减数分裂Ⅰ过程

1. 前期Ⅰ(prophase Ⅰ)

前期Ⅰ是经历时间最长、变化最为复杂、在遗传上有重要意义的时期。根据其特征又将前期Ⅰ分为细线期、偶线期、粗线期、双线期和终变期 5 个时期。

(1)细线期(leptotene)：核内出现细长如线的染色体，因此称为细线期。由于染色体在间期已经复制，每条染色体都由共用一个着丝粒的两条姐妹染色体组成。此时由于细长如线的染色体在核内交织成网状，很难分清其数目。

(2)偶线期(zygotene)：主要发生联会现象。即同源染色体彼此靠拢并精确配对的过程称为联会。此时，配对的同源染色体之间形成一种蛋白质复合结构，称为联会复合体，也称为二价体。这时出现多少个二价体，即表示有多少对同源染色体。二价体中每条染色体含有两条姐妹染色单体，因此一个二价体包括 4 条染色单体，故又称为四分体。在偶线期，四分体结构并不清晰。

(3)粗线期(pachytene)：又称重组期。该期染色体进一步变短变粗、结合紧密，同源染色体中的非姐妹染色单体间发生部分 DNA 片段的交换，即基因交换，导致重组，产生新的等位基因组合。

(4)双线期(diplotene)：染色体进一步缩短变粗，联会复合体解体，同源染色体分离，只在交换点联结在一起，此时，四分体结构清晰可见。由于同源染色体非姐妹染色单体在粗线期的交换，在不同二价体的不同部位出现数目不等的交叉。双线期持续时间一般较长，时间长短因不同物种、不同个体变化很大。如人类的卵母细胞双线期从胚胎期的第五个月开始，短者到性成熟期结束，持续十几年，长者到生育期结束，可达四五十年。

(5)终变期(diakinesis)：染色体高度螺旋化，形成短棒状结构，二价体均匀地分布在整个细胞核内，是减数分裂时期进行染色体计数的最佳时期。

2. 中期Ⅰ(metaphaseI)

核仁、核膜消失，纺锤体开始形成，也标志着中期Ⅰ的开始。此时，n 个二价体(或者 n 对同源染色体)排列在赤道板上，其着丝粒位于赤道板两侧，每条同源染色体的着丝粒随机朝向两极，纺锤丝与着丝粒相连并将其拉向两极。

3. 后期Ⅰ(anaphaseⅠ)

在纺锤丝的牵引下，同源染色体分离并移向两极，哪一条染色体去向哪一极是随机的，到达两极的染色体会出现多种排列方式。细胞的每一极都只能得到一对同源染色体中的一条，但每一条均含有两条姐妹染色单体，因此，原来细胞中 $2n$ 条染色体，经过后期Ⅰ的分离，每一极只获得了 n 条染色体，从而使两个子细胞中的染色体数目与母细胞相比减半。

4. 末期Ⅰ(telophaseⅠ)

染色体到达两极后，解旋松散变细，核仁、核膜重新出现，随之胞质凹陷分裂形成两个染色体数目减半的子细胞。至此，减数分裂Ⅰ结束。之后，细胞有一个短暂的间期，但这一时期不进行 DNA 的复制。有些动物在染色体到达两极后，并不进行胞质分裂，就立即进入了第二次减数分裂。

(二)减数分裂Ⅱ过程

减数分裂Ⅱ与普通有丝分裂象似，也分为前期Ⅱ、中期Ⅱ、后期Ⅱ和末期Ⅱ四个时期。

1. 前期Ⅱ(prophaseⅡ)

在这一时期，细胞有核膜和核仁，每条染色体有两条彼此散得很开，但共用一个着丝粒的染色单体。

2. 中期Ⅱ(metaphaseⅡ)

在这一时期，核膜和核仁消失，出现纺锤体，染色体螺旋浓缩，n 条染色体的着丝粒整齐地排列在赤道板上，并通过纺锤丝与两极相连。

3. 后期Ⅱ(anaphaseⅡ)

此时在纺锤丝的牵引下，着丝粒一分为二，姐妹染色单体分开并向两极移动，每一极分别得到姐妹染色单体的一条染色体。

4. 末期Ⅱ(telophaseⅡ)

在末期Ⅱ中，移动到两极的染色体解旋、伸长变细，核膜和核仁重新出现，形成新的子细胞核，同时细胞质也从中间凹陷分为两部分。这样经过两次减数分裂后，形成 4 个染色体数目减半、彼此也不完全相同的子细胞(图 1-18)。

(三)减数分裂的特点及意义

减数分裂是有性繁殖生物形成配子的必经过程。其主要特点是染色体复制一次，细胞连续分裂两次，形成四个子细胞；子细胞中染色体数目减半，且功能与母细胞不完全相同。其意义在于实现了雌雄配子染色体数目减半，保证物种染色体数目的恒定；同源染色体随机分向两

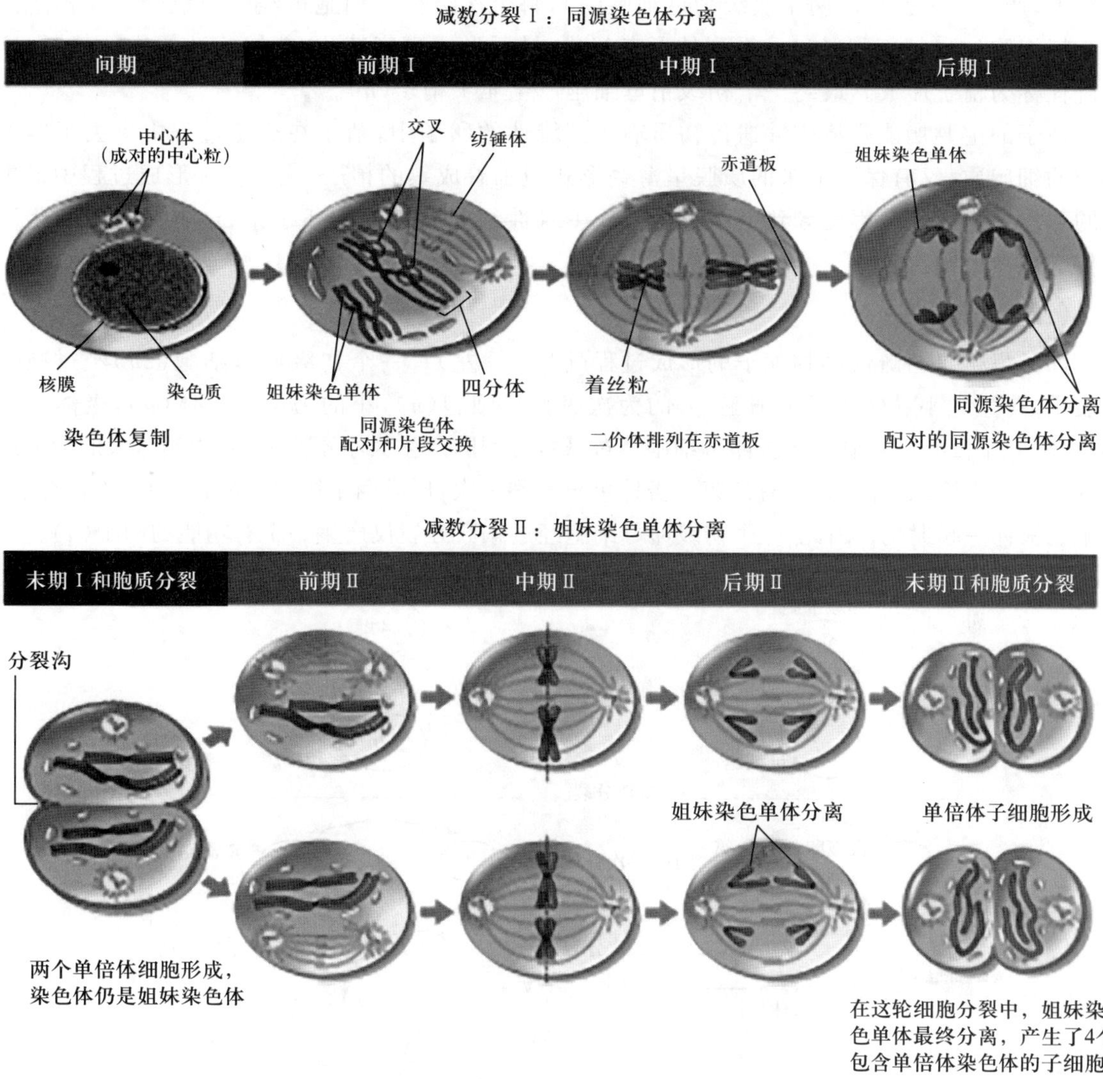

图 1-18　减数分裂过程图（引自陈国宏等，2009）

极，非同源染色体自由组合以及非姐妹染色间的交换，丰富了生物的多样性，为动植物育种及进化提供了丰富的材料。

五、高等动物配子的形成

动物性成熟以后，雄性动物睾丸里的精原细胞、雌性动物卵巢里的卵原细胞，首先经历繁殖期，即进行若干代有丝分裂的增殖，分别产生大量的精原细胞、卵原细胞；然后进入生长期，即末代精原细胞、卵原细胞不再进行有丝分裂，细胞质开始增加、细胞体积变大；最后进入成熟期，即每一个精原细胞、卵原细胞分别形成一个初级精母细胞和一个初级卵母细胞，开始减数分裂形成配子。

（一）精子发生

精子发生是指雄性动物配子的形成过程（图 1-19 右）。一个初级精母细胞（$2n$）经过减数分裂Ⅰ，产生大小一样的两个次级精母细胞(n)，每个次级精母细胞再经过减数分裂Ⅱ各产生两个精细胞(n)，精细胞经过一系列的形态变化，最后形成高度特化、能够运动的成熟精子，这一过程称为精子形成。最终一个初级精母细胞产生 4 个精子(n)。

精子的主要功能是将雄性遗传物质输送到雌性的卵子中，精子在成熟过程中失去了绝大部分的细胞质，仅有保留下来的质膜呈薄鞘形式包围着成熟的精子，这是精子形成过程中最重要的形态变化之一。因此导致受精过程中极少雄性细胞质进入到卵子中，这也是产生细胞质遗传的主要原因。

(二)卵子发生

卵子发生是指雌性动物配子的形成过程(图 1-19 左)。一个初级卵母细胞($2n$)经过减数分裂Ⅰ，产生大小悬殊的两个细胞，大的为次级卵母细胞(n)，小的为第一极体(n)，极体只有细胞核，几乎没有细胞质。次级卵母细胞经过减数分裂Ⅱ，产生大小不同的两个细胞，大的为卵细胞(n)，小的为第二极体(n)。有的第一极体可再分裂一次，形成两个第二极体；有的则不再分裂，与第二极体一起退化。因此，一个初级卵母细胞经过减数分裂仅产生一个有功能的卵子(n)。

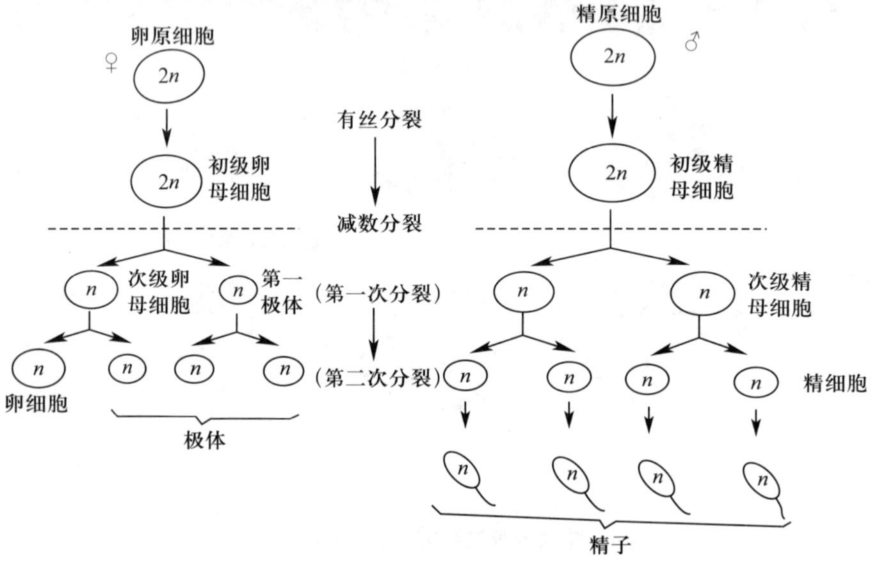

图 1-19　动物配子的形成过程(引自吴常信，2015)

精子与卵子融合为一个合子或受精卵的过程，称为受精。高等动物的受精过程是极其复杂的，精子一般是在卵子形成的中期Ⅱ进入卵内发生融合，受精结束后，受精卵很快进行第一次有丝分裂，至此开始胚胎的生长发育过程。

(三)染色体在动物生活史中的周期性变化

动物生活史是指动物个体生长发育的全过程，也称生活周期。任何生物都具有一定的生活周期，但各种生物的生活史并不相同。

动物体内的睾丸和卵巢性腺组织，经过减数分裂产生精子和卵子，然后精子与卵子结合受精，形成受精卵，完成动物生活史中的一个周期。此时，染色体经历了“二倍体($2n$)—单倍体(n)—二倍体($2n$)”的循环过程(图 1-20)。动物的生活周期是二倍体与单倍体的往返过程。一方面从受精卵到完整动物体，通过有丝分裂保持了染色体在动物体内的一致性和稳定性；另一方面在配子形成时，经减数分裂使精子和卵子的染色体数目减半，通过受精又恢复成二倍体，从而保证了各物种染色体数目在世代间的恒定及各性状在世代间的稳定遗传。

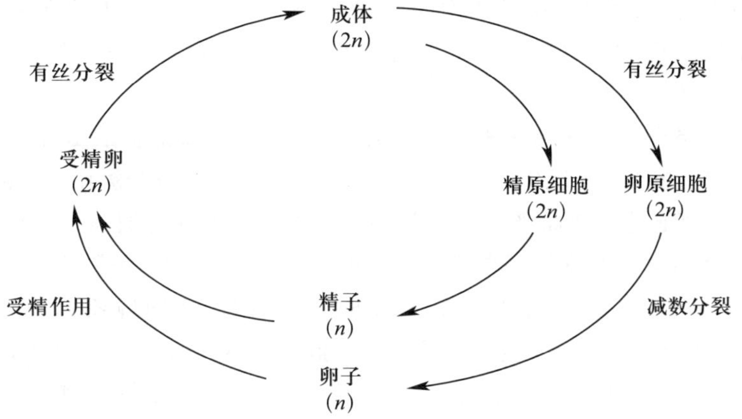

图 1-20 染色体的周期性变化

第四节 遗传物质——核酸

在遗传物质的发现过程中，细菌和病毒对遗传学的研究有着不可磨灭的贡献。早在 1868 年，瑞士生物化学家米歇尔(J. T. Miescher)从外科绷带上脓细胞核中分离出一种富含磷的酸性物质，后称为核酸(nucleic acid)，但这项重大发现没有得到到人们的重视。从 19 世纪中期到 20 世纪初，科学家们一直认为遗传物质是蛋白质。1879 年，德国生物学家弗莱明(A. Flemming)在细胞核内发现了染色质；1903 年，美国细胞学家萨顿(W. S. Sutton)和德国实验胚胎学家鲍维里(T. H. Boveri)发现细胞中染色体的遗传方式与孟德尔(G. J. Mendel)所描述的遗传因子极为类似；1909 年，丹麦的植物遗传学家约翰逊(W. L. Johannsen)提出了“基因”一词，取代“遗传因子”；1910 年，美国遗传学家摩尔根(T. h. Morgan)用果蝇做实验材料，证明了基因位于染色体上。

最终真正确立 DNA 是遗传物质的重要实验，一是英国生物学家格里菲斯(F. Griffith，1928 年)和艾弗里(O. Avery，1944 年)进行的细菌转化实验；二是赫希(A. Hershey)与蔡斯(M. Chase，1952 年)两位科学家进行的噬菌体侵染实验，他们相继证实了 DNA 才是真正的遗传物质，而不是蛋白质或其他的生物分子。1956 年，格勒(A. Girer)和施拉姆(G. Schramm)的烟草花叶病毒实验，证明在不含 DNA 的病毒中，RNA 为遗传物质。

一、核酸作为遗传物质的直接证据

(一)细菌转化实验

1928 年，英国生物学家格里菲斯首先发现了肺炎双球菌的转化实验。肺炎双球菌有两种类型，一种是 S 型(光滑型)，其菌落光滑、细胞壁的外面有一层多糖组成的夹膜，有毒性、可致死，有 SI、SⅡ、SⅢ三种类型。感染小鼠会导致小鼠患败血症而死亡，但经加热(65℃)处理杀死后便丧失了感染能力。另一种是 R 型(粗糙型)，其菌落粗糙、无多糖组成的夹膜，无毒性、

二维码 1-4
核酸是遗传物质的证据

感染小鼠不会使小鼠死亡，也有三种类型，分别是 RⅠ、RⅡ、RⅢ。

格里菲斯实验方法是先将活的 SⅢ 型细菌和 RⅡ 型细菌分别注射到小鼠体内，活的 SⅢ 型细菌因有毒性使小鼠死亡；活的 RⅡ 型细菌因无毒性没有使小鼠死亡。然后将加热杀死的 SⅢ 型细菌注射给小鼠，小鼠没有致病，说明加热杀死的 SⅢ 型细菌已无毒性。

格里菲斯继续实验，将加热杀死的 SⅢ 型细菌和活 RⅡ 型细菌混合后感染小鼠，结果奇迹发生了：小鼠发病死亡，并在其体内检出有活的 SⅢ 型细菌（图 1-21）。这种 SⅢ 型细菌是从何而来呢？他认为加热杀死的 SⅢ 型细菌可能提供了某些特异性的蛋白质原料，能使活的 RⅡ 型细菌制造 SⅢ 型的多糖夹膜，由此变成有毒细菌。加热杀死的 S 型细菌能使不致病的 R 型细菌变成能致病的 S 型细菌，这种现象称为转化（transformation）。死的 SⅢ 型细菌由粘多糖（荚膜）、蛋白质、脂类、DNA 和 RNA 组成，那么究竟是哪一种物质使 S 型细菌发生转化的呢？格里菲斯未能揭示这一重要问题。直到 1944 年，艾弗里等人在前人工作的基础上，又经过了 16 年的努力，通过肺炎双球菌的体外转化实验给出了问题的答案，证明这种转化因子是 DNA，而不是蛋白质或其他物质。

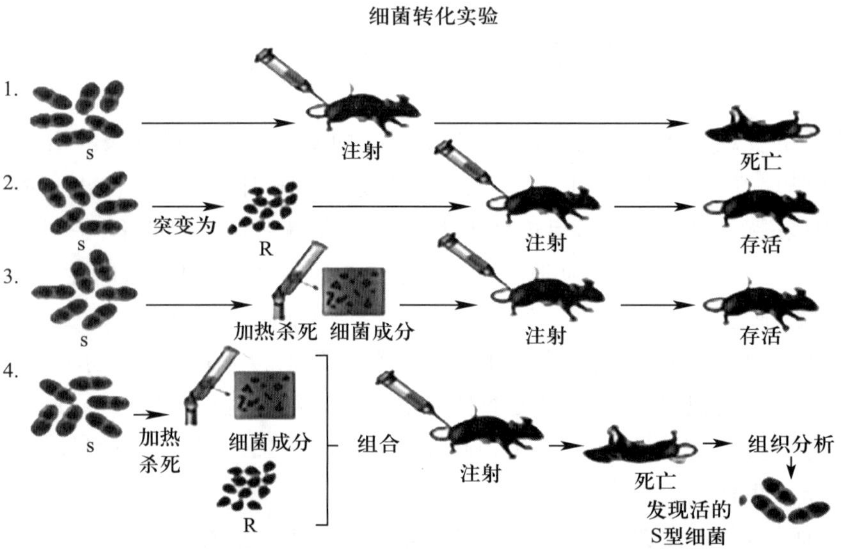

图 1-21　格里菲斯的细菌体内转化实验

他们将加热杀死的 SⅢ 型细菌滤过液中的各种组成成分纯化，提取蛋白质、DNA、RNA、脂类、多糖等物质，然后分别加入 RⅡ 型细菌中混合培养，结果仅有从 SⅢ 分离得来的 DNA 能把活的 RⅡ 型细菌转化为 SⅢ 型，而且只要有微量的 DNA 就能转化。如果在向 RⅡ 型细菌中加入 SⅢ 型 DNA 的同时，加入 DNA 降解酶，转化就不能发生。这些结果证明能使 RⅡ 型细菌转化为 SⅢ 型细菌的因子唯有 DNA，而不是蛋白质或其他物质（图 1-22）。艾弗里等的转化实验首次证明 DNA 是遗传物质。迄今，转化实验已在多种细菌中得到验证，在真核生物如果蝇、家蚕之间，在某些植物之间，都有转化成功的报道，并且都证明转化因子均为 DNA。

（二）噬菌体侵染实验

虽然艾弗里等人的肺炎双球菌体外转化实验精确又严密，DNA 是遗传物质的结论还是不

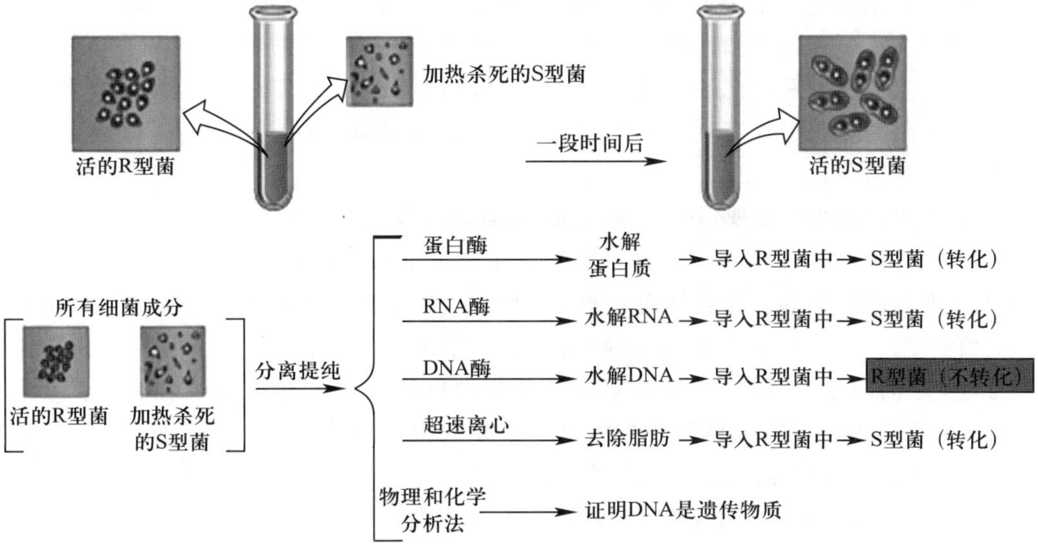

图 1-22　艾弗里等的细菌体外转化实验

能被很多科学家所接受。直到 1952 年赫尔希与蔡斯的噬菌体侵染实验再次证明核酸 DNA 是遗传物质，才使人们普遍认同遗传物质是核酸而不是蛋白质。

病毒是结构最简单的生物，只有核酸和外壳蛋白组成，无完整的细胞结构，因此必须侵染宿主细胞才能繁殖自身。不同的核酸和外壳蛋白构成不同的病毒类型，所以有 RNA 病毒和 DNA 病毒之分。能够侵染细菌的病毒叫噬菌体。其中 T2 噬菌体是侵染大肠杆菌的病毒，由约 60%蛋白质和 40%DNA 组成，蛋白质构成它的外壳，DNA 则作为核心被包在其中(图 1-23)。

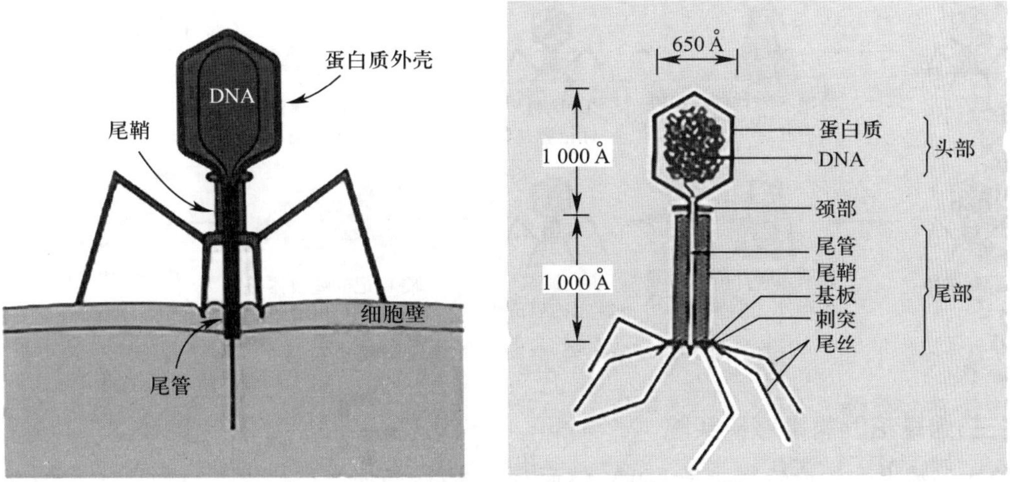

图 1-23　T2 噬菌体的结构图

当 T2 噬菌体侵染细菌时，首先是用其尾部吸附到细菌的表面，将自身的一部分物质注入细胞内，而后在细菌体内大量的组装繁殖，最后细菌体裂解，释放出大量新合成的 T2 噬菌体(图 1-24)。那么，注入细胞内的物质是外壳蛋白还是 DNA 呢？由于 T2 噬菌体由蛋白质和 DNA 组成，蛋白质中含有硫而不含磷，而 DNA 中含磷而不含硫，根据这些特点，赫尔希与蔡斯等首先用 T2 噬菌体分别去侵染被^{35}S 和^{32}P 标记的细菌。侵染^{35}S 标记细菌的噬菌体子代蛋白被标记,侵染^{32}P 标记细菌的噬菌体子代 DNA 被标记。接下来用被^{35}S 和^{32}P 标记的噬菌体分别去侵染未被同位素标记的细菌,培养 10 min 后,用 Waring 氏搅拌器剧烈搅拌震荡,使吸附在菌体表面的噬菌体外壳脱落下来,离心分离,游离的噬菌体空壳悬浮于上清液中,而细菌在底部的沉淀物中。

经同位素测定,结果发现,用^{32}P 标记的噬菌体侵染实验中,上清液中^{32}P 的含量仅有 30%,而在沉淀物中的含量为 70%,这表明噬菌体感染细菌后将带有^{32}P 标记的 DNA 注入宿主细胞中。推测还有少部分噬菌体尚未将 DNA 注入宿主细胞中就被搅拌下来,因而上清液约含 30%的^{32}P。用^{35}S 标记的噬菌体侵染实验中,结果却正好相反。上清液中^{35}S 的含量达 80%,沉淀物中的含量为 20%,这表明噬菌体的蛋白质外壳并未进入宿住细胞内。沉淀物中 20%的^{35}S,推测是少量的噬菌体经搅拌后仍吸附在细胞上所致(图 1-24)。Hershey-Chase 的这一实验结果说明,噬菌体感染细菌时,主要是 DNA 进入细菌细胞中,注入的 DNA 载有噬菌体的全部遗传信息,组装繁殖了新的噬菌体,而外壳蛋白质则大部分留在了细菌体外,这个结果再次证明 DNA 是遗传物质,蛋白质不是。

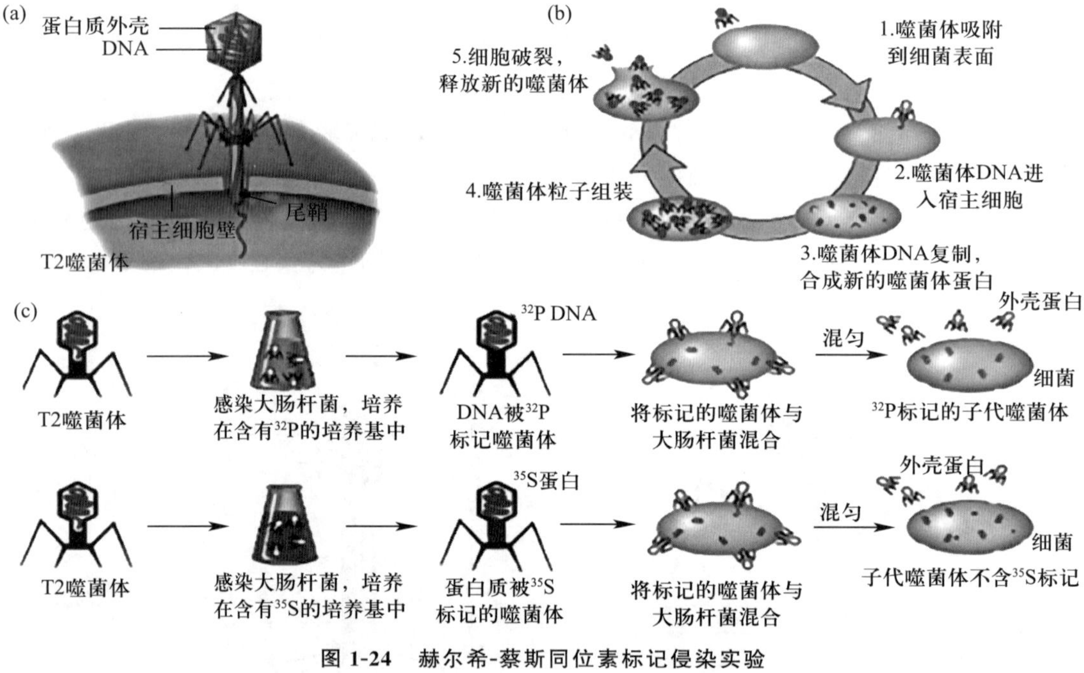

图 1-24 赫尔希-蔡斯同位素标记侵染实验

(三)烟草花叶病毒感染实验

绝大多数生物的遗传物质是 DNA,然而有些病毒,如烟草花叶病毒(TMV)只含有蛋白质和 RNA,不含有 DNA。那么 TMV 的遗传性状是由哪一种成分决定的呢?

烟草花叶病毒呈筒状结构,其中蛋白质含量约为 94%,RNA 含量约为 6%。把烟草花叶病毒放在水和苯酚中震荡,可把病毒的蛋白质和 RNA 分开。早在 1956 年,格勒(A. Girer)和施拉姆(G. Schraman)利用从 TMV 中分离出来的 RNA 侵染正常烟草,可形成新的 TMV 病斑,使烟草发病,只不过感染能力变弱;用酶处理 RNA 后,则 RNA 就失去了感染能力。而用从 TMV 中分离出来的蛋白质侵染正常烟草,则不发病。这一实验结果表明,不含 DNA 的烟草花叶病毒，RNA 是遗传物质，蛋白质不是。

之后，佛兰科尔-康拉特(H. Fraenki-Conrat)和辛格尔(B. Singre)的实验进一步证实了这一结论。烟草花叶病毒有多个品系，不同品系对寄主能引起不同的症状。他们将两个不同的品系 TMV A 和 TMV B 品系重组成了具有感染能力的“杂种”病毒新品系，即将 TMV A 系的 RNA 和 TMV B 系的蛋白质，或将 TMV A 系的蛋白质和 TMV B 系的 RNA 重组后去感染烟草，所产生的病斑形态取决于“杂种”病毒中 RNA 的来源，而与蛋白质无关(图 1-25)。这一实验进一步表明，不含 DNA 的 TMV 的遗传信息是由 RNA 来传递的，RNA 也是遗传物质。

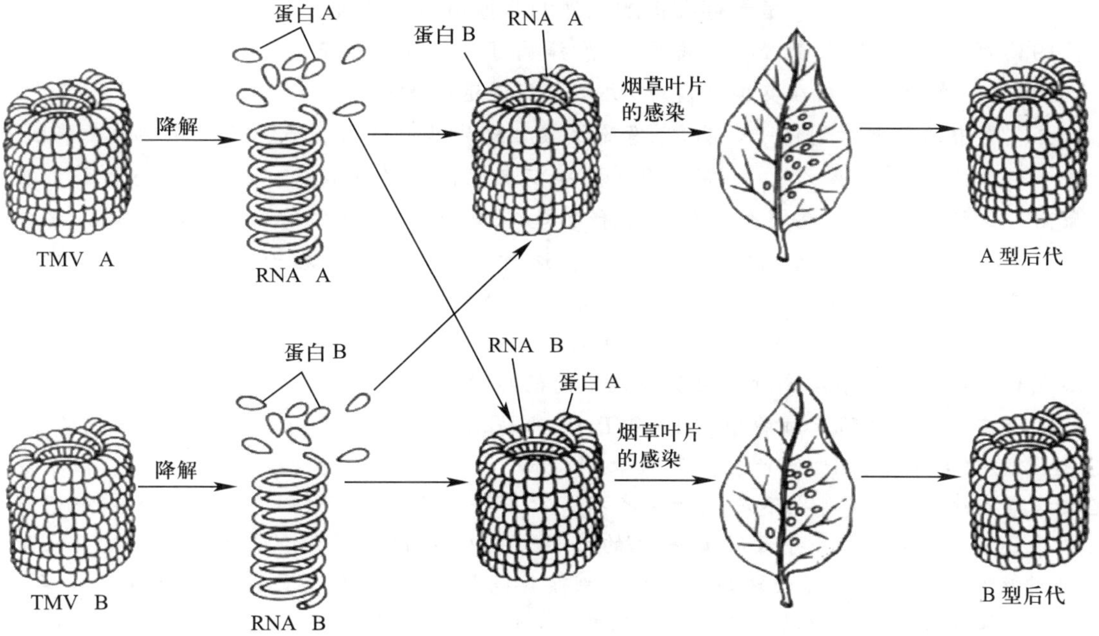

图 1-25　烟草花叶病毒感染实验(引自 P. J. Russell，2000)

二、DNA 作为遗传物质的间接证据

DNA 是遗传物质这一结论的得出，除了上述三个经典实验外，还可以从生物界其他一些现象中得到间接证明。

(一)细胞核中 DNA 含量的恒定性

同一种生物，不同种类细胞其 DNA 含量基本上是相同的，其他物质，如 RNA 和蛋白质则变化很大。此外，配子里 DNA 的含量一般是体细胞里 DNA 含量的一半，即 DNA 含量与染色体倍数是一致的。而染色体的其他成分如 RNA、蛋白质等，在细胞生长的各个阶段含量有很大变化。

(二)细胞生长过程中 DNA 的稳定性

DNA 不仅在不同种类细胞中含量恒定，在细胞生长代谢中也是很稳定的。例如，利用放射性元素对细胞进行标记试验，发现标记之后许多物质一边形成一边又分解了，而 DNA 一旦被标记，则在细胞生长的过程中非常稳定。而在某些鱼类中，它们二倍体细胞中染色体的蛋白质是组蛋白，成熟的精子中则变为精蛋白。由此可见，DNA 在细胞生长过程中是非常稳定的，而其他物质包括蛋白质则不然。

(三)紫外线诱变与 DNA 的关联

我们知道,紫外线具有诱变作用,其原理是生物体在吸收一定波长的紫外线能量后,会导致体内遗传物质的改变,从而引起遗传性状的变异。实验表明:紫外线诱变的有效波长为 200～300 nm,其中诱变作用最有效的波长为 260 nm 左右,而 DNA 吸收紫外线的最高峰值也恰为 260 nm 左右,二者的关联使我们推测 DNA 可能是遗传物质。

问题讨论:

是否存在核酸之外的其他遗传物质呢?

1935 年,法国研究人员经接种发现,羊瘙痒病可在羊群中传染。

1985 年,首例疯牛病在英国被发现,次年在英国迅速蔓延。

自然界中的这些特例似乎表明,还有除核酸之外的其他遗传物质。羊瘙痒病的致病因子,就是一个独特的"遗传因子"。研究发现羊瘙痒病致病因子是导致山羊、绵羊退行性神经疾病的原因。这种病与疯牛病类似,致病因子都是不含核酸的蛋白质颗粒,称为朊病毒蛋白(PrP)。这种蛋白质颗粒又是如何遗传的呢?这种蛋白有两种存在形式,正常脑组织中发现的产物是 PrP^c,是可溶性蛋白质,能被蛋白酶降解;另一种 PrP^s 只存在于被感染的脑组织中,对蛋白酶有抗性,只能部分被降解。两种蛋白具有相同的一级结构,但其二级结构相差较远。结构上的差异可能是导致其对蛋白酶抗性不同的原因。

瘙痒病的发生伴随有细胞中 PrP^c 到 PrP^s 的转化现象,是什么导致了朊病毒疾病的发生?是 PrP^c 的缺失还是 PrP^s 的产生?实验表明,PrP^c 的缺失能导致神经细胞的死亡,但不会引起朊病毒疾病,PrP^s 本身也不足以产生疾病。只有当 PrP^s 产生于细胞内或进入一个已经有 PrP^c 表达的细胞时,才有导致疾病发生的毒性。缺少 PrP 基因的鼠不能被感染发病,说明 PrP^c 对疾病的发生是不可或缺的。因此推测瘙痒病是 PrP^s 与内源 PrP^c 相互作用的结果。

为了证明朊病毒本身具有遗传物质的特性,还需证明由 PrP^c 到 PrP^s 的转化,可以在体外发生并能产生感染性产物,目前这还不能被证明。但实验表明,在体外 PrP^s 可以把 PrP^c 转化为类似于 PrP^s 且对蛋白酶水解有抗性的一种形式。人们对 PrP^c 转化为 PrP^s 的机制提出了不同的模式,共同点都认为:PrP 蛋白的错误折叠形式能催化一个天然 PrP 分子转化为另一种完全不同的折叠形式,最终导致疾病感染。PrP^s 蛋白诱导 PrP^c 的构型变化,能否被看作是遗传物质复制的一种形式?有待于进一步研究。

第五节　核酸的分子结构

遗传学家们用试验证明核酸是重要的遗传物质,同时也认识到,作为遗传物质这种特殊分子应具备一些基本条件:一是它必须能精确地复制,使后代细胞具有和亲代细胞相同的遗传信息,以保证物种世代之间的连续性;二是它必须具有储备大量遗传信息的潜在能力,以适应生物多样性的要求;三是它必须具有时间、空间的稳定性,以保证物种的稳定性;四是它必须能够变异,以满足生物不断进化的需求。核酸的分子结构能达到以上基本要求吗?

一、DNA 与 RNA 的化学组成

核酸是一种高分子化合物,是由许多单核苷酸聚合而成的多核苷酸。其基本结构单元是

由碱基、戊糖和磷酸三部分构成的核苷酸。分为脱氧核糖核酸(DNA)与核糖核酸(RNA)两种。DNA 中的戊糖为 D-2 脱氧核糖,RNA 中所含的戊糖为 D 核糖,两者的差异在于戊糖第二个碳原子上的基团不同,DNA 是氢原子,而 RNA 是羟基(图 1-26)。DNA 中含有 4 种碱基,即腺嘌呤(A)、鸟嘌呤(G)、胞嘧啶(C)和胸腺嘧啶(T),而 RNA 分子中的 4 种主要碱基为 A、G、C 和尿嘧啶(U)(图 1-27)。多个单核苷酸通过磷酸二酯键按线性顺序连接、形成一条多核苷酸或脱氧多核苷酸链(图 1-28)。在核酸长链分子中,一个末端核苷酸的第 5 位碳原子上有一个游离磷酸基团,另一末端核苷酸的第 3 位碳原子上有一个游离羟基,通常把 DNA 分子序列上含有游离磷酸基团的末端称 5′端,把含有游离羟基的另一端称为 3′端。把接在某个核苷酸 5′端的序列叫作上游,而把接在 3′端的序列叫作下游。细胞中均是按照 5′到 3′的方向书写核苷酸的顺序。

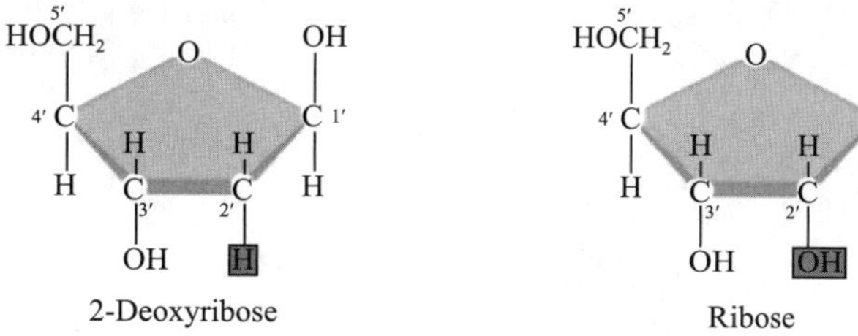

图 1-26 两种核糖的结构

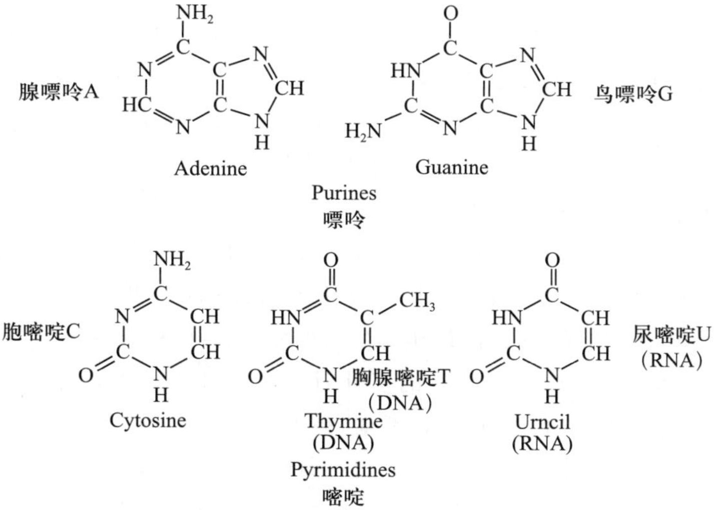

图 1-27 碱基结构式(引自张玉静,2004)

二、DNA 的结构类型及生物学意义

(一)DNA 的一级结构

DNA 的一级结构是指 DNA 分子中 4 种核苷酸的连接方式和直线排列顺序。由于 4 种核苷酸(dAMP、dCMP、dGMP、dTMP)的核糖和磷酸组成是相同的,可变部分只是碱基排列的不同,所以通常用碱基序列来表示不同 DNA 分

二维码 1-5 核酸(DNA)的分子结构

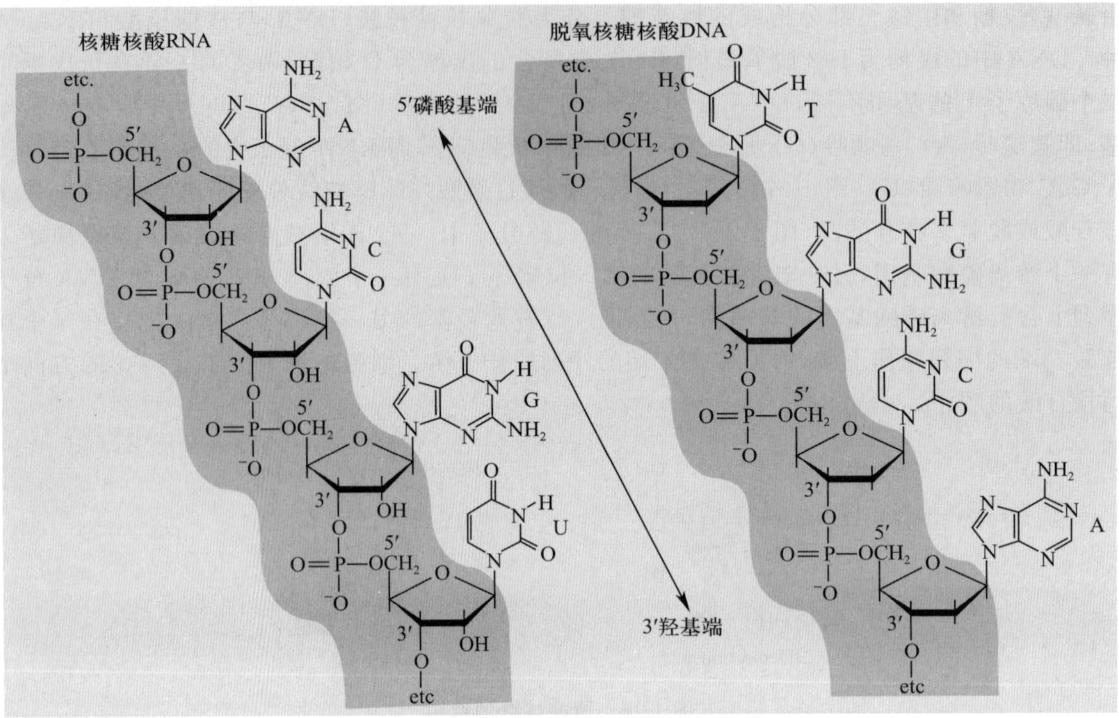

图 1-28 多聚核苷酸结构(引自吴常信,2015)

子的核苷酸序列。不同的碱基序列对 DNA 高级结构的形成有很大的影响,如反向重复的 DNA 片段易形成发夹结构;B-DNA 中的多聚区(G-C)易出现左手螺旋的 DNA(Z-DNA)等。

绝大部分生物的 DNA 分子是由两条单链构成的双链,以线性或环状的形式存在,但对少数生物,如某些病毒或噬菌体的 DNA 分子是以单链形式存在的。1950 年,英国的查科夫(E. Chargaff)应用先进的纸层析及紫外分光光度计技术,对各种生物的 DNA 的碱基组成进行了定量测定。结果发现,虽然不同物种的 DNA 碱基组成显著不同,但腺嘌呤(A)和胸腺嘧啶(T),鸟嘌呤(G)和胞嘧啶(C)的摩尔含量总是相等的(表 1-3),即[A]=[T]、[G]=[C]。由此得出,嘌呤的总含量和嘧啶的总含量是相等的,即 A+G=C+T,这一规律称为 Chargaff 当量规律。它揭示了 DNA 分子中 4 种碱基的互补对应关系,即 DNA 两条链上的碱基之间不是任意配对的,A 只能与 T 配对,G 只能与 C 配对,碱基之间的这种一一对应关系叫作碱基互补配对原则。根据这一原则,可以由 DNA 分子某一条链的碱基序列推测另一条链的碱基序列。这一当量定律的发现为双螺旋模型的建立提供了重要的依据,双螺旋模型的提出也为这一定律提供了最完美的解释。

表 1-3 不同物种中 DNA 碱基成分比例 %

DNA 的来源	腺嘌呤	鸟嘌呤	胞嘧啶	胸腺嘧啶	5-甲基胞嘧啶
牛胸腺	28.2	21.5	21.2	27.8	1.3
牛脾	27.9	22.7	20.8	27.3	1.3
牛精子	28.6	22.2	20.7	27.2	1.3
鼠骨髓	28.6	21.4	20.5	28.4	1.1

续表1-3

DNA 的来源	腺嘌呤	鸟嘌呤	胞嘧啶	胸腺嘧啶	5-甲基胞嘧啶
青鱼睾丸	27.9	19.6	21.5	28.2	2.8
海胆	32.3	17.2	17.3	32.1	1.1
酵母菌	31.3	18.7	17.1	32.9	—
大肠杆菌	26.0	24.9	25.2	23.9	—
结核杆菌	15.1	34.9	35.4	14.6	—
T2 噬菌体	32.5	18.2	16.8	32.5	—

从 DNA 的分子结构来看，尽管组成 DNA 分子的碱基只有 4 种，碱基之间的配对方式也只有 2 种(A-T、G-C)，但在 DNA 长链中的核苷酸数目极多，排列随机，从而构成 DNA 分子千差万别的多样性。例如，一个 DNA 分子片段由 100 个核苷酸组成，其碱基随机排列的可能方式就有 4^{100} 种。实际上，每条 DNA 长链中核苷酸的总数远不止 100 个，最小的 DNA 分子也包含数千个碱基对，所以说 DNA 分子碱基序列的排列方式几乎就是天文数字。而每个 DNA 分子所具有的特定的碱基排列顺序，构成了 DNA 分子的特异性，不同的 DNA 链可以编码出完全不同的多肽。这些特性保证了 DNA 分子具有巨大的信息贮存和变异的可能性。

DNA 的核苷酸序列承载着遗传信息的内容表达，核苷酸序列的变化可能引起遗传信息的改变，因此 DNA 序列的测定对于阐明 DNA 的结构和功能具有重大意义。20 世纪 90 年代以来，高通量全自动 DNA 测序仪和多色荧光标记技术的发展和应用，使测序工作更加快速、准确和经济。世界上没有两片相同的树叶，也没有两个完全相同的细胞。科学的进步将使我们逐步“读懂”生命体的每一个细胞。

(二)DNA 的二级结构

DNA 的二级结构是指两条核苷酸链反向平行盘绕所生成的双螺旋结构。它分两大类：一类是右手螺旋，如 A-DNA、B-DNA、C-DNA 等；另一类是局部的左手螺旋，即 Z-DNA。

1953 年，沃森(T. J. Watson)和克里克(F. Crick)有关 DNA 双螺旋结构论文的发表是现代科学发展史上一个重要的里程碑，遗传学的研究从此进入分子水平。Watson 和 Crick 根据 X 射线的衍射资料、碱基的结构和 Chargaff 的当量规律等多方面的资料，提出了著名的 DNA 双螺旋结构模型(图 1-29)。双螺旋模型清楚地描述了戊糖、磷酸、碱基的空间关系，阐述了 DNA 双链的构成模式。

1. DNA 二级结构特征

(1)主链　DNA 分子的两条反向平行的多核苷酸链，围绕同一中心轴构成右手螺旋结构。核苷酸的磷酸基团与脱氧核糖通过磷酸二酯键相连接，构成 DNA 分子的骨架，分布在双螺旋空间结构的外侧，脱氧核糖的平面与纵轴大致平行。

(2)碱基配对　核苷酸的碱基相互层叠于双螺旋的内侧，宛如梯子的一级级横档。两条链的碱基之间按照 A-T 和 C-G 的互补配对原则配对，并通过氢键连结在一起。A 与 T 之间形成 2 个氢键，G 与 C 之间则形成 3 个氢键相连(图 1-29)。碱基对的平面结构与螺旋的中轴垂直，螺旋轴心穿过氢键的中点。氢键使碱基对稳定结合，碱基互补配对是复制的基础；受热或化学物质可以破坏氢键，使双链分开，从而使 DNA 变性。

(3)螺旋参数　双螺旋的直径是 2 nm,螺距为 3.4 nm,每个螺旋包含 10 个碱基对,相邻碱基对之间距离为 0.34 nm,两个相邻碱基对之间绕螺旋轴旋转的夹角为 36°。

(4)大沟和小沟　DNA 双螺旋结构的表面有大小不一、凹下去的沟槽。其中一条较浅的沟槽,叫小沟;另一条较深的沟槽,叫大沟。小沟位于双螺旋的互补链之间,而大沟则位于相邻的双股之间。大沟和小沟均是由于碱基对层叠和糖-磷酸骨架螺旋造成的(图 1-29)。DNA 螺旋上"沟"的特征在其信息表达过程中起着关键作用。大沟常是蛋白质识别 DNA 信息并与之结合的位点。沟的宽窄和深浅都会直接影响调控蛋白对 DNA 信息的识别。

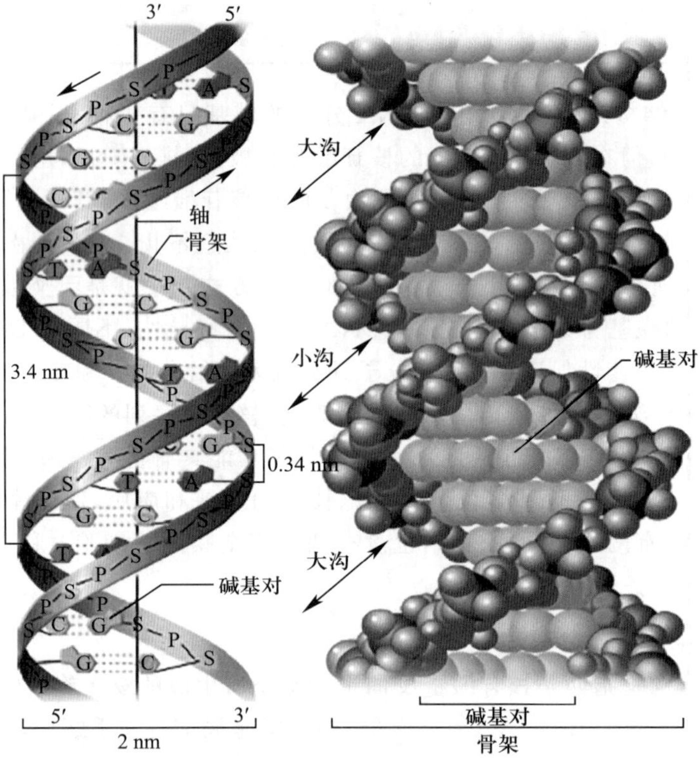

图 1-29　Watson-Crick DNA 双螺旋结构模型(引自 P. J. Russell,2000)

Watson-Crick DNA 双螺旋结构模型的提出,很完美地解释了基因是如何复制的、遗传信息是怎样传递的,它对阐明性状的遗传、变异以及自然界多姿多彩的生命现象,具有划时代的意义。

2. DNA 构象的多样性

研究表明,DNA 的结构是动态的,形成的构象具有多样性。Watson 和 Crick 所描述的仅是其中的一种,称为 B-DNA,也是生理条件下细胞和水溶液中最常见的 DNA 构象。碱基的组成、核苷酸的顺序、盐的种类以及相对湿度等都可引起 DNA 构象的改变。如当湿度改变或由钠盐变为钾盐、铯盐等,就会引起 DNA 构象的变化。如当 B-DNA 所处环境的湿度低于 75%时,即可转变为 A-DNA,A-DNA 的碱基对平面与双螺旋的轴不垂直,倾斜约 20°,螺距降为 2.8 nm,每个螺旋含有 11 个碱基对,大沟变窄、变深,小沟变宽、变浅。由于大、小沟是 DNA 行使功能时蛋白质识别 DNA 信息并与之结合的主要场所,因此当 B-DNA 变为 A-DNA 时,蛋白质对 DNA 分子的识别也将发生相应的变化。

通常来说,A-T 丰富的 DNA 片段多呈 A-DNA 构象;当 DNA 双链中一条链被对应的

RNA 链所取代，就会转变成 A-DNA。例如，DNA 转录时，DNA 模板链与它转录的 RNA 链间形成的双链就变成了 A-DNA 构象。由此可知，A-DNA 构象对基因的表达具有重要意义。除 A-DNA 和 B-DNA 外，已知的双螺旋构象还有 C-DNA、E-DNA、D-DNA、T-DNA 和 Z-DNA 等(表 1-4 和图 1-30)。

表 1-4　A、B、C、Z 型 DNA 双螺旋的特性

双螺旋类型	直径/nm	螺距/nm	每轮碱基数	碱基间距	存在的条件		沟型	
					相对湿度/%	盐种类	大沟	小沟
A	2.3	0.28	11	0.256	75	Na^+、K^+、Cs^+	窄，深	宽，深
B	1.9	0.34	10	0.337	92	Na^+ 低盐	宽，中等深	窄，中等深
C	1.9	0.31	9.33	0.331	66	Li^+	宽，中等深	窄，中等深
D	1.8	0.37	12	0.38	43	Na^+、Mg^{2+} 高盐	平浅	窄，深

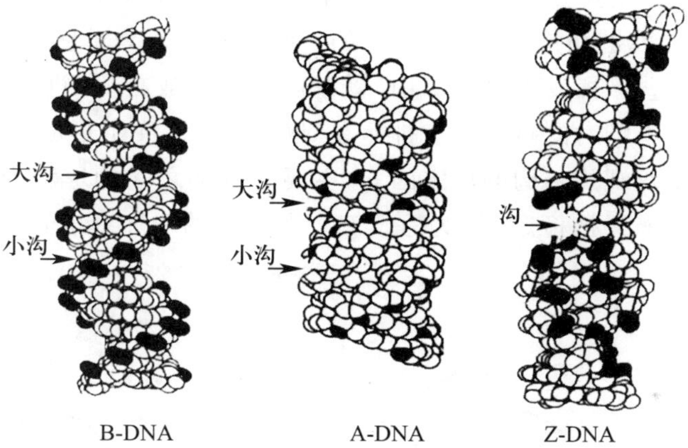

图 1-30　B-DNA、A-DNA 和 Z-DNA 的构象(引自张玉静，2004)

1972 年，波尔(Pohl)等发现人工合成的嘌呤与嘧啶相间排列的六聚多核苷酸 d(GCGCGC)，在高盐条件下其旋光性发生改变。1979 年，美国的里奇(A. Rich)等对六聚体 d(CGCGCG)单晶作了分辨率达 0.09 nm 的 X 射线衍射分析，结果发现该六聚体的结构是左手螺旋，与其他已知的右手螺旋 A-DNA、B-DNA、C-DNA、E-DNA、D-DNA、T-DNA 的构象不同。虽然 DNA 分子的构象存在多样性，但上述这 6 种不同构象的 DNA 有一个共同特点，即它们都是右手螺旋。由于这种左手螺旋结构中磷酸二酯键的连接不再是光滑状态，而呈锯齿形(Zigzag)，犹如“之”字形一样，因此这种 DNA 构型被命名为 Z-DNA(Zigzag DNA)。

在已知的 7 种 DNA 构象中，B-DNA 是活性最高的，B-DNA 变构成为 A-DNA 后，仍有活性，但若局部变构为 Z-DNA 则活性明显降低。利用 Z-DNA 抗体结合方法，鉴定出在 SV40 增强子顺序中含有 Z-DNA，增强子对基因的转录有明显的促进作用；又如鼠类微小病毒 dns 复制起始点附近也含有 Z-DNA；另外 Z-DNA 中大沟消失，小沟狭深，导致调控蛋白识别方式发生变化，说明 Z-DNA 的存在可能是 DNA 序列与结构不断调整与筛选的结果。因此认为，Z-DNA 的存在与基因的表达调控有关。

(三)DNA 的高级结构

DNA 的高级结构是指 DNA 双螺旋进一步扭曲盘旋所形成的特定空间结构。DNA 高级结构的主要形式是超螺旋结构,超螺旋结构又可分为正超螺旋和负超螺旋两种。正超螺旋与右手螺旋的方向一致,使双螺旋结构更加紧密,而负超螺旋的作用正好相反,使双螺旋结构变得松弛。在拓扑异构酶等条件的作用下,二者可以相互转变。共价闭合环状 DNA(CDNA),如质粒 DNA 等,自然状态下一般是呈负超螺旋。闭合环状 DNA 若被切开其中一条单链或者在双链上交错切开,便能形成开环状 DNA;若两条链均被切开,则呈线性结构。在电泳时,相同分子量的超螺旋 DNA 比线性 DNA 迁移率大,线性 DNA 分子则比开环状 DNA 的迁移率大,据此可以判断细菌中所制备的质粒结构是否被破坏。

三、RNA 的类型与功能

原核生物和真核生物都含有多种不同的 RNA 分子,其中最主要的有 mRNA、rRNA 和 tRNA 三种类型。RNA 主要分布在细胞质中,含有 4 种核苷酸(AMP、GMP、CMP 和 UMP),它们通过 3′,5′-磷酸二酯键相连。天然 RNA 的二级结构多数为单链,并不像 DNA 那样都是双螺旋形式,只是在一些区段发生 A-U、G-C 碱基配对后形成自身回折,因此会出现一些短的不规则的双螺旋区,而不配对的碱基区被排斥在双螺旋之外,膨出形成环状结构,即所谓 RNA 的茎环结构。RNA 中双螺旋结构的稳定因素,主要是碱基之间的堆积力,每一段双螺旋区至少需要 4～6 对碱基才能保持稳定,其次是氢键。在不同的 RNA 分子中,双螺旋区所占比例是不同的(图 1-31)。

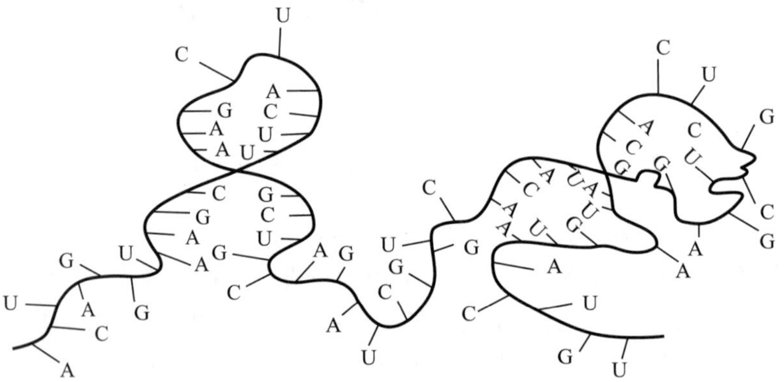

图 1-31 RNA 分子的二级结构图(引自朱军,2007)

(一)mRNA

信使 RNA(messenger RNA,mRNA)是蛋白质结构基因转录的单链 RNA。mRNA 把 DNA 上的遗传信息转录下来,作为蛋白质合成的模板,它载有确定各种蛋白质中氨基酸序列的密码信息,在蛋白质生物合成的过程中起着传递信息的作用。mRNA 存在于原核生物和真核生物的细胞质及真核细胞的某些细胞器(如线粒体、叶绿体)中。mRNA 分子的种类繁多,分子大小差异很大,小到几百个核苷酸,大到约 2 万个核苷酸。原核生物与真核生物 mRNA 的结构也存在较大差别。在原核生物中,通常是几种不同的 mRNA 连在一起,相互之间由一段短的不编码蛋白质的间隔序列所分开,这种 mRNA 叫作多顺反子 mRNA;而在真核生物中，mRNA 则为一条 RNA 多聚链。转录形成的前体 RNA(pre-mRNA)中含有大量非编码序列，pre-mRNA 分子的大小差别很大，所以又称为核不均一 mRNA(hnRNA)。加工后的 mRNA 具有一些共同的结构特点，如 5′端有一个特殊的 7-甲基鸟苷帽子结构，3′端有一个多聚腺嘌呤尾巴(polyA tail)，长约 200 个核苷酸组成。mRNA 占细胞内 RNA 总量的 5%～10%，其寿命通常不是很长，容易被 RNA 酶降解。原核生物 mRNA 半衰期一般为几分钟，最长不过几小时；真核生物的 mRNA 半衰期相对较长，如胚胎中的 mRNA 可达数日。

(二)rRNA

核糖体由核糖体 RNA(rRNA)和蛋白质组成，它是蛋白质合成的场所。rRNA 占细胞中 RNA 总量的 75%～80%，原核细胞和真核细胞的核糖体都由大小两个亚基组成，核糖体和 rRNA 的大小一般都用沉降系数 S 来表示。原核生物如大肠杆菌核糖体的大小两个亚基分别为 50S 和 30S，含 23S、5S 和 16S 三种 rRNA(大亚基含有 23S、5S rRNA，小亚基含有 16S rRNA)，它们分别含有大约 2 900、120 和 1 540 个核苷酸；真核生物的核糖体包括 60S 和 40S 两个亚基，脊椎动物含有 5.8S、5S 和 18S、28S 四种 rRNA(大亚基含有 5.8S 和 5S rRNA，小亚基含有 18S 和 28S rRNA)，它们分别含有大约 160、120、1 800 和 4 700 个核苷酸。具体组成和特性见表 1-5。

表 1-5 核糖体及其亚基的特性

	核糖体			rRNA		
	亚基	沉降系数(S)	结合的蛋白质种类	沉降系数(S)	相对分子质量/$\times 10^5$	碱基数/个
原核生物	大亚基	50	31	23	11	2 904
				5	0.4	120
	小亚基	30	21	16	6	1 541
真核生物	大亚基	60	45	5.8	0.5	158
				5	0.4	120
	小亚基	40	33	18	7	1 800
				25*，26**，28+	17	4 000～5 000

注：*，植物；**，酵母；+，脊椎动物。引自李宁，2011。

(三)tRNA

转运 RNA(tRNA)是一类小分子量的 RNA，沉降系数为 4S，一个标准的 tRNA 是由 76 个核苷酸组成。每个细胞中至少有 50 种 tRNA，占细胞内 RNA 总量的 10%～15%。如果说 mRNA 是蛋白质合成的蓝图，核糖体是蛋白质合成的工厂，tRNA 则是蛋白质合成的搬运工。tRNA 能根据 mRNA 的遗传密码依次准确地将它携带的氨基酸转运到核糖体上，形成多肽链。

tRNA 分子的二级结构因像一片三叶草的叶子被喻为三叶草型结构，该结构是由于其内部某些区域的碱基具有互补性，通过这些碱基的互补配对而形成的(图 1-32)。tRNA 分子的二级结构分为 4 个功能部位，即反密码子臂、氨基酸臂、二氢尿嘧啶臂(D 臂)和 TΨC 臂。反密码子臂是由 7 个碱基组成的反密码子环，其正中间的 3 个连续碱基代表着某种氨基酸的反密码子,在蛋白质合成时识别 mRNA。所有的 tRNA 分子在氨基酸臂的 3′末端都具有 CCA 序列,tRNA 在此部位与相应氨基酸结合形成氨酰-tRNA,将所携带的氨基酸转移到核糖体上,然后通过反密码子与 mRNA 密码子的碱基配对,来决定氨基酸在多肽链中的位置。由于各种氨基酸都有特定的密码子,相应的 tRNA 就有互补的反密码子对应。tRNA 除了不能与 3 个终止密码子配对外,其余的 61 个密码子均能识别。根据 Crick 于 1966 年提出的"摆动"假说,反密码子的第一位碱基与密码子的第三位碱基的配对可以在一定范围内变动,如 U 可以和 A 或 G 配对,G 可以和 U 或 C 配对,但 A 和 C 只能分别与 U 和 G 配对。另外在 tRNA 反密码子中除 A、U、G、C 四种碱基外,还常在第一位出现次黄嘌呤(它可与 A、U、C 三者之间形成碱基对),带次黄嘌呤的反密码子可识别更多的简并密码子。所以一种 tRNA 只能携带一种氨基酸,但多数氨基酸能被不止一种 tRNA 所携带。

tRNA 的三级结构呈倒"L"形。其中 3′端含 CCA-OH 的氨基酸臂位于一端,反密码子环位于另一端。tRNA 的三级结构主要是依靠核苷酸之间的各种氢键来维系的。各种 tRNA 分子的核苷酸序列和长度存在较大差异,但其三级结构却相似,说明这种空间结构与 tRNA 的功能有着密切的关联(图 1-33)。

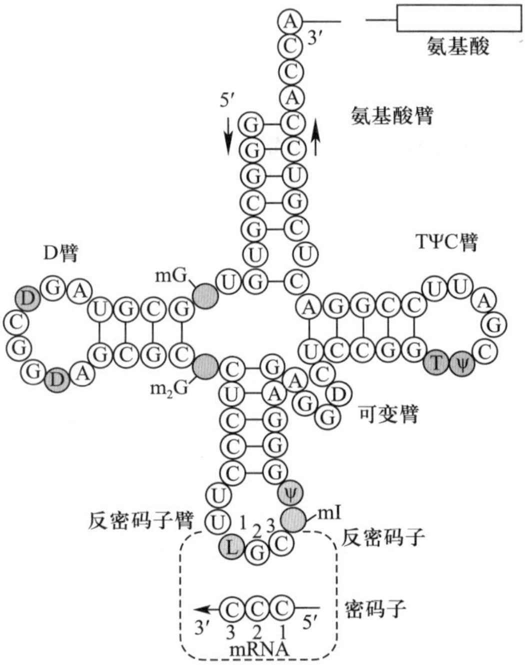

图 1-32 tRNA 的二级结构(引自李宁,2011)

图 1-33 tRNA 的三级结构(引自李宁,2011)

(四)小分子 RNA

小分子 RNA(micro-RNA)是一类 RNA 分子的统称,指存在于真核生物细胞核和细胞质中、长度为 100～300 个碱基的 RNA,它们由 RNA 聚合酶Ⅱ或 RNA 聚合酶Ⅲ所合成,其中某些也可以像 mRNA 一样被加帽。每个细胞中多则可含有 10^3～10^6 个这种 RNA 分子,少的则不能直接检测到。小分子 RNA 主要分为两类:一类是 snRNA(small nuclear RNA),存在于细胞核中;另一类是 scRNA(small cytoplasmic RNA),存在于细胞质中。

micro-RNA 是一类极小的遗传物质,美国俄勒冈州立大学的科学家们首次揭示 micro-

RNA 能够将某些 mRNA 切成两半，从而干扰 mRNA 的正常表达。控制基因表达的两个关键步骤是 DNA 的转录和翻译。micro-RNA 不会被翻译成蛋白质，但在控制基因表达的过程中发挥着重要作用。

上述各种 RNA 分子都是转录的产物，其中 mRNA 最后翻译为蛋白质，因此称为编码 RNA；而 rRNA、tRNA、snRNA 和 scRNA 等并没有携带翻译为蛋白质的遗传信息，其终产物就是 RNA，因此称为非编码 RNA。

第六节　基因的结构特征

一、基因概念的发展

二维码 1-6
基因概念的发展

随着科学家对基因的物理、化学结构的了解日益深入，人们给予基因的定义也在不断地完善。早在 1865 年，孟德尔提出生物性状的遗传是由遗传因子控制的，遗传因子的传递遵循分离规律和自由组合规律。1909 年，丹麦遗传学家约翰逊用基因(gene)这个词代替了遗传因子，并沿用至今。

1910 年，摩尔根和他的学生用不同品系果蝇的杂交、测交实验证实：基因位于染色体上，且呈直线排列，并提出了遗传学第三基本定律——连锁与互换定律。于 1926 年创立了《基因论》，提出基因载有生物的遗传信息，它是控制生物特定性状的功能单位，同时还是一个基本的突变单位和交换单位，即所谓的“三位一体”概念。也因此获得诺贝尔奖。

关于基因功能的研究起始于 20 世纪初。1908 年，英国医生加罗德(A. Garrod)通过对人类一种先天性代谢疾病——苯丙酮尿症(PKU)的研究，认为基因是通过控制酶和其他蛋白质的合成来控制细胞代谢的，首次提出基因与酶之间的关联，使人们开始把基因与酶联系起来。1941 年，比德尔(G. W. Beadle)和塔特姆(E. L. Tatam)通过对红色面包菌营养缺陷型的研究，认为基因是通过控制酶来影响生物体的代谢反应，提出了“一个基因一种酶”的假说，发展了微生物遗传学和生化遗传学。随后，通过对人类镰刀形细胞贫血症的研究，人们发现基因决定了多肽链中氨基酸的序列，由此提出了“一个基因一条多肽链”的假说。之后人们又认识到，基因的功能产物不仅仅是蛋白质，还有 tRNA 和 rRNA 等。

1944 年艾弗里的肺炎双球菌体外转化实验、1952 年赫尔希和蔡斯的 T2 噬菌体侵染实验等都直接证明了 DNA 是遗传物质，基因的化学本质就是 DNA。至此，人们对基因概念的内涵进一步清晰，基因是染色体上一个特定的 DNA 区段，决定着生物性状的遗传。

关于对基因内部精细结构的研究始于 1957 年，本泽(S. Benzer)开展的噬菌体突变型顺反测验。他以大肠杆菌 T4 噬菌体为材料，在 DNA 分子结构水平上分析了基因内部的精细结构，发现在一个基因内部的许多位点可以发生突变，而且这些位点之间可以交换，打破了摩尔根“三位一体”的基因概念，并提出了顺反子学说。顺反子学说首次把基因定义为 DNA 分子上一个合成一条多肽链的完整功能单位，其内部是可分的，包含多个突变单位和重组单位。

经典遗传学在 20 世纪 50 年代以前，认为每一个基因组(genome)中的基因，其数目、位置和功能都是固定的，且这些基因的位置与其功能无关。之后随着分子生物学的研究不断深入，发现了跳跃基因、操纵子、断裂基因、重叠基因等不同类型的基因，从而改变了人们对基因的认知。

二维码 1-7
转座子

1951 年，美国的遗传学家麦克林托克(B. McClintock)根据对玉米籽粒颜色的长期研究，发现某些基因的位置是不固定的，可以在染色体上跳跃，称之为跳跃基因(jumping gene)。即基因可以在染色体上从一个位置跳到另一个位置，还可以从一条染色体跳到另一条染色体上。随后在原核生物和真核生物中，都发现了基因组中某些成分位置的不固定性。人们把这种能够自发转移的遗传基因也叫作转座因子。转座因子还有调控其他基因开闭的功能。

1961 年，法国的科学家雅可布(F. Jacob)和莫诺(J. L. Monod)通过大肠杆菌乳糖代谢实验，提出了操纵子(operon)模型学说。该学说认为，并不是所有的基因都能编码功能蛋白，能编码功能蛋白的基因称为结构基因。某些 DNA 片段虽不进行转录，如启动基因、操纵基因等，但对结构基因的表达起着重要的调控作用。

到 20 世纪 70 年代末，人们一直认为基因的编码序列是连续的、不间断的。1977 年美国的夏普(P. A. Sharp)和罗伯茨(R. J. Roberts)通过研究腺病毒的基因序列发现了断裂基因，即在基因编码序列中插入了非编码序列。使人们逐渐认识到绝大部分真核基因的编码序列是不连续的，它们常被一些非编码的 DNA 序列间隔开来，形成一种断裂结构，这些非编码的 DNA 序列在转录后的 mRNA 加工过程中被剪切掉。1978 年唐娜戛纳(Tonagana)把断裂基因中的编码序列叫作外显子(exon)，把非编码的间隔序列叫作内含子(intron)。同年，英国的桑格(F. Sanger)通过对 ΦX174 噬菌体环状 DNA 全部核苷酸序列的测定，发现其编码 9 种多肽的 2 000 个氨基酸只有 5 375 个碱基组成，提出了重叠基因，即两个或两个以上的基因共用一段 DNA 序列。从图 1-34 可见，A 与 B 基因、D 与 E 基因分别共用了一段 DNA 序列。重叠基因“节约”了碱基，经济有效地利用了 DNA 序列，同时可能对基因的表达起调控作用；另一方面当共用序列的碱基发生突变，可能会造成更严重的后果。从这个意义上讲，生物的重叠基因越多，适应性越小，在进化中越趋于保守。重叠基因使原有“基因的编码序列是有序地排列在 DNA 链上，每个基因按次序阅读下去”的传统观点被打破。

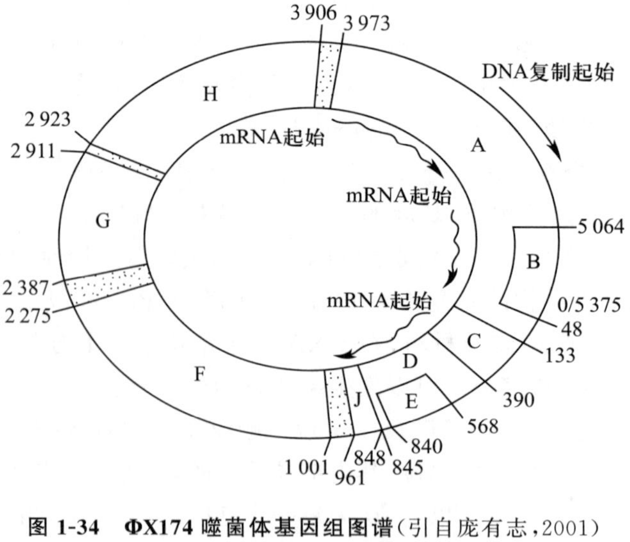

图 1-34　ΦX174 噬菌体基因组图谱(引自庞有志，2001)

2005 年，弗莱沃(R. Flavell)等报道人免疫系统的基因可被另外染色体上的调控区域所控制，说明基因的作用可以跨越染色体的界限。又据 2006 年《自然》杂志报道，基因转录可由编码某一个蛋白质的 DNA 序列起始，一直进入到另一个编码序列完全不同的蛋白质基因，从而产生融合转录。

综上所述，基因是有功能的 DNA 片段，它含有合成功能蛋白质或 RNA 所必需的全部核苷酸序列。回顾遗传学的发展历程，无不渗透和贯穿着人们对基因结构与功能的不懈探索。随着人们对基因研究的逐步深入，基因的内涵也将不断被丰富和完善。

二、基因的分类

根据基因产物的不同形式，可以将其分为以下 3 种类型：

1. 编码基因

编码基因就是编码蛋白质的基因，这类基因经转录、翻译之后最终产物为功能蛋白质。包括：结构蛋白、酶蛋白、免疫蛋白、转运蛋白、运动蛋白、调节蛋白等的基因。

2. 非编码 RNA 基因

非编码 RNA 基因是指经转录产生对应的 RNA 分子，但不翻译，也没有相应蛋白质产物的一类基因。非编码 RNA 常与其他蛋白形成复合物来行使其功能。非编码 RNA 参与核酸、蛋白质的加工和转运过程，以及不同水平的基因表达调控。在基因组上非编码 RNA 基因的分布包括编码基因间隔区及编码基因的内部区域。这是当前基因研究的新热点。

3. 不转录基因

不转录基因是指不转录的 DNA 片段，如原核生物操纵子中的启动基因是发出转录的起始信号，操纵基因是控制结构基因的转录速度，虽然其本身不转录，但能控制结构基因转录的起始及速度。

三、基因的一般结构特征

(一)外显子与内含子

原核生物的基因是连续编码的一个 DNA 片段。而真核生物的基因是断裂基因，它们常被一些非编码的 DNA 序列间隔开，形成断裂结构。这些非编码的 DNA 序列在转录后的加工过程中被剪切掉，不包含在成熟 mRNA 的序列中。我们把断裂基因中的编码序列叫作外显子，把非编码的间隔序列叫作内含子。断裂基因一般由若干个外显子和内含子组成。在每个外显子和内含子的接头处，有一段高度保守的共有序列，即每个内含子的 5′端起始的两个核苷酸都是 GT，3′端末尾的两个核苷酸都是 AG，这也是 RNA 剪接的信号，这种接头形式称为 GT-AG 法则。

二维码 1-8 真核生物基因的结构特征

原始转录产物 RNA 经剪接加工后成为成熟的 mRNA，按照 mRNA 所编码的遗传信息，从起始密码子开始，翻译出特定的蛋白质或组成蛋白质的多肽亚基，到终止密码子结束。其间不存在任何终止密码，这一区域被称为开放阅读框(ORF)。

(二)侧翼序列与调控序列

在每一个结构基因的第一个和最后一个外显子的外侧，都有一段不被转录和翻译的非编码区，叫作侧翼序列。其中从转录起始位点至起始密码子的这一段非翻译序列称为 5′非翻译区(5′-UTR)，从终止密码子至转录终止子的这一段非翻译序列称为 3′非翻译区(3′-UTR)。侧翼序列虽然不能被转录和翻译，但却含有影响基因有效表达的 DNA 序列。其中有些控制基因转录的起始和终止，如启动子、终止子；有些确定翻译过程中核糖体与 mRNA 的结合，如核糖体结合位点；而另一些则与基因接受某些特殊信号有关，如加帽和加尾信号。这些对基因的准确表达起着调控作用的特殊序列统称为调控序列，主要包括以下几种：

1. *启动子*(promoter)

启动子是指准确而有效地起始基因转录所需的一段特异的核苷酸序列。通常把转录起始位点记为+1，下游区域记为正区，上游区域记为负区（图 1-35）。启动子通常位于转录起始位点上游 100 bp(-100 bp)范围内，是 RNA 聚合酶识别和结合的区域，控制着基因转录的起始过程。

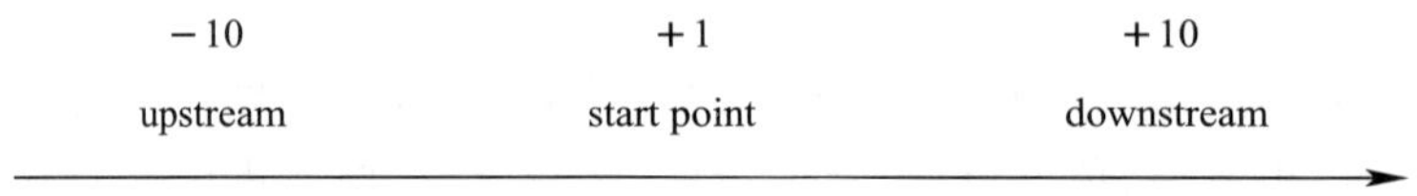

图 1-35　转录起始位点上下游示意图

原核生物基因启动子含有两段保守序列结构，一段是 RNA 聚合酶与 DNA 牢固结合的位点，它位于-10 bp 处，称为 TATA 框（TATA box），也称作结合位点，因该保守序列最早是由 Pribnow 提出的，所以又称为 Pribnow 盒（Pribnow box）。其共有序列为 TATAAT，由于碱基出现的频率不同，又可写为 $T_{80}A_{95}t_{45}A_{60}a_{50}T_{96}$。数字表示该位置碱基在目前所有启动子中出现的频率(%)，大写字母表示频率大于 54%，小写字母表示该碱基保守性差些。前两个 TA 和最后一个 T 的保守性最强，说明这几个碱基在与 RNA 聚合酶的作用上可能更为重要。另一段是 RNA 聚合酶依靠其 σ 亚基识别的部位，位于－35 bp 处，也称为识别位点。其共有序列为 TTGACA，根据每个碱基出现的频率不同，又可写为 $T_{82}T_{84}G_{78}A_{65}C_{54}a_{45}$。该区域是决定启动子强弱的因素。典型的原核生物启动子的结构为：－35 区、16～19 bp 的间隔区、－10 区和转录起始点，－10 区到转录起始点的距离为 5～9 bp(图 1-36)。但并不是所有启动子都具有典型结构。

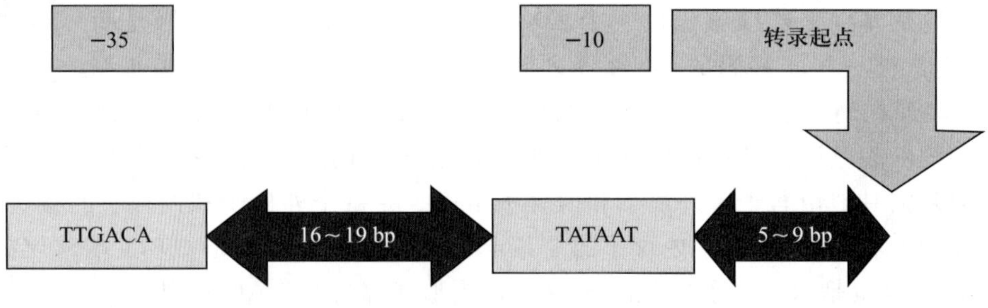

图 1-36　原核生物启动子结构图

真核生物基因启动子结构要比原核生物基因的复杂，主要包括三种不同的序列（或元件），第一种序列位于－27～－19 bp 处，也称为 TATA 框（TATA box）或 Hogness 框（Hogness box）。动物基因启动子的 TATA 框是一段高度保守的 DNA 序列，由 7 个碱基组成，其核心序列为 TATAA(T)AA(T)，其中只有两个碱基 A/T 可以变化，它是三个元件中转录起始效率最低的一个。它的功能类似于原核基因启动子的 TATA box，能保证转录起始位置的准确性。若将其反向排列可降低转录的效率。第二种序列位于－80～－70 bp 处，称为 CAAT 框

(CAAT box)。动物基因启动子的CAAT框也是一段高度保守的序列，由9个碱基组成，其序列为GGC(T)CAATCA，其中只有一个碱基C/T会有所变化。它是最先被人们发现的转录起始元件，随命名为CAAT框，前两个G的作用也非常重要。CAAT框具有决定基因转录起始频率的功能，且正反方向排列均能起作用。第三种序列位于－110～－40 dp处，其核心序列为GGGCGG，称为GC框(GC box)。一个启动子中可有多个拷贝，GC框在不同基因的启动子中所处的位置不同，且可以正反两个方向排列，有激活转录的功能，也可能与增强起始转录的效率有关。

2. 终止子(terminator)

终止子是一段位于基因3′-UTR中与终止转录过程有关的序列。它由一段富含GC的反向重复序列以及6个寡聚的T组成，是RNA聚合酶停止工作的信号。终止子与启动子不同，在这里真正起终止作用的不是DNA序列本身，而是转录生成的RNA。当RNA转录到达终止子区域时，其自身形成了发夹式的结构，发夹式结构的末端形成6个寡聚的U串。发夹式的结构阻碍了RNA聚合酶的移动，寡聚的U串与DNA模板中A的结合不稳定，导致RNA聚合酶离开模板，终止转录。

3. 加帽

真核生物mRNA的5′端都有一个帽子结构，它是在mRNA的5′端通过三磷酸酯键以5′-5′的方式连接一个7-甲基鸟苷基团(m^7G)形成的。这个帽子结构并不在DNA序列上编码，而是在转录后mRNA的加工过程中形成的。

4. 加尾信号

真核生物mRNA的3′端都有一段多聚的腺苷酸A尾巴(polyA tail)，它不是由基因编码的，也是在转录后mRNA的加工过程中，通过多聚腺苷酸聚合酶作用加到mRNA上的。大部分真核基因在polyA加入位点上游15～30 bp区域内存在一段高度保守的DNA序列，即为加尾信号序列。动物基因的加尾信号序列为AATAAA，它指导核酸内切酶在此序列下游15～30 bp处的特定位点上裂解前体mRNA，在多聚腺苷酸聚合酶的催化作用下，在3′-OH上逐一引入100～300个腺嘌呤核苷酸。

5. 增强子(enhancer)

增强子是一段特定的DNA序列，也是一种基因表达的调控序列，它可以使启动子发动转录的能力显著增强，从而大大地提高基因的转录效率。一般长约50 bp，多为重复序列，不同基因中的增强子序列差别较大，但都含有一个基本的核心序列，即(G)TTGA/TA/TA/T(G)。有人将β珠蛋白基因放入含有72 bp重复的DNA分子中，它的转录活性提高约200倍，当此72 bp重复序列距转录起点1 400 bp或更远处时仍有作用。说明增强子的作用与它所处的位置、方向及与基因间的距离无关。无论它处于基因的上游、下游，还是基因的内部，无论其方向是5′→3′还是3′→5′，无论是在距转录起点前后3 000 bp或更远处，增强子都能发生作用。另外增强子具有组织特异性和细胞特异性，例如免疫球蛋白基因的增强子只有在B淋巴细胞中活性最高。

6. 沉默子(silencer)

沉默子是另一种与基因表达有关的调控序列，参与基因表达的负调控过程，其作用与增强子相反。它通过与有关蛋白质的结合，对转录起抑制作用，根据需要关闭某些基因的转录。与增强子相似之处是，沉默子也可以远距离作用于启动子，对基因的阻遏作用也没有方向性的限制。

7. 核糖体结合位点

在原核生物基因翻译起始位点附近有一组特殊的序列，控制着基因翻译的起始过程。其中最主要的一种是SD序列，它存在于mRNA的5′-UTR中，位于起始密码子之前10个碱基内，含有一个富含嘌呤六聚体AGGAGG的一部分或全部。SD序列是mRNA与核糖体的结合序列，通过与16S rRNA 3′端CCUCCU的结合，对翻译起始复合物的形成和翻译的起始起着重要作用。

（三）信号肽序列

在分泌蛋白基因的编码序列中，在起始密码子之后，有一段编码富含疏水氨基酸多肽的序列，称为信号肽序列。它所编码的信号肽行使着运输蛋白的功能。信号肽在核糖体合成后，与细胞膜上的特定受体相互作用，产生通道，使分泌蛋白穿过细胞的这种膜结构，到达相应的位置发挥其功能。信号肽在完成蛋白分泌过程后被切除，不留在新生的多肽链中。例如小鼠的激肽释放酶基因，编码含有265个氨基酸的蛋白质，其中含有一个长17个氨基酸的信号肽，该信号肽与内质网膜上的特殊受体相互作用，将与之相连的翻译初始物——原激肽释放酶原运输通过内质网膜结构。信号肽的使命完成后，通过酶切被除掉，形成激肽释放酶原。激肽释放酶原分泌到细胞表面后，进一步加工，除去多肽链中起始的11个氨基酸，最后形成有活性功能的激肽释放酶。

综上所述，真核生物基因的一般结构可归纳为图1-37所示。

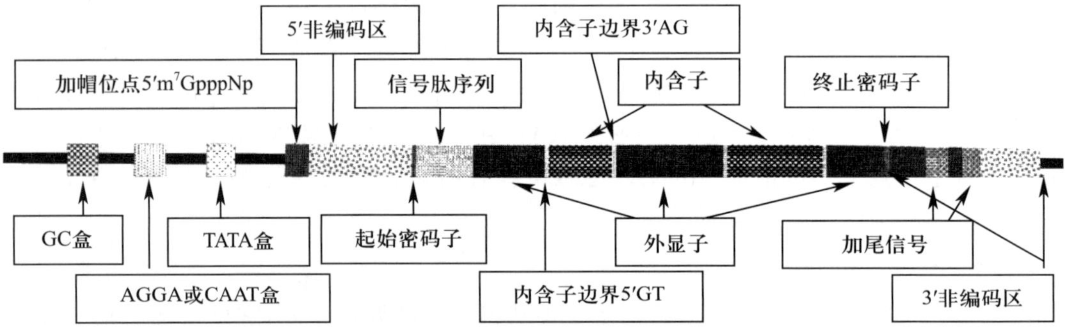

图1-37 真核生物基因的一般结构示意图(引自李宁，2011)

四、真核生物基因组的特点

（一）基因组与C值矛盾

一个物种单倍体染色体所携带的一整套基因称为该物种的基因组，每一种生物单倍体基因组的DNA总量通常是恒定的，被称为该物种的*C*值(*C* value)。不同物种的*C*值差异很大，例如支原体的*C*值最小只有10^6 bp，而两栖动物的*C*值却高达10^{11} bp。不难理解，从原核生物到真核生物，随着物种的进化，生物结构与功能的复杂程度增加，需要的基因数目与基因产物的种类也越多，*C*值就越大。

但是，在结构与功能相似的同一类生物中，甚至亲缘关系很近的物种之间，它们的*C*值差异仍可达 10 倍乃至上百倍。例如在两栖类生物中，最小的 C 值低至 10^9 bp，最高的可达 10^{11} bp；又如，人和哺乳动物的 C 值是 10^9 bp，而肺鱼的 C 值竟高达 10^{11} bp，居然比人高 100 倍。难道肺鱼的结构和功能会比人和哺乳动物更复杂吗？可见，C 值的大小与物种的结构组成及功能的复杂性并没有严格的对应关系，这种现象称作 C 值矛盾(C-value paradox)，又称 C 值悖论。C 值悖论表现在两个方面：一是与预期的编码蛋白基因数目相比，基因组 DNA 的含量过多(C 值过大)；二是某些物种之间基因产物的复杂性，变化范围并不大，但 C 值的变化范围却很大。C 值矛盾现象给我们什么样的启示呢？是否可以认为真核生物基因组中存在大量的不编码基因产物的 DNA 序列？有待进一步研究。

(二)单一序列(unique sequence)

单一序列又称非重复序列，是指在基因组中只有一个或几个拷贝的 DNA 序列。不同生物基因组中单一序列所占的比例差别很大。原核生物除了约 20％的短片段反向重复序列以及 16S、23S、5S rRNA 和 tRNA 基因外，其余约 80％均为单一序列。

真核生物单一序列所占的比例为 40％～70％，其中仅有百分之几编码多肽链，绝大部分为基因之间的非编码间隔序列。真核生物基因组中大多数结构基因是单一序列，如鸡的卵清蛋白基因，果蝇的 a_4-微管蛋白基因以及血红蛋白和珠蛋白基因等，表明基因组中的单一序列决定生物体的复杂性。

(三)重复序列(repetitive sequence)

真核生物基因组的一个显著特点是含有许多重复序列。在基因组中重复出现几十万到几百万次的序列，称为高度重复序列；重复几十到几千次的序列，称为中度重复序列。这些重复序列的长短也不一样，短片段只有两个或几个核苷酸，长的则有几百乃至上千个核苷酸。有些重复序列成簇分布于 DNA 的某些部位，也有些分散于整个基因组中。

1. 高度重复序列

高度重复序列就是在基因组中存在大量的拷贝，其重复次数高达 10^6～10^8。通常这些序列是由长度为 2～200 bp 的短片段碱基组成。

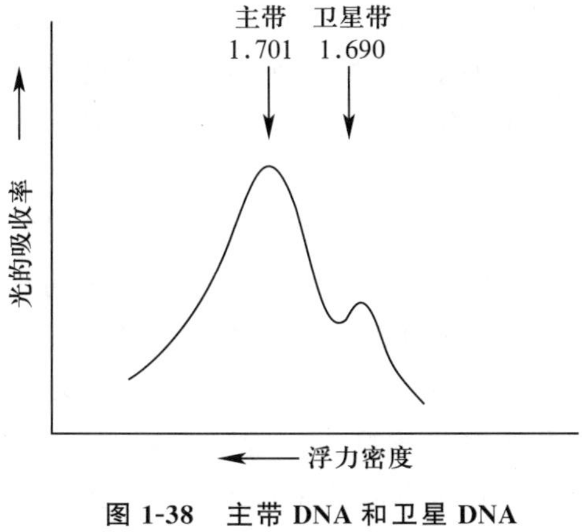

图 1-38　主带 DNA 和卫星 DNA
(引自李宁，2011)

(1)卫星 DNA　有些高度重复序列常含有异常高或异常低的 GC 含量，因为 DNA 片段在氯化铯(CsCl)密度梯度离心时，其浮力密度取决于它的 GC 含量，所以当这类基因组 DNA 被切成数百个碱基对的片段并进行 CsCl 密度梯度离心时，这些重复序列片段与主体 DNA 不同，会在主体 DNA 带的前面或后面形成一个次要的 DNA 区带，这些小的区带就像卫星一样围绕着 DNA 主带，这些高度重复序列因此被称为卫星 DNA(图 1-38)。卫星 DNA 常分布于染色体端粒和着丝粒附近的异染色质区。但也有些高度重复序列的 GC 含量和基因组中的主体 DNA 差别不大，当用 CsCl 密度梯度离心时不会出现卫星带，这种高度重复序列称作隐蔽卫星 DNA。

(2)卫星 DNA 的分类　根据重复单位的长短，这些非编码的高度重复序列可进一步分为三类:第一类是卫星 DNA,它由长串联的重复序列组成,常分布于染色体的异染色质区;第二类是小卫星 DNA,它是由 6～25 个核苷酸为核心序列的串联重复序列组成,位于染色体的端粒区域或分散在核基因组的多个位置上,通常没有转录活性;第三类是微卫星 DNA,它是由 2～6 个核苷酸的重复序列组成,分散地分布于基因组中。小卫星 DNA、微卫星 DNA 这两种 DNA 序列作为 DNA 多态性标记,已广泛应用于目的基因标定、遗传图谱构建、种质资源研究、遗传疾病诊断及亲子鉴定等诸多基因组研究领域。

2. 中度重复序列

中度重复序列在真核生物基因组中占 25%～40%,分散地分布于整个基因组的不同部位。根据重复单位的长短和拷贝数的多少,可分为以下两种类型:

一种是短分散重复序列(SINEs),SINEs 的重复单位长度为 300～500 bp,拷贝数达 10^5 以上。人类及哺乳动物基因组中典型的短分散重复序列是 Alu 家族,Alu 家族占人类基因组的 3%～6%,在单倍体基因组中有(3×10^6)～(5×10^6)个拷贝,平均每 6 000 bp 的 DNA 中就有 1 个 Alu 序列。每个 Alu 序列长 300 bp,两端有两个 130 bp 的重复序列,中间有 31 bp 的间隔序列组成。每个 Alu 序列含有一个限制性内切核酸酶 AluⅠ的识别序列 AGCT,其可被 AluⅠ酶识别并切割为 170 bp 和 130 bp 两个片段,Alu 序列因此得名。Alu 序列是人类基因组中最丰富的中度重复序列,猪、小鼠和中国仓鼠等哺乳动物基因组中都有 Alu 家族,且它们具有高度的同源性。

另一种是长分散重复序列(LINEs),LINEs 的重复单位长度为 5 000～7 000 bp,重复次数为 10^2～10^5 次。例如人类的 KpnⅠ家族和哺乳动物的 LINE1 家族。人类基因组的 KpnⅠ家族的拷贝数为 300～4 800 个,占 3%～6%,分散分布于整个基因组中。用限制性内切核酸酶 Kpn,酶切其重复单位序列,可得到长度分别为 1 200 bp、1 500 bp、1 800 bp 和 1 900 bp 的 4 种不同 DNA 片段。哺乳动物的 LINE1 家族是由 RNA 聚合酶Ⅱ转录而来的,在基因组中拷贝数约为 6×10^4 个,重复单位长度约 6 500 bp,属于一种转座因子。

(四)基因家族和假基因

在真核生物基因组中,把来源相同、结构相似、功能相关的一组基因称为一个基因家族(gene family)。虽然基因家族各成员之间在序列上具有相关性,但它们序列的相似程度及组织方式并不同。其中大部分有功能的家族成员间相似度很高,有些家族成员之间的差异却很大,甚至还有没有功能的基因。

基因家族的成员在染色体上的分布形式是不同的,若一个基因家族的基因成员紧密连锁,成簇状集中排列在同一条染色体的特定区域,则形成一个基因簇(gene cluster)。它们是同一个祖先基因扩增的产物。例如高等真核生物的 5.8S、18S 和 28S rRNA 基因均串联排列在一起组成一个单元,这些单元重复排列组成基因簇;又如真核细胞中至少有 50 多种 tRNA 转运不同的氨基酸,每种 tRNA 可有十到几百个完全相同的基因拷贝串联在一起形成基因簇,基因成员之间由非编码的间隔序列所隔开。同一基因家族成员可成簇状集中排列在一条染色体上,也可成簇地分布于不同的染色体上。这些基因成员的序列虽然不同,但它们编码的一组蛋白质却关系密切。例如在人类血红蛋白的珠蛋白基因家族中,珠蛋白基因家族由 α 珠蛋白基因簇和 β 珠蛋白基因簇组成,但它们却集中分布于不同的染色体上。α 珠蛋白基因簇由 5 个相关的基因组成,它们成簇状集中排列在 16 号染色体短臂上,β 珠蛋白基因簇由 6 个相关基因成簇状集中排列在 11 号染色体的短臂上。

在多基因家族中，某些成员并不产生有功能的基因产物，但它们在结构和 DNA 序列上，与相应的有功能的活性基因具有相似性，这类基因称作假基因。假基因常用符号 Ψ 来表示，如 $\Psi\beta$，表示与 β 基因相似的假基因。假基因与有功能的活性基因有同源性，当初可能也是有功能的基因，但由于染色体的缺失、倒位或基因突变等原因使该基因失去活性成为无功能的假基因。例如 α 珠蛋白基因簇中有假基因 $\Psi\alpha$ 和 $\Psi\xi$，其中 $\Psi\alpha$ 是由于移码突变或者终止密码子突变，且缺少两个内含子而不能表达；假基因 $\Psi\xi$ 则是由于碱基突变造成其不能产生有功能的蛋白质。

问题讨论：

基因的大小是由哪些因素决定的？

许多长基因的存在并不意味着其编码的产物就长，而是因为其含有较长的内含子。哺乳动物的 mRNA 通常不到 10 kb，而其基因的大小常达到 100 kb。由于断裂基因的存在，人们意识到基因比实际编码蛋白质的序列要大得多。不同种类的生物体中外显子的大小并没有明显的不同，与整个基因相比，编码蛋白质的外显子要小得多。外显子的大小与基因的大小没有必然的关联。

研究表明，基因的大小取决于它所包含的内含子的长短。某些基因的内含子特别长，例如哺乳动物的二氢叶酸还原酶基因含有 6 个外显子，其 mRNA 的长度为 2 000 bp，但它含有极长的内含子，使其基因的总长度达 25～31 kb，导致整个基因比其编码区域大许多。内含子的大小从 200 bp 到上万个碱基对，在一些极端的例子里，甚至有 50～60 kb 的内含子。不同珠蛋白基因大小的差异就是因为第二个内含子长度的差异造成的。例如小鼠的 α-珠蛋白基因的总长度为 850 bp，其第二个内含子长为 150 bp；β-珠蛋白基因的总长度为 1 382 bp，其 mRNA 为 620 bp，而 α-珠蛋白的 mRNA 为 585 bp，二者的基因大小相差 532 bp，而它们 mRNA 长度的差异并不大。

基因的大小除了与它内含子的长度有关外，还与内含子的数目有关。有些断裂基因含有一个或少数几个内含子，有些基因却含有较多的内含子。例如鸡的卵清蛋白基因含有 7 个内含子，伴清蛋白基因就含有 16 个内含子，伴清蛋白基因要比卵清蛋白基因大得多。但需要说明的是，当基因的长度达到一定的程度后，DNA 的复杂性与生物体功能的复杂性之间开始失去必然的联系。在较高等的真核生物中，基因大小与外显子的大小和数目之间也没有必然联系。例如肺鱼的 DNA 总量高达 10^{11} bp，比人的高 100 倍，肺鱼的结构和功能会比人更复杂吗？因此认为基因的大小主要取决于它所包含的内含子长度。

小　结

细胞是生物体结构和生命活动的基本单位。原核细胞结构简单，种类较少。真核生物的细胞结构和功能比原核生物的要复杂得多，其结构由细胞膜、细胞质和细胞核三部分组成。细胞质内含有各种细胞器。其中线粒体、中心体、核糖体和内质网等具有重要的遗传功能。

染色质和染色体是细胞在不同生理阶段可以相互转变的两种形态结构。染色质由DNA、组蛋白、非组蛋白及少量RNA组成。可分为常染色质和异染色质两种类型。从DNA、染色质到染色体的转化过程中，存在四级结构形式：核小体、螺线管、超螺线管、染色体。每个物种的染色体都有其特定的形态特征和数目。一条染色体可以通过臂比、着丝粒指数和相对长度这三个参数予以鉴定识别。根据着丝粒在染色体上所处的位置，染色体分为：中、近中、近端和端着丝粒染色体4种类型。染色体数目的多少与该物种的进化程度一般没有对应关系；染色体的大小与该染色体所含基因的数目也不成比例。核型分析对动物遗传病的诊断、远缘杂种的鉴定、研究物种间的亲缘关系及进化机制、生物制品生产等具有重要意义。

细胞分裂是生物进行生长发育、繁殖后代及遗传物质世代传递的前提条件。可将其分为无丝分裂和有丝分裂两种方式，减数分裂是特殊的有丝分裂。细胞有丝分裂中DNA复制一次，细胞分裂一次，两个子细胞与母细胞的染色体数目、特征相同。对维持个体的正常生长发育有重要意义。减数分裂发生在性细胞形成过程中，染色体复制一次，细胞分裂两次，四个子细胞中染色体数目减半，彼此也不尽相同。对保证物种染色体数目的恒定、丰富生物的多样性、动物育种及进化具有重要意义。

肺炎双球菌转化实验、噬菌体侵染实验以及烟草花叶病毒的感染实验证实了核酸是生物体的遗传物质。作为遗传物质应具备一些基本条件，以保证物种世代之间的连续性、多样性、稳定性以及满足生物不断进化的需求。核酸是一种线性高分子化合物，根据所含戊糖的不同，核酸分为DNA和RNA两类。DNA和RNA分子都含有A、G和C三种碱基，而T只存在于DNA中，U只存在于RNA中。DNA的一级结构是指DNA分子的4种核苷酸的连接方式和排列顺序。4种碱基的排列方式具有无限性，保证其具有贮存大量遗传信息和变异能力，而每个DNA分子特定的碱基排列顺序又构成其特异性。DNA的二级结构即双螺旋结构。已知的双螺旋结构有7种构象，其中B-DNA是生物中最常见、活性最高的一种形式；Z-DNA为左手螺旋构象。DNA的高级结构是双螺旋进一步扭曲盘旋形成的超螺旋结构。RNA分子主要有三种类型，mRNA是蛋白质合成的模板；核糖体是蛋白质合成场所，而rRNA是核糖体的主要组成成分；tRNA能根据mRNA的遗传密码依次准确地将它携带的氨基酸转运到核糖体上，形成多肽链。tRNA具有“三叶草”形的二级结构和倒L形的高级结构。

基因是有功能的DNA片段，它含有合成有功能的蛋白质多肽链或RNA所必需的全部核苷酸序列。基因概念的发展还有探索的空间。原核生物的基因是连续编码的，而真核生物的结构基因是不连续的断裂基因，常由若干个编码的外显子和不编码的内含子组成。结构基因的侧翼序列中含有影响基因有效表达的调控序列，包括启动子、增强子、沉默子、终止子、核糖体结合位点、加帽和加尾信号等。

真核生物单倍体基因组的DNA总量称为*C*值，*C*值的大小与物种的结构组成和功能的复杂性没有严格的对应关系，这种*C*值矛盾现象提示真核生物基因组中含有大量不表达的重复序列。原核生物基因组DNA主要是单一序列。真核生物基因组的显著特点是含有大量的重复序列。高度重复序列被称为卫星DNA，其中一种是以2～6个核苷酸串联重复序列称为微卫星DNA。因其具有高度的遗传多样性和重复性，作为DNA多态标记，已被广泛应用于许多基因组研究领域。基因家族是指一组来源相同、结构相似、功能相关的基因。假基因是指在结构和DNA序列上与相应的活性基因具有相似性，但不能产生有功能基因产物的DNA序列。这些也是真核生物基因组的特点。

复习思考题

1. 名词解释

   染色体　染色质　同源染色体　姐妹染色单体　细胞周期　联会　基因　内含子　外显子　启动子　微卫星DNA　基因家族　假基因

2. 细胞质中有哪些主要的细胞器？它们的功能分别是什么？
3. 染色质的基本结构单位是什么？试述从染色质到染色体的超微结构类型。
4. 简述染色质的类型及其特点。
5. 国际上识别染色体的三个参数分别是什么？根据臂比可以把染色体分为哪些类型？
6. 简述端粒的概念及功能。
7. 简述核型分析的概念及意义。
8. 从遗传学角度看，有丝分裂和减数分裂有什么区别及意义？
9. 某生物有两对同源染色体，一对染色体是中间着丝粒，另一对是端部着丝粒，以模式图方式画出：①第一次减数分裂的中期图；②第二次减数分裂的中期图。
10. 100个猪的初级精母细胞和初级卵母细胞经减数分裂后可形成多少个精子和卵子？
11. 马的二倍体染色体数是64，驴的二倍体染色体数是62。①马和驴杂交产生的骡子，其染色体数是多少？②试述骡子的可育性。
12. 证明核酸是遗传物质的直接证据有哪些？作为遗传物质应该具备哪些条件？
13. DNA的二级结构、高级结构分别是什么？有哪些类型？
14. DNA分子的A-T和G-C碱基对中，哪一种碱基对较易被打开？为什么？
15. 人体神经细胞与肝细胞的形态结构和功能不同，其根本原因是这两种细胞的哪种成分不同(　　)

    A. DNA碱基序列　　B. rRNA　　C. tRNA　　D. mRNA

16. 操纵子中转录mRNA并指导合成有功能蛋白质的基因是(　　)

    A. 操纵基因　　B. 调节基因　　C. 启动子　　D. 结构基因

17. 当(A+G)/(C+T)在一条单链中的比例是0.7时，在另一条链中这种比例是(　　)

    A. 0.7　　B. 0.3　　C. 1.0　　D. 1.43

18. 甲DNA分子一条链中的(A+C)/(G+T)=0.8，乙DNA分子一条链中的(A+T)/(G+C)=1.25，那么甲、乙DNA分子互补链中相应的碱基比例分别为(　　)

    A. 1.25和1.25　　B. 1.25和0.8　　C. 0.8和0.8　　D. 0.2和0.8

19. 用于标记核酸使之与蛋白质相区别的放射性同位素是(　　)

    A. ^{32}P　　B. ^{14}C　　C. ^{35}S　　D. ^{15}N

20. 用于标记蛋白质使之与核酸相区别的放射性同位素是(　　)

    A. ^{32}P　　B. ^{14}C　　C. ^{35}S　　D. ^{15}N

21. 家畜体细胞中含有的核酸、核苷酸、碱基的种类分别是(　　)

    A. 1种、4种和4种　　B. 2种、4种和4种
    C. 2种、5种和5种　　D. 2种、8种和5种

22. 将细菌 DNA 的两条链用放射性胸腺嘧啶标记后，放入无放射性的培养基中培养，使其分裂两次后，产生的四个细菌中，具有放射性染色体的细菌有（　　）

A. 0 个　　B. 1 个　　C. 2 个　　D. 4 个

23. mRNA 可分为几种类型？各自的主要功能是什么？

24. 基因的调控序列主要有哪几种？

25. 什么叫 C 值矛盾？C 值矛盾现象给我们什么启示？

CHAPTER 2

第二章 遗传信息的传递

1957 年，克里克(F. H. Crick)提出了阐述遗传信息传递方向的法则——中心法则。遗传信息可以从 DNA 传递给 RNA，再从 RNA 传递给蛋白质，即完成遗传信息的转录和翻译的过程。也可以从 DNA 传递给 DNA，即完成 DNA 的复制过程。这是所有的细胞结构生物所遵循的法则。

由于当时对转录、翻译、遗传密码、肽链折叠等都还了解不多，因此在那个时候中心法则带有一定的假设性质。随着人们对生物遗传规律的进一步探索，中心法则也逐步得到完善和证实。1970 年特明(H. M. Temin)和巴尔的摩(D. Baltimore)在一些 RNA 致癌病毒中发现了反转录酶，说明遗传信息也可存在于 RNA 分子中，由 RNA 通过逆转录的方式将遗传信息传递给 DNA 后，再由 DNA 转录合成 RNA，翻译成蛋白质。同时又在其他病毒中发现了单链 RNA 能够自我复制和转译。20 世纪 60 年代，麦卡锡和霍兰发现，在他们的实验体系中加入抗生素时，变性的单链 DNA 在离体情况下可以直接与核糖体结合，指导蛋白质合成，但是否能在活细胞体内合成蛋白质，至今仍不清楚。因此可以把中心法则概括为图 2-1(实线表示中心法则的信息流向，虚线表示新的发展)。

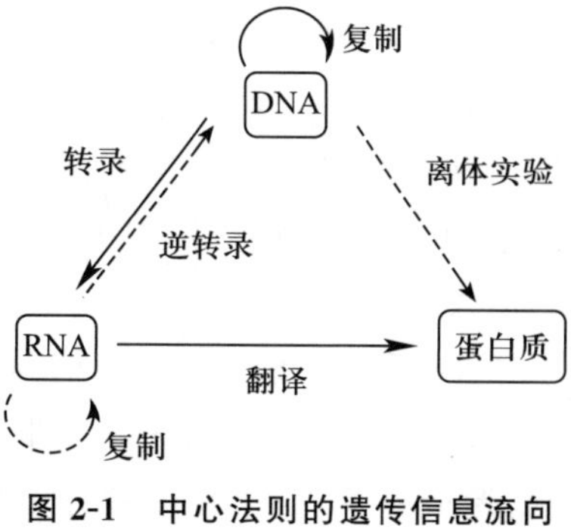

图 2-1　中心法则的遗传信息流向

那么对于 DNA 和 RNA 与蛋白质之间的信息流向是否只有核酸向蛋白质分子的单向流动，还是蛋白质分子的信息也可以流向核酸，中心法则仍然肯定前者，也就是说不能由蛋白质的氨基酸序列指导合成 DNA 或 RNA。

在个体的生长发育过程中，遗传信息的表达按一定的时序发生变化，并随着内外环境的变化而不断加以修正。原核生物的基因组和染色体结构都比真核生物简单，转录和翻译在同一时间和空间内发生，基因表达的调控主要发生在转录水平。真核生物转录和翻译过程在时间和空间上都被分隔开，且转录和翻译后都有复杂的信息加工过程，其基因表达的调控可以发生在各种不同水平上。

第一节 DNA 的复制

二维码 2-1
DNA 的复制

DNA 的复制是指以亲代 DNA 分子为模板合成一个新的与亲代模板链互补的子代 DNA 分子的过程。真核生物这一过程发生在细胞分裂间期，遗传信息通过亲代 DNA 分子的忠实复制，随着细胞的分裂准确地传递给子代生物体。

一、DNA 复制的基本特征

(一)半保留复制

科学家在研究 DNA 复制时，提出了多种 DNA 复制模型，如全保留复制(conservative replication)、分散复制(disperslve replication)和半保留复制(semiconservative replication)等。全保留复制模型是指在复制过程中，各以双螺旋 DNA 的其中一条链为模板合成其互补链后，两条 DNA 亲代链在一起形成一条 DNA 分子，而两条新生互补链在一起形成另一条 DNA 分子。分散复制模型是指两条亲本链首先以某种原因断裂成大小不一的片段，接着以这些片段为模板来合成互补链后，最后形成的 DNA 的每一条链(亲本的和子代的)都是由亲链的片段与新生互补链片段随机拼接而成。

1953 年，沃森(J. D. Watson)和克里克(F. H. Crick)提出了 DNA 双螺旋结构模型，同时对 DNA 的复制也进行了假设。他们认为：在 DNA 复制过程中，两条螺旋的多核苷酸链之间的氢键断开，然后以每条链各作为模板在其上合成新的互补链。这样新形成的两个子代 DNA 分子与原来 DNA 分子的碱基顺序完全相同。每个子代 DNA 分子的一条链来自于亲代，而另一条链则是新合成的产物，这种复制方式称为半保留复制。

1958 年，西尔逊(M. Meselson)和斯塔尔(F. W. Stahl)利用精巧的同位素标记结合氯化铯(CsCl)密度梯度离心实验证实 DNA 半保留复制模型是正确的(图 2-2)。西尔逊和斯塔尔将大肠杆菌置于^{15}N 做氮源的培养基中培养，使所有细菌的双链 DNA 都充分被^{15}N 标记，然后把这些大肠杆菌后代移入含正常的同位素^{14}N 的培养基中培养，经过 1 次或 2 次细胞分裂，抽取细菌样本，从每一样本中提取 DNA，进行氯化铯密度梯度离心，当把所有的细菌分别进行离心后发现：因为^{15}N-DNA 的密度比^{14}N-DNA 的大，所以经^{15}N 标记的 DNA 在离心管下层形成一条带(重带)；经在^{14}N 中培养一代的 DNA，由于含有一条重链(^{15}N)和一条轻链(^{14}N)，结果只有一条带，位于^{15}N 和^{14}N 带之间(中间带)；而在^{14}N 中培养两代的 DNA，又经过了一次复制，形成一条^{15}N-^{14}N 杂种分子(中间带)和一条^{14}N-^{14}N 的轻分子(轻带)，即在离心管中形成两条带，一条位于^{15}N-DNA 和^{14}N-DNA 中间，另一条同^{14}N-DNA 带相一致，这样，DNA 半保留复制模型首先在大肠杆菌上得到了分子水平的证明，其后将该法应用于从病毒到人类等多种生物也获得了成功。

实验已经证明，无论是原核生物还是真核生物其 DNA 都是以半保留方式遗传的。DNA 的半保留复制保证了 DNA 在代谢上的稳定性，这种稳定性与 DNA 的遗传功能相符。

(二)半不连续复制

由于 DNA 双螺旋的两条核苷链是反向平行的，分开的每条亲本链都可以作为模板，按照

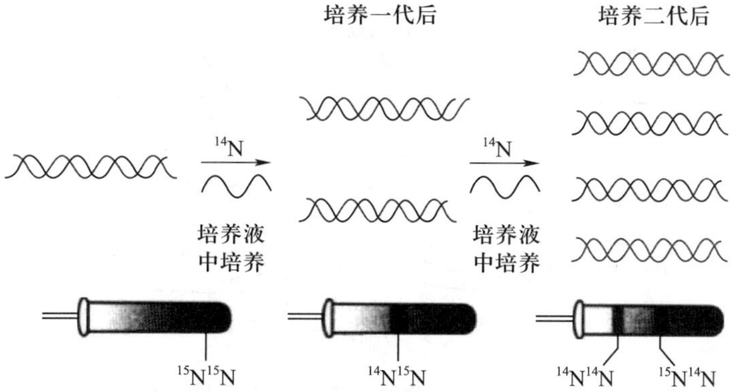

图 2-2 DNA 的半保留复制(引自吴常信等,2015)

碱基配对的原则合成与其互补的新链,但由于生物细胞内所有催化 DNA 合成的聚合酶只能按 5′→3′方向延伸新生子链,这就很难解释 DNA 在复制时两条链如何能够同时作为模板合成其互补链。

1968 年,日本学者冈崎(R. Okazaki)等人在实验中发现在 DNA 的两条链中只有一条 DNA 链的合成是连续的,而另一条 DNA 链的合成则是不连续的,两条链的合成方向是相反的,但都是按 5′→3′方向复制。在这一实验结果的基础上,他们提出了 DNA 半不连续复制(semi-discontinuous replication)模型(图 2-3)。DNA 半不连续复制模型认为,沿 5′→3′方向连续合成的链是前导链(leading strand),在前导链上,DNA 引物酶只在起始点合成一次引物,DNA 聚合酶就开始进行 DNA 的合成。另一条 DNA 链称为后随链(lagging strand),虽然这条链的 DNA 合成同样是按照 5′→3′方向进行,但复制是不连续的,其子链在引物 RNA 和 DNA 聚合酶的作用下,先沿 5′→3′方向合成一些不连续的冈崎片段(Okazaki fragment),然后引物 RNA 被切除,并被新合成的 DNA 片段所取代,最后由 DNA 连接酶将冈崎片段连接起来,形成一条完整的新链。

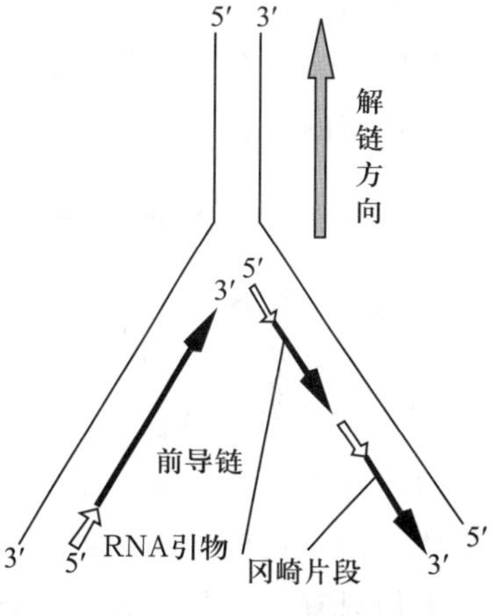

图 2-3 半不连续复制

二、DNA 复制的起点和方向

DNA 复制在生物细胞中都是在 DNA 分子特异位点开始,这一位置称为复制起点(origin of replication),用 ori 或 o 表示(图 2-4)。

(一)原核生物的复制起点和方向

原核生物的染色体上只有一个复制起点,控制着整个染色体的复制。所以整条染色体就是一个复制子(replicon)。复制子是指在同一个复制起点控制下合成的一段 DNA 序列。DNA 复制起点一般具有特殊的结构。如在大肠杆菌中,其 DNA 复制起点由长 245 bp 的片段组成,在这个区段内包含富含 A/T 的重复序列、一系列对称排列的反向重复序列(回文结构)以及两个转录启动区(启动子)的核苷酸序列,这些高保守的重复序列不但与酶系统的识别有关,也可能表示转录在大肠杆菌 DNA 复制中起着重要的作用。原核生物 DNA 的复制大多是

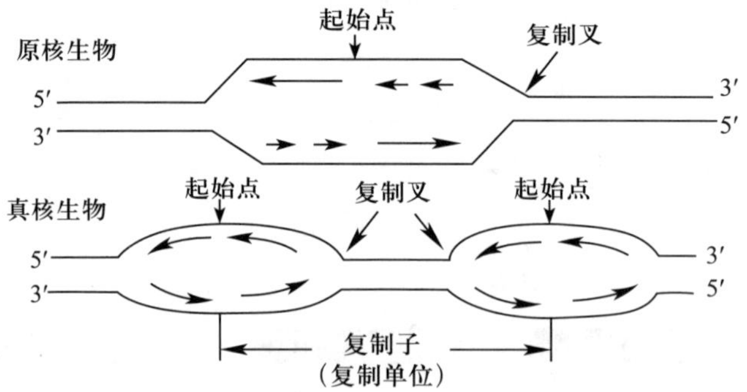

图 2-4　原核生物和真核生物的复制起点

双向(如大肠杆菌)进行,也有一些是单向(如质粒 Col*E* Ⅰ)或不对称的双向(如枯草杆菌)进行。

(二)真核生物的复制起点和方向

真核生物每条染色体的 DNA 复制是多起点的,多个复制起点共同控制一条染色体的复制,即每条染色体有多个复制子。各个复制起点也是由特殊的 DNA 序列所决定的,即自主复制序列(autonomously replicating sequence,ARS)。ARS 有一个 AT 富集区,若这个区某些位点发生突变会影响复制的起始功能。真核生物复制以双向等速进行,一个 DNA 分子上有许多特定的复制起点。

三、DNA 复制速率

真核生物基因组比原核生物大,其染色体具有复杂的高级结构,复制时需要解开核小体,复制后又需要重新形成核小体,因此原核生物复制叉的移动速度要比真核生物的快 20～50 倍,冈崎片段也相应地更长些。如细菌的复制速率为 50 kb/min,而小鼠的仅为 2.2 kb/min。细菌冈崎片段长度一般为 1 000～2 000 个核苷酸,而哺乳动物冈崎片段的长度为 100～200 个核苷酸。由于真核生物染色体 DNA 上有很多个复制起点,染色体的复制可以分多段进行,而原核生物只有一个复制起点,因而从整条染色体复制所需的时间而言,真核生物的复制速度并不比原核生物的慢,有的反而更快些。在原核生物 DNA 复制中,第一轮复制尚未结束前,第二轮复制又从复制起点开始,而对于真核生物,一般情况下要等第一轮复制结束后第二轮才开始,这样在快速生长的原核生物中,复制起点可以连续发动复制。而真核生物在快速生长时,往往拥有更多的复制起点。例如黑腹果蝇受精后,复制起点由 5 000 个增至 50 000 个,在发育早期每个复制子长仅 7.9 kb,而发育到成年后每个复制子长 40 kb,说明幼年细胞的复制起点很多,而成年细胞只利用了一部分复制起点,许多复制起点不再起作用。幼年细胞生长较快,DNA 复制也必须较快,在复制速率不变的情况下,利用更多复制起点便可加速复制的进行。

四、DNA 复制的相关酶和蛋白质

DNA 的合成是以 DNA 为模板,4 种脱氧核糖核苷三磷酸(dNTP)为反应底物,在酶和其他蛋白的催化下,按照碱基配对的原则,沿 5′→3′方向合成新的互补链。实际上,DNA 的合成反应是很复杂的,催化反应的酶和蛋白质因子也有多种。现将参与复制的主要酶类和蛋白质因子介绍如下。

(一)DNA 聚合酶

DNA 聚合酶(DNA polymerase)最早是 1957 年科恩伯格(A. Kornberg)及其同事在大肠杆菌中分离得到的,此后在其他原核生物及微生物中也有发现。研究者在大肠杆菌提取液中发现了三种 DNA 聚合酶,分别称为 DNA 聚合酶Ⅰ、Ⅱ、Ⅲ。它们均是以 DNA 为模板催化 DNA 合成的酶。

DNA 聚合酶Ⅰ是一条单链多肽,其主要功能有:①5′→3′聚合酶活性,催化 DNA 沿 5′→3′方向延长。②3′→5′外切酶的活性,在 DNA 复制过程中起校对作用。即从 3′→5′方向识别和切除不配对的 DNA 生长链末端的核苷酸。③5′→3′外切酶活性,具有切除修复作用,执行沿 5′→3′方向水解小片段 DNA 的功能,每次切除 10 个核苷酸,在复制过程中,后随链上冈崎片段 5′末端 RNA 引物的切除依赖此种外切酶活性。DNA 聚合酶Ⅰ是第一个被发现的 DNA 聚合酶,但后来研究发现此酶可能不是直接控制大肠杆菌体内 DNA 复制的酶。1969 年发现的大肠杆菌的一个突变株中,虽然不能合成 DNA 聚合酶Ⅰ,但 DNA 复制照常进行,而且发现此突变株对紫外线、烷化剂等突变因素敏感。众多研究结果表明 DNA 聚合酶Ⅰ可能主要与 DNA 合成中错误修复有关。

DNA 聚合酶Ⅱ由一条多肽链组成,其主要功能有:①5′→3′聚合酶活性;②3′→5′外切酶的活性,但没有 5′→3′外切酶活性。DNA 聚合酶Ⅱ聚合酶活性很低,只有 DNA 聚合酶Ⅰ的 5%,不是 DNA 复制的主力聚合酶。目前认为 DNA 聚合酶Ⅱ的生理功能主要是起修复 DNA 的作用。

DNA 聚合酶Ⅲ结构比较复杂,至少由 20 个亚基组成,除具有 5′→3′聚合酶活性,也有 3′→5′核酸外切酶的活性,能切除错配的核苷酸,但不具有 5′→3′外切酶活性。该酶的活性很强,为 DNA 聚合酶Ⅰ的 15 倍,DNA 聚合酶Ⅱ的 300 倍。它能在引物的 3′-OH 上以每分钟约 5 万个核苷酸的速率延长新生的 DNA 链,是大肠杆菌 DNA 复制的主导聚合酶。

在真核细胞中含有数种 DNA 聚合酶,主要包括 α、β、γ、δ 和 ε 等 5 种 DNA 聚合酶(表 2-1)。DNA 聚合酶 α 催化前导链合成的起始和后随链的合成,即具有引发酶活性和 5′→3′聚合酶活性。DNA 聚合酶 δ 是 DNA 复制的主力酶,持续合成能力强,同时具有 3′→5′外切酶活性,起修复作用。DNA 聚合酶 β 和 ε 有最强的核酸外切酶活性,主要用于核 DNA 的修复。DNA 聚合酶 γ 存在于线粒体内,参与线粒体 DNA 的复制。

表 2-1 真核生物的 5 种 DNA 聚合酶

DNA 聚合酶	α	β	γ	δ	ε
位置	细胞核	细胞核	线粒体	细胞核	细胞核
功能	后随链的合成和前导链的引发	修复	复制	前导链的合成	修复
3′→5′外切酶活性	+	+	+	+	+
引发酶活性	+	−	−	−	−

(二)引发酶

引发酶(primase)是一种特殊的 RNA 聚合酶。所有的 DNA 聚合酶都不能起始 DNA 的合成，只能催化脱氧核苷酸添加在已有的 DNA 或 RNA 单链片段的 3′游离羟基上。因此，在 DNA 复制中，需要有一段 DNA 或 RNA 链提供 3′游离的羟基启动 DNA 的合成，这种 DNA 或 RNA 片段称为引物(primer)，DNA 体内复制的起始所需要的是 RNA 引物，它由引发酶催化合成，此 RNA 引物的碱基与 DNA 模板是互补的。真核生物 DNA 聚合酶 α 具有引发酶的活性，起着催化后随链的合成和前导链的引发的作用。

（三）解旋酶

细胞内 DNA 复制时必须先在复制叉的位置解开 DNA 的双螺旋结构。解旋酶(helicase)可以利用 ATP 分解产生的能量打开 DNA 双链，每解开一对碱基，需将两分子 ATP 水解成 ADP 和磷酸盐。在 DNA 复制过程中，大多数解旋酶能识别复制叉的单链结构，随着复制叉的打开沿后随链以 5′→3′方向移动，小部分解旋酶(Rep 蛋白)则沿前导链模板的 3′→5′方向移动。因此推测 Rep 蛋白和特定 DNA 解旋酶分别在 DNA 的两条母链上协同作用，以解开双链 DNA。

（四）DNA 连接酶

DNA 的复制是半不连续性复制，后随链在合成中会产生许多冈崎片段，最后这些冈崎片段需要连接起来形成一条完整的互补链，DNA 连接酶(DNA ligase)负责完成这一功能。DNA 连接酶借助 ATP 或烟酰胺腺嘌呤二核苷酸(NAD)水解产生的能量催化两条相邻的 DNA 片段 3′-OH 和 5′-PO_4 之间形成磷酸二酯键，从而使 DNA 链上的缺口封闭，但 DNA 连接酶不能将两个单股的 DNA 分子连接起来。DNA 连接酶不但是 DNA 复制所必需的，而且也是在 DNA 损伤的修复及重组 DNA 中不可缺少的酶。

（五）拓扑异构酶

大多数天然状态下的双螺旋 DNA 往往以负超螺旋状态存在，当复制开始后，随着 DNA 的解旋，复制叉向前移动，逐渐消除负超螺旋结构，产生正超螺旋，从而阻止复制继续进行。那么在复制过程中，如何消除正超螺旋，使 DNA 处于松弛状态，恢复负超螺旋的结构呢？这主要依赖于拓扑异构酶(topoisomerase)来完成。DNA 拓扑异构酶主要有两种：拓扑异构酶Ⅰ和拓扑异构酶Ⅱ。拓扑异构酶Ⅰ可暂时切断一条 DNA 链，使超螺旋的环状 DNA 解旋成不具超螺旋的、松弛状态的环状 DNA，然后将切断的单链 DNA 连接起来，这个反应无需提供能量。拓扑异构酶Ⅱ可将负超螺旋引入 DNA 分子，该酶也能暂时性切断和重新连接 DNA 链，同时需水解 ATP 提供能量。

（六）单链结合蛋白

DNA 在复制时，当解链酶将 DNA 双链打开以后，单链 DNA 会重新配对恢复原来双链的状态，若单链 DNA 本身有反向重复也会形成发夹结构，并且单链 DNA 也可被核酸酶降解，这些情况都不利于 DNA 复制，单链结合蛋白(single strand binding protein，SSBP)可以解决这些问题。单链结合蛋白不是酶，与解链后的 DNA 单链结合，可使被其覆盖的 DNA 序列受到保护，不被 DNA 酶水解，同时也使单链 DNA 不恢复成双链以维持复制模板的稳定，待单链复制完成后才离开，重新进入循环。SSBP 的作用是保持单链的存在，并没有解链的作用。

从原核生物得到的 SSBP 与 DNA 结合时还表现出协同效应：第一个 SSBP 结合到 DNA 上去的能力为 1，第二个 SSBP 结合能力则可高达 10^3，真核生物如牛、鼠和人细胞中 SSBP 与单链 DNA 结合时，则没有协同效应。

五、DNA 复制的一般过程

DNA 的复制过程一般分为起始、延伸和终止三个阶段。我们以研究和了解最多的大肠杆菌(*Escherichia coli*)为例介绍 DNA 复制的过程。

(一)DNA 复制的起始

DNA 复制的起始包括转录激活、起始复合物的形成、复制叉的打开、RNA 引物的形成和 DNA 合成的起始。首先 RNA 聚合酶(不是引物酶)沿滞后链模板转录一小段 RNA 分子，这段 RNA 分子不是 RNA 引物，它的作用只是分开两条 DNA 链，暴露出某些特定序列以便引发体与之结合在前导链模板 DNA 上，这一过程即为转录激活(transcriptional activation)；接着多种启动蛋白以多拷贝的形式结合在复制起点上，形成蛋白质-DNA 复合物；然后以 ATP 水解为能源，解旋酶和拓扑异构酶使 DNA 先解开一段双链，单链结合蛋白马上结合在被解开的链上，形成复制泡(replication bubble)，产生复制叉(replication fork)；紧接着引物酶与多种复制因子结合，在单链 DNA 上移动，合成 RNA 引物，前导链合成一段 RNA 引物，后随链需反复合成 RNA 引物供 DNA 聚合酶Ⅲ合成冈崎片段；引物合成后，在 DNA 聚合酶Ⅲ的作用下，在引物的 3′-OH 以磷酸二酯键与脱氧核苷结合起始 DNA 的合成。

(二)DNA 链的延伸

DNA 链的延伸由 DNA 聚合酶Ⅲ所催化，包括 DNA 双链的解旋、前导链的合成及后随链的合成(图 2-5)。首先 DNA 解旋酶须沿着模板移动，不断解开 DNA 双链，单链结合蛋白马上与模板结合稳定其单链状态。由于 DNA 的解链，在 DNA 双链区产生正超螺旋，当达到一定程度后就可能造成复制叉难以再继续前进，但在细胞内 DNA 的复制不会因出现拓扑学问题而停止复制，因为拓扑异构酶会解决这一问题，恢复负超螺旋，保证 DNA 复制的正常进行。

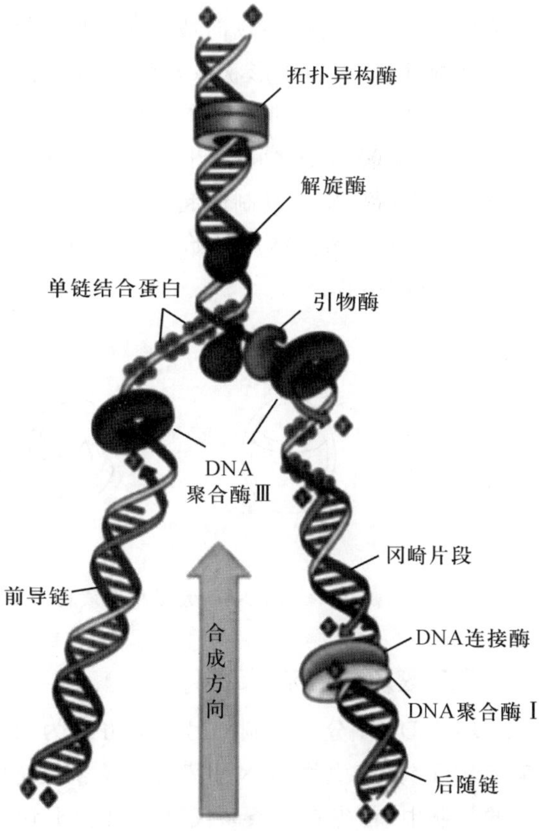

图 2-5　DNA 链的延伸过程(仿自赵兴波等，2020)

随着引发体合成 RNA 引物，DNA 聚合酶Ⅲ全酶开始不断将引物延伸，合成 DNA。DNA 的复制是半不连续性复制，以 3′→5′方向 DNA 链为模板合成的子链为前导链，它的合成只在复制开始合成一段特异的 RNA 引物，在 DNA 聚合酶Ⅲ作用下连续合成与模板互补的新链。以 5′→3′方向 DNA 链为模板合成的子链为后随链，引发酶沿模板合成许多不同的 RNA 引物，在 DNA 聚合酶Ⅲ的作用下合成一些冈崎片段。当冈崎片段形成后，DNA 聚合酶Ⅰ通过其 5′→3′外切酶活性切除冈崎片段上的 RNA 引物，并利用后一个冈崎片段作为引物由

5′→3′合成 DNA 填补缺口。最后由 DNA 连接酶将冈崎片段连接起来，形成完整的 DNA 后随链。

(三)DNA 复制的终止

一直以来人们认为，DNA 一旦复制开始，就会将该 DNA 分子全部复制完成才能终止，后来发现在 DNA 上也存在着复制终止区(terminus，ter)。已有研究证明大肠杆菌 DNA 在复制终止位点处可以结合一种特异的蛋白质分子 Tus，形成 ter-Tus 复合体。ter-Tus 复合物通过阻止解链酶的解链活性而终止复制。终止阶段也需要 RNA 引物的切除，缺口的填补及冈崎片段的连接，释放出完整的子链 DNA。

目前对复制终止位点的研究不深入。对于单向复制的环形分子，复制终点也是复制起点；对于双向复制的环形分子，有的有固定的终点，而大部分没有固定的终点。线性 DNA 双向复制的复制终点不固定。

六、环状 DNA 的复制

原核生物的染色体、质粒、许多病毒以及真核生物的线粒体等的 DNA 均为环状分子。这些环状 DNA 的复制与上述 DNA 的复制过程不同，其主要复制方式有以下几种。

(一)θ 型复制

原核生物的染色体和质粒 DNA 都是环状分子，都只有一个复制起点，在复制过程中，环状分子从复制起点开始解成单链状态，两条母本单链分别作为模板，各自合成互补的子链。复制叉移动的方向可以是双向或单向，大多数为等速双向复制，也有少数双向不等速复制的情况。复制过程中，由于形状像希腊字母θ，因而叫θ 复制(θ-type replication)。

大肠杆菌 DNA 的复制采用θ 复制。大肠杆菌基因组的复制原点 ori 位于天冬酰胺合酶和 ATP 合酶操纵子之间，全长 245 bp，富含 AT，并含有多个短的重复序列，能够被复制起始点结合蛋白所识别。复制的起始点涉及 DNA 双链的解旋和松开，形成两个方向相反的复制叉(图 2-6)，前导链 DNA 开始复制前，复制原点的核酸序列被转录生成短 RNA 链，作为起始 DNA 复制的引物。

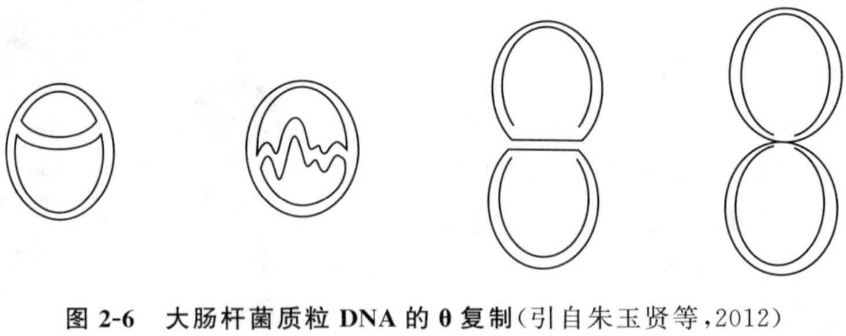

图 2-6　大肠杆菌质粒 DNA 的 θ 复制(引自朱玉贤等，2012)

(二)滚环式复制

环状 DNA 分子复制的另一种方式为滚环式复制(rolling circle replication)，许多病毒、细菌 F 因子、真核生物 rRNA 基因以及多数基因扩增时都采用这种方式复制。在以这种机制进行的复制中，首先在一条亲代链(正链)上切一缺口，形成含 5′端游离磷酸基团和 3′端羟基基团的线性正链分子，然后正链的 5′端脱离双链分子，并且很快被单链结合蛋白所结合，使 DNA

聚合酶Ⅲ以另一条亲代链(负链)为模板，按碱基互补配对的原则，在正链的 3′端添加脱氧核苷酸。因为 5′端从环上向下解链的同时，伴有环状双链 DNA 环绕其轴不断地旋转，而且以 3′-OH 端为引物的 DNA 生长链不断地以另一条环状 DNA 链为模板向前延伸，因而称为滚环式复制。复制时由于只有一条 DNA 链是完整的，因而在 DNA 解链时不会产生拓扑学上的问题，即未解链的双螺旋区不会产生超螺旋。当 5′端从环上解下来后不久，即与单链结合蛋白结合，以后可移动的引发体便在其上形成，以引发 RNA 引物的合成，然后由 DNA 聚合酶Ⅲ催化合成冈崎片段。这个过程与前述的 DNA 滞后链的合成一样。最后由 DNA 聚合酶Ⅰ切除 RNA 引物，并填充间隙构成完整的 DNA 链。在滚环式复制中，DNA 的延伸可以一直进行下去，产生的 DNA 链可以是亲代 DNA 单位长度的许多倍。这么长的 DNA 链是如何转变为单位长度的 DNA 分子的，多数人认为可能是由特异的内切酶切开产生单位长度的子代 DNA。这些 DNA 可自身环绕，或保持线性分子状态(图 2-7)。

(三)D 环复制

哺乳动物的线粒体 DNA(mitochondrial DNA，mtDNA)也是环状 DNA 分子，但它的复制方式有别于 θ 型和滚环式复制，是一种十分特殊的 D 环复制方式(D-loop replication)。哺乳动物的 mtDNA 两条单链的复制起始点不在同一位点，一个在重链(H)上，另一个在轻链(L)上，两者相距较远。mtDNA 复制开始时，首先从重链上的复制起点开始解链，然后以轻链为模板，沿 5′→3′方向单向复制，合成新链，取代另一条仍保持单链状态的亲代重链，这条新链在通常情况下长为 500～600 个核苷酸，有特定的 5′端，3′端则有可能有 3～4 种不同的位置。这是因为这条新生短链不稳定，3′端不断被降解，又很快重新合成，以经常维持这条新链。新链合成后，相对应部分的亲代轻链被置换出来，形成了一个由一条新生单链和两条双链组成的三元泡状结构，称为取代环(displacement loop)或 D 环。当线粒体需要复制其 DNA 时，新轻链的合成持续进行，D 环不断扩展，当 D 环达到 mtDNA 的 2/3 处时，亲代轻链上的复制起点暴露出来，于是开始新重链的合成。因为子代重链的合成起步较晚，所以当子代轻链合成完毕时，子代重链的合成才进展 30%～40%。这时分离出两个环状 DNA 分子，一个是双链环，另一个是不完整的双链环，各自完成复制后再由 DNA 连接酶连接成封闭的双链环，进而由拓扑异构酶转变为超螺旋形式(图 2-8)。由于两条亲代链的复制起始点不同，合成起始并不同步进行，所以 D 环型复制是一种不对称复制形式。

七、真核生物和原核生物 DNA 复制过程的比较

真核生物 DNA 的复制与原核生物 DNA 的复制既有相同之处，又有所不同。相同之处在于它们都是半保留和半不连续复制；复制过程都包括起始、延伸和终止三个阶段；都必须有 RNA 引物、模板 DNA、底物(dNTP)多种酶和蛋白质参与等。由于真核生物基因组要比原核生物大得多，以染色体的形式存在于细胞核中，并且真核生物染色体末端结构特殊，因此真核生物 DNA 复制与原核生物 DNA 的复制又存在很多不同之处。

(1)DNA 复制发生的时期不同。真核生物 DNA 复制只发生在细胞分裂间期的 S 期，一般要在第一轮复制结束后才会开始第二轮复制。而原核生物在整个细胞生长过程中都可以进行 DNA 复制，其复制起点可以连续发动复制，在第一轮复制尚未结束前，第二轮复制就可以开始。

(2)DNA 复制起点不同。真核生物 DNA 复制是多起点的，每条染色体具有多个复制子，

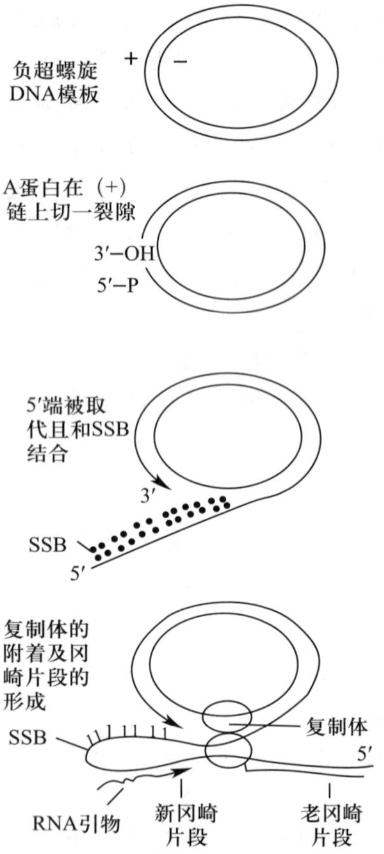

图 2-7　滚环式复制(引自李宁，2011)

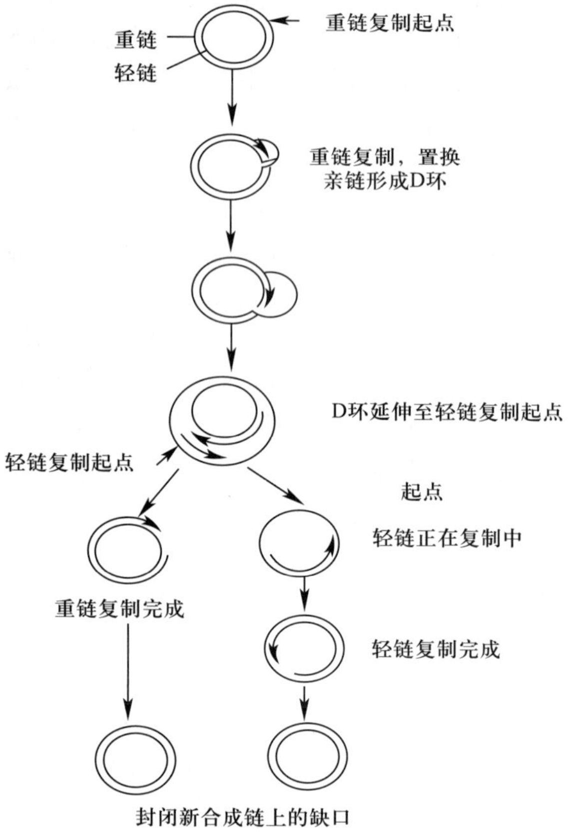

图 2-8　D 环复制(引自李宁，2011)

复制子的长度一般为 50～200 kb，各个复制子在 S 期并不是同时被激活的，复制起点的数目可根据发育的特点而调节，比如在发育早期利用更多的复制起点，以加快总体的复制速度。而原核生物的染色体上只有 1 个复制起点，控制整个染色体的复制。

(3)DNA 复制速率不同。由于原核生物基因组的结构更加简单，因而其复制速率要比真核生物快得多，冈崎片段也相应地更长些。但由于真核生物染色体有多个复制子，从整个染色体复制所需的时间而言，真核生物的复制速度并不比原核生物慢，有的反而更快。还有一点：原核生物复制起点可以连续发动复制，而真核生物则不能，一般要等第一轮复制结束后才开始第二轮复制。

(4)复制所需的 RNA 引物及后随链上合成的冈崎片段的长度不同。在原核生物中，引物的长度为 10～60 个核苷酸，冈崎片段的长度为 1 000～2 000 个核苷酸；而在真核生物中，引物的长度只有 10 个核苷酸，而冈崎片段的长度约为原核生物的 1/10，只有 100～150 个核苷酸。

(5)复制的酶不同。在原核生物中有 DNA 聚合酶Ⅰ、DNA 聚合酶Ⅱ和 DNA 聚合酶Ⅲ等 3 种 DNA 聚合酶，并由聚合酶Ⅰ同时控制两条链的合成。而在真核生物中共 α、β、γ、δ 和 ε 共 5 种 DNA 聚合酶。DNA 聚合酶 α 和 δ 是 DNA 合成的主要酶，由 DNA 聚合酶 α 控制不连续的后随链的合成，而 DNA 聚合酶 δ 则控制前导链的合成。DNA 聚合酶 β 可能与 DNA 修复有关，而 DNA 聚合酶 γ 则是线粒体中发现的唯一一种 DNA 聚合酶。

(6)真核生物染色体末端特殊的复制。真核生物的染色体末端存在一种特殊的结构——

端粒(telomere),它对维持染色体的正常长度、避免染色体间融合起到重要作用。由于组成染色体的 DNA 分子是线性的,在复制完成最末端 RNA 引物被切除后,由于缺乏游离的 3′-OH,会导致 5′端无法合成而带来 DNA 缺失。因为每次复制都存在这一问题,因此随着复制次数的增加,子代 DNA 链会逐渐变短,从而导致遗传信息的丢失。而在染色体末端存在的端粒结构,其序列在端粒酶的作用下可以延长。端粒酶是一种以自身 RNA 模板进行 DNA 合成的反转录酶,它以端粒的单链 3′-OH 为引物,不断进行 DNA 的反转录合成,从而使端粒的 3′端延伸,把 DNA 复制过程中损失的部分填补起来。

1987 年,格雷德(C. Greider)和布莱克本(E. H. Blackburn)在四膜虫中分离纯化得到了能合成端粒重复序列的端粒酶。四膜虫的端粒重复序是 GGGGTT,其端粒酶的 RNA 分子上含有一段与端粒重复序列互补的序列 CAACCCCAA。当端粒酶与端粒结合后,端粒酶中的 RNA 与端粒突出的单链末端配对,延伸端粒的 3′端,完成一个重复序列单位的合成,然后端粒酶脱落并重新结合到新的端粒末端,再次延伸 3′端,如此可重复上百次,使端粒 3′序列为引物合成其互补的端粒序列,从而填补了复制所造成的端粒序列缺失(图 2-9)。当端粒序列延伸到一定长度时,随着端粒庇护蛋白结合数量增多,通过负调控抑制端粒酶的活性,从而起到控制端粒长度的作用。

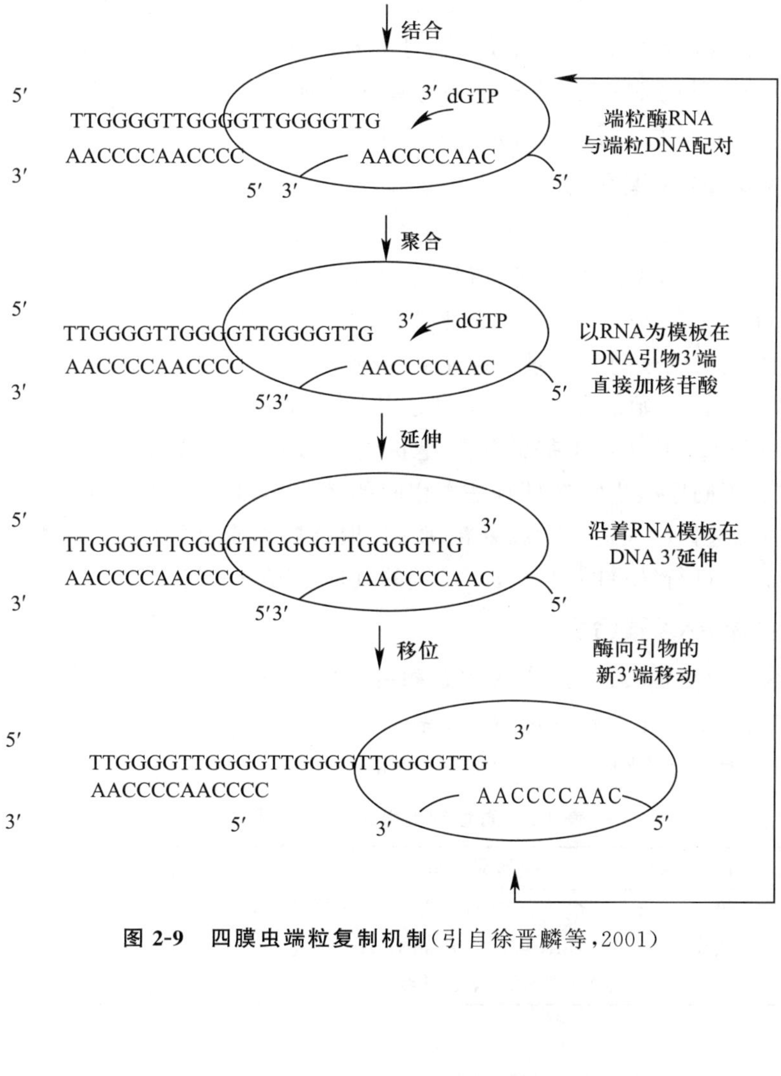

图 2-9 四膜虫端粒复制机制(引自徐晋麟等,2001)

端粒的稳定性与细胞的增殖、分化、癌变等过程密切相关。端粒酶在正常人体组织中的活性被抑制，通常出现在胚胎细胞、生殖细胞、炎性细胞、更新组织的增生细胞及肿瘤细胞中，在肿瘤中被重新激活，从而可能参与恶性转化。

第二节　DNA 的转录

基因是唯一能够自主复制并永久存在的单位，其生物学功能是以蛋白质的形式表现出来。所以说 DNA 序列是遗传信息的贮存者，它通过自主复制得到永存，并通过转录生成 mRNA，最终翻译成蛋白质来控制生命现象。

转录是以 DNA 为模板，四种核糖核苷三磷酸(rNTP)为底物，在 RNA 聚合酶的作用下合成 RNA 的过程。在遗传信息传递过程中，转录是基因表达的第一步，也是最关键的步骤，一个基因的遗传信息能否表达往往是在转录阶段，所以阐明转录的分子机制是了解生物遗传信息表达极为重要的内容。

一、参与转录的 RNA 聚合酶

RNA 聚合酶最基本的活性是在 RNA 合成中指导 rNTP 底物与模板 DNA 碱基配对，催化磷酸二酯键的形成，指导 RNA 链的起始、延伸和终止。它不需要任何引物，催化生成的产物是与 DNA 模板互补的 RNA。原核生物与真核生物的 RNA 聚合酶虽然都能催化 RNA 的合成，但在结构、种类和生化特性等方面又不尽相同。

(一)原核生物 RNA 聚合酶

在细菌中，一种 RNA 聚合酶几乎负责所有 mRNA、rRNA、tRNA 的合成。大多数原核生物 RNA 聚合酶的组成是相同的。研究得最清楚的是大肠杆菌 RNA 聚合酶，它是一种复合酶，由 5 个亚基组成($\alpha_2\beta\beta'\sigma$)。即两个 α 亚基、β、β′和 σ 亚基各 1 个，$\alpha_2\beta\beta'$四个亚基构成核心酶，核心酶与 σ 亚基构成全酶。转录的起始需要全酶，σ 亚基无催化作用，但它能识别启动子，并与 DNA 形成稳定的起始复合物。一旦转录开始，σ 亚基就脱离了起始复合物，而由核心酶负责 RNA 链的延伸。所以 σ 亚基的作用是负责模板链的选择和转录的起始，核心酶催化 RNA 链的延伸。不同原核生物都具有基本相同的核心酶，但 σ 基因的亚基有所差别，这决定着原核生物基因的选择性表达。大肠杆菌 RNA 聚合酶具有全能性，它基本上不需要其他蛋白因子的参与，即可进行转录的起始、RNA 链的延伸和转录的终止反应。

(二)真核生物 RNA 聚合酶

真核生物细胞内负责转录的 RNA 聚合酶有三类，RNA 聚合酶Ⅰ、Ⅱ和Ⅲ，一般有 8～16 个亚基组成，它们的结构比大肠杆菌 RNA 聚合酶更复杂，在细胞中处于不同的部位，涉及不同类型的 RNA 合成(表 2-2)。

表 2-2　真核细胞中三种 RNA 聚合酶

酶	位置	转录产物	相对活性	对 α-鹅膏蕈碱敏感性
RNA 聚合酶Ⅰ	核仁	28S rRNA、18S rRNA、5.8S rRNA	50%～70%	不敏感
RNA 聚合酶Ⅱ	核质	mRNA，某些 snRNA	20%～40%	高度敏感
RNA 聚合酶Ⅲ	核质	tRNA、5S rRNA，某些 snRNA	约 10%	存在物种特异性

RNA 聚合酶Ⅰ位于细胞核的核仁中，它合成 RNA 的活性最显著(50%～70%)，其转录产物是 45S rRNA 前体，经剪切修饰后生成除了 5S rRNA 外的各种 rRNA(28S rRNA、18S rRNA、5.8S rRNA)。rRNA 与蛋白质组成的核糖体是蛋白质合成的场所。

RNA 聚合酶Ⅱ存在于细胞核质中，在核内转录生成 mRNA 的前体分子，即核不均一 RNA(heterogeneous nuclear RNA，hnRNA)，经剪切加工后生成的 mRNA 被运送到细胞质基质中作为蛋白质合成的模板。它与遗传调节的关系最为直接，所以人们对聚合酶Ⅱ的研究更为广泛和深入。

RNA 聚合酶Ⅲ也存在于细胞核质中，它主要合成 tRNA、5S rRNA 和某些 snRNA(核内小 RNA)，其中 snRNA 参与 RNA 的剪切。

α-鹅膏蕈碱是一种来自真菌毒蕈的八肽二环的毒物。在不同的浓度下，它对真核生物的 3 种 RNA 聚合酶有不同的作用。在动植物及昆虫的细胞中，RNA 聚合酶Ⅱ的活性可被低浓度的 *α*-鹅膏蕈碱所抑制，但 RNA 聚合酶Ⅰ却不受抑制。RNA 聚合酶Ⅲ对 *α*-鹅膏蕈碱的反应在不同的生物中有所差异，在动物细胞中高浓度的 α-鹅膏蕈碱可抑制转录，在昆虫中则没有抑制作用。

二、基因转录的一般过程

原核生物和真核生物基因的转录相似，RNA 都是按照 5′→3′方向合成，以 DNA 双链中的反义链为模板，不需要引物的参与，在 RNA 聚合酶的催化下，按照碱基配对原则(A-U、T-A、G-C)合成的 RNA。转录的基本过程包括转录的起始、RNA 链的延伸和终止 3 个步骤。而原核生物的相关研究相对更加深入和透彻，下面以原核生物大肠杆菌为例介绍基因转录的一般过程。

(一)转录的起始

转录起始不需要引物，RNA 聚合酶结合在启动子上后，使启动子附近的 DNA 双链解旋，形成转录泡，促使底物核糖核苷酸与模板 DNA 碱基配对。转录起始就是 RNA 链上第一个核苷酸的产生。原核生物转录起始的过程可分为 4 个阶段(图 2-10)。

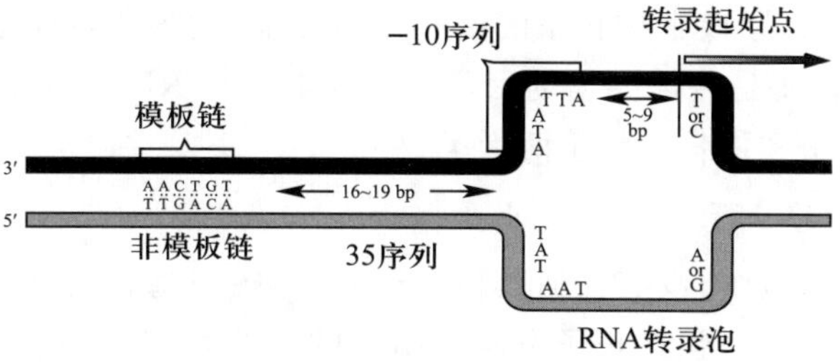

图 2-10　RNA 链合成的起始(引自朱军等，2001)

(1)模板识别阶段主要指 RNA 聚合酶与启动子 DNA 双链相互作用并与之结合的过程。启动子是基因转录起始所必需的一段 DNA 序列，是基因表达调控的上游顺式作用元件之一。

(2)RNA 聚合酶全酶对启动子的识别，在 σ 因子的参与下，RNA 聚合酶全酶与模板 DNA 结合，搜寻启动子，在启动子-35 保守区(TTGACA)，形成封闭的酶-启动子二元复合物，此时 DNA 双链还没有打开。

(3)RNA 聚合酶全酶继续沿模板移动,到达-10 保守区(TATAAT),由于富含 A-T,解开 DNA 双链,形成开放的启动子二元复合物。

(4)全酶继续移动到转录起始位点,开始合成 RNA 链的第一个 rNTP,形成酶-启动子-核苷三磷酸三元复合物,在 RNA 链产生 9 个碱基组成 RNA 短链后,σ 因子从全酶中脱落下来,标志着转录起始阶段的结束。留下的核心酶与模板的亲和性下降为非特异性结合,在 DNA 链的移动更加容易,催化 RNA 链的延伸。

(二)RNA 链的延伸

进入延伸阶段,DNA 和聚合酶分子都发生了构象变化。RNA 聚合酶从起始阶段的全酶构象转变为延伸阶段的核心酶构象。核心酶 DNA 模板的结合是松弛状的非特异性结合,有利于核心酶沿着 DNA 模板向前移动。当 σ 因子存在时,β 和 β' 亚基的构象是与 DNA 专一性结合所要求的构象,不含有 σ 因子的核心酶也失去了对特异性序列识别和结合的能力。

RNA 的合成是连续的过程。核心酶沿模板 DNA 链 $3'\to5'$ 方向移动,按照碱基配对的原则加入四种核苷酸,使新合成的 RNA 链沿着 $5'\to3'$ 方向延伸。在整个延伸阶段,核心酶一直处于与模板结合的状态,保持酶-模板-RNA 三元复合物的结构,维持着长约 17 bp 的解链区及 12 bp 的 RNA-DNA 杂交链的结构。随着核心酶的向前移动和 RNA 链的延伸,核心酶前面的 DNA 双链不断解开,而它后面已转录的 DNA 又恢复成双螺旋结构,同时 RNA 链也不断地从 RNA-DNA 杂交体中分离出来(图 2-11)。与转录起始复合物相比,延伸复合物极为稳定,可以长时间地与 DNA 模板相结合而不解离。只有在它遇到转录终止信号时 RNA 聚合酶才停止加入新的核苷酸,RNA-DNA 杂合物解离,释放转录产物并导致聚合酶本身从模板 DNA 上掉下来。

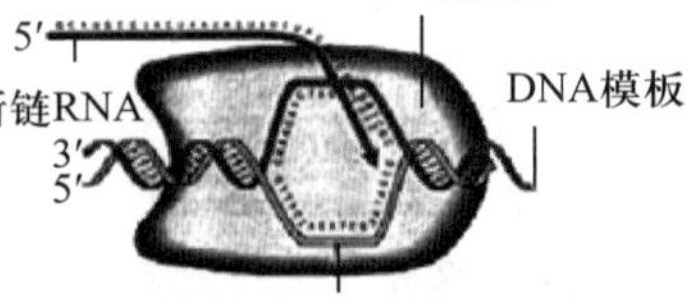

图 2-11 RNA 链合成的延伸
(引自朱军,2001)

(三)转录的终止

当 RNA 链延伸到达转录终止位点时,RNA 聚合酶不再形成新的磷酸二酯键,RNA-DNA 杂交链分离,转录泡瓦解,DNA 恢复成双链状态,而 RNA 聚合酶和新生 RNA 链都被从模板上释放出来,转录的终止。原核生物转录的终止依赖于有特殊结构的终止子(terminator),根据体外实验中 RNA 聚合酶是否需要辅助因子参与才能终止 RNA 的延伸,可将大肠杆菌中的终止子分为不依赖 ρ 因子和依赖 ρ 因子两大类。

1. *不依赖 ρ 因子的终止子——强终止子*

强终止子终止转录反应中,没有任何其他因子参与,核心酶就能终止基因转录。每一个基因都有一个启动子和终止子。强终止子有两个明显的结构特点:①在终止位点上游一般存在回文结构且富含 GC;②在终止位点前面有一段 4~8 个 A 组成的序列,所以转录产物的 3′端为寡聚 U。当转录到达终止子时,所形成的 RNA 链可形成发夹结构,且富含 GC 的碱基配对,不易解开,阻止了 RNA 聚合酶的前移。发夹后的寡聚 U 与 DNA 的 A 配对,氢键较弱,RNA 容易从模板 DNA 上脱落下来,RNA-DNA 杂交体解离,核心酶从模板上释放出来,最终导致转录的终止(图 2-12)。终止效率与回文序列及寡聚 U 的长短有关,随着发夹结构(至少 6 bp)和寡聚 U 序列(至少 4 个 U)长度的增加,终止效率逐步提高。

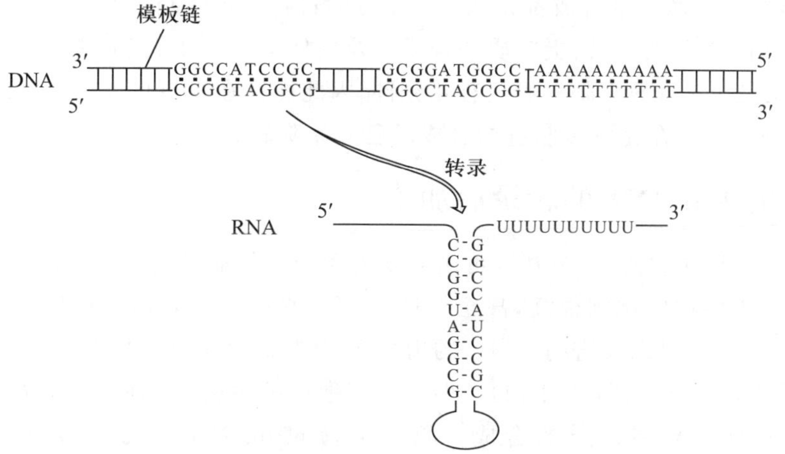

图 2-12　不依赖 ρ 因子的终止子结构(引自朱玉贤等,2012)

2. 依赖 ρ 因子的终止子——弱终止子

弱终止子也有回文序列,但 G-C 含量少,不能形成强的发夹结构,且 3′端没有寡聚 A,因而不能诱导转录的自发终止。体外转录实验表明,RNA 聚合酶并不能识别这些转录终止信号,只有在加入大肠杆菌 ρ 因子后,该聚合酶才能在 DNA 模板上准确地终止转录。ρ 因子是一个由 6 个相同亚基组成的六聚体,它具有 NTP 酶和解螺旋酶活性,能水解各种核苷酸三磷酸,它通过催化 NTP 的水解促使新生 RNA 链从三元转录复合物中解离出来,从而终止转录。大肠杆菌依赖 ρ 因子的终止子占所有终止子的一半左右。

目前认为,ρ 因子是 RNA 聚合酶终止转录的重要辅助因子,它的作用机制可用"穷追"模型来解释。RNA 合成起始以后 ρ 因子即附着在新生的 RNA 链 5′端,利用 ATP 水解产生的能量,沿着 5′→3′方向朝转录泡靠近,当 RNA 聚合酶移动到终止子而暂停时,ρ 因子到达 RNA 的 3′-OH 端取代暂停在终止位点上的 RNA 聚合酶,它所具有的 RNA-DNA 解螺旋活性使转录产物 RNA 从模板 DNA 上释放,随后转录复合物解体,转录终止(图 2-13)。

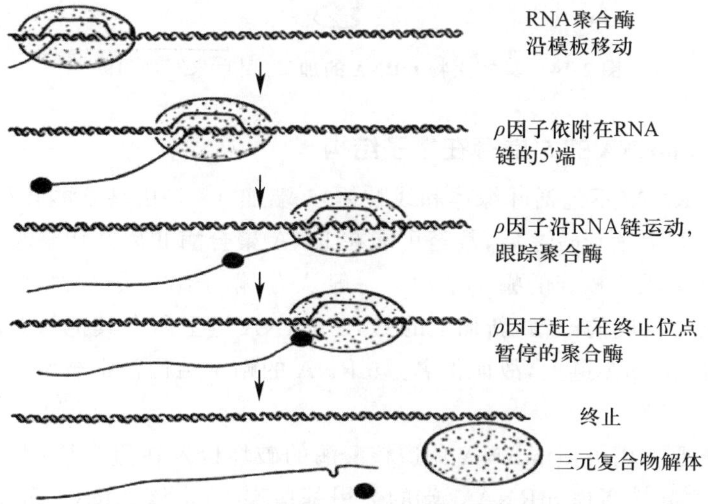

图 2-13　ρ 因子参与的 RNA 合成终止模式(引自朱玉贤等,2012)

RNA 的转录和多肽链的合成都是从 5′→3′方向进行，且在原核生物中不存在核膜分隔的核，所以原核生物 RNA 的转录、蛋白质的合成以及信使 RNA 的降解通常可以是同时进行的。在原核生物中信使 RNA 的寿命一般只有几分钟，因此往往在 3′端信使 RNA 的转录还没有最后结束，5′端信使 RNA 在完成多肽链的合成后已开始降解。

三、真核生物 mRNA 的转录后加工

真核基因大多是断裂的，一个基因可由多个内含子和外显子间隔排列而成。研究表明，内含子在真核基因中所占的比例很高，甚至超过 99%。真核基因表达往往伴随着 5′末端加“帽子”、3′端加 poly(A)尾巴以及进行 RNA 的剪接等才能成为成熟 mRNA，再从细胞核转移到细胞质内，指导蛋白质的合成(图 2-14)。但绝大多数原核生物的 mRNA 不需要加工，以初级转录本的形式直接指导蛋白质的合成。原核生物的 mRNA 不需要转录后的修饰加工，mRNA 的 3′端尚未完成转录前，其 5′端已与核糖体结合，开始蛋白质的合成。

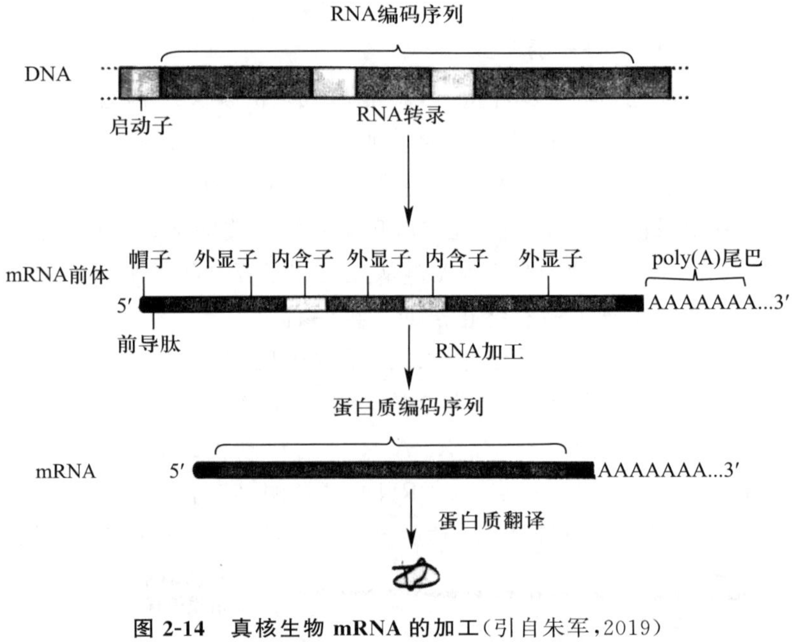

图 2-14　真核生物 mRNA 的加工(引自朱军，2019)

(一)真核生物 mRNA 的 5′端存在帽子结构

真核生物的 mRNA(不包括叶绿体和线粒体)5′端加“G”是由鸟苷酸转移酶完成的。当新生 mRNA 链达到 30 个核苷酸之后，甚至可能在 RNA 聚合酶Ⅱ离开转录起点之前，就在其 5′端加上一个 7-甲基鸟嘌呤核苷的帽子结构。一般认为，帽子结构是 GTP 和原 mRNA 5′三磷酸腺苷(或鸟苷)缩合反应的产物，新加上的 G 与 mRNA 链上所有其他核苷酸方向正好相反，像一顶帽子倒扣在 mRNA 链上，故而得名。mRNA 的帽子结构常常被甲基化，由甲基转移酶催化完成。

帽子结构的主要作用可使 mRNA 免遭核酸酶的破坏以及在蛋白质翻译时帮助识别起始位置。实验表明，去除珠蛋白 mRNA 5′端的 7-甲基鸟嘌呤后，该 mRNA 分子的翻译活性和稳定性都明显下降。在呼肠孤病毒中，含甲基化 5′端 mRNA 的蛋白质合成速率比不含甲基的

mRNA 要快。用化学方法除去 5′端的甲基以后，上述 mRNA 作为蛋白质合成板的活性消失，说明 mRNA 5′端甲基化的帽子是翻译所必需的。

(二)绝大多数真核生物 mRNA 具有 poly(A)尾巴

除组蛋白基因外，真核生物 mRNA 的 3′末端都有一个 poly(A)尾巴，其长度因 mRNA 种类不同而变化，大约为 200 个腺苷酸。poly(A)序列是在转录后加上去的，可能在细胞核中的核内不均一 RNA(hnRNA)阶段就已经加上了。研究发现，几乎所有真核基因 3′末端转录终止位点上游 15～30 bp 处有一段保守序列(AAUAAA)，即加尾信号，对于初级转录产物的准确切割及加 poly(A)是必需的，一种特异的核酸内切酶能识别这一加尾信号，并在其下游 11～30 个核苷酸处剪切 mRNA 前体，形成游离的 3′-OH。剪切位点下游有非特异 GU 序列。然后在多聚 A 聚合酶的催化下在 mRNA 3′端添加上 200～250 个腺苷酸，形成 poly(A)尾巴(图 2-15)。

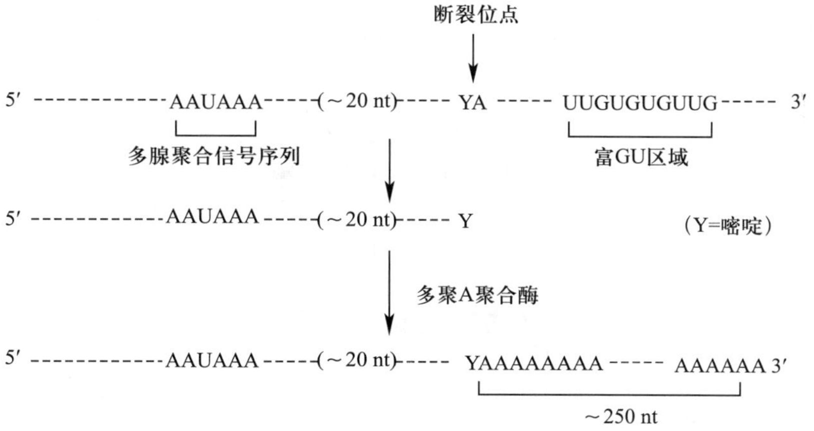

图 2-15　真核生物 mRNA 的加 poly(A)过程

poly(A)尾巴大大提高了 mRNA 从细胞核向细胞质的运输以及在细胞质基质中的稳定性。当 mRNA 刚从细胞核进入细胞质基质时，其 poly(A)尾巴一般比较长，随着 mRNA 在细胞质内逗留时间延长，poly(A)逐渐变短消失，mRNA 进入降解过程。真核生物 mRNA 大都具有 poly(A)尾巴，这一特性已被广泛应用于分子克隆。常用寡 dT 片段与 mRNA 上的多 poly(A)相配对，作为反转录酶合成第一条 cDNA 链的引物。

(三)mRNA 的剪接

真核生物与原核生物的基因不同，真核基因平均含有 8～10 个内含子，刚转录的核内不均一 RNA 比成熟 mRNA 大 4～10 倍，因此必须对核内不均一 RNA 进行剪接。在剪接时首先是核酸内切酶作用下剪切掉内含子，然后在连接酶作用下，将外显子各部分连接起来，成熟的 mRNA，才能进行蛋白质的翻译。

比较不同基因的核苷酸序列发现，mRNA 前体中内含子的两端存在共同的序列，这些序列结构可能是产生 mRNA 前体剪接的信号。多数细胞核 mRNA 前体内含子的 5′边界序列为 GU，3′边界序列为 AG，把这种保守序列模式称为 GU-AG 法则。不同生物细胞内含子的边界处存在相似的核苷酸序列，说明内含子剪接过程在进化上是保守的。比较同源基因的进化过程发现内含子的异化大于外显子，特定的内含子还可能在进化过程中丢失，因此，内含子的“功能”及其在生物进化中的地位是一个引人注目的问题。另外，许多人类疾病是内含子剪接异常引起的，如地中海贫血病人的珠蛋白基因中，大约有1/4的核苷酸突变发生在内含子的5′或3′边界保守序列上，或者虽然位于内含子中间，但干扰了mRNA前体的正常剪接。

在个体发育或细胞分化时，内含子可以有选择性地越过某些外显子或某个剪接点进行变位剪接，产生出组织或发育阶段特异性mRNA，称为内含子的可变剪接或变位剪接。如图2-16所示，可变剪接可由许多途径产生。一个含有3个外显子的基因在正常剪接后获得的mRNA含有的全部3个外显子。如果遗漏第2个外显子就会得到只含有第1个和第3个显子的mRNA。如果第1外显子延伸，则会得到包括第1内含子部分序列以及3个外显子的mRNA，如果保留第1个内含子，则会得到含有第1个内含子在内的全部序列的mRNA。第2个和第3个外显子用来进行可变剪接，就会产生分别包含第1、2外显子和第1、3外显子的两种mRNA。脊椎动物中大约有5%的基因能以这种方式进行剪接，保证各同源蛋白质之间既具有大致相同的结构或功能域，又具有特定的性质差异，从而大大拓展了基因所携带的遗传信息。

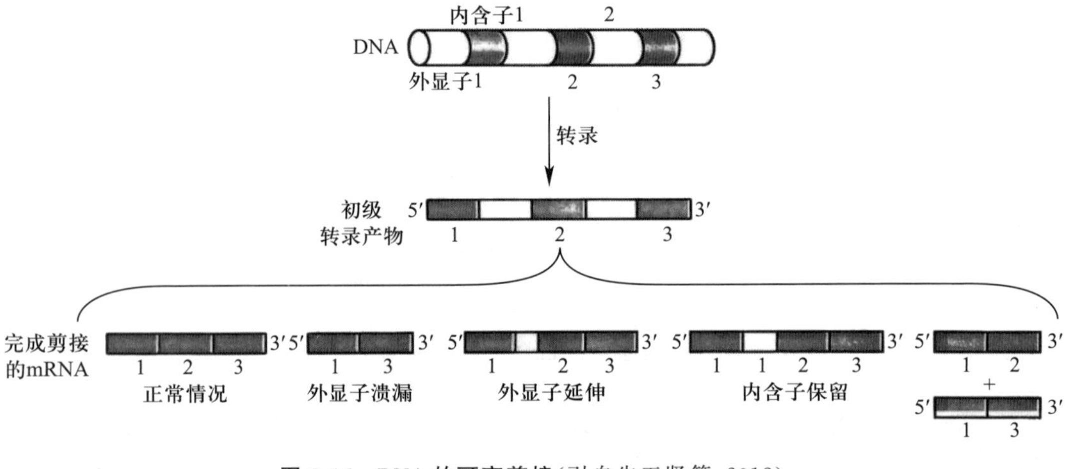

图2-16 RNA的可变剪接(引自朱玉贤等，2012)

四、真核生物与原核生物DNA转录过程的比较

真核生物中的转录与原核生物相类似，但真核生物基因的转录更加复杂，存在以下几方面的差异：

(1)真核生物中有3种不同的RNA聚合酶，每种酶转录不同的RNA。RNA聚合酶Ⅰ催化5S rRNA以外的所有RNA的合成；RNA聚合酶Ⅱ主要合成mRNA前体，即核不均一RNA，还有绝大多数的snRNA及miRNA前体；RNA聚合酶Ⅲ主要转录tRNA、5S rRNA及某些核内小RNA(snRNA)分子。原核生物中只有一种RNA聚合酶，能催化所有RNA的合成。

(2)真核生物RNA聚合酶不能独立发动转录，不能直接结合到启动子上，必须有另外的启动蛋白结合在启动子上后，才能结合上去启动转录。RNA聚合酶对转录启动子的识别也比原核生物更加复杂，尤其是RNA聚合酶Ⅱ的启动，至少有3个DNA的保守序列与其转录的起始有关，第一个是 TATA 框，其位置在转录起始点的上游约 25 个核苷酸处，它的作用可能与原核生物中的-10 区域共有序列相似，与转录起始位置的确定有关。第二个是 CCAT 框，位于转录起始位置上游约 70 个核苷酸处，如果该序列缺失会极大地降低生物体的转录水平。第三个区域一般为增强子，其位置可以在转录起始位置的上游，也可以在下游或者在基因之内，它虽不直接与转录复合体结合，但可以显著提高转录效率。

(3)真核生物的转录在细胞核内进行，而蛋白质的合成是在细胞质内进行的，所以，RNA 转录后必须从核内运输到细胞质内，才能指导蛋白质的合成。而原核生物细胞中，转录和翻译不仅在核区同时进行，而且这两个过程几乎是同步进行的，蛋白质合成往往在 mRNA 刚开始转录时就被引发了。

(4)真核生物的初级转录产物很大，含有内含子序列，转录产物需要经过剪接、修饰等转录后加工成熟过程才能成为成熟的 mRNA。原核生物的初级转录产物大多数是编码序列，与蛋白质的氨基酸序列呈线性关系，初级转录产物几乎不需要剪接加工，就可直接作为成熟的 mRNA 进一步行使翻译模板的功能。

(5)真核生物一个 mRNA 分子一般只含有一个基因，编码一条多肽链，即为单顺反子 mRNA。原核生物的一个 mRNA 分子通常含有多个基因，编码多个蛋白质，称为多顺反子 mRNA。

问题讨论：

DNA 转录与上节介绍的 DNA 复制有什么异同？

DNA 的转录与复制都是在酶的催化作用下，以 DNA 为模板，按照碱基互补配对的原则，沿着 $5'\rightarrow3'$的方向合成与模板互补的新链，但两者又有所不同，复制是精确拷贝基因组信息的过程，即以一条 DNA 分子的两条单链为模板最后合成两条相同子代 DNA 分子的过程；而转录是基因组遗传信息的表达过程，即以 DNA 分子中其中一条链为模板合成 RNA 的过程，因此，二者在功能和过程等方面都存在着明显的差异。

(1)RNA 的合成主要依赖 RNA 聚合酶的催化作用，而复制需要的是 DNA 聚合酶，两种聚合酶系不同。

(2)转录的底物是 4 种核糖核苷三磷酸(rNTP)，即 rATP、rCTP、rGTP 和 rUTP，RNA 与模板 DNA 的碱基按照 G-C 和 A-U 配对，而复制的底物是 4 种脱氧核糖核苷三磷酸(dNTP)，即 dATP、dCTP、dGTP 和 dTTP，碱基配对关系为 G-C 和 A-T。

(3)转录的起始不需要引物的参与，而 DNA 复制的起始则必须要有引物。

(4)转录时只有一条 DNA 链作为模板，人们通常把作为转录模板的 DNA 单链称为模板链(template strand)或反义链(antisense strand)，把另一条不作为转录模板的单链称为非模板链(nontemplate strand)或正义链(sense strand)。在 DNA 复制时，则两条链都作为模板。

(5)转录过程中形成的 DNA-RNA 杂合分子不稳定，随着 RNA 链的增长和 RNA 聚合酶的向前移动，RNA 链在延伸过程中不断从模板链上游离出来形成单链 RNA，而原来解链部分的 DNA 又恢复双链结构。而在 DNA 复制中，复制叉形成之后一直打开，并不断向两边延伸，最后新合成的链与亲本链配对成两个子代 DNA 双链分子。

(6)在真核生物中，转录生成的初级转录产物一般需要经过加工，才能具有生物学功能，而复制的产物 DNA 不需要加工。

(7)在一个基因组中，转录通常只发生在一部分区域，其中大部分区域并不表达成 RNA。如在多数哺乳动物细胞中，只有约 1%的 DNA 序列被表达成为成熟的 mRNA 进入细胞质中，指导蛋白质的合成。

第三节　蛋白质的生物合成

基因虽然是遗传信息的携带者，但它不能直接表现生命活动的特征。转录只是完成了基因表达的第一步，只有将 mRNA 翻译成蛋白质，即在 mRNA 指令下，按照 3 个核苷酸决定一个氨基酸的法则，把 mRNA 上的遗传信息转换成蛋白质中特定的氨基酸序列，才有可能表达相应的性状特征，将这一过程称为翻译(translation)。蛋白质合成是一个比 DNA 复制和转录更为复杂的过程，主要包括翻译的起始、肽链的延伸、肽链的终止及释放。参与蛋白质合成的主要元件有核糖体、mRNA 和 tRNA。核糖体是蛋白质的合成场所；mRNA 是蛋白质合成的模板；tRNA 负责转运特异性氨基酸进行蛋白质生物合成。此外，在蛋白质合成的各个阶段，还有许多蛋白质、酶及其他生物大分子参与。

二维码 2-2
蛋白质翻译

一、遗传密码

(一)三联体密码及遗传密码表

贮存在 DNA 上的遗传信息通过 mRNA 传递到蛋白质上，mRNA 与蛋白质之间的联系是通过遗传密码(genetics code)的破译来实现的，mRNA 上的核苷酸顺序决定了蛋白质多肽链上的氨基酸排列顺序，那么怎么决定的呢？1961 年，克里克(F. Crick)和布伦纳(S. Brenner)通过实验得出 3 个核苷酸编码一个氨基酸的结论，相邻的 3 个碱基构成一组，称为三联体，每个三联体代表一种氨基酸，称为三联体密码(triad code)。后来经过大量的实验，到 1967 年破译了全部的密码子，建立了遗传密码表(表 2-3)。

从遗传密码表可以看出，4 种核苷酸可组成 64 种三联体密码，其中 UAA、UAG 和 UGA 不编码任何氨基酸，是蛋白质合成的终止信号，称为终止密码子(termination codon)。AUG 既是甲硫氨酸的密码子，又是绝大部分原核生物和真核生物肽链合成的起始信号，称为起始密码子(initiation codon)，GUG 在少数情况下也用作起始密码子。

在蛋白质合成中，起编码作用的密码子有 61 个，氨基酸却只有 20 多种，这意味着一种以上密码子对应一种氨基酸。这种由一种以上密码子编码同一氨基酸的现象称为密码的简并性(degenecy)，编码相同氨基酸的密码子称为同义密码子(synonymous codon)。同义密码子之间的不同一般仅体现在其三联体密码中第三位核苷酸上，密码子的专一性主要由头两位核苷酸决定。同义密码子越多，生物遗传的稳定性越大。

表 2-3　遗传密码表

第一碱基	第二碱基				第三碱基
	U	C	A	G	
U	UUU　苯丙氨酸 UUC　(Phe) UUA UUG	UCU UCC　丝氨酸 UCA　(Ser) UCG	UAU　酪氨酸 UAC　(Thy) UAA　终止信号 UAG　终止信号	UGU　半胱氨酸 UGC　(Cys) UGA　终止信号 UGG　色氨酸	U C A G
C	CUU　亮氨酸 CUC　(Leu) CUA CUG	CCU CCC　脯氨酸 CCA　(Pro) CCG	CAU　组氨酸 CAC　(His) CAA　谷氨酸 CAG　(Gln)	CGU CGC　精氨酸 CGA　(Arg) CGG	U C A G
A	AUU AUC　异亮氨酸 AUA　(ILe) AUG　甲硫氨酸 (Met) 起始信号	ACU ACC　苏氨酸 ACA　(Thr) ACG	AAU　天冬酰胺 AAC　(Asn) AAA　赖氨酸 AAG　(Lys)	AGU　丝氨酸 AGC　(Ser) AGA　精氨酸 AGG　(Arg)	U C A G
G	GUU GUC　缬氨酸 GUA　(Val) GUG	GCU GCC　丙氨酸 GCA　(Ala) GCG	GAU　天冬氨酸 GAC　(Asp) GAA　谷氨酸 GAG　(Glu)	GGU GGC　甘氨酸 GGA　(Gly) GGG	U C A G

(二)遗传密码的性质

1. 密码子的连续性

翻译从 mRNA 的 5′端的起始密码子开始，一个密码子接一个密码子连续阅读直到 3′端终止密码子，密码间无间断也没有重叠，即起始密码子决定了所有后续密码子的位置，说明三联密码子是连续的。

2. 密码子的简并性

除了 UAA、UGA 和 UAG 三个是终止密码子，并不代表任何氨基酸，其余 61 种密码子编码 20 种氨基酸，所以许多氨基酸有多个密码子。同义密码子一般都不是随机分布的，因为其第一位、第二位核苷酸往往是相同的，而第三位核苷酸的改变并不一定影响所编码的氨基酸，这种安排减少了变异对生物的影响。一般说来，编码某一氨基酸的密码子越多，该氨基酸在蛋白质中出现的频率也越高，只有精氨酸是个例外，尽管有 6 个同义密码子，蛋白质中精氨酸的出现频率仍不高。

3. 密码子的通用性与特殊性

遗传密码在各种生物中几乎是通用的，这表明了生命的共同本质和起源。20 世纪 70 年代以后对各种生物基因组的大规模测序结果也充分证明生物界基本共用同一套遗传密码。遗传密码的通用性在遗传工程中得到充分运用，比如细菌中大量表达人类的外源蛋白——胰岛素等。但在哺乳动物、酵母和其他几个生物的线粒体中存在例外(表 2-4)。比如人的线粒体，AUA 不是异亮氨酸，而是甲硫氨酸；甲硫氨酸可由 AUA 编码等，体现了遗传密码的特殊性。

表 2-4　通用密码子与线粒体密码子的差异

密码子通用情况		线粒体编码			
		哺乳动物	果蝇	酵母	植物
UGA	终止子	色氨酸	色氨酸	色氨酸	终止子
AUA	异亮氨酸	甲硫氨酸	甲硫氨酸	甲硫氨酸	异亮氨酸
CUA	亮氨酸	亮氨酸	亮氨酸	苏氨酸	亮氨酸
AGA	精氨酸	终止子	丝氨酸	精氨酸	精氨酸

4. 密码子与反密码子的相互作用

在蛋白质合成过程中,tRNA 反密码子臂上的反密码子(anticodon)可识别 mRNA 模板上的密码子并与之配对,确保着肽链的合成按正确顺序进行(图 2-17)。1966 年,Crick 根据立体化学原理提出摆动假说(wobble hypothesis):① mRNA 上的密码子的第一、二个碱基与 tRNA 上的反密码子相应的碱基形成强的配对,密码的专一性主要是这两个碱基对的作用。②有些反密码子的第一个碱基(按 5′→3′)决定了该 tRNA 识别密码子的数目。③当一种氨基酸有几个密码子时,只要它们的第一个和第二个碱基中有一个不同,则需要不同的 tRNA 来识别。

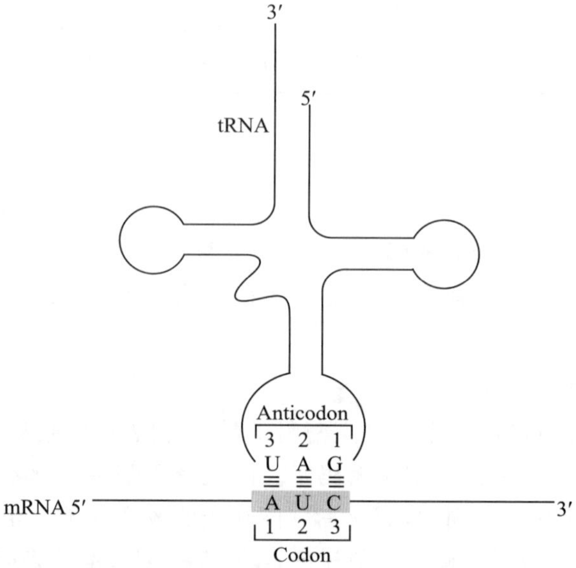

图 2-17　mRNA 上的密码子与 tRNA 上的反密码子配对示意图

根据摆动假说,在密码子与反密码子的配对中前 2 对严格遵守碱基配对原则,第 3 对碱基有一定的自由度,可以"摆动",因而使某些 tRNA 可以识别 1 个以上的密码子。一个 RNA 究竟能识别多少个密码子是由反密码子的第一位碱基的性质决定的,反密码子第一位为 A 或 C 时只能识别 1 种密码子,为 G 或 U 时可以识别 2 种密码子,为 I 时可识别 3 种密码子(表 2-5)。如果有几个密码子同时编码一个氨基酸,凡是第一、二位碱基不同的密码子都对应于各自独立的 tRNA。原核生中有 30～45 种 tRNA,真核细胞中可能存在 50 种 tRNA。

表 2-5 tRNA 上的反密码子与 mRNA 上的密码子的配对与"摆动"分析

tRNA 反密码子第一位碱基	mRNA 密码子第三位碱基
C	G
A	U
U	A/G
G	C/U
I	U/C/A

二、核糖体

核糖体是蛋白质合成的场所，在翻译过程中，它就像一个小型的可移动的工厂，沿着 mRNA 模板链移动，执行着蛋白质合成的功能。它是由几十种蛋白质和几种核糖体 RNA(rRNA)组成的致密性小颗粒。一个细菌的细胞内约有 20 000 个核糖体，而真核细胞内可达 10^6 个。

无论是原核生物还是真核生物的核糖体，核糖体都可以解离为大小两个亚基，每个亚基都含有一个相对分子质量较大的 rRNA 和许多不同的蛋白质分子。原核生物核糖体由约 2/3 的 RNA 及 1/3 的蛋白质组成。真核生物核糖体中 RNA 占 3/5，蛋白质占 2/5。原核生物核糖体的大小亚基为 50S 和 30S，含 16S、23S 和 5S 3 种 rRNA，大亚基含有 34 种蛋白质，小亚基有 21 种蛋白质，真核生物核糖体由 60S 和 40S 大小两个亚基组成，但包括 28S(25S 或 26S)、18S、5.8S 和 5S 4 种 rRNA，大亚基含有 49 种蛋白质，小亚基有 33 种蛋白质(表 2-6)。

表 2-6 原核细胞与真核细胞核糖体的组成

核糖体	大亚基			小亚基		
	沉降系数	rRNA	蛋白质种类	沉降系数	rRNA	蛋白质种类
原核细胞(70S)	50S	23S 5S	34	30S	16S	21
真核细胞(80S)	60S	28S 5S 5.8S	～49	40S	18S	～33

核糖体具有各种活性结合位点，是翻译系统中 mRNA、肽基 tRNA、氨酰 tRNA、辅助因子等各种组分相互活动的中心。根据这些位点的位置和功能，核糖体可分为翻译功能区(translational domain)和出口功能区(exit domain)，前者是肽链合成的场所，占据了核糖体的 2/3，后者是多肽的出口，核糖体通过这个区域附着在膜上(图 2-18)。翻译功能区内主要有以下活性结合位点：A 位点——携带氨基酸的氨酰 tRNA 结合位点；P 位点——起始 tRNA 和肽酰基 tRNA 的结合位点；E 位点——脱酰 tRNA 的结合位点；模板 mRNA 的结合位点；肽链延伸辅助因子 EF-Tu 和 EF-G 的结合位点；肽基转移酶活性位点；5S rRNA 结合位点等。

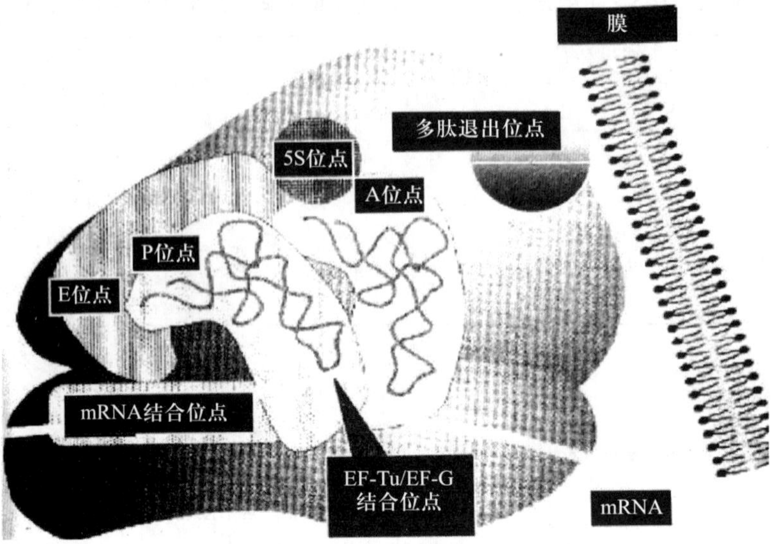

图 2-18　核糖体的活性中心(引自赵兴波,2020)

三、氨基酸的活化

在蛋白质生物合成中,氨基酸并不能直接识别 mRNA 上的密码子,每一种氨基酸在渗入肽链之前必须先经活化,然后再由其特异的 tRNA 携带至核糖体上,才能以 mRNA 为模板缩合成肽链。这种活化使氨基酸的羧基末端与相应 tRNA 3′端氨基酸臂的羟基形成酯键,从而生成氨基酰-tRNA。活化反应是由特异的氨基酰-tRNA 合成酶(amino acyl-tRNA synthetase,简写为 aaRS)完成的,每活化一分子氨基酸需要消耗两分子的高能磷酸键。反应分两步:

第一步:氨基酸与 ATP 反应生成氨基酰腺氨酸。

$$AA+ATP+酶(E)\longrightarrow AA-AMP-E+PPi$$

第二步:氨基酰腺氨酸将氨基酰转给 tRNA 形成氨基酰－tRNA

$$AA-AMP-E+tRNA\longrightarrow AA-tRNA+AMP+E$$

蛋白质合成的真实性主要取决于 tRNA 能否把正确的氨基酸放到新生多肽链的正确位置上,而这一步主要取决于 AA-tRNA 合成酶是否能使氨基酸与对应的 tRNA 相结合,因为只要 tRNA 携带了正确的氨基酸,多肽合成的准确性就相对有了保障。AA-tRNA 合成酶既要能识别 tRNA,又要能识别氨基酸,它对两者都具有高度的专一性。

四、蛋白质生物合成过程

蛋白质的生物合成分为合成起始、肽链的延伸和合成的终止三个阶段。

(一)翻译的起始

蛋白质的合成起始过程是指核糖体大小亚基、tRNA,在起始因子的协助下和几十个蛋白因子的参与,在模板 mRNA 编码区 5′端形成核糖体-mRNA-起始 tRNA 复合物并将甲酰甲硫氨酸放入核糖体 P 位点。

在原核生物中，起始氨基酸是甲酰甲硫氨酸，所以与核糖体小亚基相结合的是 fMet-tRNA^{fMet}，真核生物中，任何一个多肽合成都是从生成 Met-tRNAi^{Met} 开始的，因为甲硫氨酸的特殊性，所以体内存在两种 tRNA^{Met}。只有甲硫氨酸-tRNAi^{Met} 才能与 40S 小亚基相结合，起始肽链合成，普通 tRNA^{Met} 中携带的甲硫氨酸只能被掺入正在延伸的肽链中。

1. 原核生物翻译的起始

原核生物在翻译的起始需要：核糖体 30S 小亚基和 50S 大亚基、fMet-tRNA^{fMet}、模板 mRNA、翻译起始因子(IF-1、IF-2 和 IF-3)以及 GTP 等。

原核生物 mRNA 起始密码子上游的 SD 序列(AGGAGG)与核糖体 30S 小亚基 16S rRNA3′端的一段保守序列 CCUCCU 互补配对，是核糖体与 mRNA 的结合位点(图 2-19)。该位点的序列若发生点突变，可抑制蛋白质合成的进行。

图 2-19 原核生物 mRNA 分子的 SD 序列与 16S rRNA 3′端相互补

肽链合成的起始必须有辅助蛋白——起始因子(Initiation factor，IF)和 GTP 的参与。原核生物有 3 种起始因子，分别为 IF-1、IF-2 和 IF-3。IF-3 有双重作用，一是稳定游离的 30S 亚基，阻止其与 50S 亚基结成完整的 70S 核糖体；二是促进游离的 30S 亚基与 mRNA 相结合。IF-2 参与起始 tRNA 与 30S 亚基的结合，IF-1 则起着稳定 IF-3 和 30S 亚基的结合作用。

多肽合成的起始标志是 mRNA 模板上的起始密码子 AUG，AUG 密码子代表甲硫氨酸。有两种 tRNA 可以携带这种氨基酸，一种用于起始，另一种负责识别肽链延伸过程中的 AUG 密码子，两种 tRNA 所携带的氨基酸不同之处在于起始 tRNA 携带的是甲酰化的甲硫氨酸，这是一种氨基末端因甲酰化而封阻起来的氨基酸，由于它没有自由的氨基，使得它只能作为起始的氨基酸，从而使得肽链的合成按 N→C 的方向进行。

原核生物蛋白质合成的起始过程为：

(1)30S 小亚基在起始因子 IF-1、IF-3 的作用下，通过其 16S rRNA 的保守序列与 mRNA 模板的 SD 序列互对配对，结合于 mRNA 模板上。

(2)携带有甲酰甲硫氨酸的起始 tRNA(fMet-tRNA)与起始因子 IF-2 结合，形成二元复合物，然后与 GTP 相结合，形成稳定的三元复合物，此复合物再结合于 mRNA 分子的起始密码子(AUG)上，形成 30S 起始复合物(30S-IF-2-mRNA-fMet-tRNA-GTP)，fMet-tRNA 进入核糖体的 P 位点。

(3)大亚基 50S 与 30S 起始复合物结合，形成 70S 起始复合物，这时所有的起始因子都解离下来，起始复合物仅由 30S 亚基、50S 亚基、起始 tRNA 和 mRNA 模板组成，完成翻译的起始过程。此时 fMet-tRNA 占据核糖体的 P 位点，而 A 位点是空位(图 2-20)。

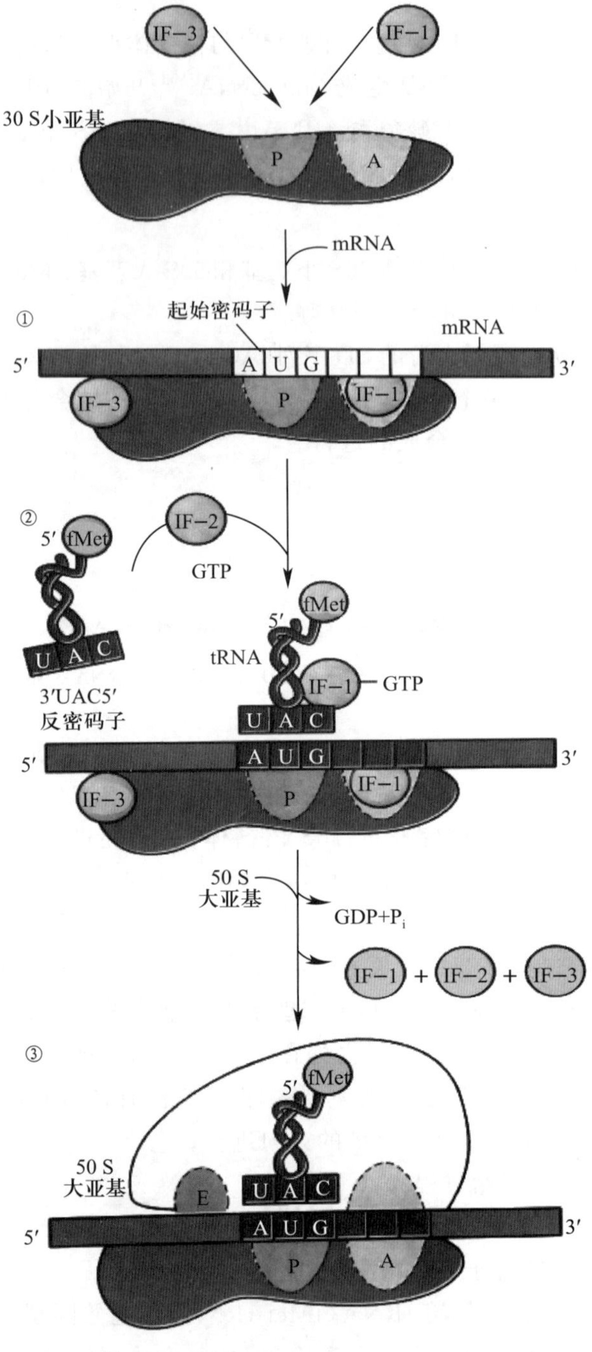

图 2-20　原核生物翻译起复合物放入形成(引自朱玉贤,2012)

2. 真核生物翻译的起始

真核生物翻译的起始机制与原核生物基本相同,其差异主要是核糖体较大,有较多的起始因子参与,mRNA 具有 m^7GpppNp 帽子结构,Met-tRNA^{Met} 不甲酰化,mRNA 分子 5′端的“帽子”和 3′端的多 poly(A)都参与形成翻译起始复合物。起始过程中并不是先与 mRNA 模板结合,而是在起始因子的协助下,先与起始 tRNA 相结合,再与 mRNA 模板结合。

(1)80S 核糖体的解离

在正常生理状态下,真核生物 80S 核糖体可以解离为 60S 大亚基和 40S 小亚基,它们之间存在着动态平衡关系,三种起始因子 eIF-1A、eIF-3 和 eIF-6 参与核糖体的解离。eIF-3 与核糖体 40S 亚基结合,阻止其与 60S 亚基结合,形成 43S 亚基,eIF-1A 对 43S 亚基有稳定作用,eIF-6 稳定 60S 大亚基的游离状态。在这三种起始因子作用下 80S 亚基完全解离为 60S 和 40S 大小亚基,这是合成起始的开端。

(2)43S 前起始复合物的形成

起始因子 eIF-2 作用下,Met-tRNA 和 GTP 结合,形成 Met-tRNA-eIF-2-GTP 三元复合物,该三元复合物再与 43S 亚基相结合,形成 43S 前起始复合物。

(3)43S 前起始复合物与 mRNA 结合

起始因子 eIF-4 能够识别 mRNA 5′帽子结构,且能消除 mRNA 5′非翻译区的分子内二级结构。在 eIF-4 的作用下,43S 前起始复合物与 mRNA 相结合。

(4)起始密码子 AUG 的选择

真核生物起始密码子 AUG 一般位于帽子结构下游 50～100 个核苷酸处,因此 43S 前起始复合物将由帽子结构沿 5′-UTR 向下游移动,直至第一个 AUG 处。在 AUG 前后(－3～＋4)有一保守序列 CCC(A/G)CCAUGG 与 40S 亚基 rRNA 的一保序列互补性很强,造成 43S 复合物移动缓慢,为 Met-tRNA 识别 AUG 提供了时间,最后 Met-tRNA 与 AUG 相结合,eIF-1A、eIF-3 和 eIF-4 解离,形成 40S 起始复合物。

(5)40S 起始复合物与 60S 亚基结合

在起始因子 eIF-5 的作用下,eIF-2/GTP 水解为 eIF-2/GDP,从 40S 亚基上解离下来,60S 亚基与 40S 亚基结合,形成 80S 起始复合物,完成翻译的起始过程。

(二)肽链的延伸

与翻译起始不同,肽链的延伸机制原核细胞和真核细胞之间非常相似。肽链的延伸由许多循环组成,每加一个氨基酸就是一个循环,每个循环包括三个阶段:氨基酰-tRNA 与核糖体结合、肽链形成和移位。

1. 氨基酰-tRNA 与核糖体结合

氨基酰-tRNA 与核糖体结合,即进位,是指氨基酰-tRNA 进入 A 位。翻译起始复合物形成后,起始 tRNA 结合于核糖体的 P 位点。在原核生物中,延伸因子 EF-Tu 能识别 tRNA 是否氨酰化,氨酰化 tRNA 与 EF-Tu 以及 GTP 形成三元复合物,将氨基酰-tRNA 置于 A 位,并与 mRNA 结合,伴随着 GTP 的水解,产生 EF-Tu-GDP,从核糖体上解离下来。另一个延伸因子 EF-Ts 与 EF-Tu-GDP 中的 GDP 交换形成 Ts-Tu,然后 GTP 再与 Ts-Tu 中的 Ts 交换,形成 EF-Tu-GTP,协助下一个氨基酰 tRNA 进入 A 位点,如此循环,这一过程称为 Tu-Ts 循环(图 2-21)。

2. 肽链形成

经过上一步反应后,AA-tRNA 占据 A 位点,fMet-tRNA 占据 P 位点。肽链形成是指在肽基转移酶的催化下,P 位点的起始 tRNA 的甲酰甲硫氨酸转移到 A 位点的氨基酰-tRNA 的氨基上,形成肽键,使肽链延长一个氨基酸。经转肽反应后,原来结合在 P 位点的 tRNA 成为无负荷的脱酰基-tRNA,而结合在 A 位点的则是二肽酰基-tRNA(图 2-22)。

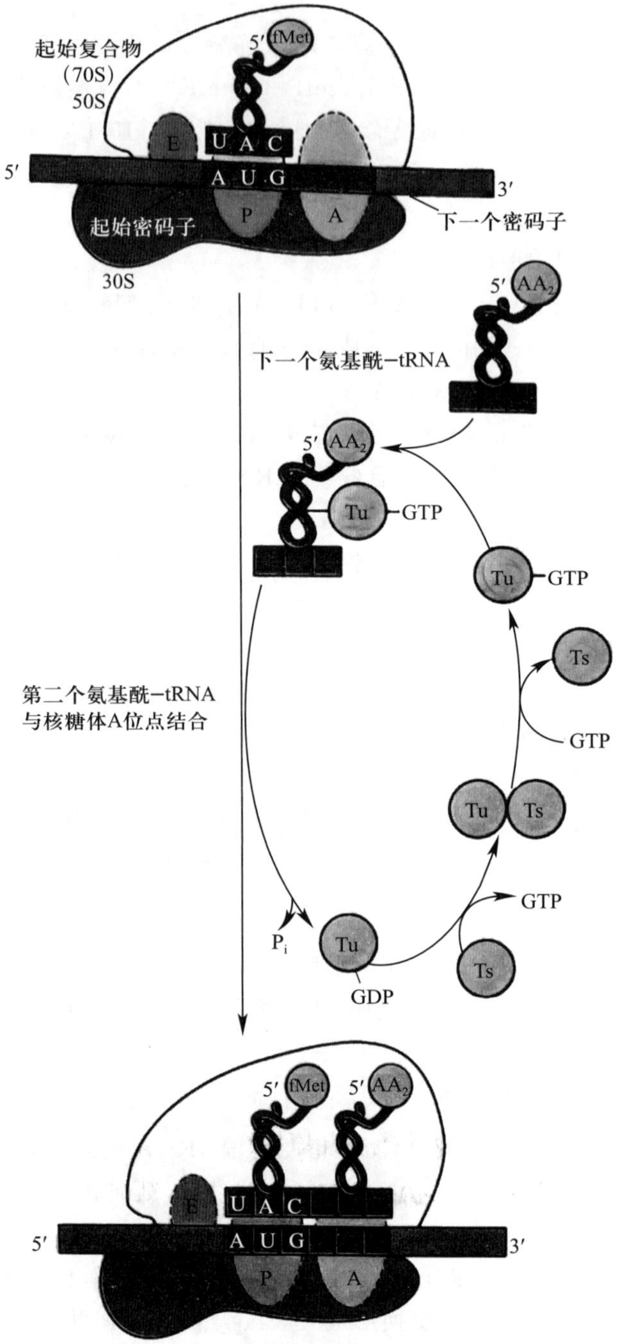

图 2-21 AA-tRNA 与核糖体结合(引自朱玉贤,2012)

3. 移位

移位是指肽键形成后,核糖体沿 mRNA 向 3′端方向移动一个密码子的距离。P 位点的起始 tRNA 变为空载后,在移位的同时会从 P 位点被挤入 E 位点。移位需要另种蛋白因子 EF-G 和 GTP 的参与。EF-G 与 GTP 结合形成 EF-G-GTP 复合物,进入核糖体,引发移位。这样二肽酰基 tRNA 从核糖体 A 位点移到 P 位点,A 位点空载,等候下一个氨基酰-tRNA 进入,

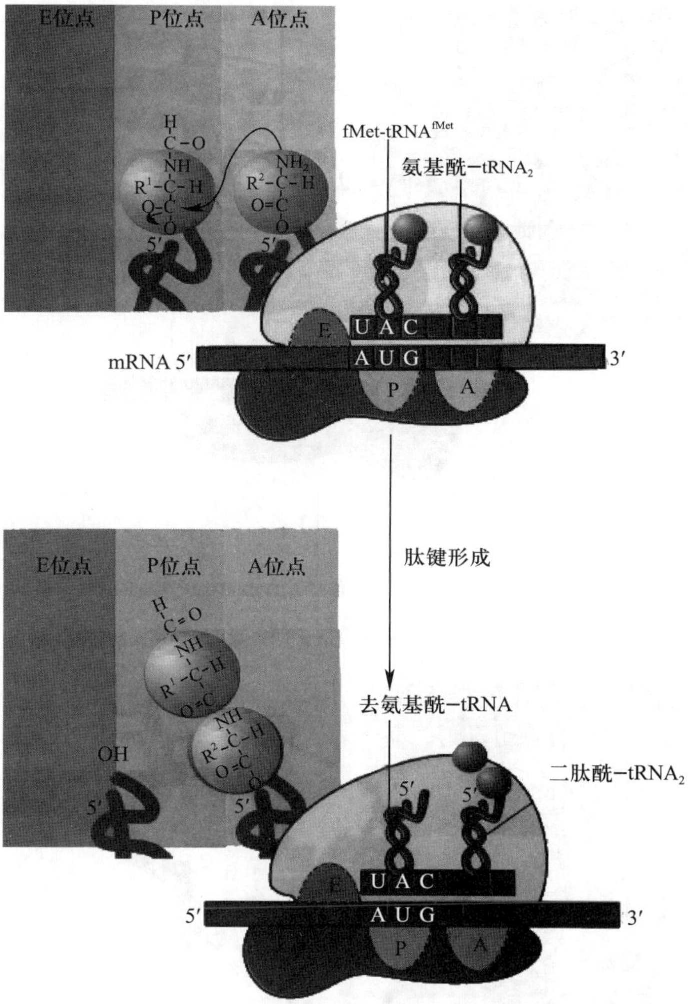

图 2-22 肽链的生成(引自朱玉贤,2012)

移位的能量来自 GTP 水解(图 2-23)。

肽链延伸由许多这样的反应组成,重复进位、肽键形成和移位过程,如此循环,使得肽链得以不断延伸。原核生物中每次反应共需 3 个延伸因子,EF-Tu、EF-Ts 及 EF-G,它们都具有 GTP 酶的活性,EF-Tu 和 EF-Ts 能够促进氨基酰-tRNA 进入 A 位点,EF-G 则促进移位和卸载 tRNA 的释放。真核生物细胞需 EF-1(对应于 EF-Tu 和 EF-Ts)及 EF-2(相当于 EF-G),消耗 2 个 GTP,向生长中的肽链加上一个氨基酸。

(三)肽链合成的终止

大肠杆菌有 3 种释放因子(releasing factor,RF)催化翻译终止反应,分别为 RF-1、RF-2 和 RF-3。RF-1 识别 UAA 和 UAG,RF-2 识别 UGA 和 UAA,RF-3 起着刺激 RF1 和 RF2 活性的作用。当终止密码子进入核糖体的 A 位时,由于没有对应的氨基酰-tRNA 能够与之识别,不再有任何氨基酰-tRNA 进入 A 位,肽链的延伸不能进行。释放因子 RF 可结合在核糖体的 A 位,一旦 RF 与终止密码子相结合,它们就能诱导肽基转移酶把一个水分子而不是氨基酸加到延伸中的肽链上。肽酰转移酶不再催化肽键的形成,而是催化 P 位的 tRNA 与肽键之

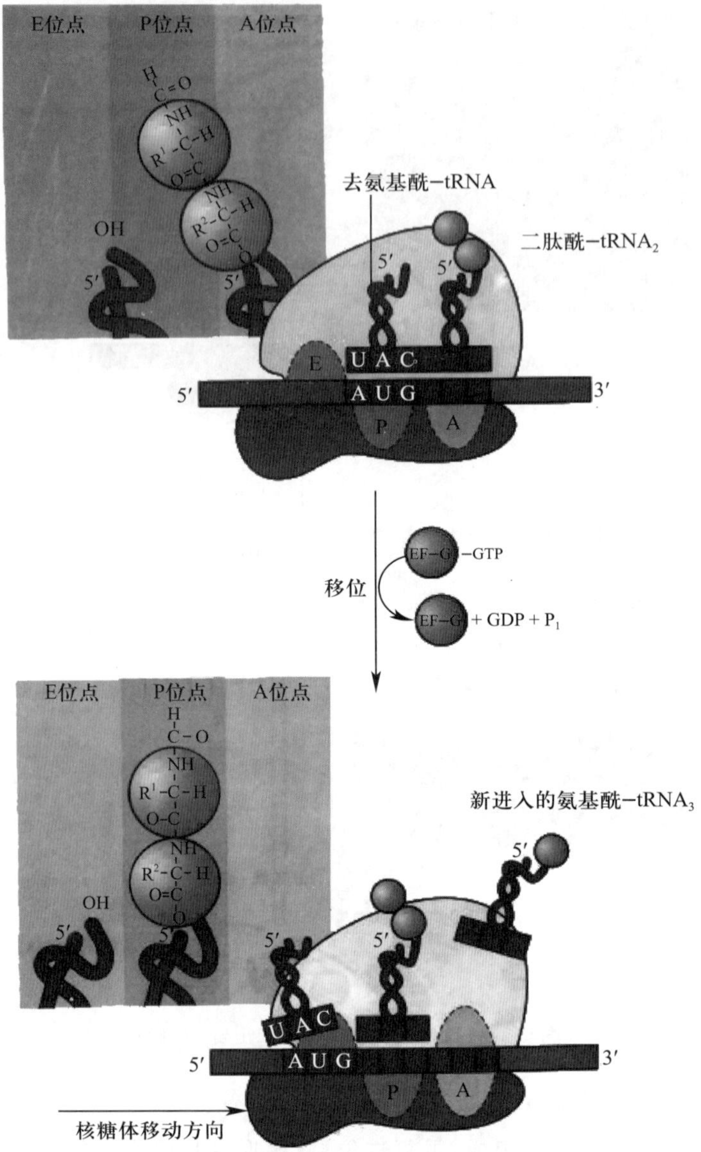

图 2-23　移位(引自朱玉贤,2012)

间的键水解。于是肽链从核糖体上释放出来,随后 mRNA 和 tRNA 也从核糖体释放出来,核糖体也解离为大小亚基,从而进行另一个蛋白质分子的合成(图 2-24)。真核生物肽链合成的终止与原核生物基本相似,但真核生物只有一种释放因子 eRF,能识别 3 种终止密码子 UAA、UAG 和 UGA。

综上所述,蛋白质翻译是一个循环进行的过程,每一个循环包括大、小亚基之间及其与 mRNA 的结合,翻译 mRNA,然后各自分离。分离的亚基可以结合到新的 mRNA 分子上,开始下一轮蛋白质合成的循环。

五、蛋白质前体的加工

翻译终止时,由核糖体释放出的新生肽链并不是一个完整的、有生物学功能的蛋白质分

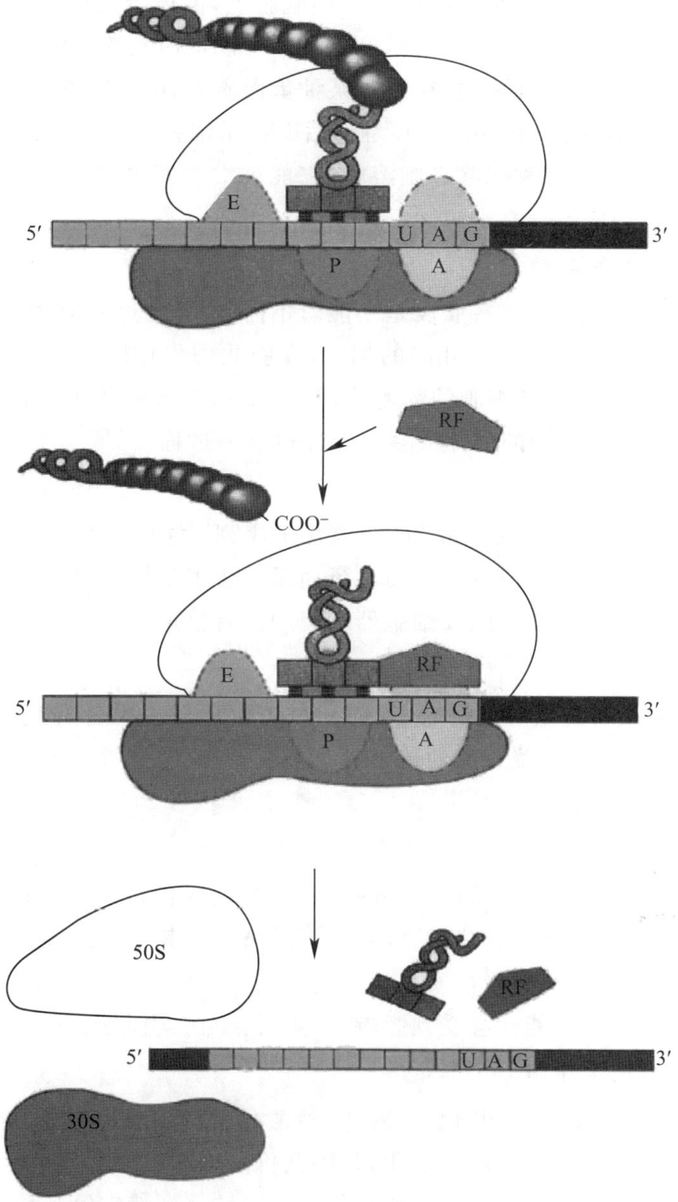

图 2-24 肽链的终止过程

子，必须经过一系列翻译后的加工，才能形成具有一定特定结构和功能的成熟蛋白质。这些加工过程包括以下几方面：

1. 肽链 N 端甲硫氨酸或甲酰甲硫氨酸的切除

原核生物和真核生物蛋白质起始合成的第一个氨基酸分别为甲酰甲硫氨酸和甲硫氨酸，而成熟的蛋白质 N 末端不是甲硫氨酸。氨肽酶在蛋白质合成过程中或翻译完成后水解切除甲酰甲硫氨酸或甲硫氨酸。

2. 信号肽的切除

真核生物中很多膜蛋白、分泌蛋白在其氨基端具有一段疏水性强的氨基酸残基，即信号肽

(signal peptide,SP),用于引导前体蛋白附着在细胞膜上,前体蛋白的信号肽被细胞中的蛋白酶切割后,产生成熟蛋白质。有些分泌蛋白可能对产生该蛋白质的细胞具有毒害作用,而常以无活性的前体蛋白形式存在于细胞内,在需要某种蛋白质时,由蛋白酶切割加工成有功能的成熟蛋白质。比如蜜蜂的蜜毒素(melittin)在翻译后贮存于细胞内的是无活性的前体蜜毒素,蜜蜂在叮咬人或动物时注入蜜毒素引起细胞溶解,它能被细胞间隙中的一种蛋白酶特异地识别并切割,释放出有活性的成熟蜜毒素。

3. 切除新生肽链中的非功能片段

在蛋白质的前体分子中,有一些肽段是功能所不需要的,经过肽段的切除才能有活性的成熟蛋白质。如前胰岛素原(preproinsulin)的加工,在胞质中先切除信号肽变成胰岛素原(proinsulin),当胰岛素原转运到胰岛细胞的囊胞中时,在蛋白水解酶作用下再切除分子内部的连接肽(C 肽),多种多肽激素和酶的前体大多数要经过这一过程。

4. 蛋白质的剪接

有些前体蛋白质分子同 RNA 一样,具有内含子序列,位于多肽链序列的中间,经加工切除,两端的蛋白质外显子连接为成熟蛋白质。蛋白质内含子最早在酵母菌中发现,后来在细菌及其他低等生物、真核生物的核基因及细胞器基因中都有报道。

5. 二硫键的形成

在 RNA 分子中,没有胱氨酸的密码子,而不少蛋白质分子中含有胱氨酸二硫键,有的还有多个。二硫键是通过两个半胱氨酸的巯基氧化形成的,此键是蛋白质的功能基团,在蛋白质的三维结构形成上有重要作用。

6. 肽链的折叠

从 mRNA 序列翻译成氨基酸的线性链时,每种蛋白质都以未折叠的多肽或无规则卷曲的形式存在。当多肽链由核糖体合成时,线性链开始折叠成其三维结构,三级结构的形成与肽链合成的终止同时完成。只有当蛋白质以特定的适当空间构象存在时才具有生物活性。如果蛋白质折叠错误,其生物学功能就会受到影响,严重者甚至会引起疾病。

7. 氨基酸残基的化学修饰

化学修饰的类型有很多,如甲基化、乙酰化、磷酸化、泛酸化、糖基化、羟基化等,在这些类型的共价修饰过程中,可以由不同的酶催化,每种共价修饰都具有重要的生理功能。如甲基化是指在甲基转移酶的催化下,将活性甲基化合物的甲基转移到特定氨基酸残基,它起着调节基因的表达和关闭的作用;乙酰化是指在乙酰转移酶的催化下,在特定氨基酸残基(主要是赖氨酸残基)上添加乙酰基的过程,组蛋白乙酰化一般能促进基因的转录;磷酸化主要发生在丝氨酸、苏氨酸、酪氨酸残基上,细胞信号传导通路上的多种信号分子以该化学修饰调节蛋白功能。

第四节　基因表达与调控

不同生物的基因组含有不同数量的基因,如细菌的基因组约含 4 000 个基因,人类基因组含 25 000～35 000 个基因。而且在某一特定的时期或生长阶段,基因组中只有一小部分基因处于表达状态。通常真核细胞中只有 2%～5%的基因处于转录活性状态,其余大多数基因不表达或表达水平极低。随着细胞及个体发育阶段或内外环境的变化,这些少数表达活跃的基因的表达水平也不是固定不变的，如随着摄入食物的改变，在特定代谢途径中所需的酶就会随之改变。因此基因表达是可以调控的。

基因表达调控是生物体内基因表达的调节控制，使细胞中基因表达的过程在时间、空间上处于有序状态，并对环境条件的变化做出反应的复杂过程。基因表达的调控可在多个层次上进行，包括 DNA 水平、转录水平、转录后水平、翻译水平和翻译后水平的调控。基因表达调控是生物体内细胞分化、形态发生和个体发育的分子基础，也是现代分子生物学研究的中心课题之一。

一、原核生物基因表达与调控

原核生物结构简单，极易受外界环境的影响，其基因表达调控主要是适应周围环境条件的变化和克服不利因素，因此营养状况、环境因素对基因表达起着十分重要的作用。原核生物的基因表达可以在 DNA 水平、转录水平和翻译水平 3 个不同层次上受到调控。转录水平的调控是最主要的方式，也是最经济和最有效的方式。当需要某特定基因产物时，就会合成这种 mRNA；当不需要这种产物时，mRNA 转录就会受到抑制。

二维码 2-3
基因表达的方式

二维码 2-4
基因表达调控的基本概念

（一）操纵子及其结构

法国巴斯德研究所著名的科学家雅各布（F. Jacob）和莫诺（J. Monod）在实验的基础上，于 1961 年建立了乳糖操纵子学说，即原核生物基因表达调控模型。操纵子学说指出，很多功能相关的结构基因成簇排列在一起，由一个共有的调控区来操控这些基因的表达。原核生物中由调控基因（regulatory gene）、启动子（promoter，P）、操纵基因（operator gene，O）和结构基因（structural gene）组成的一个转录功能单位就称为操纵子（operon）。操纵子通过调节基因编码的调节蛋白，开启和关闭操纵基因，进而调控结构基因的表达，一开俱开，一闭全闭，对环境条件的改变做出相应的反应。

（二）操纵子的调控方式

根据操纵子对加入的调节蛋白的相应情况，可分为正调控（positive regulation）和负调控（negative regulation）。正调控是指有调节蛋白存在时基因表达，无调节蛋白存在时基因不表达；负调控则是指在调节蛋白存在时基因不表达，无调节蛋白时基因表达。在正调控系统中调节蛋白是激活蛋白（activator），激活蛋白与 DNA 的启动子及 RNA 聚合酶结合后，转录才会进行。在负调控系统中调节蛋白是阻遏蛋白（repressor），阻遏蛋白与操纵区结合后，阻止结构基因转录。

根据操纵子对加入的小分子物质的应答情况，可分为诱导（induction）和阻遏（repression）两种方式。加入对基因表达有调节作用的小分子后能开启基因转录活性的作用和过程称为诱导,加入的小分子称为诱导物(inducer);反之,加入小分子后能关闭基因转录活性的作用和过程称为阻遏,相应的小分子称为辅阻遏物(corepressor)。诱导物(底物)的存在使得细胞分解底物的酶合成增加,使诱导物不断被分解。当诱导物逐步耗尽后,酶的合成亦趋于停止。例如在培养基中添加乳糖作为诱导物,可诱导大肠杆菌合成半乳糖苷酶,分解乳糖产生半乳糖和葡萄糖,当乳糖耗尽后酶的合成亦迅速停止。在阻遏作用中,代谢物的添加使酶的合成终止,无该代谢物时酶的合成增加。例如,在培养基中添加色氨酸使大肠杆菌色氨酸合成酶的产生受阻,因为此时细胞不再需要合成色氨酸。

二维码 2-5
乳糖操纵子

(三)乳糖操纵子及其调控机理

1. 大肠杆菌乳糖操纵子的结构

大肠杆菌的乳糖降解代谢途径是最早用于代谢调控研究的系统。研究发现乳糖降解代谢系统具有典型的"开关"特性,当大肠杆菌生长在含有葡萄糖和乳糖的培养基中生长时,细菌优先利用葡萄糖,当葡萄糖耗尽时才启动乳糖的酶类表达,将乳糖分解为半乳糖和葡萄糖,提供能量。

大肠杆菌乳糖操纵子包括 4 类基因:①结构基因,包含 3 个结构基因:*lacZ*、*lacY*、*lacA*。*lacZ* 合成β-半乳糖苷酶,*lacY* 合成β-半乳糖苷透过酶,*lacA* 合成β-半乳糖苷乙酰基转移酶。它们依次串联排列在 DNA 上,协同转录为一个多顺反子的 mRNA,再经翻译产生相应的酶。②操纵基因(*lacO*),是阻遏蛋白(repressor,R)结合的位点,控制结构基因的转录速度,位于结构基因的上游附近。③启动基因(*lacP*),位于操纵基因的上游,是 RNA 聚合酶的结合位点,开启 mRNA 合成。④调节基因(*lacI*),编码阻遏蛋白 R,R 能识别操纵基因并与之结合,关闭转录的通道。启动子 P 的上游还有个代谢激活蛋白(catabilite gene activation proein,CAP)结合位点,它能与环腺苷一磷酸-分解物激活蛋白二聚体(cAMP-CAP)结合,增强 RNA 聚合酶的转录活性(图 2-25)。

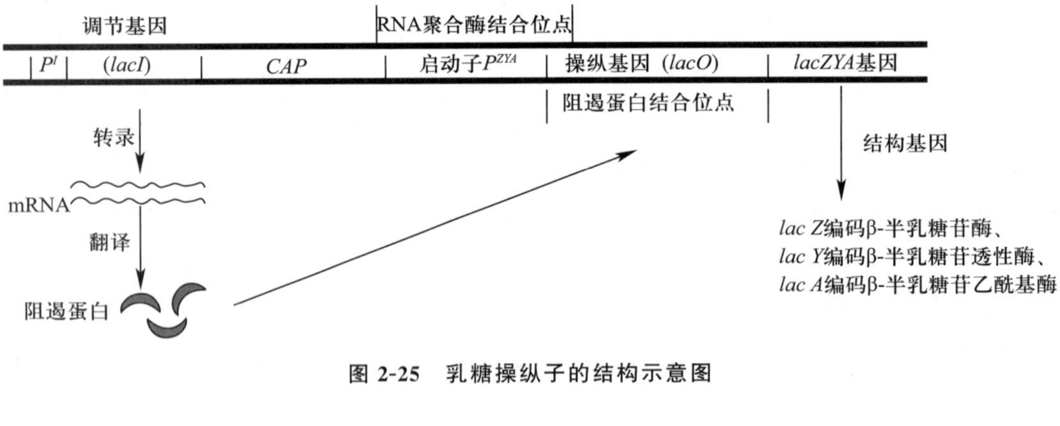

图 2-25 乳糖操纵子的结构示意图

2. 乳糖操纵子的负调控机理

当细胞内没有乳糖诱导物时,乳糖操纵子处于阻遏状态。*lacI* 编码的阻遏蛋白与操纵基因 *lacO* 结合,造成空间障碍,阻止了 RNA 聚合酶与启动子的结合,使之不能形成开放启动子的复合物,从而不能转录表达 *lacZ*、*lacY* 和 *lacA* 三种基因,也就是不产生分解乳糖的酶。

当细胞内有乳糖诱导物存在时,乳糖操纵子可被诱导。首先是乳糖在β-半乳糖苷酶催化下转化成别乳糖,别乳糖与 *lacI* 编码的阻遏蛋白结合使之发生构象变化,丧失了阻遏蛋白与

lacO 的结合能力，使 RNA 聚合酶得以与启动子结合，并启动 *lacZ*、*lacY* 和 *lacA* 基因的转录表达。通过这种方式的基因调控，细菌能在有乳糖的环境中合成有关利用乳糖的酶，而在没有乳糖的环境中则停止合成这些酶。

3. 乳糖操纵子的正调控机理

人们在试验中发现，大肠杆菌在处于既有大量乳糖又有葡萄糖的培养基中生长时，优先利用葡萄糖供应能量，而不是乳糖。由此说明，除了阻遏蛋白能抑制乳糖操纵子转录外，还有其他因子也能有效抑制乳糖操纵子的转录，而这个因子的活性与葡萄糖有关。

1965 年，Magasonil 在大肠杆菌中发现了环腺苷一磷酸（cAMP）。分析表明，细菌中的 cAMP 的含量与葡萄糖的分解代谢相关，而葡萄糖可以抑制腺苷酸环化酶的活性。当葡萄糖浓度低时腺苷酸环化酶的活性增高，而腺苷酸环化酶能催化 ATP 转变成 cAMP，cAMP 又与代谢物激活蛋白 CAP 形成 cAMP-CAP 二聚体，该二聚体可与 CAP 结合位点结合，起始操纵子进行转录。因此，葡萄糖浓度低有利于乳糖操纵子发挥作用，其中 cAMP-CAP 在操纵子中发挥正调控作用。

当有葡萄糖而没有乳糖的条件下，腺苷酸环化酶活性受到抑制，cAMP 浓度降低，因此 cAMP-CAP 复合物减少不能与 CAP 位点有效结合，从而抑制了 RNA 转录活性，使细菌只能够利用葡萄糖提供能量。

问题讨论：

当细菌在没有葡萄糖、有乳糖的环境中生长时，乳糖操纵子是如何发挥作用的？

细菌的生长环境中有乳糖时，乳糖的代谢产物别乳糖与 *lacI* 编码的阻遏蛋白结合，使阻遏蛋白的构象发生变化，不能与操纵基因 *lacO* 结合，于是 RNA 聚合酶得以与启动子结合，起始结构基因的转录，产生与乳糖代谢相关的 3 种酶类。这是乳糖操纵子的负调控机制。与此同时，环境中没有葡萄糖的存在，cAMP 含量就升高，cAMP-CAP 与 CAP 结合位点结合，可增强 RNA 聚合酶的转录活性，使转录效率提高 50 倍，即分解乳糖的 3 类酶的基因可高效表达，更利于细菌对乳糖的利用。因此在上述情况下，细菌利用乳糖操纵子的正负调控机制协同发挥作用，从而有效地利用了乳糖，满足了细菌对小分子糖类的需求。

（四）色氨酸操纵子及其调控机理

二维码 2-6
色氨酸操纵子

1. 色氨酸操纵子的结构

色氨酸操纵子（Trp operon）是细菌中一种负责色氨酸合成代谢的操纵子。色氨酸是构成蛋白质的组分，一般的环境难以给细菌提供足够的色氨酸，细菌要生存繁殖通常需要自己合成色氨酸。当环境能够提供色氨酸时，细菌就会充分利用外界的色氨酸，减少或停止合成色氨酸。色氨酸操纵子的激活与否，完全根据培养基中有无色氨酸而定。当培养基中有足够的色氨酸时，该操纵子自动关闭；缺乏色氨酸时，该操纵子被打开。色氨酸在这里不是起诱导作用而是阻遏作用，因而被称作辅阻遏子。

色氨酸操纵子包括色氨酸合成中 5 个连续排列的结构基因 *trpA*、*trpB*、*trpC*、*trpD* 和 *trpE*，它们编码使分支酸（chorismate）转化为色氨酸的 3 种酶。*trpE* 编码邻氨基苯甲酸合成

酶的 ε 亚基，*trpD* 编码邻氨基甲酸合成酶 δ 亚基，*trpC* 编码吲哚甘油合成酶，*trpB* 编码色氨酸合成酶的 β 链，*trpA* 和编码色氨酸合成酶 α 链。在结构基因上游有分别是前导序列（*trpL*）、衰减子（*trpa*）、操纵基因（*trpO*）、启动子 *P* 以及编码阻遏蛋白的 *trpR* 基因（图 2-26）。

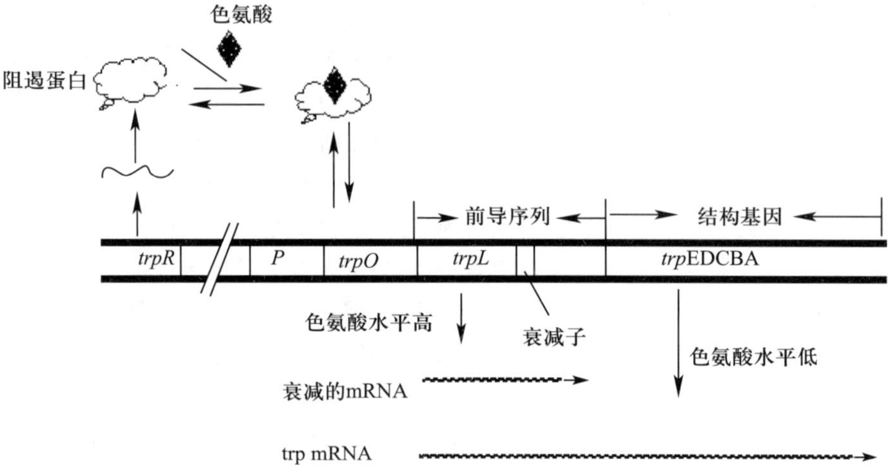

图 2-26 色氨酸操纵子

2. 可阻遏的负调控机理

trpR 编码的阻遏蛋白自身不能与操纵基因结合，只有当它与色氨酸结合之后才能被激活，成为有阻遏活性的功能蛋白。当细胞中有色氨酸时，阻遏蛋白 R 与其结合而被激活，结合在操纵基因上，阻止结构基因的表达；当色氨酸不足时，由于阻遏蛋白 R 自身没有活性，不能与操纵基因结合，从而使结构基因得以转录。因此色氨酸操纵子是一个可阻遏的负调控系统。

3. 衰减作用

亚诺夫斯基（W. J. Yanofsky）等研究发现，当细胞有少量色氨酸且色氨酸的量不足活化阻遏蛋白 R 发挥阻遏作用时，色氨酸合成酶类的产量已经明显下降，而且产生的酶量与色氨酸浓度呈负相关。在阻遏状态下，色氨酸合成酶的合成是诱导状态的 1/1 000，而色氨酸操纵子中阻遏状态下色氨酸合成酶的合成只有诱导状态下的 1/700，说明色氨酸操纵子的阻遏效果较低，推测色氨酸操纵子还有另一个调控机制来辅助调控。进一步研究发现，这种调控现象与色氨酸操纵子特殊的结构有关。

在色氨酸操纵子结构基因与操纵基因之间有一段长 162 bp 的 DNA 序列，这段序列称为前导序列。前导序列中含有起始密码子 AUG 和终止密码子 UAG，对应于 1 个含 14 个氨基酸（2 个色氨酸）的小肽，称为前导肽。它具有 4 个回文互补区：1 区、2 区、3 区和 4 区，两相邻回文互补区能配对，可形成两种配对构型。第一种，前导序列的 1 区与 2 区配对形成 1-2 茎环结构，3 区与 4 区配对形成 3-4 茎环结构，其中 3-4 茎环结构为一个典型的不依赖 p 因子的终止子，它能终止 RNA 聚合酶的转录，从而对色氨酸操纵子的转录有衰减作用，故称为衰减子。第二种结构中，1 区、4 区保持单链状态，2、3 区配对形成茎环结构。

在前导肽翻译过程中，核糖体所处的位置可直接影响衰减子终止结构的形成，从而影响色氨酸操纵子的转录。当细胞处于高色氨酸水平时，核糖体能够顺利地翻译出整个前导肽而在终止密码子 UGA 处停下，此时核糖体覆盖了前导序列 1 区和部分 2 区，前导序列将形成 3-4 茎环终止结构，于是 RNA 聚合酶不能通过终止子，结构基因的转录被阻止（图 2-27a）。当细胞中色氨酸未达到能起阻遏作用的浓度时，核糖体停顿在两个色氨酸密码子上，这时核糖体占据了 1 区，而留下完整的 2 区与 3 区配对形成茎环结构，这种结构不影响 RNA 聚合酶的转录，使结构基因得到表达（图 2-27b）。

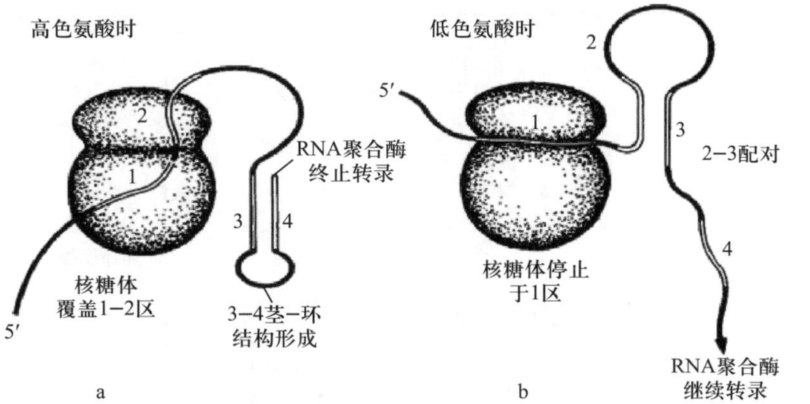

图 2-27 衰减作用（引自吴常信，2015）

二、真核生物基因表达与调控

真核生物基因表达的调控比原核生物复杂得多。这主要是由于：①真核生物的基因组远比细菌的基因组大得多，因此包括的 DNA 序列和遗传信息也多得多。例如大肠杆菌基因组大小为 4.6×10^{6} bp，可编码 4 288 个基因，每个基因含约 1 100 bp。这个基因长度与已全部测序的 8 个原核生物相似。人类基因组大小为 3×10^{9} bp，但编码蛋白质的基因约 2 万个，其余的都是重复序列。高等植物不同物种的基因组大小差别很大，水稻为 4.3×10^{8} bp，小麦则为 1.6×10^{10} bp，很多重复序列与调控作用有关。②真核生物基因分散在整个基因组的各个染色体上，而不像细菌那样全部基因串联在一起，所以真核生物不仅存在同一染色体上不同基因间的调控问题，而且还存在不同染色体之间的基因调控问题。③在真核生物中，基因的差别表达是细胞分化和功能的核心。分化是不同基因表达的结果，例如在动物胰脏细胞中不产生视网膜色素，而在视网膜细胞中也不产生胰岛素。真核生物细胞具有选择性地激活和抑制基因表达的机制。如果基因在错误的时间或错误细胞中表达，或过量地表达，就会破坏细胞的正常代谢甚至导致细胞死亡。④真核生物细胞的转录和翻译在时间和空间上都不相同，转录在细胞核中，翻译在细胞质中，绝大多数真核生物 mRNA 的成熟都要经过拼接加工。⑤不同生物和细胞可能具有不同的基因表达调控机制。

大多数真核生物基因表达与调控最明显的特征是能在特定时间和特定的细胞中激活特定的基因，从而实现“预定”的、有序的、不可逆的分化和发育过程，并使生物的组织和器官在一定的环境条件范围内保持正常的生理功能。真核生物基因表达受外界环境的影响较小，从而保证了真核生物在千变万化的环境下维持正常的生理功能。真核生物基因表达的调控可以发生在 DNA 水平、转录水平、转录后的修饰、翻译水平和翻译后的修饰等多种不同层次。但是，最经济、最主要的调控环节仍然是在转录水平上（图 2-28）。

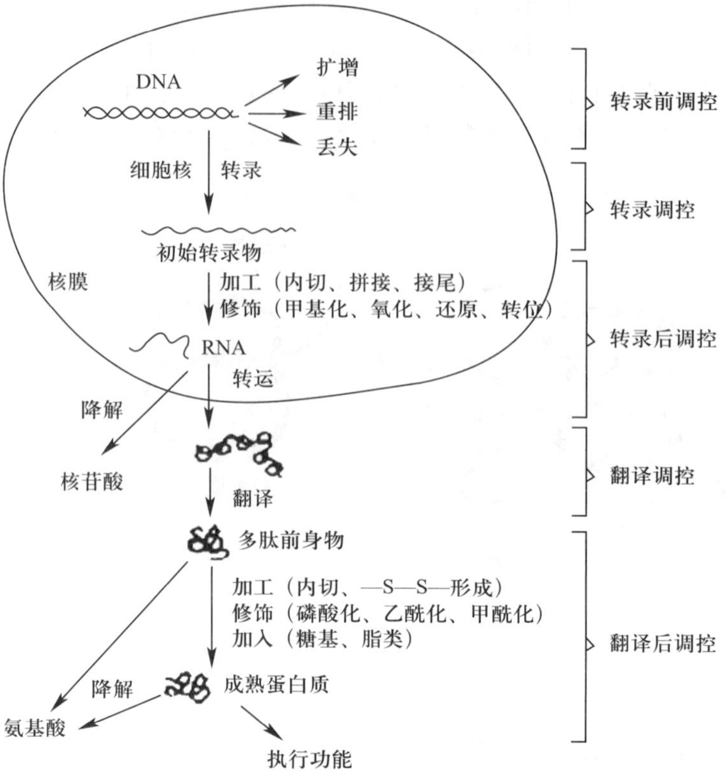

图 2-28　真核生物基因的表达与调控(引自李碧春,2019)

二维码 2-7 真核生物基因表达调控

(一)染色体 DNA 水平上的调控

真核生物基因表达调控主要指通过基因缺失、基因扩增、基因重排、DNA 修饰(如甲基化与去甲基化)作用来控制基因的表达。

1. 基因缺失

基因缺失是指在细胞分化过程中去除某些基因而使其沉默,它是基因表达调控的方式之一。有些线虫、昆虫和甲壳类动物在个体发育中,许多体细胞常常会丢失掉整条或部分的染色体,只有生殖细胞一直保留着整套的染色体。在小麦蚊、马蛔虫的体细胞都发现有基因缺失的现象。例如小麦蚊卵裂时,只是形成卵一端的细胞保持全部 40 条染色体,这些细胞将来形成生殖细胞,而其他部位的细胞只保留 8 条染色体。目前,在高等真核生物(包括动物、植物)中尚未发现类似的基因丢失现象。

2. 基因扩增

基因扩增是指基因组中某些基因的拷贝数专一性地大量增加的现象,这样使细胞在短期内产生大量的基因产物以满足生长发育的需要,它是基因活性调控的又一种方式。有些基因扩增为特定组织中整个染色体组的扩增。例如在果绳的唾腺中,产生多线染色体(polytene chromsomes),一条染色体含有多于 1 000 条染色单体。原因是细胞不分裂但染色体却多轮复制,其常染色质 DNA 可以扩增上千倍,而在异染色质区附近只复制几次。有些基因扩增体现在个体发育过程中染色体的扩增。例如两栖动物非洲爪蟾(*Xenopus laevis*)的卵母细胞很大,是正常体细胞的 1×10^6 倍,需要合成大量蛋白质,所以需要大量核糖体。卵母细胞的前体同其他体细胞一样，含有约600个rRNA基因。在基因扩增后，rRNA基因拷贝数高达2×10^6。这个数目可使卵母细胞形成10^{12}个核糖体，以满足胚胎发育早期蛋白质合成的需要。在基因扩增之前，这600个编码rRNA的基因以串联方式排列。在发生扩增的3周时间里DNA不再是单一连续的DNA片段，而是形成大量小环及复制滚环，以增加基因拷贝数目。这种rRNA基因扩增发生在许多生物的卵母细胞发育中，包括鱼、昆虫和两栖类动物。目前对这种基因扩增的机制并不清楚。外界环境因素也能造成基因的扩增，如用二氢叶酸还原酶的抑制剂——氨甲蝶呤处理细胞系，这个酶的结构基因可扩增40～400个拷贝。

在某些情况下，基因扩增发生在异常的细胞中。例如人类癌细胞中的许多致癌基因，经大量扩增后高效表达，导致细胞生长失控。有些致癌基因扩增的速度与病症的发展及癌细胞扩散程度高度相关。

3. 基因重排

基因重排是指某些基因片段改变原来存在的序列，通过调整有关基因片段的衔接顺序，再重排成为一个完整的转录单位。它也是DNA水平基因表达调控的一种方式。基因重排可以发生在特殊的细胞类型中，在特殊的刺激下产生的一种高度特异的有序的重排，这种情况下染色体DNA重排是获得某种特异性调节的一种手段，如免疫球蛋白的产生。免疫球蛋白由轻链和重链组成，轻链包括可变区、恒定区以及二者之间的连接区，重链除可变区、恒定区和连接区外，还包括介于可变区和连接区之间的歧化区。每个区域都由位于同一染色体上不同位置的DNA片段编码。在形成活性基因前，各区域通过染色体内重组而连接到一起，使细胞有可能产生数以百万种的免疫球蛋白。另一种染色体DNA重排是无序的，例如由重复元件之间的重组事件所产生的许多染色体DNA重排，例如哺乳动物异常细胞基因组的无序重排。

4. DNA甲基化

在真核生物中，少数胞嘧啶碱基第5碳(C_5)上的氢被一个甲基(CH_3)取代，使胞嘧啶甲基化。甲基化胞嘧啶在DNA复制中可整合到正常DNA序列中。胞嘧啶甲基化在CG双核苷酸序列中发生频率最高。当CG序列在2条DNA链上都甲基化后，复制形成的2个DNA分子，都分别在1条链上具有甲基化C_5。甲基化酶可识别这种半甲基化DNA分子，使另1条链上的胞嘧啶也甲基化。许多真核生物基因5′端非翻译区富含CG序列，为甲基化提供很多可能的位点，并且两个C通常都发生甲基化，即：5′mCpG3′和3′GpCm5′。CpG二核苷酸通常成串地出现在基因组上，因此这段富含CpG的DNA片段称为CpG岛。哺乳动物大约2/3的基因启动子区域存在CpG岛，甲基化可降低转录效率，一般活性启动子的CpG岛处于去甲基化状态。

人们发现珠蛋白基因表达与DNA甲基化有关，在6～8周的胚胎中珠蛋白基因处于活化状态，基因区域的甲基化程度比较低，12周后珠蛋白基因产物则很少，基因区域转成为高甲基化。γ珠蛋白基因在12周前不表达，12周后表达量增高，出生后又不表达；与之相对应，12周前珠蛋白基因区域处于高甲基化水平，12周后变成低甲基化，在出生之后又变为高甲基化。这说明甲基化程度与基因活性之间存在负相关，人们把活跃基因的低甲基化状态称为“甲基化不足”。

(二)转录水平的调控方式

转录水平的调控是真核生物基因表达调控的主要方式。真核生物基因表达得到调节，一方面受控于基因调控的顺式作用元件(cis-acting element),另一方面同时又受到一系列反式作用因子(trans acting factor)的调控,即具有调控作用的蛋白质因子。通常情况下,真核生物基因的转录起始与表达是通过二者的相互作用进行调节的。

1. 顺式作用元件

顺式作用元件是指影响自身基因表达活性的非编码 DNA 序列,组成基因转录的调控区。启动子(promoter)、增强子(enhancer)、沉默子(silencer)、绝缘子(insulator)等均属于顺式作用元件(图 2-29)。

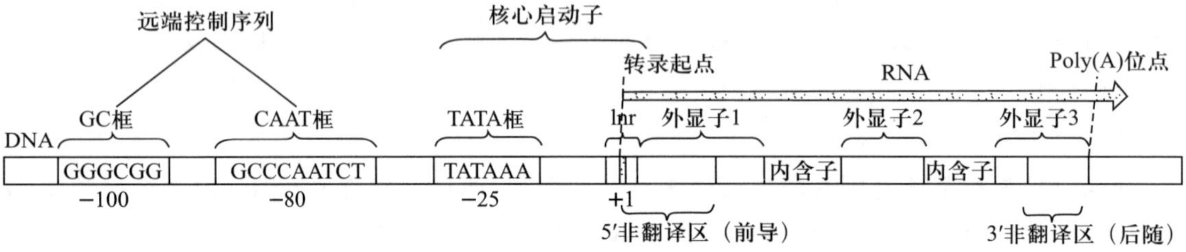

图 2-29 真核生物的基因结构及其调控区(引自吴常信,2020)

启动子是在 DNA 分子中能被 RNA 聚合酶识别、结合并导致转录起始的序列。启动子可分为核心启动子和上游启动子。核心启动子是保证 RNA 聚合酶Ⅱ转录起始所必需的、最少的 DNA 序列,包括转录起始位点及转录起始位点上游−30～−25 bp 处的 TATA 盒,其作用是确定转录起始位点并产生基础水平的转录。上游启动子是包括位于−70 bp 附近的 CAAT 盒和 GC 盒等,作用是调节转录起始的频率,提高转录效率。增强子是指能使与它连锁的基因转录频率明显增加的 DNA 序列。增强子一般长约 50 bp,大多为重复序列,适合与某些蛋白因子结合,常含有一个核心序列,该序列是产生增强效应时所必需的。增强子的增强效应十分明显,一般能使基因转录频率增加 10～200 倍。沉默子与增强子一样,都在基因转录调控中起着重要作用。沉默子是能与特异蛋白因子结合,从而对基因转录起阻遏作用的 DNA 序列。沉默子结合蛋白的特性比较复杂,如有的结合蛋白不仅与沉默子结合起阻遏作用,而且可与正调控元件结合增强转录;还有实验表明,一个沉默子可因其结合蛋白的改变而使其行使增强功能。绝缘子长为几百个核苷酸对,通常位于启动子同正调控元件(增强子)或负调控因子(为异染色质)之间的一种调控序列。绝缘子的作用是不让其他调控元件对基因发挥活化效应或失活效应,绝缘子本身对基因的表达没有正效应,也没有负效应,绝缘子的作用具有方向性。

2. 反式作用因子

反式作用因子能直接或间接识别或结合在各类顺式作用元件核心序列上,参与调控靶基因转录效率的蛋白质,也称转录因子(transcription factor)。真核基因转录需要反式作用因子及 RNA 聚合酶先与起始点附近的 DNA 形成稳定的转录起始复合体,才能开始转录。转录因子转录活性的调节具有以下特点:合成后即有活性,需要时合成,不需要时可迅速降解,存在共价修饰即可以磷酸化和去磷酸化,糖基化,可以与配体结合,如激素与受体的结合,可以与其他蛋白质相互作用形成二聚体。

3. 染色质结构对转录调控的影响

染色质分为常染色质和异染色质,异染色质在细胞周期中处于浓缩状态,该区域的基因通常不表达。相反，常染色质区处于伸展状态，该区域的基因有较高的转录活性。常染色质区域非折叠的结构允许基因调控蛋白和RNA聚合酶与其上的DNA序列结合，从而开启转录过程。常染色质与异染色质之间的转换被认为是一种调控基因表达和复制的机制。

染色质是由DNA、组蛋白、非组蛋白和少量的RNA构成的复合体。组蛋白是碱性蛋白质，带正电荷，可与DNA链上带负电荷的磷酸基团相结合，遮蔽DNA分子，妨碍基因转录。说明组蛋白是基因活性的重要调控因子。实验证明，当组蛋白与DNA混合后能阻止DNA上基因的转录，去除组蛋白后，基因又能够转录。真核细胞可能有100种以上的非组蛋白，具有组织细胞特异性，可能消除组蛋白的阻遏，起到特异性的去阻遏促转录作用。非组蛋白在不同组织和细胞的分化及发育过程中，以及在正常细胞向肿瘤细胞的转化过程中均会发生变化。各种不同的动物和组织中的非组蛋白成分也有较大的变化。非组蛋白与DNA结合具有选择性，在RNA聚合酶作用下非组蛋白在体外能促进DNA的转录，因此有人认为染色质中具有专一功能的非组蛋白在基因转录的选择性调控上也起重要作用。

(三)转录后水平的调控方式

真核生物基因表达调控主要发生在转录水平的调控，但转录后水平的调控对产生特异性蛋白质也会产生很大的影响，这是因为真核生物基因转录发生在核内，而翻译却是在细胞质中进行，而且真核生物基因含有内含子等。因而真核生物基因转录产生核内不均一RNA(heterogeneous nuclear RNA，hnRNA)，通过5′和3′末端修饰、剪接、编辑等一系列加工过程才成为成熟的mRNA，然后被运送到细胞质的特定区域翻译，这些过程对基因表达水平都会产生影响。

1. mRNA前体的可变剪接

真核生物的基因为断裂基因，包括编码区(外显子)和非编码区(内含子)，转录初产物加工时，一般把内含子剪掉，依次把外显子拼接起来。这样，一个基因就只产生一种成熟的mRNA，合成一条多肽链。但后来人们发现有些真核基因的初始转录本有几种不同拼接方式，能产生不同的成熟mRNA，翻译不同的蛋白质。可变剪接是调节基因表达和产生蛋白质多样性的重要机制。剪接过程受多种顺式作用序列和反式作用因子相互作用调节。一般情况下，剪接只以顺式方式进行，即只有同一条RNA分子的序列才能剪接到一起。基因组中还存在反式剪接的情况，反式剪接指两条不同的mRNA的外显子连接到一起，反式剪接的情况较为稀少。

2. RNA编辑

RNA编辑(RNA editing)是指基因转录产生的mRNA分子中，由于核苷酸的缺失，插入或替换而改变了DNA模板原来的遗传信息，从而使翻译生成的蛋白质的氨基酸组成不同于基因序列中的编码信息，即基因的DNA序列与其蛋白序列不是线性相关的。由于RNA编辑，可使同一基因DNA序列可能产生几种不同的蛋白质。RNA编辑对遗传信息的改变是发生在mRNA水平上的，且往往会增加一些原来DNA模板中不曾编码的碱基。RNA编辑具有校正作用，即可以对RNA中的碱基进行校正，通过编辑还可以构建或去除起始密码子和终止密码子。例如，载脂蛋白B(ApoB100)有4 536个氨基酸残基，RNA编辑酶可使其初始转录本第6 666个碱基C脱氢变为U，相应的第2 153个氨基酸密码子由CCA变为UAA(终止密码子)，使得翻译提前终止，形成只有2 153个氨基酸的ApoB48蛋白。RNA编辑也可能是生物在长期进化过程中形成的、更经济有效地扩展原有遗传信息的机制。

3. 微小 RNA

微小 RNA(microRNA,miRNA)是一类新的调控性非编码 RNA,广泛存在于真核生物中。miRNA 是一种内源性的小分子 RNA,长度为 22 nt 左右,5′端带磷酸基团、3′端带羟基的非编码的调控小 RNA 家族。miRNA 基因具有严谨的时空表达模式,呈现出明显的发育阶段特异性和细胞、组织特异性。此外,一些 miRNA 基因,如 miR-127 和 miR-136,还表现出遗传印记(imprinting)现象。

miRNA 通过序列、结构、丰度和转录方式的多样性,在基因表达调控领域介导了一个全新层次上的基因表达调控方式。miRNA 由基因组序列编码,和顺式作用元件一样,不同的碱基序列具有不同的调控功能,但遵循了截然不同的转录后调控机制,即加工成熟的双链 miRNA 降解为单链,单链 miRNA 被 PPD(PAZ&Piwi domain)蛋白家族成员识别结合,形成核蛋白复合体,miRNA 通过与特异靶 mRNA 3′末端的非翻译区互补结合,通过互补程度引发靶 mRNA 的翻译抑制或降解。一个 miRNA 分子往往同时抑制多个具备识别序列的组织特异性 mRNA 的表达。越来越多的证据表明,miRNA 具有十分广泛的基因表达调节功能,与多种生命现象的基因表达调控密切相关。miRNA 已掀起了新一轮的功能基因组学研究热潮,是当前及今后一段时期内功能因组学研究的热点之一。

(四)翻译水平的调控方式

尽管在真核生物中,基因调控主要发生在转录水平,但有些对细胞生存十分重要的蛋白质的合成,其调控也发生在翻译水平。

真核生物翻译的过程是在细胞质中发生的,所以受细胞质中调节机制的作用。如果这个过程被抑制,则已经转录的 mRNA 也不能翻译成多肽,被迫以失活的状态储存起来。例如有很多植物的种子可以储存很多年,一旦条件合适,立即可以发芽。动物中也有类似情况。海胆卵内的 mRNA 在受精前不能进行翻译,但一经受精,蛋白质的合成速度迅即猛增。即使在放线菌素 D 的作用下,蛋白质仍能合成。放线菌素 D 本来是能阻止 mRNA 转录的,这说明翻译蛋白质的 mRNA 模板早已存在于卵细胞内,受精使之活化了,但当海胆受精卵发育到原肠期后,再用放线菌素 D 处理,蛋白质的合成就不再进行,可见在原肠期以后又重新转录 mRNA 了。为什么未受精前海胆卵中的 mRNA 不能进行翻译,受精后又处于活化状态?据分析,这种翻译调节机制之一是卵细胞 mRNA 加尾过程。许多储藏在卵细胞中的 mRNA 仅具有约 20 个核苷酸的 poly(A)尾端序列。这类 mRNA 分子在生物适宜的发育时期,被用来翻译生物所需要的蛋白质时,它们的多聚腺苷尾端序列才加长至几百个核苷酸。受精过程加长了 mRNA 多聚苷序列,使 mRNA 能够翻译成蛋白质。

翻译水平另一个主要调控机制是阻遏蛋白与特异 mRNA 序列结合,导致蛋白质翻译受阻。在真核生物中了解得最清楚的是铁蛋白合成的调节。铁蛋白 mRNA 的翻译取决于铁的供应,铁供应充足,铁蛋白合成就多,这种翻译调节是受一种阻遏蛋白控制的。当细胞中没有铁时,阻遏蛋白与铁蛋白 mRNA 启动子区域的铁反应元件(iron response element,IRE)结合,阻止翻译进行;当有铁存在时,阻遏物不再与铁反应元件序结合,使翻译得以正常进行。作为与阻遏蛋白结合的铁反应元件位点,必须位于 mRNA 5′端帽子下游的 70 个核苷酸之内。因此阻遏蛋白与铁反应元件的结合干扰识别帽子区域及 40S 核糖体的结合,使翻译不能进行。

小　结

中心法则是指在细胞分裂过程中，通过 DNA 的复制把遗传信息由亲代传递给子代，在子代的个体发育过程中，遗传信息通过转录由 DNA 传递给 RNA，然后翻译成特异的蛋白质，表现出与亲代相似的遗传性状。在 RNA 为遗传物质的情况下，RNA 也具有自我复制的能力。在某些 RNA 病毒中，RNA 能以反转录的方式将遗传信息逆向传递给 DNA 分子。这些现象使中心法则得以补充和发展。

DNA 是生物遗传的主要物质基础，具有自我复制的能力。DNA 复制有两个最主要的特点，即半保留和半不连续复制。复制过程中还需要许多酶和蛋白质的参与。DNA 的生物合成是通过半保留复制方式，将亲代 DNA 的遗传信息传递给子代，保证了遗传的稳定性和 DNA 碱基序列的一致性。前导链的复制连续进行，后随链为半不连续性复制，在连接酶的作用下把冈崎片段连接起来。真核生物染色体的线性 DNA 复制产生的末端缺失问题，依靠端粒酶与染色体末端的端粒相互作用来补充。环状 DNA 的复制方式有 θ 型复制、滚环式复制和 D 环复制等多种类型。

转录是遗传信息从 DNA 流向 RNA 的过程。即以双链 DNA 中一条链为模板，以 4 种核糖核苷酸(rNTP)为原料，在 RNA 聚合酶催化下合成 RNA 的过程。原核生物 RNA 聚合酶具有全能性，它基本上不需要其他蛋白因子的参与，即可进行转录的起始、RNA 链的延伸和转录的终止反应，新合成的 RNA 链具有终止转录的特殊结构——终止子引起转录终止，产生的 mRNA 无须加工直接作为模板进行蛋白质的合成；真核生物细胞内负责转录的 RNA 聚合酶有 3 类，RNA 聚合酶Ⅰ、Ⅱ和Ⅲ，在细胞中处于不同的部位，涉及不同类型的 RNA 合成，转录产生的 mRNA 要经过 5′端加帽、3′端加 poly(A)及剪接作用才具有生物学功能，由细胞核进入细胞质，作为模板参与翻译的过程。

蛋白质合成是把 mRNA 分子中碱基排列顺序转变为蛋白质或多肽链中氨基酸排列顺序的过程。蛋白质生物合成主要是由 mRNA、tRNA、核糖核蛋白体以及有关的酶和蛋白质因子共同参与。新生肽链并不是一个完整的、有生物学功能的蛋白质分子，必须经过一系列翻译后的加工和修饰后，才具有特定结构和一定功能的成熟蛋白质。

基因表达调控是生物体基因的表达在一定时间、空间上处于有序状态，并对环境条件的变化做出快速反应的复杂过程。真核生物基因表达调控与原核生物有很大的差异。原核生物同一群体的每个细胞都和外界环境直接接触，它们主要通过转录调控，以开启或关闭某些基因的表达来适应环境条件，故环境因子往往是调控的诱导物。如乳糖操纵子的正负调控、色氨酸操纵子的调控等。而大多数真核生物，基因表达调控最明显的特征是能在特定时间和特定的细胞中激活特定的基因，使生物的组织和器官在一定的环境条件范围内保持正常的生理功能。真核生物基因表达的调控可以发生在 DNA 水平、转录水平、转录后水平、翻译水平和翻译后的修饰等多种不同层次。但是，最经济最主要的调控环节仍然是在转录水平上。

复习思考题

1. 名词解释

半保留复制　半不连续复制　冈崎片段　前导链　后随链　复制　转录　核内不均一 RNA　翻译遗传密码　衰减子　顺式作用元件　反式作用因子　miRNA

2. 简述原核生物和真核生物 DNA 聚合酶的组成及功能。

3. DNA 复制时为什么前导链是连续复制，而后随链是以不连续的方式复制？请以大肠杆菌为例简述后随链复制的各个步骤。

4. 请比较复制与转录的异同点。

5. 大肠杆菌 RNA 聚合酶有哪些组成成分？各个亚基的作用如何？

6. 真核与原核生物基因转录有哪些差异？

7. 大肠杆菌的终止子有哪两大类？请分别介绍它们的结构特点。

8. 真核生物的初级转录产物必须经过哪些加工才能成为成熟的 mRNA？

9. 遗传密码有哪些特征？简述密码子的简并性的生物学意义。

10. tRNA 是如何将活化的氨基酸转运至 mRNA 模板上的？

11. 蛋白质生物合成体系由哪些物质组成？它们各起什么作用？

12. 原核生物和真核生物的翻译的起始过程有哪些区别？

13. 简述乳糖操纵子的负调控和正调控机制。

14. 真核生物的基因表达调控发生在哪些水平上？

CHAPTER 3

第三章 遗传的基本定律

遗传学自 1900 年诞生之日起，便展现出强大的生命力，它深刻地影响和改变着人类的生活，这一切离不开遗传学的创始人——奥地利生物学家、遗传学之父孟德尔（G. J. Mendel）。孟德尔早在 19 世纪 50 年代就采用豌豆做杂交试验，并应用统计学方法分析实验数据，揭示了一对、两对及两对以上独立遗传性状的遗传规律，于 1865 年提出分离定律和自由组合定律两个经典理论。但是孟德尔的工作在当时并未引起学术界的重视，直到 1900 年，荷兰的弗里斯（D. Vries）、德国的柯伦斯（K. Correns）和奥地利的切尔马克（E. Tschermak）等 3 位植物学家经过大量的植物杂交实验，在不同的地点、不同的植物上，得出与孟德尔相同的遗传规律，重新认可了孟德尔的重要贡献。因此，1900 年孟德尔遗传规律被重新发现标志着遗传学的诞生。自此，遗传学便作为一门独立的分支学科飞速发展。

孟德尔的伟大发现并非偶然。早在 1822 年，德国学者奈特就对豌豆的红花和白花性状进行杂交实验，得到了近似 3∶1 的分离比。在此时期遗传因子的概念已经提出，但是关于什么是遗传因子，遗传因子是颗粒状还是体液状，它存在于生物的哪个部位，它是如何传递给后代的等诸多问题，一直困扰着科学家们。当时由于人们认知的局限性，对奈特的实验结果没能够进行深入的分析和科学的总结。而孟德尔的伟大之处，在于他善于总结前人的工作经验及教训，首次采用了生物统计、测交等科学的手段和方法，将近似 3∶1 分离比的实验数据进行理论分析和总结归纳，从而提出了遗传因子传递规律的新假设。

1910 年，摩尔根（T. H. Morgan）揭示了两对及两对以上连锁基因的遗传，即连锁与互换的遗传理论，并阐明性染色体上基因的遗传特点，即伴性遗传理论。由于孟德尔、摩尔根这些伟大科学家的献身精神和对科学的不懈追求，为遗传学的诞生和快速发展奠定了坚实的基础。也正是这些科学家们的不断探索和创新性的工作才助推着科学的发展和进步。

本章内容包括分离定律、自由组合定律、连锁与互换的遗传定律、性别决定及与性别相关的遗传等。

第一节　分离定律

二维码 3-1
分离定律

一、分离现象

(一)孟德尔试验的特点

在孟德尔之前，有许多科学家也曾关注并研究生物性状的遗传现象，但都没有得出系统、正确的结论，而孟德尔之所以能够取得成功，应该归功于他卓越的洞察力、严谨的工作态度、巧妙的实验设计、科学的实验方法和锲而不舍的探索精神。人们将孟德尔全新的、科学的实验方法总结如下：

1. 试验材料均为能真实遗传的纯种

孟德尔选用的实验材料豌豆是一种严格的自花授粉而且是闭花授粉的植物，因此不易发生天然杂交。同时为了获得纯种，他先是从种子商那里得到许多不同品种的豌豆，然后用了2年左右的时间进行种植和筛选，最后从中选出一些能够真实遗传的纯种作为试验材料。

2. 观察性状为有明显区别的单位性状

性状(character)是生物体形态结构和生理生化特性的统称。孟德尔把性状区分为不同的单位以便加以研究。例如，花的颜色、种子的形状、种皮的颜色、成熟豆荚的形状、豌豆茎的高矮等。这些容易被区分开的每一具体性状称为单位性状(unit character)。每个单位性状在不同个体间又表现各异。例如：花的颜色有红色和白色，种子的形状有圆形和皱皮，子叶的颜色有黄色和绿色，茎的高度有高茎和矮茎，等等。这种一对单位性状的相对差异称为相对性状(relative character)。孟德尔在研究性状遗传时，用具有相对性状的植株进行杂交试验，对其后代表现出来的单位性状进行分析，并从中找出它们的遗传规律。

3. 进行连续的系谱记载

孟德尔对每棵试验植株的亲代、子一代、子二代等相继世代中性状的表现进行了观察记录，以作为后续研究性状遗传的重要依据。

4. 应用统计分析的方法

对每个世代不同类别后代的数目进行了记载和统计分析，以确定带有不同相对性状的植株，子二代是否总是按 3∶1 的表型比例出现。孟德尔的分析方法是 20 世纪 50 年代分子遗传学诞生之前开创性的遗传学分析方法，直到今天，它仍是实验研究中常用的分析方法。

5. 根据试验结果提出理论假设，并用测交实验验证理论假设

孟德尔通过对实验现象的仔细观察和深入分析，创新性地提出分离理论，同时采用测交实验来验证他自己的假说。所谓测交(test cross)是指 F_1 与隐性亲本进行的回交。

孟德尔研究的过程可概况为：问题发现、提出假设、实验验证、数据分析、得出结论等。在孟德尔探究遗传规律的过程中，他的这种科学的试验方法、严谨的逻辑思维能力值得我们借鉴和学习。

(二)一对相对性状的杂交试验

杂交(inter cross)，在生态学上指的是具有不同遗传组成的个体之间的交配，在遗传学上指的是具有不同基因型的个体之间的交配。杂交所得到的后代叫作杂种。

孟德尔收集了 34 个豌豆品种，种植 2 年后，从中选取 7 对具有明显区别的相对性状的个体分别进行杂交。试验采用去雄、人工授粉和套袋技术，同时采用了正反杂交进行比较。例如，用开红花的豌豆作母本与开白花的父本杂交，或开白花的为母本与开红花的父本杂交，如果前者称为正交(orthogonal)，那么后者就称为反交(backcross)，反之亦然。孟德尔将各对相对性状在杂种后代中的表现都做了仔细的观察、记载和统计。

现以红花与白花这一对相对性状为例来说明孟德尔的杂交试验。如图 3-1 所示，符号“×”代表杂交，它的前面一般写母本，其后写父本，P 代表亲本，F_1、F_2 分别代表杂种一代和二代。“⊗”代表自交(self-fertilization)，即植物自花授粉或动物的高度近交。杂交当代在母本植株上结出的种子，它的胚是由雌、雄配子受精后发育而成的，把它种下后长成的植株，就是杂种第一代。同理，把杂种一代植株自交产生的种子种下后长成的植株，就是杂种第二代。

P　　红花♀ × 白花♂
　　↓
F_1　　红花
　　↓ ⊗
F_2　　红花：白花
株数　　705　224
比例　　3.15：1

图 3-1　豌豆花色的遗传

孟德尔发现，红花的植株不管是作为父本还是作为母本，F_1 杂种植株都是红花，在这一代白花性状看来是被红花性状掩盖了。孟德尔让 F_1 自花授粉，结出的种子再种下去，得到的植株即 F_2。结果发现，F_2 植株既有开红花的，又有开白花的。他所研究的 7 对相对性状都具有相同的规律，即在每次试验中，F_1 只出现两个相对性状中的一个，F_2 双亲的性状都会出现。孟德尔把在杂交时 F_1 表现出的红花性状叫显性性状(dominant character)，不表现出来的白花性状称为隐性性状(recessive character)。子一代中不出现隐性性状，只出现显性性状的现象叫完全显性(complete dominance)。F_2 出现了双亲的性状，孟德尔把这种现象叫作分离现象(segregation phenomenon)。他统计了 7 对相对性状，结果如表 3-1 所示。

表 3-1　孟德尔豌豆的 7 对相对性状杂交试验的结果

性状的类别	亲代的相对性状	F_1 性状表现	F_2 性状表现及数目	显隐比例
子叶的颜色	黄×绿	黄	6 022 黄　2 001 绿	3.01：1
豆粒的形状	圆×皱	圆	5 474 圆　1 850 皱	2.96：1
花的颜色	红×白	红	705 红　224 白	3.15：1
豆荚的形状	饱满×不饱满	饱满	882 饱满　299 不饱满	2.95：1
豆荚颜色	绿×黄	绿	428 绿　152 黄	2.82：1
花的部位	腋生×顶生	腋生	651 腋生　207 顶生	3.14：1
茎的高度	高×矮	高	787 高　277 矮	2.84：1

对于上述试验结果，孟德尔总结如下：

(1)F_1 只表现出一个亲本的性状，即显性性状。例如圆形种子、黄色子叶、红花等。

(2)亲本的两个相对性状在 F_2 中又分别出现。例如，F_2 既有开红花的植株 705 株，又有开白花的 224 株。F_2 具有显性性状的个体数和具有隐性性状的个体数常表现为一定的分离比例，即接近 3：1。

现在知道，分离现象在生物中是普遍存在的。如用立耳的大白猪与垂耳的太湖猪杂交，F_1 为垂耳，F_2 出现垂耳、立耳两种耳形，其比例接近 3：1，即与孟德尔的豌豆杂交试验结果是一致的。这类由一对等位基因控制的相对性状的遗传关系在动植物中还有很多，常见的畜禽若干相对性状的显隐性关系(详见表 3-3)。

二、分离定律的解释

在上述一对相对性状的杂交实验中,F_2 出现 3∶1 的分离比,那么对于这类现象孟德尔是如何解释的呢?孟德尔为此提出了分离假说,内容如下:

(1)遗传性状是由相应的遗传因子(genetic factor)决定的。遗传因子在体细胞中成对存在,一个来自父本,一个来自母本。

(2)体细胞内成对的遗传因子在形成配子时彼此分离,均等地分配到不同的配子中。结果使每个配子中只含有成对遗传因子中的一个。

(3)不同类型配子间的结合是随机的。

现以孟德尔的分离假说来解释下豌豆的花色遗传。按照孟德尔的假设,红花亲本的体细胞里含有 2 个“红花因子”,用 RR 表示,它产生的雌、雄配子为 *R*;白花亲本的体细胞里含有 2 个“白花因子”,用 rr 表示,它产生的雌、雄配子里都有一个“白花因子”,用 *r* 表示。当这两种植株杂交时,雌、雄配子结合产生的 F_1 为 Rr。在 F_1 的体细胞中,*R* 和 *r* 虽然同在一起,但并不融合,各自保持自己的独立性,同时由于 *R* 因子与 *r* 因子同在一起时,*R* 因子完全遮盖了 *r* 因子的作用,因此,F_1 只表现红花性状。当 F_1 形成配子时,*R* 与 *r* 因子互相分离,各自进入一个配子中去。即 F_1 可形成 2 种不同类型的配子,一种带 *R* 因子,另一种带 *r* 因子,两种配子的数目相等,无论是雄配子还是雌配子都是这样。F_1 所形成的雌雄配子在授粉时,由于各种雌雄配子间的结合机会是均等的,所以在 F_2 中有 3 种基因型组合方式,即 RR、Rr、rr,比数为 1∶2∶1。又由于 *R* 对 *r* 为显性,因此从性状的表现来看,只表现红花和白花两种类型,即 RR、Rr 为红花,rr 为白花,红花与白花的表型比例是 3∶1。如图 3-2 所示。

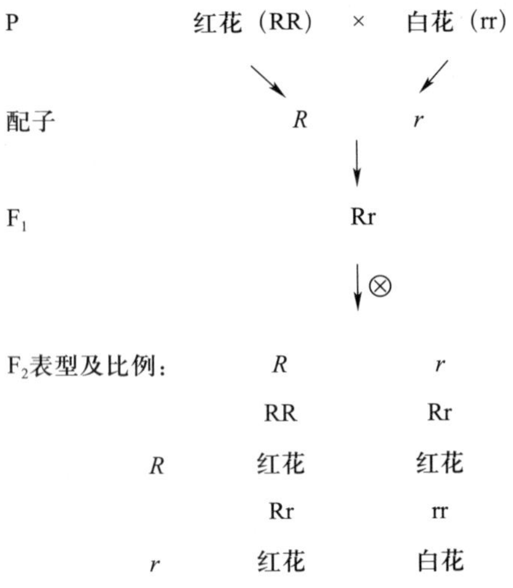

图 3-2 孟德尔对分离现象的解释

前面提到的遗传因子,现在通称为基因(gene)。控制相对性状的一对基因称为等位基因(allele),它是指在同源染色体上占有相同位点、控制相对性状的一对基因。等位基因中的显性基因用大写字母表示,隐性基因用小写字母表示。人们把成对的等位基因表示性状或个体的遗传组成方式叫作基因型(genotype),例如基因型 RR 表示红花豌豆植株,基因型 rr 则表示白花豌豆植株。在基因型的基础上表现出来的性状叫作表现型(phenotype)。基因型相同的个体,其表现型一般相同;而表现型相同的个体,其基因型则不一定相同。如 F_2 红花豌豆的基因型就有 2 种,一种是 RR,另一种是 Rr。由相同基因组成的基因型叫纯合体(homozygote),由不同基因组成的基因型叫杂合体(heterozygote)。

表现隐性性状的个体,由于基因型是纯合体,所以能够真实遗传,后代不出现性状分离。而表现显性性状的个体,其基因型有纯合体和杂合体两种,所以不一定都能真实遗传,因为杂合体的后代会出现性状的分离现象。

三、分离定律的验证

(一)用测交方法验证

孟德尔的分离假说是根据杂交试验结果提出来的。但是任何一种假说的正确性和科学性,除了能够对已有现象做出合理解释之外,还需要有科学的试验方法加以验证。分离假说是否能够成立,关键在于杂合体内是否真有显性因子和隐性因子同时存在,以及成对因子在形成配子时是否彼此分离。为此,孟德尔巧妙设计了测交的试验方法,从而对分离假说的正确性进行了科学验证。

测交就是用 F_1 红花个体与隐性亲本的白花个体交配。孟德尔在测交实验中使用了隐性亲本,该亲本是纯合体只能产生一种隐性配子 r,这种配子分别与 F_1 所产生的 2 种配子 R 和 r 结合,就会产生 1/2 表现显性性状的个体和 1/2 表现隐性性状的个体。而孟德尔所做的测交实验结果与上述的理论推演完全相符,因此就说明在进行理论推演时所采用的假说是正确的(图 3-3)。

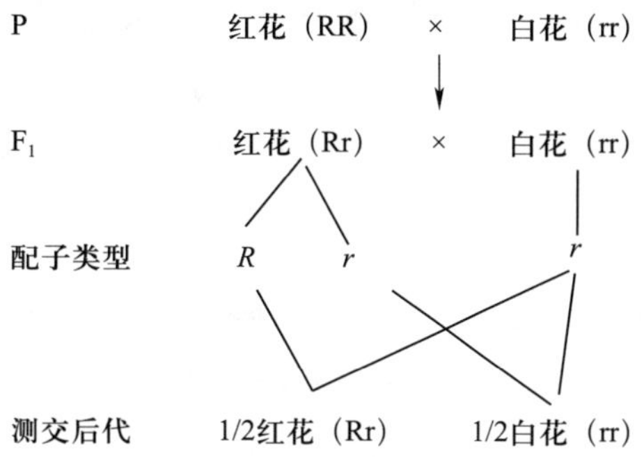

图 3-3 豌豆花色的测交实验

(二)用自交方法验证

自交就是雌雄同株的植物进行自花授粉,在动物中是采用相同基因型的雌、雄个体交配。孟德尔为了验证遗传因子的分离,除了采用测交外,还让 F_2 植株自交产生 F_3 以证明其假说的正确性。按照他的设想,F_2 的白花植株应该只能产生白花的 F_3。F_2 的红花植株中,1/3 应该是 RR 纯合体,其自交产生的 F_3 群体应该一律开红花;2/3 应该是 Rr 杂合体,自交产生的 F_3 群体中红花与白花应该呈现 3∶1 的比例。自交试验结果与孟德尔的理论推测结果是完全一致的,因此孟德尔再次证明了分离理论的正确性。

四、分离比例实现的条件

一对相对性状的杂交实验中,F_1 表现显性性状,F_1 自交产生的 F_2 个体表型比例是 3∶1。这种性状的分离比数,必须在一定的条件下才能实现。这些条件是:

(1)研究的对象是二倍体生物。

(2)F_1 形成的 2 种配子数目相等,配子的生活力相同,两种配子结合是随机的。F_2 中 3 种基因型个体存活率相等。

(3)显性表现是完全的。

(4)杂种后代所处的环境条件一致,实验群体规模大。

这些条件在一般情况下是具备的,因此可以用分离理论揭示实践中的遗传现象并指导生产实践。

五、分离定律的发展

在孟德尔的豌豆杂交实验中,显性等位基因能够完全遮盖隐性等位基因的作用,即显性纯合体和杂合体的表现是完全相同的,我们称该类型为完全显性(complete dominance)。但后

二维码 3-2
等位基因的互作

来的研究者发现，自然界中有些性状的显性不一定是完全的，例如双亲分别是 M 和 N 血型，后代血型既不是 M 也不是 N，而是 MN，为什么会出现不完全符合分离定律的现象呢？现代遗传学研究发现，从基因型到表型的实现是一个复杂的过程，有时基因之间会产生相互影响和作用。那么，等位基因间会有怎样的互作关系呢？下面介绍几种等位基因间的互作类型。

(一)不完全显性

不完全显性(incomplete dominance)是指 F_1 表现出双亲的中间性状。

P　卷羽 (FF) × 常态羽 (ff)
↓
F_1　轻度卷羽 (Ff)
↓⊗
F_2　1卷羽 (FF) ：2轻度卷羽 (Ff) ：1常态羽 (ff)

图 3-4　鸡羽形的杂交实验

例如，有一种羽毛翻卷的鸡是由显性基因控制，与之对应的隐性基因控制常态羽。如图 3-4 所示，用卷羽鸡与常态羽鸡杂交，F_1 是轻度卷羽，F_2 中卷羽、轻度卷羽和常态羽的比例是 1∶2∶1。也就是说，凡是杂合的基因型，都表现出双亲的中间性状。另外，如黑缟蚕与白蚕杂交，子一代皮肤斑纹是介于双亲之间的淡黑缟。

还有像紫茉莉花的遗传、猪的凹背和直背的遗传等，都属于此类的遗传方式。由于杂合子与显性纯合子表型不一样，所以 F_2 的基因型分离比与表型分离比相同，均为 1∶2∶1。

除了不完全显性的方式，还有一种共显性的遗传现象。

(二)共显性

共显性(codominance)是指双亲的性状在 F_1 同时表现出来，即在杂合状态下两个等位基因都表达的现象。

如图 3-5 所示，在人的 MN 血型的遗传中，基因型是 $L^M L^M$ 的人，其红细胞表面携带 *M* 抗原，血型为 M；基因型是 $L^N L^N$ 的人，其红细胞表面携带 N 抗原，血型为 N 型；基因型是 $L^M L^N$ 的人，L^M 和 L^N 两种基因均表达，即红细胞表面既有 M 抗原又有 N 抗原，血型为 MN。

P　M型血 ($L^M L^M$) × N型血 ($L^N L^N$)
↓
F_1　MN型血 ($L^M L^N$)
↓⊗
F_2　1 M型血 ($L^M L^M$) ：2 MN型血 ($L^M L^N$) ：1 N型血 ($L^N L^N$)

图 3-5　人类 MN 血型的遗传

(三)镶嵌显性

镶嵌显性(mosaic dominance)是指双亲的性状在后代的同一个体上均有表现，但表现的部位不同。镶嵌显性是共显性的一种特殊形式。

该类型是由谈家桢先生在 1944 年研究异色瓢虫的鞘翅色斑变异中发现的，他在该性状上发现至少有 19 种以上的复等位基因，且这些复等位基因间均表现镶嵌显性。

如图 3-6 所示，有两种类型的瓢虫，一种是鞘翅前缘呈黑色的黑缘型($S^{Aw}S^{Aw}$)，另一种是鞘翅尾部呈黑色边缘的均色型($S^E S^E$)。二者杂交，F_1 是两种亲本的嵌合类型($S^{Aw}S^E$)，即头部和尾部的鞘翅均有黑色边缘。F_2 出现 3 种类型，分别是黑缘型、嵌合型和均色型，比例是 1∶2∶1。

P　　黑缘型（$S^{Aw}S^{Aw}$）× 均色型（$S^{E}S^{E}$）

↓

F_1　　嵌合型（$S^{Aw}S^{E}$）

↓ ⊗

F_2　　1黑缘型（$S^{Aw}S^{Aw}$）∶2嵌合型（$S^{Aw}S^{E}$）∶1均色型（$S^{E}S^{E}$）

图 3-6　瓢虫鞘翅色斑的遗传

在上面的不完全显性、共显性和镶嵌显性 3 种遗传方式中，由于等位基因的互作使杂合体出现了新的类型，所以即使 F_2 的基因型比例没有变化，但表型比就由完全显性时的 3∶1 变成了 1∶2∶1。

（四）致死基因

致死基因（lethal allele）是指导致个体死亡的基因。致死基因包括显性致死基因（dominant lethal allele）和隐性致死基因（recessive lethal allele）。显性致死基因在杂合体状态时就可导致个体死亡，如人的神经胶症基因可引起皮肤的畸形生长、智力缺陷以及多发性肿瘤等。隐性致死基因只有在隐性纯合时才能使个体死亡，如植物中常见的白化基因就是隐性致死基因，因为不能合成叶绿素使植物成为白化苗而死亡。

当致死基因存在时，会影响 F_2 的分离比。法国学者埃诺 1905 年在研究家鼠的毛色遗传时发现，黄色鼠与黄色鼠交配，后代中黄鼠与黑鼠的比例是 2∶1。埃诺认为黄色基因纯合（$A^{Y}A^{Y}$）会导致小鼠死亡，所以 3∶1 的分离比就变成了 2∶1（图 3-7）。之后他又对黄鼠进行测交，证实了自己的想法，也就是自然界中的黄色鼠都是杂合体。在这个案例中可以看到，A^{Y} 基因在影响鼠毛色时呈现显性，而导致鼠胚胎死亡时该基因又表现出隐性的特征，也就是当分析标准不同时，等位基因的显隐性关系也会发生改变。A^{Y} 基因同时又具有一因多效性，即该基因既影响毛色又影响鼠的生活力。另外，像银灰毛色的卡拉库尔羊、无尾巴的曼岛猫其基因型都是杂合体，因为这些基因一旦纯合均会导致个体死亡。

黄鼠（$A^{Y}a$）× 黄鼠（$A^{Y}a$）

↓

1黄鼠（$A^{Y}A^{Y}$）∶2黄鼠（$A^{Y}a$）∶1非黄鼠（aa）

图 3-7　黄鼠致死基因的遗传

分离定律描述了一对等位基因的遗传规律，有时二倍体生物的同源染色体上，同一位点的等位基因超过 2 个，称之为复等位基因，那么复等位基因的遗传是否也符合分离规律呢？

（五）复等位基因

所谓复等位基因（multiple allele）是指在同源染色体的相同位点上，存在 3 个或 3 个以上的等位基因，这种等位基因在遗传学上称为复等位基因。复等位基因在生物中存在比较广泛，如人类的 ABO 血型遗传，就是复等位基因遗传现象的典型例子。

人类的 ABO 血型系统包括有 A、B、AB 和 O 4 种类型，这 4 种表现型是由 I^{A}、I^{B} 和 i 3 个复等位基因控制的。I^{A} 与 I^{B} 之间呈共显性（无显隐性关系），而 I^{A} 和 I^{B} 对 i 均呈显性。这 3 个复等位基因组成 6 种基因型，表现型有 4 种，见表 3-2。

表 3-2　人类 ABO 血型的基因型

血型	基因型	血型	基因型	血型	基因型	血型	基因型
O	ii	A	$I^{A}I^{A}$ 或 $I^{A}i$	B	$I^{B}I^{B}$ 或 $I^{B}i$	AB	$I^{A}I^{B}$

应当指出，在一个正常二倍体的细胞中，同源染色体的相同位点上最多只能存在一组复等位基因中的两个成员，只有在群体中同源染色体的相同位点上才会出现 3 个或 3 个以上的成员。所以就一个个体而言，这类基因的遗传行为仍然是符合分离规律的。

综上所述，等位基因间的关系除了完全显性外，还有不完全显性、共显性、镶嵌显性等多种类型，在这些类型中虽然杂交后代的表现各异，但基因在上下代间的传递规律，即等位基因的分离和不同类型配子的随机组合的实质是不变的。

六、分离定律的普遍性及应用

分离定律的实质是等位基因的分离和不同类型配子间的随机组合。在动物生产中分离规律具有普遍性，如猪的白色毛对有色毛呈显性、牛的黑色毛对红色毛呈显性、鸡的玫瑰冠对单冠呈完全显性等（表 3-3）。

表 3-3　常见畜禽若干相对性状的显隐性关系

<table>
<tr><th>畜别</th><th>性状</th><th>显性</th><th>隐性</th><th>备注</th></tr>
<tr><td rowspan="8">猪</td><td rowspan="5">毛色</td><td>白色</td><td>有色（黑、黑六白、棕、花斑）</td><td rowspan="5">有时 F_1 六白不全，棕色更深并略带黑斑，F_1 呈不规则黑白花斑</td></tr>
<tr><td>黑六白</td><td>黑色、花斑</td></tr>
<tr><td>棕色</td><td>黑六白（巴克夏、波中猪）</td></tr>
<tr><td>花斑（华中型）</td><td>黑色（华北型）</td></tr>
<tr><td>白带（汉普夏）</td><td>黑六白</td></tr>
<tr><td rowspan="3">耳型</td><td>垂耳（民猪）</td><td>立耳（哈白）</td><td rowspan="3">耳型一般为不完全显性，F_1 有时耳尖下垂</td></tr>
<tr><td>前伸平耳（长白）</td><td>垂耳</td></tr>
<tr><td>前伸平耳</td><td>立耳</td></tr>
<tr><td rowspan="11">鸡</td><td rowspan="3">冠形</td><td>玫瑰冠</td><td>单冠</td><td rowspan="3"></td></tr>
<tr><td>豆冠</td><td>单冠</td></tr>
<tr><td>胡桃冠</td><td>单冠</td></tr>
<tr><td rowspan="3">羽色</td><td>白色（来航）</td><td>有色</td><td rowspan="2"></td></tr>
<tr><td>芦花</td><td>非芦花（白来航除外）</td></tr>
<tr><td>银色</td><td>金色</td><td></td></tr>
<tr><td>脚色</td><td>浅色</td><td>深色</td><td></td></tr>
<tr><td>羽型</td><td>正常羽</td><td>丝毛羽</td><td></td></tr>
<tr><td>脚型</td><td>矮脚</td><td>正常脚</td><td></td></tr>
<tr><td>脚毛</td><td>有</td><td>无</td><td></td></tr>
<tr><td>蛋壳色</td><td>青色</td><td>非青色</td><td></td></tr>
<tr><td rowspan="5">牛</td><td rowspan="4">毛色</td><td>黑色</td><td>红色</td><td rowspan="4"></td></tr>
<tr><td>红色（短角）</td><td>黄色（吉林）</td></tr>
<tr><td>黑白花</td><td>黄色</td></tr>
<tr><td>白头（海福特）</td><td>有色头</td></tr>
<tr><td>角</td><td>无角</td><td>有角</td><td></td></tr>
<tr><td rowspan="2">绵羊</td><td rowspan="2">毛色</td><td>白色</td><td>黑色</td><td rowspan="2">个别品种相反，或呈不完全显性，F_1 出现花斑</td></tr>
<tr><td>灰色</td><td>黑色</td></tr>
<tr><td rowspan="3">马</td><td rowspan="3">毛色</td><td>青毛</td><td>骝毛</td><td rowspan="3"></td></tr>
<tr><td>骝毛</td><td>黑毛</td></tr>
<tr><td>黑毛</td><td>栗毛</td></tr>
</table>

利用分离理论在畜牧业生产中可以判断畜禽的纯与杂，揭露隐性的有害基因，固定显性有利性状。例如在育种实践中，常利用测交的方法来判断动物的基因型。表现为显性表型的动物，其基因型可能是纯合也可能是杂合的，采用测交的方法可以确定动物是纯合体还是杂合体。如果测交后代都是显性的表型，我们就可以得知被测动物是显性纯合体，即其被观察的性状是可以真实遗传的。如果测交后代中出现隐性个体，说明被测个体是杂合体，若这个位点的隐性基因是有害的，那么就可以判断该个体是有害基因的携带者，因此在选种时就应该及时淘汰这种个体。因此测交可以作为选种时的重要手段。

此外，可以应用分离定律设计育种方案，培育生产中需要的新品种。

案例分析：

现有一个优良的奶牛品种，虽然其产奶量比较理想，但因长有角易伤人，所以需要培育无角的奶牛新品种。利用分离理论如何培育这样的新品种呢？

已知在某些牛的品种中，无角是显性、有角是隐性，利用分离定律的原理，有两种培育无角奶牛群的方法：①在本品种中把无角公牛找出来，然后与有角母牛杂交，并在后代中采用测交的方法选出无角的纯合体留种，若干代后就可以育成稳定遗传的无角奶牛品种。②若本品种中没有无角公牛，可以用另一个无角的公牛品种把“无角基因”引进这个品种，经过几代的本品种级进杂交、横交固定和选育，即可育成无角的奶牛品种。

另外，在动物生产中，为什么使用杂种一代而不是杂交二代呢？根据分离理论，F_1 基因型为整齐一致的杂合体，而杂种个体在抗逆性、饲料利用能力、生产性能等方面常常具有杂种优势，因此一代杂种的群体表现较为理想。但是在杂交二代，由于基因型的种类较多，除了杂合体之外还有大量的纯合体，导致 F_2 的个体表现参差不齐，进而使 F_2 群体的生产性能降低。所以杂种子一代只能作为生产使用，一般不留种继续使用。

综上所述，分离定律在人类生活和畜牧业生产中具有普遍的指导意义。

第二节　自由组合定律

一、自由组合的遗传现象

继一对相对性状的杂交试验之后，孟德尔又把研究的方向转向了两对及两对以上相对性状的遗传。他选用 2 种豌豆品种，一种是黄色子叶和圆形种子的纯合体亲本，另一种是绿色子叶和皱皮种子的纯合体亲本，通过杂交，F_1 得到的 15 株全部是黄色子叶圆形种子的豌豆，这说明黄色子叶和圆形种子是显性性状。F_1 自花授粉，得到 F_2 种子 556 粒，其中黄色子叶圆形种子 315 粒，绿色子叶圆形种子 108 粒，黄色子叶皱皮种子 101 粒，绿色子叶皱皮种子 32 粒，这四种类型的数目比例很接近 9∶3∶3∶1(图 3-8)。

二维码 3-3
自由组合定律

从上述试验结果可以看出，F_2 出现了 4 种表现型：其中有 2 种类型是亲本原有性状的组合，即黄色子叶圆形种子和绿色子叶皱皮种子，叫作亲本型；另外 2 种是亲本原来没有的性状组合，即绿色子叶圆形种子和黄色子叶皱皮种子，叫作重组型。如果对每一对相对性状单独进

P　　黄色圆粒 × 绿色皱粒

↓

F_1　　黄色圆粒

↓⊗

F_2	黄色圆粒	黄色皱粒	绿色圆粒	绿色皱粒	总数
实得种子粒数	315	101	108	32	556
理论比例	9	3	3	1	16

图 3-8　豌豆两对相对性状杂交试验

行分析，其结果如下：

子叶颜色这对相对性状在556粒种子中的数目和所占比例为：

黄色子叶　315＋101＝416　　74.8％

绿色子叶　108＋32＝140　　25.2％

种子形状这对相对性状在556粒种子中的数目和所占比例为：

圆形种子　315＋108＝423　　76.1％

皱皮种子　101＋32＝133　　23.9％

上述结果表明，黄色和绿色的比例大体上是3∶1，圆形与皱皮的比例也是3∶1。这说明一对相对性状的分离与另一对性状的分离无关，互不影响；同时，两对性状还能重新组合产生新的性状类型。

在家畜中也有不少类似的现象。例如牛的黑毛与红毛是一对相对性状，无角与有角是另一对相对性状。从杂交试验得知，黑毛对红毛为显性，无角对有角为显性。让纯合体黑毛无角的安格斯牛与纯合体红毛有角的海福特牛杂交，不论谁作父本，谁作母本，F_1 全是黑毛无角牛。由 F_1 群内公母牛互相交配产生的 F_2，也同样分离出4种类型：黑毛无角、红毛无角、黑毛有角、红毛有角，4种类型的表型比也符合9∶3∶3∶1(图3-9)。

P　　黑色无角 (BBPP) × 红色有角 (bbpp)

↓

F_1　　黑色无角 (BbPp)

↓⊗

F_2　　9黑色无角 (B_P_) ∶3黑色有角 (B_pp) ∶3红色无角 (bbP_) ∶1红色有角 (bbpp)

图 3-9　牛的毛色和角的自由组合现象

二、自由组合现象的解释及自由组合定律

在上述豌豆的杂交试验中，两对相对性状是由两对等位基因控制的，以 *Y* 和 *y* 分别代表控制黄色子叶和绿色子叶的基因，以 *R* 和 *r* 分别代表控制圆形种子和皱皮种子的基因。已知 *Y* 对 *y* 为显性，*R* 对 *r* 为显性，所以黄色子叶圆形种子(简称黄圆)的亲本基因型应为YYRR，绿色子叶皱皮种子(简称绿皱)的亲本基因型应为yyrr。按照分离定律，亲本在形成配子时的减数分裂过程中，同源染色体上的等位基因彼此分离，即 *Y* 与 *Y* 分离、*R* 与 *R* 分离，各自独立分配到配子中去。因此纯合显性亲本的 *Y* 和 *R* 组合在一起，只形成一种类型配子YR，纯合隐性亲本也只形成一种类型配子yr。杂交后，YR和yr结合形成 F_1 个体，基因型为YyRr，由于

Y、*R* 为显性，所以 F_1 表现型都是黄色子叶圆形种子；杂合型的 F_1 自交，在产生配子的时候，根据分离定律，同源染色体上的等位基因 *Y* 与 *y*、*R* 与 *r* 彼此分离，而非同源染色体上的两对基因则以均等的机会自由组合。即 *Y* 可以和 *R* 组合在一起形成 YR，*Y* 也可以和 *r* 组合在一起形成 Yr；*y* 可以和 *R* 组合在一起形成 yR，*y* 也可以和 *r* 组合在一起形成 yr。

这样 F_1 基因型 YyRr 能形成 4 种类型配子：YR、Yr、yR、yr，而且这 4 种类型的配子数目相等。由于雌雄配子各有 4 种不同的类型，并且这 4 种类型的雌雄配子结合是随机的，那么在 F_2 中就应该有 16 种组合（图 3-10），形成 9 种基因型、4 种表现型，4 种表现型为黄色圆形、绿色圆形、黄色皱皮和绿色皱皮，表现型的比例为 9∶3∶3∶1。

♂	♀			
	YR	Yr	yR	yr
YR	YYRR	YYRr	YyRR	YyRr
Yr	YYRr	YYrr	YyRr	Yyrr
yR	YyRR	YyRr	YyRR	yyRr
yr	Yy Rr	Yyrr	yyRr	yyrr

图 3-10　豌豆子叶颜色和种子形状的自由组合图解

黄色圆形：1 YYRR、2 YYRr、2 YyRR、4 YyRr　　9
绿色圆形：1 yyRR、2 yyRr　　3
黄色皱皮：1 YYrr、2 Yyrr　　3
绿色皱皮：1 yyrr　　1

后人对自由组合定律归纳如下：

两对独立遗传的基因，在形成配子时，一对基因与另一对基因在分离时各自独立、互不影响；不同对基因之间的组合是完全自由的、随机的；雌雄配子在结合时也是完全自由的、随机的。简而言之就是分配独立、组合自由。

那么，当独立遗传的基因是 2 对以上时，F_2 又是怎样的表型比例呢？现将 2 对以上相对性状的个体杂交，其基因型、表现型、配子的数目及比数的变化，归纳如表 3-4 所示。从表中可以看出，随着独立遗传的基因对数的增多，子二代的表型种类呈几何数增加，也就是说，杂交可以增加变异组合的类型。因此在育种实践中，常常应用自由组合的原理定向培育人们所需要的新类型。

三、杂交后代基因型和表型比例的推算

（一）棋盘法

在遗传学研究中，常常用棋盘法分析杂交后代各类基因型及其比例。例如用棋盘法表示 AaBb 与 AaBb 杂交后代的基因型，如表 3-5 所示。

表 3-4　多对性状杂交基因型与表型的关系

相对性状的数目	子一代的性细胞种类	子二代的基因型种类	显性完全时子二代表型种类	子二代表型比例
1	$2^1=2$	$3^1=3$	$2^1=2$	$(3:1)^1$
2	$2^2=4$	$3^2=9$	$2^2=4$	$(3:1)^2$
3	$2^3=8$	$3^3=27$	$2^3=8$	$(3:1)^3$
4	$2^4=16$	$3^4=81$	$2^4=16$	$(3:1)^4$
⋮	⋮	⋮	⋮	⋮
n	2^n	3^n	2^n	$(3:1)^n$

表 3-5　棋盘法标示 AaBb×AaBb 后代的基因型

♂	♀			
	AB	Ab	aB	ab
AB	AABB	AABb	AaBB	AaBb
Ab	AABb	AAbb	AaBb	Aabb
aB	AaBB	AaBb	aaBB	aaBb
ab	AaBb	Aabb	aaBb	aabb

在表 3-5 中，AaBb 个体产生 4 种类型的配子，分别是 AB、Ab、aB 和 ab，该个体自交，即 4 种雌雄配子间随机结合，将会产生 16 种基因型组合的个体，其比例是 1/16 AABB:2/16 AABb:2/16 AaBB:4/16 AaBb:1/16 AAbb:2/16 Aabb:1/16 aaBB:2/16 aaBb:1/16 aabb；其表现型是 4 种，比例是 9/16 A_B_:3/16 A_bb:3/16 aaB_:1/16 aabb。

当独立遗传的基因对数较多时，利用上述方法对杂种后代各种表型类型的推算就比较烦琐，因此人们通常会采用较为简便的分支法。

(二)分支法

例如，现有 3 对独立遗传的性状，分别是植株的高与矮(D/d)、子叶的黄与绿(G/g)、种子的圆与皱(W/w)。那么杂合体 DdGgWw 自交，如何用分支法推演 F_2 的表型分布呢？

首先将 3 对基因分开来看，F_2 代高与矮、黄与绿、圆与皱的分离比均为 3∶1。由于三对基因是独立遗传的，所以 F_2 代各种表型组合的比例应该是将三类性状出现的概率相乘。如图 3-11 所示，高植株、黄子叶、圆形种子的表型占比是 3×3×3＝27，高植株、黄子叶、皱皮种子的占比是 3×3×1＝9，高植株、绿子叶、圆形种子的表型占比是 3×1×3＝9，高植株、绿子叶、皱皮种子的占比是 3×1×1＝3，依次类推可得到 9 种表型的比例是 27∶9∶9∶9∶3∶3∶3∶1。所以，利用分支法很容易推导出 F_2 各种类型的表型比例。

四、自由组合定律的验证

对自由组合定律的验证，关键问题有两个：第一，F_1 是否形成 4 种类型的配子，且比例相同；第二，F_2 是否出现 9 种基因型的个体，且具有一定比例。为此，孟德尔采用测交和自交的方法进行了验证。

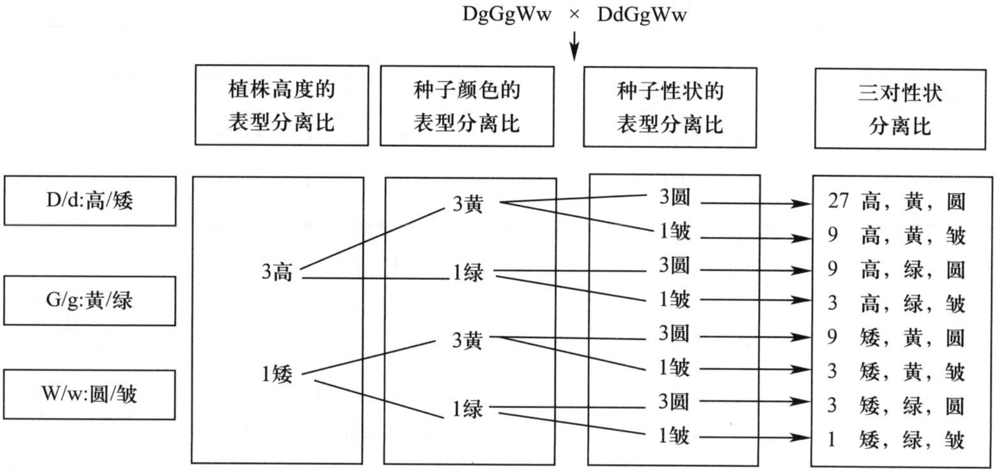

图 3-11 利用分支法推算后代分离比

(一)用测交法验证

与分离定律的验证相同，孟德尔同样采用了测交法来验证自由组合定律。该方法是用 F_1 与隐性纯合体测交。按照自由组合假说，当 F_1 形成配子时，不论雌配子还是雄配子都产生比例一样的 4 种类型，即 1 YR ∶ 1 Yr ∶ 1 yR ∶ 1 yr。而隐性纯合体只产生 yr 一种配子，所以测交后代也应该有 4 种类型，且比例一样。

从表 3-6 可以看出，测交子代有 4 种表型，且数量大致相等，符合 1 ∶ 1 ∶ 1 ∶ 1 的比例，说明孟德尔所得的实际结果与测交之前的理论推断是完全一致的。也就是说，孟德尔在作推断时所采用的自由组合理论的依据是科学合理的。

表 3-6 F_1 与双隐性亲本测交的结果

项目	测交子代表型				总数
	绿皱	黄圆	黄皱	绿圆	
推测的基因型	YyRr	Yyrr	yyRr	yyrr	4
测交子代观察数	55	49	51	52	207
理论值	51.75	51.75	51.75	51.75	

(二)用自交法验证

除了采用测交的方法验证自由组合理论的正确性之外，孟德尔还将得到的 F_2 种子进行播种，并让其自花授粉得到 F_3 的种子，其结果见表 3-7。

由表 3-7 可以看出，F_2 的 4 种表型由 9 种基因型决定，分别是 4 种纯合子 YYRR、YYrr、yyRR、yyrr，它们的后代不发生分离，4 种是一对纯合一对杂合 YyRr、Yyyr、yrRr、Yyrr，杂合的一对基因呈 3 ∶ 1 的分离，另有一组其两对基因均杂合 YyRr，表型分离比为 9 ∶ 3 ∶ 3 ∶ 1。孟德尔用自由组合理论所作的解释与此试验结果完全相符。

表 3-7　F_2 自交产生的 F_3 表型及分离情况

F_2 表型	F_2 基因型	F_3 表型及其比例	株数
黄圆	YYRR	黄圆	38
	YYRr	黄圆：黄皱(3：1)	60
	YyRR	黄圆：绿圆(3：1)	65
	YyRr	黄圆：黄皱：绿圆：绿皱(9：3：3：1)	138
黄皱	YYrr	黄皱	28
	Yyrr	黄皱：绿皱(3：1)	68
绿圆	yyRR	绿圆	35
	yyRr	绿圆：绿皱(3：1)	67
绿皱	yyrr	绿皱	30

五、自由组合定律的发展

二维码 3-4
自由组合定律的发展

自由组合定律提出后，许多研究者在不同的动植物实验中都验证了该定律的正确性。但在实践中人们也发现，两对相对性状的遗传有时不符合 9：3：3：1 的表型比，原因是什么呢？经过更进一步的分析和研究，证实独立遗传的非等位基因间会产生相互影响和作用，从而导致 F_2 的表型比会在 9：3：3：1 的基础上发生偏移。那么会产生怎样的偏移，它的遗传机制是什么呢？实际上非等位基因间的互作是错综复杂的，对其研究工作也一直在持续中，下面仅介绍几种较为常见的类型。

(一)互补作用

互补作用(supplementary effect)是指两个位点都有显性基因时，表现一种性状；当只有一个位点的基因是显性或两位点均为隐性纯合时，则表现另一种性状。

例如鸡的就巢性遗传，图 3-12 所示为某品系就巢的鸡与另一品系不就巢的鸡杂交，F_1 表现就巢，F_2 就巢与不就巢的比例为 9：7。这个案例显然不能用分离定律来解释。仔细研究会发现，F_2 的表型比似乎是 9：3：3：1 的变形，是否真的如此呢？假设就巢与否受两对基因控制，双亲分别是就巢的 BBGG 和不就巢的 bbgg，F_1 中 BbGg 表现就巢，F_2 中有 9 个 B_G_，当 *B* 和 *G* 同时存在时会发生互补表现为就巢，其余的 3 类基因型 3 B_gg、3 bbG_和 1 bbgg 由于不同时存在 *B* 和 *G*，因此不表现就巢，这样 F_2 表型比就演变成了 9：7。因此鸡表现就巢需要 *B* 和 *G* 基因相互补充、共同作用。

P　　就巢（BBGG）× 不就巢（bbgg）
↓
F_1　　就巢（BbGg）
↓⊗
F_2　　9就巢（B_G_）：3 不就巢（bbG_）：3不就巢(B_gg): 1 不就巢(bbgg)

图 3-12　鸡的就巢性遗传

互补作用在很多动植物中都有发现。如鸡的冠型遗传，两个位点都是显性时表现胡桃冠（R_P_），否则表现玫瑰冠（R_pp）、豌豆冠（rrP_）或单冠（rrpp）。

（二）积加作用

积加作用（superposition）是指当两种显性基因同时存在时表现一种性状，单独存在时表现另一种性状，而两对基因均为隐性纯合时表现第三种性状。因此 F_2 有 3 种表现型，比例是 9∶6∶1。

如杜洛克猪的毛色遗传，图 3-13 所示为某两个品系的棕色杜洛克猪杂交，F_1 为棕红色；F_2 有 3 种毛色：棕红色、棕色和白色，其比例为 9∶6∶1。假定双亲的基因型分别为 AAbb 和 aaBB，F_1 中 AaBb 表现为棕红色，F_2 中 A_B_是棕红色、A_bb 和 aaB_是棕色、aabb 是白色，因此 F_2 就是 9∶6∶1 的表型比例。

P　　某系杜洛克棕色毛(AAbb) × 杜洛克猪棕色毛(aaBB)

↓

F_1　　棕红色(AaBb)

↓ ⊗

F_2　　9棕红色（A_B_）∶3棕色（A_bb）∶3棕色（aaB_）∶1 白色（aabb）

图 3-13　杜洛克猪的毛色遗传

（三）重叠作用

重叠作用（overlap action）是指两个位点的显性基因单独存在与同时存在对性状的影响是相同的，双隐性个体则表现另一种性状，因此 F_2 产生 15∶1 的表型比例。

猪的阴囊疝遗传就是典型的重叠作用。该遗传病在仔猪刚出生时并不表现，但在 1 月龄之后会出现。如图 3-14 所示，有人将阴囊疝公猪与正常的纯种母猪杂交，F_1 猪群公、母猪均正常，F_2 公猪群体中凡是携带 D_1 或 D_2 的个体是正常的，也就是前 3 类个体正常，而最后 1 种隐性纯合体是患病的。因此在公猪群中，正常与患病的比例为 15∶1。也就是说，公猪要表现正常，必须携带 D_1 和 D_2 这 2 个显性基因中的其中一个，这种作用相同的 2 类显性基因 D_1 和 D_2 叫重叠基因。而 F_2 母猪群体，无论基因型如何其表现都是正常的。

P　　阴囊疝公猪 $d_1d_1d_2d_2$　×　正常母猪 $D_1D_1D_2D_2$

　　　正常公猪 $D_1D_1D_2D_2$　　　外表正常母猪 $d_1d_1d_2d_2$

↓

F_1　　正常D_1d_1 D_2d_2

↓ ⊗

F_2　　$9D_1\_D_2\_$ ∶ $3D_1\_d_2d_2$ ∶ $3d_1d_1D_2\_$ ∶ $1d_1d_1d_2d_2$

　　　15正常　　　1 阴囊疝公猪 / 阴囊疝母猪仍正常

图 3-14　猪的阴囊疝遗传

（四）上位作用

上位作用（epistatic action）是指两对独立遗传的基因共同对某性状产生影响，而其中一对基因对另一对基因的表现有遮盖作用。如果起遮盖作用的基因是显性的，称为显性上位；起遮盖作用的基因是隐性的，称为隐性上位。

1. 显性上位

如图 3-15 所示，在犬的毛色遗传中，白色犬与褐色犬杂交，F_1 犬毛色是白色的，F_2 中白色、黑色、褐色的比例是 12∶3∶1。假设毛色受 I/i 和 B/b 基因控制，首先来分析 F_2，前两种基因型(9B_I_＋3bbI_)均存在 I，由于 I 抑制色素的形成，这样凡是携带有 I 的基因型，表型都是白色的，在此起遮盖作用的 I 是显性的，所以叫显性上位；如果 I 不存在，i 与 B 位点基因协同作用，使 B 表现黑色(B_ii)、b 表现褐色(bbii)。所以 F_2 表型比为 12∶3∶1。反推双亲的基因型白色应该是 BBII，褐色是 bbii。

P　　褐色犬 (bbii) × 白色犬 (BBII)

↓

F_1　　白色犬 (BbIi)

↓ ⊗

F_2　　9 白色 (B_I_) : 3白色 (bbI_) : 3 黑色 (B_ii) : 1 褐色(bbii)

图 3-15　犬毛色的显性上位遗传

2. 隐性上位

如图 3-16 所示，在鼠的毛色的遗传中，用黑色鼠和白化鼠杂交，F_1 鼠的毛色是灰色的，F_2 中灰色、黑色和白化的比例为 9∶3∶4。在此同样可以假设毛色受 C/c 和 A/a 两对基因控制，先看 F_2 的基因型，假设在 ccA_和 ccaa 中，由于存在 cc 对 A 位点的基因表现有遮盖作用，所以鼠的毛色是白色的，当 cc 不存在时，A 表现灰色(C_A_)、a 表现黑色(C_aa)。那么双亲的基因型，灰色就应该是 CCAA，白色是 ccaa。此案例中，C 决定黑色素的形成，该位点隐性纯合时不形成黑色素，所以 A 和 a 都不能发挥作用，也就是 cc 会遮盖 A 位点基因的表现，这种作用是隐性上位。

P_1　　黑色 (CCaa) ×白化 (ccAA)

↓

F_1　　灰色 (CcAa)

↓ ⊗

F_2　　9 灰色 (C_A_) : 3 黑色 (C_aa) : 3白化 (ccA_) : 1白化 (ccaa)

图 3-16　鼠毛色的隐性上位遗传

(五)抑制作用

抑制作用(inhibitory action)是指有些基因本身不能独立地影响性状表现，但可以抑制其他非等位基因的表达，这种基因称为抑制基因，这种基因间的互作关系称为抑制作用。

如家蚕有白茧和黄茧 2 种，用白茧家蚕与黄茧家蚕杂交(图 3-17)，发现 F_1 全是白茧，F_2 中白色和黄色的比例为 13∶3。假设蚕茧颜色受 Y/y 和 I/i 两对基因控制，Y 表现黄色，y 表现白色，I 基因本身对蚕茧颜色没有影响，但抑制 Y 位点基因发挥作用，所以 F_2 凡是有 I 的基因型(I_Y_、I_yy)或者有 yy 的基因型(iiyy)均为白色,只有 iiY_为黄色。因此 F_2 白色与黄色的比例为 13∶3。

P　　白茧(IIyy) × 黄茧(iiYY)

↓

F_1　　白茧(IiYy)

↓⊗

F_2　　9 白茧 (I_Y_)∶3白茧 (I_yy)∶3黄茧 (iiY_)∶1白茧 (iiyy)

图 3-17　家蚕蚕茧颜色的遗传

在上述的 5 类遗传现象中,由于非等位基因间的互作,共同影响和调控了同一类性状的表现,F_2 的表型比例是可预测的,虽然与 9∶3∶3∶1 相比有所偏移,但基因的遗传行为仍然符合分配独立、组合自由的规律。这就充分地说明,非等位基因间互作的遗传现象并非是对孟德尔定律的否定,而是对其进一步完善和发展。

六、自由组合定律的应用

基因间的自由组合是生物多样性和生物进化的重要途径。因非同源染色体上的基因自由组合,将会产生配子的多样性,从而导致生物的多样性。按照自由组合定律,如果一个杂合体在 n 对基因上有差别,而且这些基因都是独立遗传的,那么它将产生 2^n 种配子,如其自交,子代将有 2^n 种不同的表型类型。据估计,高等生物的基因数为几万个,因此生物在繁衍过程中其本身就呈现出多样性的遗传基础,有着丰富的变异类型,这种丰富的变异类型使得物种能够适应于千变万化的自然条件,从而有利于生物的生存和进化。

根据独立分配定律,在育种工作中,采用杂交的手段可以有目的地组合两个亲本的优良基因,育成具有优良性状的新品种,同时可预测在杂交后代中出现的优良性状组合类型及其大致的比例,以便制定育种规划、确定育种工作的规模。

案例分析:

在安格斯牛中,有纯合显性的黑毛无角(BBPP)和隐性的红毛有角(bbpp)两种类型,如何培育出红毛无角(bbPP)的安格斯牛呢? 要在 F_2 得到 10 头该类型的纯种牛,子二代的育种规模至少要达到多少?

根据自由组合理论,解决该问题的思路是:先用 BBPP 的黑毛无角和 bbpp 的红毛有角牛杂交,得到的杂交一代横交,在 F_2 中可得到比例为 1/16bbPP 的红毛无角纯种牛。那么要想得到 10 头该类型的牛,F_2 的育种规模至少要达到 160 头。

因此,当我们掌握了遗传学的基本理论,生产中遇到实际问题时就有解决的思路和方法,同时利用该理论,也能够指导我们科学地进行种质资源的利用和创新。

第三节　连锁与互换的遗传定律

1900 年，孟德尔的遗传定律被重新发现之后，在生物界引起了更广泛的关注。人们以更多的植物或者动物材料进行杂交实验，来验证孟德尔的遗传定律。在这个时期，摩尔根以果蝇为材料，揭示了经典遗传学的第三个定律，即连锁与互换定律。

一、连锁与互换定律

(一)连锁与互换现象的发现

二维码 3-5
连锁与互换规律

1906 年，英国学者贝特森(Bateson)和彭乃特(Pannett)在研究香豌豆两对性状的遗传时，首先发现了这种遗传现象。

他们选择了花色和花粉形状这两对相对性状，其中花的颜色有紫花(P)和红花(p)，紫色对红色显性；花粉形状有长花粉粒(L)和圆花粉粒(l)，长花粉粒对圆花粉粒显性。贝特森和彭乃特用纯合体的紫花、长花粉粒植株(PPLL，简称紫长)，和红花、圆花粉粒的植株(ppll，简称红圆)进行杂交，得到的 F_1 植株都是紫花、长花粉粒。F_1 自花授粉，后代出现了紫长(4 831)、红圆(1 338)这两个与亲本相同的性状组合，同时也出现了紫圆(390)和红长(393)两个不同于亲本的新的性状组合，如图 3-18 所示。按照孟德尔的自由组合理论，其理论比例应该是 9∶3∶3∶1，但是实际结果与 9∶3∶3∶1 的分离比相差甚远，明显不符合孟德尔的遗传定律。

紫长(PPLL) × 红圆(ppll)

↓

F_1　　紫长(PpLl)

↓ ⊗

F_2 (6 952)	紫长	紫圆	红长	红圆
	P_L_	P_ll	ppL_	ppll
个体数	4 831	390	393	1 338
理论数	3 910.5	1 303.5	1 303.5	434.5

图 3-18　香豌豆两对性状的遗传(相引相)

当时在做完这个杂交实验以后，由于实验结果和自由组合定律的预期不符，贝特森和彭乃特接着又做了第 2 个实验：以紫圆与红长的纯合亲本进行杂交，得到的 F_1 全是紫长，和上面结果一样。F_1 自交出现了紫长(226)、红圆(1)、紫圆(95)和红长(97)四种表型，其比例仍不符合 9∶3∶3∶1 的自由组合比(图 3-19)。

在上述两个实验中，当观察一对相对性状时，紫∶红的比例接近 3∶1，长∶圆的比例也接近 3∶1，说明一对相对性状的遗传符合分离定律。但是当观察两对相对性状的遗传时，F_2 中紫长∶紫圆∶红长∶红圆的比例不符合 9∶3∶3∶1 的表型比。自由组合定律中，两对相对性状在杂交时 F_1 有 4 种比例一致的配子，F_2 形成 9 种基因型、4 种表现型，表型的比例是 9∶3∶3∶1。而在香豌豆的这两个杂交实验中，F_2 没有出现 9∶3∶3∶1 的表型比，也就意味

紫圆PPll × 红长ppLL

↓

F_1 紫长(PpLl)

↓ ⊗

F_2 (419)	紫长	紫圆	红长	红圆
	P_L_	P_ll	ppL_	ppll
个体数	226	95	97	1
理论数	235.8	78.5	78.5	26.2

图 3-19 香豌豆两对性状的遗传(相斥相)

着 F_1 形成的 4 种配子,其比例不是 1∶1∶1∶1。如果再验证一下这个假说,可能就发现了连锁与互换的定律。很可惜,贝特森和彭乃特并没有对实验结果进行更深入的分析并做出合理解释。在贝特森和彭乃特所做的这两个杂交实验中,亲本的性状组合不一样。在第 1 个实验中,亲本的两个显性性状连在一起遗传,两个隐性性状连在一起遗传,遗传上称这种杂交组合为相引相杂交;在第 2 个实验中,亲本一个显性性状与另一个隐性性状连在一起遗传,这种杂交组合称为相斥相杂交。

(二)连锁与互换定律

1912 年,摩尔根与其助手选择果蝇的灰身(*B*)和黑身(*b*)、长翅(*V*)和残翅(*v*)这两对相对性状进行杂交。摩尔根首先将灰残(BBvv)和黑长(bbVV)的果蝇进行杂交,F_1 的表型都是灰长(BbVv),说明灰身对黑身显性,长翅对残翅显性。将得到的 F_1 作为父本与黑残(bbvv)果蝇进行测交,根据自由组合定律,测交后代理论上应该出现灰长(BbVv)、灰残(Bbvv)、黑长(bbVv)、黑残(bbvv)4 种表型,并且比例为 1∶1∶1∶1。但是实际上,测交后代只出现了灰残(Bbvv)和黑长(bbVv)这 2 种亲本表型,比例是 1∶1。灰长(BbVv)和黑残(bbvv)2 种重组合类型没有出现,如图 3-20 所示。通过上述实验,可以明显看出灰身(*B*)和残翅(*v*)这两个性状(或者说这两个基因)是连在一起遗传给后代的,黑身(*b*)和长翅(*V*)这两个性状(或者说这两个基因)是连在一起遗传给后代的。也就是说,F_1 的雄果蝇(BbVv)只产生了 2 种类型的配子,即 BV 和 bv,没有产生 Bv 或者 bV 的配子,也就是 *B* 与 *v*,*b* 与 *V* 在遗传时紧密连锁在一起没有分开,共同进入到配子中。所以,测交产生的后代只出现了灰残和黑长这 2 种亲本的性状组合。摩尔根将这种现象称为完全连锁。连锁也就是指同源染色体上的非等位基因在形成配子时连在一起共同进入配子的现象。

灰残(BBvv) × 黑长(bbVV)

↓

F_1 (父本) 灰长(BbVv) × bbvv (黑残)

↓

测交后代	灰长	灰残		黑长	黑残
	BbVv	Bbvv		bbVv	bbvv
		1	:	1	

图 3-20 果蝇两对性状的完全连锁

此外，摩尔根还做了另外一个实验，即将上述例子中的 F_1(BbVv)作为母本，与黑残(bbvv)个体进行测交，结果如图 3-21 所示，预期的灰长(BbVv)、灰残(Bbvv)、黑长(bbVv)、黑残(bbvv)4 种表型都出现了，但是理论比值不是 1∶1∶1∶1，其亲本组合灰残(Bbvv)和黑长(bbVv)的比例比较高，而重组合灰长(BbVv)和黑残(bbvv)类型的个体数比较少。摩尔根认为，除了连锁之外，基因间还可能发生了交换。也就是说位于同源染色体上的非等位基因在形成配子时，既有连在一起遗传的倾向，又有交换的可能，这种遗传现象称为不完全连锁，也称为连锁与互换，这就是经典遗传学的第三大定律。

灰残(BBvv) × 黑长(bbVV)

↓

F1 (母本) 灰长(BbVv) × bbvv (黑残)

↓

测交后代	灰长	灰残	黑长	黑残
	BbVv	Bbvv	bbVv	bbvv
实际观察值	338	1 552	1 335	294

图 3-21 果蝇两对性状的不完全连锁

用摩尔根的假说，不难解释贝特森和彭乃特的香豌豆杂交实验。因为花色和花粉粒的性状受同源染色体上的非等位基因支配，它们既连在一起遗传，又有互换的现象，所以 F_2 没有出现预期的 9∶3∶3∶1 的理论比值。

在生物中，基因的数量远远大于染色体的数量。比如果蝇有 8 条染色体，而基因有 500 多个；人有 46 条染色体，基因大约有 2.6 万个。所以众多基因在同一条染色体上是普遍现象，这些基因的遗传遵循连锁与互换的规律。

既然连锁的基因间会发生交换，那么交换发生在什么时期呢？研究发现，交换发生在减数分裂前期Ⅰ的粗线期。基因交换之后，会有什么结果呢？假设 *A* 与 *B* 连锁，*a* 与 *b* 连锁，如果在减数分裂时，*A* 和 *B* 基因之间没有发生交换(或者说在 *A* 和 *B* 基因之外发生交换)，那么形成的都是亲本组合的配子 AB 和 ab，没有重组型的配子，且这两种亲本型配子的比例是 1∶1。如果在减数分裂时，在 A 和 B 基因之间发生一次交换，减数分裂之后，会形成四种类型的配子，两种亲本型的配子 AB、ab，两种重组型的配子 Ab、aB，并且这 4 种类型的配子比例是 1∶1∶1∶1，如图 3-22 所示。在减数分裂时，有的性母细胞在这两个基因之间发生了交换，有的不发生交换。因此在所有配子中，对于 *A* 和 *B* 基因而言，亲本型配子数量大于重组类型配子数量，并且两种亲本型配子 AB 和 ab 的理论比例是 1∶1，两种重组型配子 Ab 和 aB 的理论比例也是 1∶1。所以，在 F_1 测交后代中，亲本型后代的数目多，重组型后代的数目少。但是在 F_1 自交的时候，由于显性基因对隐性基因的作用，所以后代的表现型不一定是亲本型的后代数量比重组型后代数量多，对于自交和测交的结果，一定要区别开。

(三)连锁与互换的证明

遗传物质是在减数分裂前期Ⅰ的粗线期发生交换，但在当时，如何证明遗传物质发生了交换？芭芭拉·麦克林托克和她的学生通过实验进行了证明。他们通过研究发现，在玉米第 9 号染色体的一端带有一个着色较深的结或者说是把手，另一端附加了由第 8 号染色体易位而带来的片段，这两个标记在细胞学水平可以检测到。在靠近染色结比较近的地方，有两个连

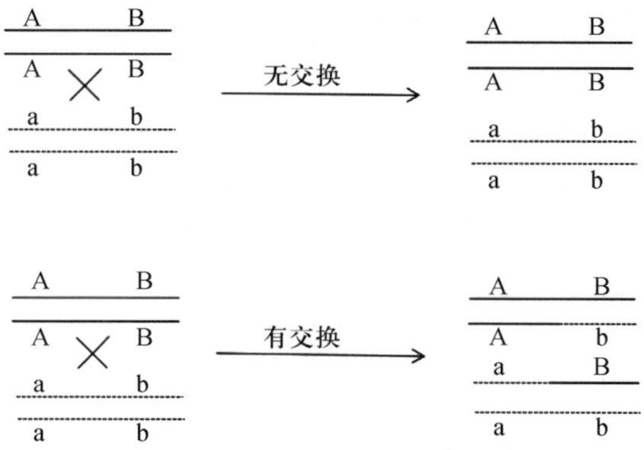

图 3-22 遗传互换的结果

锁基因，一个基因控制玉米种子胚乳颜色的基因，有色（C）和无色（c），另一个基因控制胚乳的淀粉性状，糯性（wx）和非糯性（Wx）。玉米中非糯性品种的淀粉为直链淀粉，遇碘成蓝黑色，糯性品种的淀粉为支链淀粉，遇碘成棕红色。经碘染色后，可明确地区分两种花粉粒。芭芭拉·麦克林托克进行了这样的一个测交实验，即把有色非糯性（CcWxwx，其中一条染色体含有把手和易位片段）的玉米与无色糯性（ccwxwx）进行测交，如图 3-23 所示。在后代中，有染色较深的结和易位的片段分开的后代，证明发生了交换。这个实验直接证明了遗传重组是细胞减数分裂（或者配子形成）过程中染色体物质互换的结果，证明了摩尔根提出的“染色体交换导致基因重组”的假说。

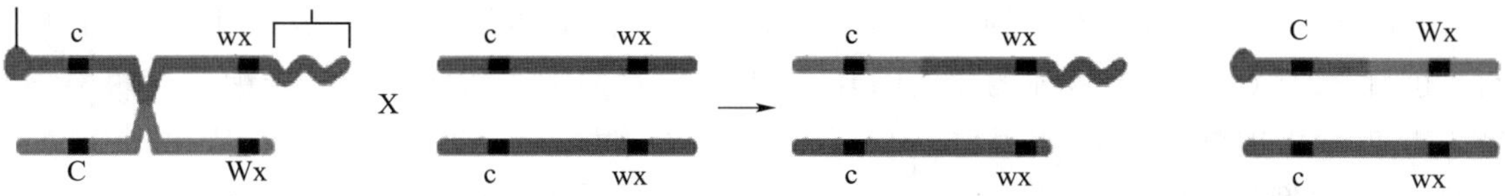

图 3-23 玉米的杂交实验（引自 William S. Klug，2015）

二、交换值及其测定

二维码 3-6
交换值与测定

（一）交换值的定义

连锁与互换定律的实质是同源染色体上非等位基因既有连锁又有交换的遗传现象。那么在两个基因之间发生交换的频率如何，有没有规律可循呢？在经典遗传学上以交换值或者重组率估计交换发生的频率。交换值是指交换型的配子数占总配子数的百分率。重组率，也称重组值，是指重组型的配子占总配子的百分率。交换型配子是用重组型配子来估计的。这两个概念是有差别的，因为如果在两个基因之间发生偶次交换，比如说两次，那么在基因之间发生交换后，并不会发生重组。因此严格意义上说，交换值和重组率是不一样的，交换值的数值比重组率要大。用重组值估计交换值会偏低。但是在经典遗传学中，我们是用重组率来估测交换值，它以 Rf（或者 Cov）表示。

（二）交换值的估算

1. 测交计算交换值

根据定义估算交换值或者说重组值，首先要知道重组型配子的比例，测定重组型配子比例最简单的方法就是测交法。因为测交后代的表现型种类和比例反映了被测个体配子的种类和比例。因此用测交法估算交换值比较方便。

根据定义，重组率$=\frac{\text{重组型配子数}}{\text{配子总数}}\times 100\%=\frac{\text{重组型个体数}}{\text{群体总数}}\times 100\%$

以摩尔根的实验结果为例(详见图 3-21)，在测交后代中，亲本型后代为灰残和黑长，重组型后代为灰长和黑残，因此：

$$\text{重组率}=\frac{\text{重组型个体数}}{\text{群体总数}}\times 100\%=\frac{338+294}{338+294+1\ 552+1\ 315}\times 100\%=\frac{632}{3\ 499}\times 100\%=18.06\%$$

这就是测交法计算交换值或者重组值。

2. 自交法计算交换值

在植物中常用自交法计算交换值，在动物中不常用。用自交方法计算交换值，和测交法一样，关键也是找到重组型配子。自由组合定律的实质是非同源染色体上的非等位基因自由组合，形成 4 种类型配子的理论比值是 1∶1∶1∶1，雌雄配子随机组合就是 F_2 代的 9∶3∶3∶1 的表型分离比，当这两个基因有连锁的时候，形成的 4 种配子类型的理论比值就不再是 1∶1∶1∶1。在两个基因有重组时，形成的两种亲本型配子的理论比例是 1∶1，两种重组型配子的比例也是 1∶1，4 种配子的比例之和为 1。杂合的 F_1 自交时，在 F_2 中，仍然有 9 种基因型，4 种表现型，在这里面基因型与表现型一致的只有纯隐性纯合体 aabb。如果这两对基因是自由组合的，ab 的配子比例是 1/4，aabb 个体在后代中的比例就是 1/4×1/4=1/16，这在自由组合定律中已经阐述。当两个基因有连锁的时候，从 aabb 个体占群体的比例，可以估计 ab 配子的比例。也就是双隐性个体占群体的比例的开方，即是双隐性配子的频率，即 ab 配子的频率。如果 AB 和 ab 为重组型配子，重组值=2×双隐性配子的频率×100%。如果 AB 和 ab 为亲本型配子，重组型为 Ab 与 aB，重组值=(1−2×双隐性配子频率)×100%。

以贝特森和彭乃特香豌豆的杂交组合实验为例(详见图 3-18)，其双隐性个体数为 1 338，后代总数是 6 952；双隐性配子 pl 的比率为双隐性个体占群体的比例的开方，

即：$\sqrt{\frac{1\ 338}{6\ 952}}=0.44$，由于 pl 是亲本型的配子，所以

交换值或者重组值=(1−2×双隐性配子频率)×100%=(1−2×0.44)×100%=12%

重组值是一个比例，完全连锁时，交换值为 0，后代中没有重组类型。如果所有的减数分裂的性母细胞，在这两个基因之间都发生了交换，产生一半亲本型的配子和一半重组型的配子，重组值为 50%。所以重组值的变化范围为 0～50%。交换值越小，说明两基因之间的连锁越紧密，越不容易发生交换。交换值越大，说明两个基因间连锁强度越小，在两个基因间越容易发生交换。如果重组值为 50%，那么这两个基因虽在同一条染色体上，但二者之间仍相当于自由组合的关系。

(三)交换值的特性

无论是采取测交的方法还是自交的方法，均可计算出两个基因之间的交换值。通过对交换值的测定，发现其具备以下特性：①无论是怎样的组合，计算出的交换值是比较稳定的。②交换值的大小反映了基因之间的距离，或者说反映了基因之间的连锁强度。也就是两基因

距离远，交换值就比较大，两个基因的连锁强度比较小；反之，如果两基因距离近，交换值就比较小，两个基因的连锁强度就较大。这也是摩尔根解释的连锁强度变化与基因之间距离的关系。③交换值是受交换的性母细胞数的影响。如果所有的性母细胞减数分裂时都在这两个基因之间发生了交换，那么产生 4 种配子类型的比例是 1∶1∶1∶1，一半亲本型，一半重组型，重组值是 50%。事实上这种情况发生的概率是极低的，因此两个基因间的交换值总是小于 50%。

对于大多数的二倍体生物，雌雄个体间基因的交换值是基本相同的，但是也有个别生物雌雄的性连锁不同。目前发现雄果蝇和雌家蚕的基因呈完全连锁遗传。在摩尔根进行测交实验时，以 F_1 的雄果蝇进行测交，后代只有 2 种表型，而以 F_1 的雌果蝇进行测交则有 4 种表型，原因在于雌雄的性连锁不同。

三、基因定位与连锁遗传图

(一)定义

确定基因在染色体上的位置及其排列顺序的工作，称为基因定位。换句话说，就是基因位于哪条染色体上，以及基因在染色体上所处的位置。交换值在一定程度上反映了基因之间的距离。所以在基因定位中，常把交换值作为基因在染色体上的相对距离。一般把 1%的交换值作为 1 个遗传图距单位或者遗传距离(genetic distance)。为了纪念摩尔根对连锁遗传的发现，把一个图距单位称为 1 个厘摩尔根单位，简称厘摩(centimorgan，cM)。1 个厘摩尔根单位(1 cM)＝1%的交换值，1 个摩尔根单位(1 M)＝100%的交换值。

(二)基因定位的方法

在经典遗传中，基因定位的方法主要有两点测交和三点测交。

1. 两点测交

两点测交是一种最基本的基因定位方法，我们在前面已描述，它是利用两两之间的交换值来排定基因顺序，通过一次杂交和一次测交来确定两对基因是否连锁，并计算交换值。这在前面交换值估测部分阐述过，就是利用测交后代的重组个体数量除以群体总数，估测交换值。

通过两点测交，一次可以测定两个基因的位点，比如果蝇的正常腿 T 和长翅 V 之间交换值为 11%，则 TV 基因距离为 11 cM；长翅 V 和直翅 C 之间交换值为 8%，则 VC 基因距离为 8 cM；而 T 和 C 之间交换值为 18.4%，则 T 和 C 基因距离约为 19 cM，因此排列顺序为 T—V—C，而不是 T—C—V。

两点测交虽是最基本的方法，但是手续烦琐，确定 3 个基因的位置需要通过 3 次不同的杂交、测交实验，而且在连锁基因相距较远的情况下，对可能发生的双交换，用两点测交无法测出，所以数据不够准确，为此通常采用三点测交。

2. 三点测交

三点测交是以三对基因为单位进行测交，通过一次实验同时确定三对基因在染色体的位置和次序，同时还可得到双交换的资料。三点测交相比两点测交工作量小，通过一次杂交和一次测交，可以确定三对基因在染色体上位置及其排列顺序，而二点测交需要三次杂交、三次测交才能确定基因的顺序和位置。此外，三点测交的准确度高，可以检出双交换的存在。

二维码 3-7
三点测交

通过三点测交进行基因定位，在性母细胞进行减数分裂的时候，三对基因之间发生交换的可能性有三种(图 3-24 所示)。第一种是在第 1 个基因和第 2 个基因之间发生交换；第二种是在第 2 个基因和第 3 个基因之间发生交换；第三种可能是前面两种交换同时发生，称为双交换。无论是哪种形式的交换，最后都产生四种配子细胞，比例是 1∶1∶1∶1，并且是一半亲本型，一半重组型。还有一种情况是在这三个基因之间没有发生交换，或者是在三个基因之外发生了交换，那么对于我们观察的这三个基因来说，产生的都是亲本型的配子。由于双交换是同时发生两次交换，所以发生的概率最低，产生的双交换型配子数量最少。这就是为什么三点测交的后代中，亲本型的配子最多、双交换配子的数量最少的原因所在。并且对于双交换而言，虽然发生了两次交换，但只是中间的基因发生了改变，两边的基因没有重组，因此相对于两边的基因而言也就相当于没有交换。

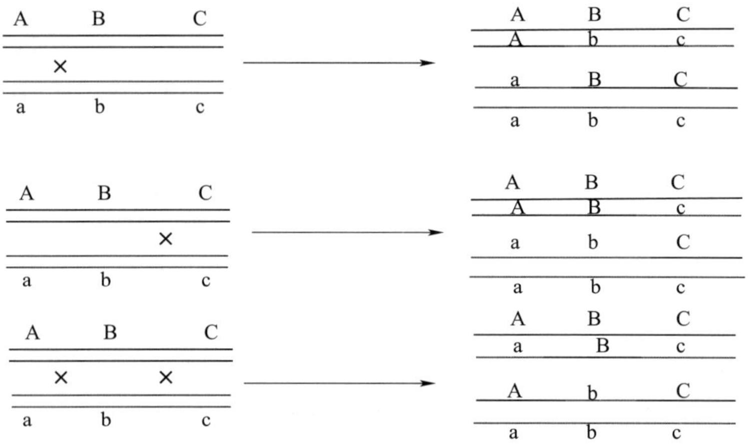

图 3-24　三点测交中发生交换的类型

例如，在果蝇中 *a*、*b* 和 *c* 为三个连锁基因，aaBBcc 的雌果蝇和 AAbbCC 雄果蝇杂交，得到的 F_1 雌果蝇与 aabbcc 的雄果蝇测交，统计测交后代果蝇的各类表型(或者说基因型)数量如下：

表型	果蝇数
aBC/abc	1
AbC/abc	426
ABc/abc	48
ABC/abc	29
abC/abc	40
aBc/abc	424
Abc/abc	1
abc/abc	31
总和	1 000

从上述结果可以看出，aBc 是连锁的，AbC 是连锁的。此外，从测交后代的表型可知，亲本型的配子类型数量最多，而后代中数量最少的就是双交换类型，因为发生的概率最低。其他对应的就是两种单交换类型的配子，结果见表 3-8。

表 3-8　测交后代表型与亲本的配子类型

	F_1 配子种类	实验值
亲本	AbC	426
亲本	aBc	424
单交换	ABc	48
单交换	abC	40
单交换	abc	31
单交换	ABC	29
双交换	Abc	1
双交换	aBC	1
总和		1 000

根据双交换类型的配子种类和亲本型的配子种类，基本上可以确定基因顺序。因为双交换对于两边两个基因相当于没有交换，交换的基因就是位于中间的那个基因，对比亲本型和双交换型配子，可以确定哪个基因位于中间位置。在表 3-8 中，发生交换的是 C(或者 c)基因，也就是 c 基因在中间。然后计算 a 和 c 之间的交换值，以及 c 和 b 之间的交换值。比如，计算 a 和 c 之间的交换值，亲本型的连锁关系是 A 和 C 连锁，a 和 c 连锁，那么在测交后代中找发生交换的重组后代数量，也就是 Ac 和 aC 组合的后代数量，从表 3-9 可以看出，其 a 和 c 之间发生交换的配子数量分别是 48、40、1、1。所以，

a～c 交换值：(48＋40＋1＋1)/1 000＝0.09＝9％，同理，

b～c 交换值：(1＋29＋1＋31)/1 000＝0.062＝6.2％，这样基本上就可以确定 a、b、c 三个基因的位置和顺序了。

可确定基因排列顺序为 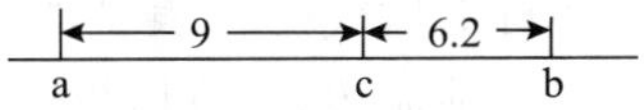

接下来计算一下两边两个基因之间的交换值。

a～b 交换值：(48＋29＋40＋31)/1 000＝0.148＝14.8％。

双交换率：(1＋1)/1 000＝0.2％

可以看出 6.2＋9＝15.2≠14.8。这是因为 a～b 之间发生了双交换的值未被加进去。两边两个基因的交换值不等于另外两个单交换之和，而是少了二倍的双交换值；6.2＋9 表示 a～b 之间的距离，而 6.2＋9－0.2＝14.8 表示 a～b 之间的重组值。在三点测交中，两边两个基因的重组值一定等于另外两个单交换的重组值之和减去二倍的双交换值。

那么，在三对基因之间发生两次交换，这两次交换之间会不会有相互的影响？我们来介绍一下干涉和并发系数。

3. *干涉和并发系数*

干涉是指一个交换的产生要影响到它邻近的另一个交换的发生。如果一次交换不影响它邻近再发生一次交换，那么根据概率论的乘法法则，三点间双交换的频率等于两个单交换各自发生概率的乘积。

对于上面的例题，理论的双交换等于两次单交换概率之积，也就是 $Rf_{a-c}=9\%$；$Rf_{c-b}=6.2\%$，那么理论双交换应为：9％×6.2％＝0.558％，可是实际双交换为 2/1 000＝0.2％，比理

论发生的概率小，也就意味着产生了干扰。为了表示干涉的程度，1916 年，提出了并发系数的概念。把干扰的程度，即实际双交换占理论双交换的比率，称为符合系数或者并发系数。

$$并发系数(C)=\frac{实际的双交换值}{理论的双交换值}$$

从这个公式中可知，如果没有发生双交换，分子为 0，并发系数=0，说明干涉是完全的，反之，如果并发系数=1，表示完全没有干涉；因此，干涉和并发系数的关系是：干涉=1－并发系数。并发系数为 0～1，并发系数越小，干涉越大。在上面的例题中，并发系数 $C=0.2\%/0.558\%=0.358$。干涉 $I=1-C=0.642$，意味着 64.2%的双交换因为干涉而没有发生。

(三)遗传学图

位于同一染色体上的所有基因，组成一个连锁群。标定各种连锁基因的相对位置及其排列顺序的直线图谱，称为遗传学图，也叫染色体作图、基因位置图。绘制基因遗传学图的原则如下：

(1)把染色体的某一端作为原点，一般是短臂端，标为 0。其他的基因所在的位置距 0 点的单位标出来。当发现其原点之前还有基因，则新发现的基因标为 0。

(2)用突变基因或相对性状的符号来代表基因位点。标出小写字母代表突变基因，而不表示基因的显隐性(大小写)。

图 3-25 是比较经典的玉米的连锁遗传图，从图中可以看到，有些基因之间的距离超过了 50，甚至是达到了 100 多，这就是因为基因之间发生了多次交换的原因，所以交换值比较大。当基因在染色体上距离比较远的时候，其关系相当于自由组合的关系，因为基因间发生交换的概率很大，重组型的配子比例接近于 50%。

连锁与互换定律揭示了位于同源染色体上非等位基因间的遗传关系，解释了生物性状变异产生的另一个重要原因——连锁与互换。在实践中，利用性状的连锁关系，可以预计杂合基因型个体产生配子的比例，及其测交或者自交后代各种表型的比例，从而可以指导育种工作。另外，当两个控制优良性状的基因在一起连锁遗传时，可以提高选择效果；相反，如果一个表型比较好的基因和一个表型相对不好的基因连锁在一起，进行杂交育种时，可以打破连锁；可以根据重组率高低，确定后代群体的大小。

经典遗传学的三大遗传定律实际上是反映了基因之间的相对关系，分离定律反映的是同源染色体上等位基因的关系，自由组合定律是非同源染色体上非等位基因的关系，而连锁与互换定律反映的是同源染色体上的非等位基因的关系。

(四)有丝分裂过程中遗传物质的交换

在减数分裂时，同源染色体上非姐妹染色单体的遗传物质会发生交换；那么，在有丝分裂时，同源染色体不发生联会配对，同源染色体上的遗传物质是否也发生互换呢？已有实验证明，有丝分裂时姐妹染色单体间的确发生了遗传物质的相互交换。研究者在有丝分裂间期 DNA 复制时，以胸腺嘧啶的同系物-溴脱氧尿苷(bromodeoxyuridine，BUdR)替代胸腺嘧啶，通过两次复制，一半的染色单体的一条 DNA 链含有溴脱氧尿苷标记，另一半染色单体的两条 DNA 链都含有溴脱氧尿苷标记，通过差异显色，一条 DNA 链含有溴脱氧尿苷标记的染色单体显色要比两条 DNA 都是溴脱氧尿苷标记的显色浅(图 3-26)，可以看到，大量的姐妹染色单体间发生了交换。目前对姐妹染色单体之间发生交换的意义还不是很清楚。有研究发现在病毒、紫外线及其化学诱变剂的作用下，染色体受到破坏时，姐妹染色体单体之间的交换频率会增加。

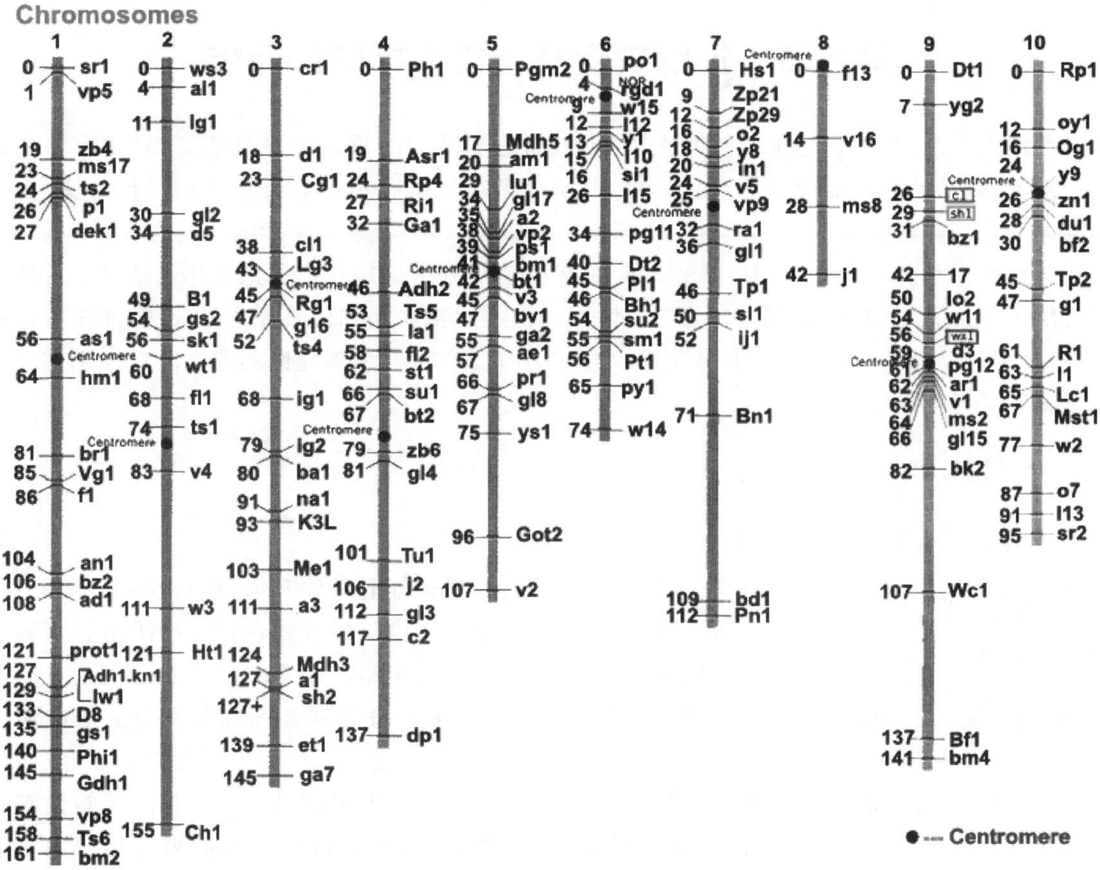

图 3-25　玉米的连锁遗传图(引自 William S. Klug,2015)

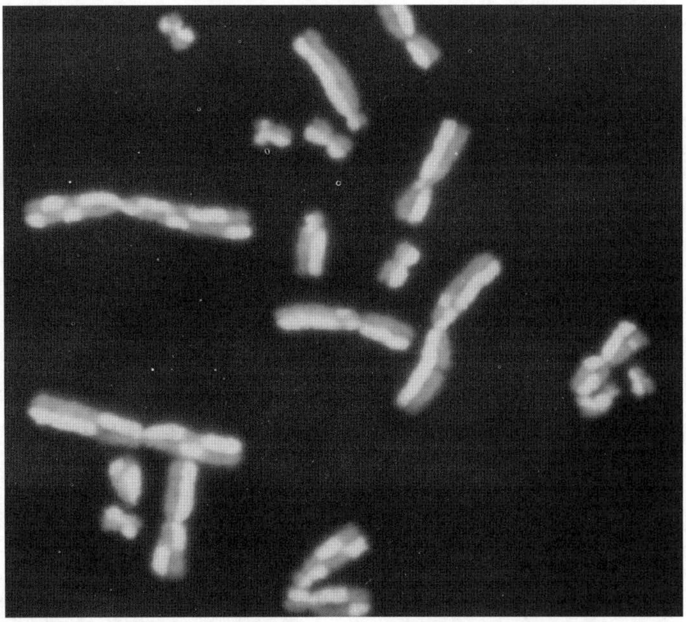

图 3-26　有丝分裂存在遗传物质的交换(引自 William S. Klug,2015)

第四节　性别决定及与性别相关的遗传

在动物生产中，性别与生产性能密切相关，如毛皮动物的雄性经济价值高，乳用家畜的雌性能泌乳，家禽的雌性能产蛋等，因此对性别发育机制的研究不仅具有重要的理论意义，更具有巨大的经济价值。

那么性别是怎样决定的呢？性别的起源和决定机制历来是一个争论不休的话题。古代人们提出了多种有趣的臆测。例如，我国神话中的人类始祖女娲和伏羲原本是兄妹，亚里士多德认为人们相爱时的“热度”决定于男性等。直到 20 世纪初，染色体理论的建立才对性别的决定机制做出了科学的理论解释。

一、性别决定

(一)性别决定与性别分化

二维码 3-8 动物的性别决定机制

动物的性别是一类比较特殊的性状，如哺乳动物和家禽的性别决定和分化始于卵细胞受精的一瞬间，即由精子和卵子携带的性染色体类型决定。而另一些生物如青蛙、龟、蜥蜴等，其性别主要受环境温度的影响。

哺乳动物的早期胚胎有一对既能向睾丸分化又能朝卵巢发育的双向潜能性腺。研究发现，在 SRY(sex-determining-region of y)基因的作用下，双向潜能性腺分化成睾丸，动物表现为雄性；而在缺乏 SRY 基因时，双向潜能性腺则发育为卵巢，动物表现为雌性。性别决定(sex determination)就是指双向潜能性腺细胞向任一分化途径发育的约定过程，即决定雌、雄性别分化的机制，它是一个不可逆的特定发育途径。而性别分化(sex differentiation)则是另一个不同的概念，它是指受精卵细胞沿着性别决定途径的进展过程中，由多个基因有序地参与其中。性别决定和性别分化这两个环节的其中一个发生异常，即会导致性别发育的异常。

下面介绍遗传和环境对性别发育的影响。

(二)性别决定的遗传机制

1. 性染色体类型与性别发育

在多数二倍体生物中，决定性别的关键基因位于性染色体上。常见的性染色体类型有 4 种，分别是 XY、ZW、XO 和 ZO 型。

(1)XY 型　这种类型的雄性核型是 AA+XY，由于这样的个体产生 X 和 Y 两种类型的精子，所以叫异配性别。雌性的核型是 AA+XX，由于它只产生 1 种 X 型卵子，所以叫同配性别。若 X 型卵子与 X 型精子结合形成 XX 合子，则将来发育成雌性；若 X 型卵子与 Y 型精子结合形成 XY 合子，则将来发育成雄性。因此在畜牧生产中，用 X 和 Y 两类不同类型的精子受精，可以实现性别控制。全部的哺乳类动物、某些两栖类动物、多数鱼类和昆虫等属于此类性染色体类型。

那么为什么 XY 的个体发育成雄性，XX 的个体发育成雌性呢？随着遗传学研究的深入，人们逐渐认识到由染色体决定的性别发育，实际上是一系列与性别发育相关的基因参与调控的复杂过程。现代遗传学研究表明，决定哺乳动物性别发育的关键基因是 SRY 基因，那么该基因是怎样被发现的呢？研究者先是从人类一些Y染色体缺失的临床病例中，发现仅有Y染色体短臂而没有Y染色体长臂的个体是男性，仅有Y染色体长臂没有Y染色体短臂的个体是女性。这些病例说明决定雄性性别的编码基因位于Y染色体的短臂上。随着现代分子生物学技术的发展，人们利用DNA原位杂交的方法将该区域缩小至35 kb的Y染色体区域，人们称之为睾丸决定因子TDF(testis-determining-factor)。另外在发现的XX男性的临床病例中，X染色体或常染色体上增加的片段与XY女性中Y染色体上缺失的是相同的Y染色体区段，长度也约35 kb。

1990年，A. H. Sinclair等人从35 kb的候选基因中找出了被称为Y染色体性别决定区的SRY基因。SRY编码一条由204个氨基酸组成的多肽，是一个有功能的DNA转录因子，只在睾丸中特异表达。由于人的SRY基因紧挨着X染色体和Y染色体的同源区域，因此当XY的雄性个体产生精子时，可能由于性染色体间的不正常交换形成含有缺失SRY基因的Y染色体配子，以及同时含有SRY的X染色体的配子。前一种精子受精后就会发育成XY的女性个体，后一种精子受精后会发育成XX的男性个体。与此同时，澳大利亚的女科学家Marshall Graves和英国的Lovell-Badge用小鼠做实验，把SRY基因导入本该是雌性老鼠的受精卵中使其变成了雄性，从而证实SRY基因也是小鼠性别决定的关键基因。因此，SRY是雄性动物Y染色体中起性别决定性作用的主开关，是驱动睾丸发育信号通路的关键基因。之后，在国际上全面铺开了对性别决定机制的研究，涉及哺乳类、有袋类、昆虫、线虫和蕨类等诸多物种，使该领域在1990年之后的10多年中取得了令人瞩目的进展。

尽管SRY基因和雄性性别发育之间的调控关系已毋庸置疑，但是临床上我们还看到个别XY女性中未发现SRY基因的缺失或异常的现象，或者是XX男性却不携带SRY的情况，这是什么原因造成的呢？原来，人类性别发育也是一个级联反应，SRY调控雄性性别的分化还依赖于下游一系列基因的表达和相互作用，当这些基因异常时，即使SRY完全正常，也会导致雄性性征发育的失败。现在知道SRY可以激活常染色体上SOX9(SRY related HMG-box gene 9)的表达，随后，SOX9又可以激活常染色体上FGF9(fibroblast growth factor 9)的表达，后者参与了性腺的分化。此外，在SRY、SOX9、FGF9顺序激活的同时，与雌性性征发育相关的基因，如WNT4(wingless-type MMTV integration site family，member 4)则被抑制，进一步保证了性别发育的方向。因此，即使Y染色体完整无缺，SRY基因序列正常，如果常染色体上的SOX9或FGF9发生了缺失突变，也会导致睾丸发育受阻。另外，当X染色体上的WNT4不再受到抑制作用时，也可以促使卵巢的发育。

随着分子遗传学的不断发展，对基因调节性别发育的分子机制以及相应的生化代谢途径的研究会更加深入和清晰。

(2)ZW型　这种类型的雄性核型是AA＋ZZ，只产生1种精子，叫同配性别；而雌性是AA＋ZW，产生2种卵子，叫异配性别。目前普遍认为这类雄性的发育与Z染色体的DMRT1(doublesex and mab-3-related transcription factor 1)的表达水平有关，ZZ的个体由于剂量效应表达水平高，所以发育成雄性。鸡、鸭、鹅、鸵鸟、家蚕、青蛙、鳄鱼、龟类等属于这种性染色体类型。家蚕的ZW型性别决定见图3-27。

此外，许多昆虫属于XO型和ZO型。在XO型中，雌性是XX；雄性只有一条X染色体，没有Y染色体，用XO代表。在ZO型中，雌性只有一条Z染色体，用ZO表示；雄性是两条性染色体，用ZZ表示。

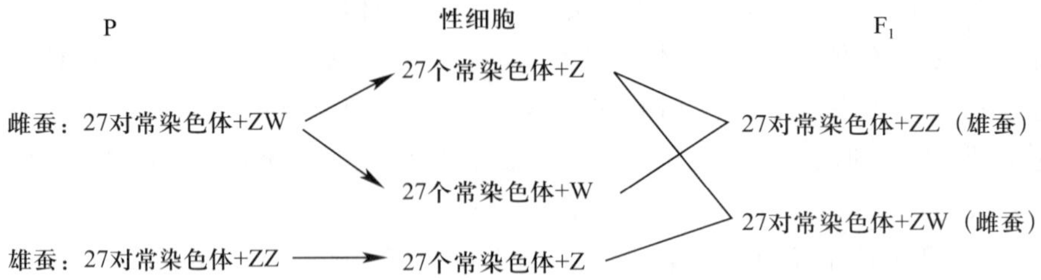

图 3-27　家蚕的 ZW 型性别决定

2. 性指数与性别发育

1932 年，美国遗传学家布里奇斯（C. B. Bridges）在研究果蝇时发现，果蝇的 Y 染色体不像哺乳动物那样会对性别产生决定性的影响。在有 X 而无 Y 染色体的果蝇中，布里奇斯发现其表型仍然是雄性，但表现不育。那么果蝇的性别与什么有关呢？

布里奇斯用 X 射线处理果蝇，诱发其染色体发生各种类型的变异（表 3-9），并进行分析研究，提出了性别决定的基因平衡理论。该理论的要点是：X 染色体上雌性化基因系统占优势，常染色体上雄性化基因系统占优势，性别发育取决于这两种力量的对比，即 X 染色体条数与常染色体倍数（A）之比，这个比值叫性指数（X/A）。当性指数为 0.5 是雄性，1 是雌性，小于 0.5 是超雄，大于 1 是超雌，介于二者中间为间性。基因平衡理论合理地解释了果蝇的性别发育。

表 3-9　果蝇染色体的比例及其对应的性别类型

性别类型	X 染色体数	常染色体倍数 A	X∶A
超雌	3	2	1.50
	4	3	1.33
雌性	4	4	1.00
	3	3	1.00
	2	2	1.00
中间性	3	4	0.75
	2	3	0.67
雄性	1	2	0.50
	2	4	0.50
超雄	1	3	0.33

注：超雄和超雌果蝇其外貌像正常的雄性和雌性，但个体很小，生活力很低，且高度不育；中间性是指性腺、交尾器和第二性征是雌性和雄性的混合体，且都发育不全。

3. 染色体组的倍数与性别发育

自然界中的蜜蜂、蚂蚁、黄蜂等膜翅目昆虫，它们的性别是由染色体组的单双倍决定。如蜜蜂，卵子受精发育成 2 倍体的雌蜂（$2n=32$），卵子不受精，则发育成单倍体的雄蜂（$n=16$）。在此要说明的是，雄蜂本身是单倍体，它是怎样形成单倍体的精子呢？原来雄蜂的精母细胞也经过相继的两次分裂。第一次分裂时出现单极纺锤体，仅在细胞的一极挤出一个无核的细胞质芽体，不发生染色体减数。第二次分裂时则按正常的方式进行，但这次分裂实质上相当于一般有丝分裂。所以每一个精母细胞仅形成两个精细胞，各保留有雄蜂原来的单倍染色体数。

(三)环境对性别发育的影响

现代遗传学理论认为，生物的任何性状都是遗传和环境相互作用的结果，环境因素可以通过影响性别相关基因的表达或基因间的相互作用从而实现对性别发育的调控。那么环境因素又会对性别发育产生怎样的影响呢？

1. 营养对性别发育的影响

蜂类的性别决定，不仅与染色体数有关，而且也与环境有关。蜜蜂是我们熟悉的益虫，在蜜蜂的婚配飞行中，蜂后和雄蜂交配后雄蜂就死亡了，而蜂后得到了足够一生所需的精子。蜂后产下的卵中，少数是不受精的，这些卵将来发育成为雄蜂($n=16$)；而受精的卵可以成为正常能生育的雌蜂(蜂后)，也可成为不育的雌蜂(工蜂)。雌蜂是否能育主要受营养——蜂王浆的影响。蜂王浆是工蜂头部的一些腺体产生的，孵化中的二倍体幼虫，只采食 2～3 d 蜂王浆，因质差而量少，经 21 d 才成为成虫工蜂。但蜂后则不同，她的蜂房由工蜂为之扩大，蜂王浆供应 5 d 且质优量多，经 16 d 就能生育，长得比同窝的工蜂大而丰满。这样，蜂后和工蜂的染色体数虽然都是 $2n=32$，但是由于环境影响的不同，或者发育为蜂后，或者发育为工蜂。

营养为什么会影响蜂的性别发育呢？2008 年，澳大利亚国立大学 Kucharski 等人研究发现，虽然蜂王和工蜂的核 DNA 没有区别，但二者的差别在于工蜂的近 600 个基因被甲基化了。基因的甲基化就是当某个基因的 DNA 加上甲基后，该基因的表达就可能被抑制。因此，工蜂的几百个基因被甲基化后就会影响其正常表达，进而表现出生育能力的异常。那为什么蜂王的基因表达就正常呢？原来，采食蜂王浆能够抑制蜂王幼虫体内与 DNA 甲基化相关的酶——DNA 甲基转移酶 DNMT3 的合成，这个酶被抑制后就会减少基因启动子区域 DNA 甲基化，从而使基因正常表达。因此，采食足量的蜂王浆就能使幼虫发育为生育能力正常的蜂王。由此可见，蜂王浆的营养成分保证了雌性幼虫性别的正常发育。也就是说，营养通过调控 DNA 甲基化作用模式来改变基因组的表观遗传状态，进而影响基因的表达。

2. 温度对性别发育的影响

某些爬行类动物的性别决定充满了别样的神奇，我们最熟悉的海洋动物乌龟和鳄鱼的性别主要是由温度决定的。在巴西有一种红耳龟，26 ℃时胚胎发育成雄性，32℃时发育成雌性。温度为何会决定胚胎性别发育的方向呢？在长达半个多世纪里，人们一直不得其解。2018 年的 5 月份，钱国英、葛楚天研究团队首次证实，温度会影响组蛋白去甲基化酶 KDM6B 在红耳龟性腺中的表达水平，26 ℃时大量表达，在 32 ℃时表达量显著下降。进一步研究发现，该酶的作用是消除启动子区组蛋白 H3 上的第 27 位赖氨酸的三甲基化(trimethylation of lysine 27 on histone 3，H3K27me3)标记，进而促进红耳龟雄性性别决定基因 Dmrt1 的表达。也就是说，26 ℃时 KDM6B 的高表达水平，促进了启动子区 H3K27me3 的去甲基化，因而促使了红耳龟雄性性别决定基因的表达。由此可见，温度通过影响组蛋白去甲基化酶的活性来调控龟的性别。

表观遗传学的兴起为性别发育机制的深入探讨开辟了一条新途径。

3. 激素对性别发育的影响

(1)后螠的性别决定

海生蠕虫后螠(*Bonellia viridis*)的两个性别体型悬殊。雌虫有 5 cm 长，身体像一颗豆子，口吻很长，远端分叉。雄虫很小，生活在雌虫的子宫中，像一种寄生虫。这种螠虫的性别决定异常奇妙：幼虫如果落在海底，就成为雌虫；如果幼虫落在雌虫口吻上，它就发育成为雄虫；而自由游泳的幼虫是中性的。如果将已经落在雌虫口吻上的幼虫从口吻上移去，它就发育成为间性，而且间性程度是由它们待在雌虫口吻上的时间的长短来决定的。那么这种奇妙的性别决定方式的机制是什么呢？目前多数研究者认为，雌虫的口吻上有一种激素类化学物质，它能够影响幼虫的性别分化。

畜牧生产中，常常会发生由激素导致的性反转或性畸形。“牝鸡司晨”和“自由马丁”现象是激素对性别分化影响的两个典型案例。

(2)“牝鸡司晨”现象

“牝鸡司晨”就是产蛋母鸡发生性反转变成会打鸣的可育公鸡的现象。是什么原因导致了母鸡变成公鸡，也就是发生性反转呢？原来鸡在胚胎早期具有雌雄两种生殖腺，随着胚胎的发育，其中的一种生殖腺会退化。如果产蛋母鸡卵巢受到结核杆菌的感染或创伤就会退化，这样会促使母鸡已经退化的精巢发育并分泌雄性激素，从而使原来产蛋的母鸡变成会打鸣并产生精子的公鸡。那么母鸡变成了公鸡，其原有的性染色体是否会改变呢？杂交试验证实，性反转只是性别发生了改变，其性染色体并没有改变。

(3)“自由马丁”现象

“自由马丁”现象是指在母牛怀异性双胞胎小牛时，雄性个体能正常发育为有生育能力的公牛，而90%的雌性个体则往往不育、其外形有雄性表现，即间性牛。这种牛卵巢退化，子宫和外生殖器官发育不全，成熟后不发情，外形和雄牛表现相似。产生自由马丁现象的原因是在母体中雌、雄胚胎的绒毛膜血管是相通的，而雄性胚胎性腺优先发育，它分泌的雄性激素会干扰雌胚胎的性腺发育；另外雄胚胎的体细胞有强大的雄性化作用，也会干扰雌胚胎的性腺发育。雌性胚胎由于受到激素和体细胞的双重干扰，导致出生后的母犊性别发育异常，成年以后是没有生育能力的。

综上所述，虽然生物性别的遗传基础在受精时已经决定，但性别分化的方向可以受到外来营养、温度、激素等环境条件的影响而发生变化。

二、与性别相关的遗传

在人类，血友病(hemophilia)属于一种先天性出血性疾病，它是由于X染色体上凝血因子基因异常所致。血友病主要分为甲型血病(凝血因子Ⅷ缺陷)和乙型血友病(凝血因子IX缺陷)，两者的致病基因都定位于X染色体的长臂。患者常发生关节腔、肌肉、皮下黏膜及泌尿系统出血，最后因流血过多而死亡。血友病曾被称为英国的“皇家病”，英国皇室因与欧洲贵族家庭的联姻导致了血友病在欧洲贵族中的蔓延。维多利亚女王的多个儿子和外孙均死于血友病，而多个女儿和孙女是血友病的携带者，那么这种现象该如何解释呢？

(一)伴性遗传

二维码 3-9
伴性遗传

性染色体上存在某些与性别发育有关的基因，这些基因伴随着性染色体而传递。在遗传学上，把性染色体上的基因所控制的某些性状总是伴随性别而遗传的现象称为伴性遗传(sex-linked inheritance)，也叫性连锁遗传。在哺乳动物，控制伴性性状的基因位于X染色体上，即X和Y染色体的非同源区段；在家禽，控制伴性性状的基因位于 Z 染色体上，即 Z 和 W 染色体的非同源区段。两性生物体中，由于不同性别的个体所携带的性染色体是不同的，因此伴性性状的遗传在两个性别中也是有区别的。

1. 伴性遗传现象

1910 年，摩尔根在自己饲养的野生型果蝇中发现了具有隐性突变的白眼果蝇，之后他用纯合显性红眼（+）果蝇与隐性白眼（w）果蝇进行正交和反交，结果表明（图 3-28）：正交中，配子同型的性别携带显性性状红眼，则 F_1 全是显性红眼，F_2 中雌性全是显性红眼，而雄性显性红眼和隐性白眼各半；反交中，配子同型的性别携带的是隐性性状白眼，则 F_1 表现交叉遗传，即雄性后代与母本性状一致，雌性后代与父本性状一致，F_2 中显性红眼和隐性白眼各占一半。

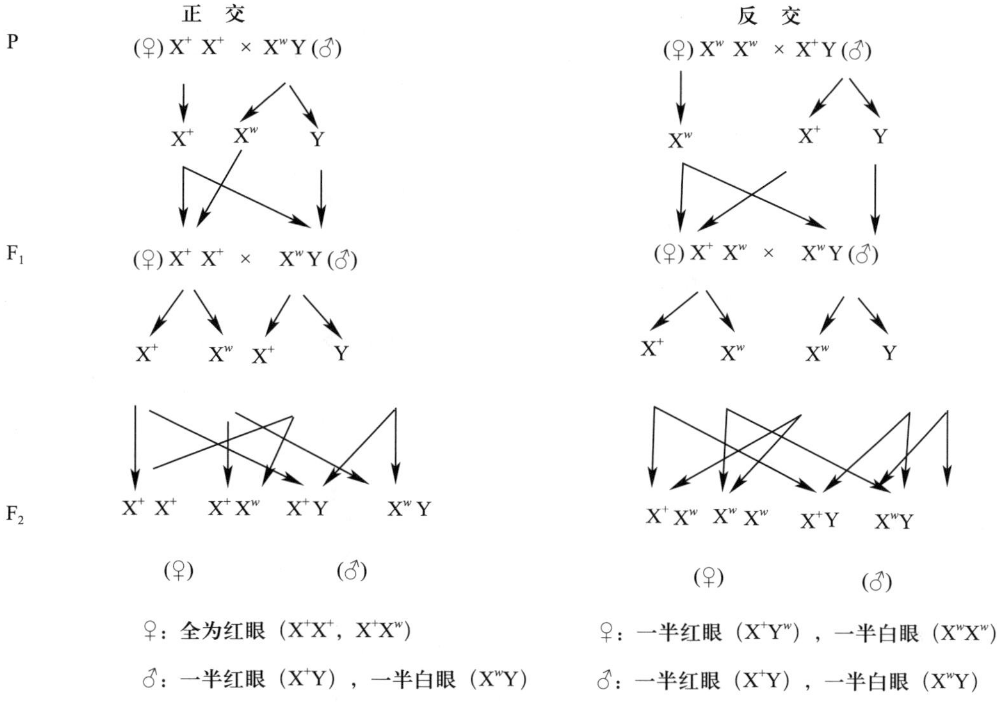

图 3-28 红眼果蝇与白眼果蝇的正反交示意图

伴性遗传现象在家禽生产上也较为常见，如鸡的芦花羽与非芦花羽的遗传。芦花雏鸡的绒羽为黑色，头上有白色斑点，成羽有黑白相间的横斑。如图 3-29 所示，如果用芦花母鸡与非芦花公鸡交配，得到的 F_1 有两种表型：公鸡芦花，母鸡非芦花。让 F_1 自群繁殖，产生的 F_2 公鸡中一半是芦花、一半是非芦花，F_2 的母鸡也是如此。这个遗传现象如何解释呢？假设芦花基因（B）对非芦花基因（b）为显性，B 和 b 这对基因位于 Z 染色体上，这样芦花母鸡的基因型是 Z^BW，非芦花公鸡的基因型为 Z^bZ^b。两者交配，F_1 公鸡的基因型是 Z^BZ^b，羽毛为芦花，母鸡的基因型是 Z^bW，羽毛为非芦花。F_2 中，母鸡基因型是 Z^BW 和 Z^bW，即一半芦花、一半非芦花；公鸡的基因型是 Z^BZ^b 和 Z^bZ^b，也是一半芦花、一半非芦花。

如果以非芦花母鸡 Z^bW 与芦花公鸡 Z^BZ^B 杂交（图 3-30），F_1 公鸡和母鸡的羽毛全是芦花。F_1 公母鸡交配，F_2 的公鸡全是芦花，母鸡则一半是芦花，一半是非芦花。

上述芦花羽与非芦花羽鸡的杂交结果表明，其正交和反交的结果是不相同的，性状在两性间的分离比数也是不相同的。这也正是伴性遗传与常染色体上基因遗传的区别。

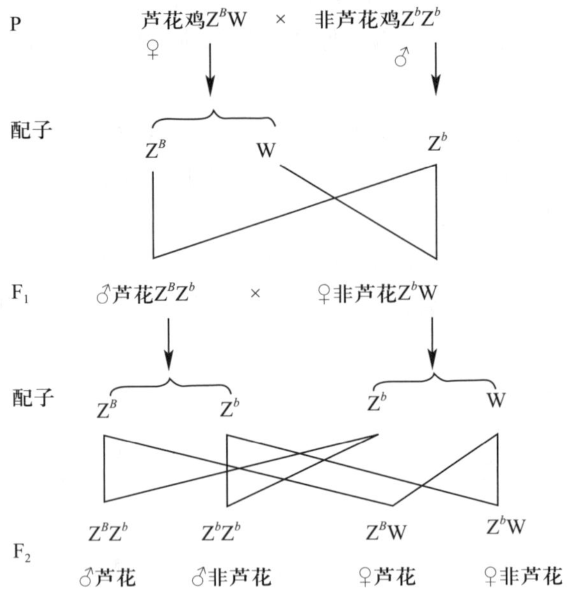

图 3-29　芦花母鸡与非芦花公鸡杂交

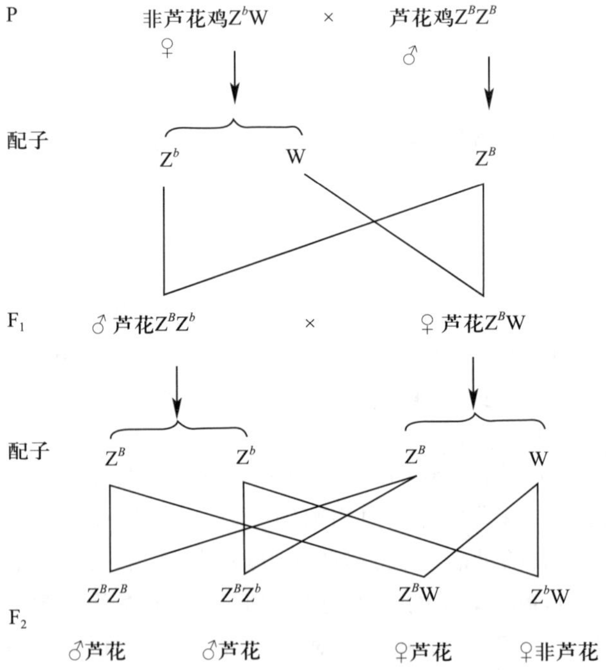

图 3-30　非芦花母鸡与芦花公鸡杂交

2．伴性遗传的规律

从以上试验中，总结出伴性遗传的规律如下：

(1)伴性性状的遗传与性别有关，正反交结果不一致。

(2)若配子同型的性别传递隐性伴性性状，则 F_1 表现交叉遗传现象；若配子同型的性别传递显性伴性性状，F_1 只表现一个显性亲本的性状。

根据伴性遗传的规律我们不难理解，前面提及的维多利亚女王是一个血友病基因的携带者，即其X染色体携带隐性突变致病基因，而儿子和外孙的X染色体源于女王，因此如果女王将携带致病基因的X染色体传给儿子和外孙，儿孙就会得血友病；如果女王将携带致病基因的X染色体传给女儿和孙女，这些后代就是携带者。

伴性性状遗传规律的阐明不仅具有重要的理论意义，在动物生产中更是有巨大的应用价值。

3. 伴性遗传在生产中的应用

(1)雏鸡的自别雌雄

鸡的Z染色体较大，包含的基因较多，其中有3对伴性基因控制的性状常用作雏鸡的自别雌雄，即慢羽(K)对快羽(k)、芦花羽(B)对非芦花羽(b)、银色羽(S)对金色羽(s)。例如，用银色羽母鸡和金色羽公鸡杂交，在F_1雏鸡中凡是金色绒毛的为母鸡，银色的为公鸡(图3-31)。褐壳蛋鸡商品代目前几乎全都利用金、银羽基因自别雌雄。白壳蛋鸡目前是利用快慢羽基因自别雌雄。慢羽作母本、快羽作父本，F_1中快羽是母鸡，慢羽是公鸡，如图3-32所示。

P　银色羽♀ (Z^SW) × 金色羽♂ (Z^sZ^s)

↓

F_1　银色羽♂ (Z^SZ^s)　金色羽♀ (Z^sW)

图3-31　鸡的金银羽自别雌雄杂交模式

P　慢羽♀ (Z^KW) × 快羽♂ (Z^kZ^k)

↓

F_1　慢羽♂ (Z^KZ^k)　快羽♀ (Z^kW)

图3-32　鸡的快慢羽自别雌雄杂交模式

另外，像德国罗曼褐、迪卡褐和法国伊莎褐等均为四系配套的双自别雌雄商品鸡，如杂交一代根据羽速自别雌雄，商品代是根据羽色自别雌雄。

(2)隐性伴性矮小基因dw的应用

矮小基因dw位于Z染色体上，与金银羽基因(s/S)、快慢羽基因(k/K)距离比较近。矮小基因dw在蛋鸡生产和肉鸡生产中都有较大的应用价值。

如中国农业大学培育的"农大3号"矮小型蛋鸡(图3-33)，其父本是纯合快羽矮小型鸡，母本是慢羽正常体型，商品代可根据羽速自别雌雄，即母鸡是快羽矮小体型，产蛋性能好，公鸡慢羽正常体型。由于商品代产蛋母鸡矮小，所以利用这种鸡可生产小型"土鸡蛋"，同时节约了场地和饲料，降低了饲养成本。

矮小基因dw也广泛用于优质肉鸡的生产中，如用体型正常公鸡与矮小母鸡杂交，可得到体型正常的商品后代(图3-34)。这样在降低种母鸡饲料消耗25%左右的同时，商品代的肉用性能并不受影响。

亲代　快羽矮小♂ ($Z^{kdw}Z^{kdw}$) × 慢羽正常♀ ($Z^{KDW}W$)

↓

商品代　快羽矮小♀ ($Z^{kdw}W$)　慢羽正常♂ ($Z^{KDW}Z^{kdw}$)

图3-33　"农大3号"矮小型蛋鸡的杂交生产模式

亲代　$Z^{DW}Z^{DW}$ (♂) × $Z^{dw}W$ (♀)

↓

商品代　$Z^{DW}Z^{dw}$ (♂)　$Z^{DW}W$ (♀)

图3-34　矮小基因在优质肉鸡生产中的应用模式

案例分析：

如何利用遗传学原理进行种质资源的创新呢？

在鸡的蛋壳颜色遗传中，已知绿壳对粉壳呈显性，是由位于常染色体的蛋壳色素合成主效基因 *SLCO1B3* 及几个微效基因控制；现在常用的矮小性状是由位于 Z 染色体上的 *DW* 基因调控。如某家禽育种企业要对保存的绿壳蛋鸡($OOZ^{DW}Z^{DW}$，$OOZ^{DW}W$)进行开发，拟引进矮小粉壳蛋鸡($ooZ^{dw}Z^{dw}$，$ooZ^{dw}W$)进行杂交育种。那么利用传统的育种手段，如何培育出矮小型的绿壳蛋鸡呢？下面介绍其中一种育种方案，见图 3-35。

P　　$OOZ^{DW}W$ (♀) × $ooZ^{dw}Z^{dw}$ (♂)

↓

F_1　　$OoZ^{dw}W$ (♀) × $ooZ^{dw}Z^{dw}$ (♂)

↓

F_2　　$OoZ^{dw}Z^{dw}$ (♂) × $OoZ^{dw}W$ (♀)

↓

F_3　　$OOZ^{dw}Z^{dw}$　$OoZ^{dw}Z^{dw}$　$ooZ^{dw}Z^{dw}$　$OOZ^{dw}W$　$OoZ^{dw}W$　$ooZ^{dw}W$

测交留种 纯繁扩群　　**$OOZ^{dw}Z^{dw}$ × $OOZ^{dw}W$**

图 3-35　矮小型绿壳蛋鸡的培育

步骤 1 杂交——绿壳蛋鸡做母本与矮小粉壳蛋鸡父本杂交。

步骤 2 回交——F_1 选出绿壳矮小母鸡与父本回交。

步骤 3 回交——F_2 绿壳矮小公鸡与其母本回交。

步骤 4F_3 中出现 6 种基因型，通过测交选出纯合的绿壳矮小公、母鸡纯繁，扩群后可培育成节粮型小型绿壳蛋鸡。

生产实践中，由 *dw* 基因引起的鸡矮小体型一般在 6 周以后表现出来，因此，不能用于雏鸡自别雌雄。鸡产蛋一般在 20 周以后，因此通过测交检测鸡是否为绿壳蛋的纯合子需要较长时间。目前对于绿壳蛋基因和矮小基因 *dw* 已经有了深入研究，因此可利用分子标记辅助选择的方法，在鸡出壳后即鉴定绿壳蛋基因以及是否携带有矮小基因，以便做到早期选种和早期留种。

(二)从性遗传

与性别相关的性状遗传除了伴性遗传外还有从性遗传(sex-conditioned inheritance)。从性遗传也叫性影响遗传，它是指由常染色体上基因控制的性状，在表现型上受个体性别影响的现象。从性性状在两个性别中都可以得到表达，但同一基因的显隐性关系在不同的性别中表现不同。例如，陶赛特公母羊都有角，其基因型为 HH，雪洛夫羊公母羊都无角，其基因型为 hh，这两种羊杂交，F_1 基因型为 Hh，表现为公羊有角，而母羊则无角。上述案例说明在杂合体中，有角基因 *H* 的表现受性别的影响。

人的秃顶性状的遗传也属于从性遗传。基因型 BB 在男性、女性都表现为秃顶，而 bb 在男性、女性都正常，但杂合子 Bb 在男性表现为秃顶，在女性则表现为正常。即性别不同，Bb 的表现型也不同。这也是生活中经常会看到男性秃顶的原因。研究表明，此类性状的表现虽然受常染色体上基因支配，但由于受性激素的影响，所以杂合基因型在不同性别会表现显隐性颠倒的现象。在人类也有一些从性遗传病表现为女多于男，如甲状腺功能亢进症、遗传性肾炎、色素失调症等。

（三）限性遗传

限性遗传（sex-limited inheritance）是指某些性状只限于雄性或雌性表现的遗传现象。限性性状的表型一般与个体性激素的类型有关。例如，哺乳动物的雌性有发达的乳房、禽类的雄性有美丽的羽毛、母鸡能产蛋、男人长胡须等。

限性性状多是由常染色体上的基因决定的，其中有一些是由单基因控制的简单性状，如公畜的单睾、隐睾症等；有的是多基因控制的数量性状，如产仔性状、产蛋性状、泌乳性状等；还有的限性性状是由 Y 染色体或 W 染色体上的基因决定的，如虹鳉（lebistes reticulatus）背鳍上大块黑斑的基因 *M* 位于 Y 染色体上，X 染色体上没有这一基因，因此杂交后只有雄体表现黑斑。另外，如男性的外耳多毛症、雌性家蚕的虎斑性状等，控制这些性状的基因均位于 Y 或 W 性染色体上。

综上所述，伴性遗传、从性遗传和限性遗传的主要区别如下：

第一，从控制 3 类性状的基因所在位置来看，伴性性状的基因位于性染色体上，从性性状的基因位于常染色体上，限性性状的基因位于常染色体或性染色体上。

第二，从性状的遗传特征来看，伴性遗传常呈交叉遗传，如鸡金银羽色的遗传；从性遗传则是杂合体在不同性别中表现不同，如人类秃顶性状的遗传；限性遗传只限于一个性别表现，如母牛能产奶、公鸡会打鸣等。

三、性别控制

性别控制（sex control）是指通过对动物的正常生殖过程进行人为干预，使成年动物产出人们期望性别后代的一门生物技术。

性别控制技术在畜牧生产中具有重要的意义。第一，控制后代的性别比例可增加选种强度，加快畜禽育种进程，同时也可提高珍稀动物的繁殖和保种进程；第二，通过控制胚胎性别可以及时克服牛胚胎移植中出现的异性双生雌犊的不育的现象；第三，可使受性别限制的生产性状（如泌乳、产蛋）和受性别影响的生产性状（如生长速度）的生产能力得到充分发挥，获得最大经济效益；第四，可以防止性连锁遗传疾病，迅速降低伴性有害基因在群体中的频率。因此，很久以来促使人们对性别控制的方法技术进行深入研究和不断探索。

低等生物机体构造简单，性别发育容易受环境条件的影响，所以采用适当的方法对其进行性别控制常可见效。但是哺乳动物因机体构造复杂，生殖细胞和胎儿均受到身体的严密保护，因此外界环境条件难以对其产生影响。例如在哺乳动物，不可能通过改变温度、营养等外界环境条件来影响其性别类型。那么是否可以通过其他途径对哺乳动物的性别进行控制呢？目前，动物性别控制的方法主要集中在受精前 X 精子与 Y 精子的分离、受精后早期胚胎的性别鉴定等两个方面。前者是通过对精子的体外干预，使动物在受精之时便决定了后代的性别；后者是通过对胚胎性别的鉴定，获得生产所需的性别。

(一)流式细胞仪分离 X 精子与 Y 精子

根据性染色体决定性别的理论，在哺乳动物中遗传性别在受精时就已经决定，且主要取决于精子，即含 X 染色体的精子与卵子受精发育成为雌性，含 Y 染色体的精子与卵子受精则发育成为雄性。因此，采用一定的方法分离 X 精子和 Y 精子，然后按照人们的期望用某种精子受精是控制动物性别最直接和有效的方法。

目前，普遍认为分离两类精子较为准确和可行的方法是流式细胞仪法。其基本原理是动物的 X 精子的 DNA 含量比 Y 精子高 3%～4%，用特异性的荧光染料对两类精子的 DNA 染色，X 精子因 DNA 链定量结合的染料多，其荧光浓度比 Y 精子的荧光浓度强。当精子连同少量稀释液逐个通过激光束时，探测器可根据精子的发光强度把不同强弱的光信号传递给计算机，计算机指令液滴充电器使发光强度高的液滴带正电、弱的带负电，然后带电液滴通过高压电场时被分离，分别进入两个不同的收集管，正电荷收集管为 X 精子，负电荷收集管为 Y 精子。不含精子的微滴以及类型不能被识别的精子会被仪器弃掉(图 3-36)。

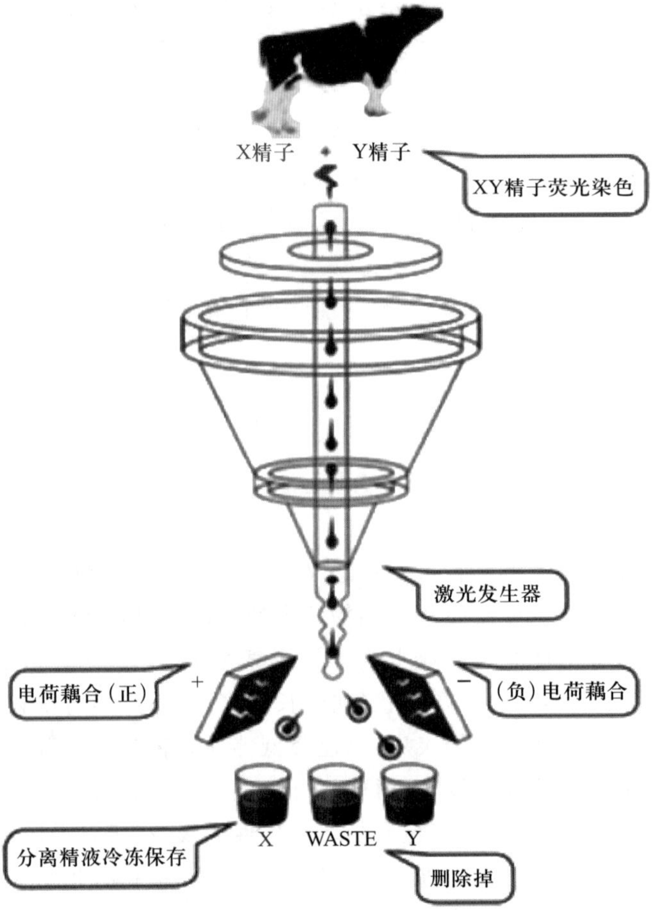

图 3-36　流式细胞仪工作原理

目前，商品化分离 X 精子和 Y 精子的准确率可达 90%以上，每小时的分离速度约为 2×10^7 个精子。这一技术具有准确性强、分离效率高、易于重复等优点，采用此方法已经分离猪、马、牛、羊的 X 精子和 Y 精子，并主要应用于奶牛、肉牛生产中。英国、美国、阿根廷、日本、巴西、墨西哥和中国等均有专门公司分离和出售牛的X精子和Y精子。

除了上述方法外，人们还根据精子表面膜电荷数、头部大小、重量、密度、运动能力和抗原性差异，用电泳、密度梯度离心和免疫学等方法分离X精子和Y精子，但都未能取得满意结果，且重复性差，无法在生产上运用。

(二)早期胚胎性别鉴定

哺乳动物怀孕早期的性别鉴定有多种方法，目前最有效的方法是核型分析法和SRY-PCR扩增法。

核型分析法是首先取胚胎组织，经细胞培养后再进行核型分析。其主要操作程序是从胚胎中取出部分细胞，用秋水仙素处理使细胞处于有丝分裂中期，然后制备染色体标本，最后通过显微摄影分析染色体组成，有XX染色体的胚胎为雌性，而具有XY染色体的为雄性。这种方法的准确率可达100%，但是取样时对胚胎损伤大，操作时间长，并且获得高质量的染色体中期分裂象很困难，因此不方便在生产中推广应用。

SRY-PCR扩增法是近年来发展起来的一种哺乳动物早期胚胎性别鉴定的新方法，这种方法是利用PCR技术检测胚胎是否具有SRY基因，如果有SRY基因为雄性，没有则为雌性。该方法的主要程序是先从胚胎中取出部分卵裂球提取DNA，然后用SRY基因的碱基序列设计引物进行PCR扩增，最后再用SRY特异性探针对扩增产物进行检测。如果胚胎是雄性，那么PCR产物与探针结合呈现阳性，而雌性胚胎则为阴性。也可以对扩增产物进行电泳，通过检测SRY基因条带的有无判定家畜是雄性还是雌性。随着PCR技术的发展，现在只需取出几个甚至单个卵裂球就可进行PCR扩增鉴定出胚胎的性别，并且准确率高达90%以上。这种方法取样少，对胚胎损伤小，整个操作可在几分钟内完成，因而在生产中应用非常方便，目前在牛、猪、兔、羊等家畜生产中广泛应用，有很高的商业价值。

从性别决定的遗传理论分析，流式细胞仪分类法和SRY-PCR扩增法是准确而发展前景广阔的两种性别控制方法。但是，前者的分离准确率和分离速度仍需提高，并加强与体外受精、胚胎移植等技术结合以提高分离精子的利用率。运用SRY-PCR技术鉴定胚胎性别，关键是提高灵敏度，减少细胞取样对胚胎的损伤，同时研制出操作简便的不同种家畜的SRY-PCR试剂盒，以便在生产中应用推广。

小　结

在动物细胞中存在有常染色体和性染色体，常染色体上基因的遗传方式有3种：第一种是一对等位基因的遗传，其遗传规律用孟德尔的分离理论解释；第二种是不同对染色体上的两对或两对以上基因的遗传，其遗传规律用孟德尔的自由组合理论解释；第三种是一对同源染色体上的两对或两对以上连锁与基因的遗传，其遗传规律用连锁与互换的理论解释。在一对等位基因间呈完全显性时，F_1 表现显性亲本的性状，F_2 基因型有显性纯合、杂合和隐性纯合3种，其基因型比例为1∶2∶1，表型比例(显性和隐性)为3∶1；当等位基因间存在不完全显性、共显性、镶嵌显性时，F_2 基因型比例仍是1∶2∶1，但表型比由完全显性时的3∶1变为1∶2∶1。继自由组合定律之后，人们发现有时两对基因间相互作用共同影响一种性状的表现，从而使 F_2 的表型比发生偏移，即由原来的9∶3∶3∶1演变为以下几种类型：积加作用9∶6∶1、互补作用9∶7、重叠作用15∶1、显性上位12∶3∶1、隐性上位9∶3∶4等。通过一些案例的学习，不仅要理解孟德尔定律的实质，还要学习科学家严谨科学的实验方法，锲而不舍、勇于创新的探索精神,灵活应用遗传学基本定律分析和解决生产中的实际问题。

在连锁遗传中,因为两对或者多对基因在同源染色体上,在减数分裂形成配子时,基因间是既有连锁,也有交换,形成的配子是亲本型多,重组型少。F_2 不再符合 9∶3∶3∶1 的分离比。交换值是交换型的配子数占总配子数的百分比,一般是用重组值来估测交换值,交换值(或重组值)可以反映基因之间连锁强度的强弱,通过测交和自交可以统计出互换类型的配子比例,从而估算出基因间的交换值(或重组值)。利用基因间的交换值可以得出两个基因间的遗传距离,这是基因定位所依据的原理之一。用于基因定位的方法主要有两点测交和三点测交。三点测交比两点测交优越,因为通过一次杂交和一次测交即可确定三个基因在染色体上的位置,并可以得到双交换的资料。位于同一染色体上的所有基因,组成一个连锁群。标定各种连锁基因的相对位置及其排列顺序的直线图谱,称为遗传学图。在遗传学图中,有些基因之间的距离会超过 50,这就是因为基因之间发生了多次交换。所以当基因在染色体上距离比较远的时候,其关系相当于独立遗传。

动物性别决定机制的研究一直是生物学研究的热点之一。性别作为特殊的遗传性状,其表现同样是受遗传和环境两方面因素的影响。性别决定的机制有多种多样:一是性染色体决定型,分为 XY、XO、ZW、ZO 4 种构型。具有两条相同性染色体的性别称为同配性别;相反,带有不同性染色体的性别称为异配性别。在 XY 型中,雌性为同配性别(XX),雄性为异配性别(XY);而 ZW 型刚好与 XY 型相反,雌性为异配性别(ZW),雄性为同配性别(ZZ)。Y 染色体对动物的性别决定起关键作用,具有强烈的雄性化基因系统;SRY 基因是与性别决定相关的基因,动物的性别就是以 SRY 基因为主导,一系列其他基因参与作用而形成的。除此之外,果蝇的性别由 X 染色体条数与常染色体组数的比值——性指数决定,膜翅目昆虫蜜蜂的性别则是由染色体组的单双倍决定。虽然生物性别的遗传基础在受精时已经决定,但有些生物性别分化的方向还受到外来营养、温度、激素等环境条件的影响而发生变化。

与性别相关的遗传规律对于分析一些特殊遗传现象、指导性别鉴定有非常重要的理论和实践意义。本章介绍了伴性遗传、从性遗传和限性遗传的概念,从基因、染色体和遗传特征等方面对三者进行了比较(表 3-10)。

表 3-10　伴性遗传、从性遗传与限性遗传方式的比较

遗传方式	相关基因所在染色体	遗传特征	案例
伴性遗传	基因位于 X 染色体或 Z 染色体上	基因表达不受性激素影响、交叉遗传	鸡的金银羽、快慢羽,人类色盲性状
从性遗传	基因位于常染色体上	杂合体在不同性别中有不同的表达	人类秃顶性状、绵羊角性状
限性遗传	基因位于常染色、W 染色体或 Y 染色体上	仅限于某一种性别	泌乳性状、产蛋性状、男性耳毛性状

动物的性别控制技术是通过对动物的正常生殖过程进行人为干预,使成年动物产出人们期望性别后代的一门生物技术。性别控制技术在畜牧业生产中具有重要的意义。目前,对动物性别控制的研究主要集中在 X 精子和 Y 精子的分离、早期胚胎的性别鉴定两方面。

复习思考题

1. 名词解释

单位性状和相对性状　正交和反交　显性性状和隐性性状　等位基因和复等位基因　基因型和表现型　自交　测交　相引相和相斥相　不完全显性　共显性　Rf　连锁群　三点测交　交换值　双交换　并发系数　伴性遗传　限性遗传　从性遗传　性别控制

2. 分离定律和自由组合定律的实质是什么？

3. 牛的无角(P)对有角(p)为显性，有一头无角公牛和3头母牛交配，产犊牛如下：

(1)和有角的A母牛交配，产生无角小牛。

(2)和有角的B母牛交配，产生有角小牛。

(3)和无角的C母牛交配，产生有角小牛。

试分析公牛和3头母牛的基因型。

4. 位于3对染色体上的3对等位基因为AABbCc，问能形成几种类型的配子？写出AABbCc×AaBbCc后代的基因型、表型及比例。

5. 现有黑色短毛(BBLL)和褐色长毛(bbll)纯种家兔，如何培育出黑色长毛的纯种兔？最快需要几代？

6. 设猪的全黑为花斑的显性，问如何从全黑的猪群中找出杂合类型的个体？

7. 试列举实例说明等位基因间发生互作的各种类型及现象。

8. 应用两对基因的互作原理，试对下列杂交结果进行解释，并用基因图解说明。

(1)鼠的毛色

P　黑色×白化
↓
F_1　灰褐色
↓⊗
F_2　$\frac{9}{16}$灰褐色 : $\frac{3}{16}$黑色 : $\frac{4}{16}$白化

(2)鸡的毛色

P　白来航×白洛克
↓
F_1　白色
↓⊗
F_2　$\frac{13}{16}$白色 : $\frac{3}{16}$有色

9. 举例说明完全连锁和不完全连锁的遗传现象。

10. 非姐妹染色单位片段的交换发生在细胞分裂的什么时间？简述两点测交和三点测交的区别。

11. 已知果蝇的长翅对残翅为显性，灰体对黑体为显性，黑体残翅与野生型交配后，取F_1雌蝇与黑体残翅的雄蝇测交，其后代表型和数量为：

灰体长翅	灰体残翅	黑体长翅	黑体残翅
882	130	161	652

求残翅与黑体的重组率。

12. 假定基因A和B是连锁的，交换值为2%，C和D也是连锁的，交换值为10%，但位于另一对染色体上，如纯合的AABBCCDD与aabbccdd杂交的F_1再与纯合的aabbccdd回交，其后代的表型及比例如何？

13. 果蝇白眼(w)小翅(m)分叉硬毛(f)基因位于 X 染色体上，是野生型红眼(+)长翅(+)直硬毛(+)的隐性，现将二者杂交，使 F_1 的雌蝇与白眼、小翅、分叉硬毛的雄果蝇交配获得如下结果：

测交后代的表型	%
白眼、分叉硬毛、小翅	26.8
红眼、直硬毛、长翅	26.8
白眼、直硬毛、长翅	13.2
红眼、分叉硬毛、小翅	13.2
白眼、直硬毛、小翅	6.7
红眼、分叉硬毛、长翅	6.7
白眼、分叉硬毛、长翅	3.3
红眼、直硬毛、小翅	3.3

(1)将全部结果分为未交换、单交换和双交换组。

(2)求出白眼和分叉硬毛，白眼和小翅，小翅和分叉硬毛间的重组值，并由此决定这些基因在染色体上的排列次序和位置。

14. 图示并说明矮小基因 dw 在蛋鸡生产和优质肉鸡生产中的应用。

15. 一只芦花母鸡与一只黑色公鸡交配，F_1 毛色和性别的关系如何？反交又如何？(图示并说明)

16. 设鸡的 k 基因是性染色体上隐性突变基因，所有纯合体在孵化期死亡，今有含 k 基因的杂合公鸡与正常母鸡交配，产生 120 只雏鸡，你能预计公母各多少吗？

17. 试列举实例说明伴性遗传、从性遗传和限性遗传的区别。

18. 生物性别决定的遗传机制主要有哪几种？在动物生产中如何进行性别控制？

CHAPTER 4

第四章 遗传物质的变异

不同种的生物，其染色体数目和结构是相对稳定的。如我们人类有 46 条染色体，其中 1 号染色体属于中央着丝点染色体，大约有 246 Mb，X 染色体属于近中央着丝点染色体，大约有 152 Mb；猪有 39 条染色体，1 号染色体属于近中央着丝点染色体，X 和 Y 染色体属于中央着丝点染色体等。与此同时，染色体上的基因也是比较稳定的。染色体数目、结构以及基因的稳定性，是生物正常生长发育的重要保障。

生活中常常会见到染色体数目异常、结构异常以及基因异常的案例。如人类发病率较高的 21 三体综合征是由于染色体数目异常导致的；自发流产的胎儿中，有 40%～50%是由于染色体畸变引起的；人类的白化病、镰刀型贫血症是由于基因突变导致的。那么，是什么因素导致遗传物质的异常呢？研究发现，导致染色体及基因异常的因素有自发和诱发的两种，自发因素如机体内代谢的异常，诱发因素主要包括物理、化学和生物因素等。由于这些因素的影响，动物在精卵形成过程中或精卵结合的过程中，可能发生单个染色体的增减、染色体结构的异常或基因的突变，从而产生染色体整倍体的改变、非整倍体的改变、嵌合体，染色体缺失、重复、倒位、易位以及突变等异常个体。本章介绍染色体数目的变异、染色体结构的变异和基因突变。

第一节 染色体数目的变异

染色体数目的变异是指在生物正常染色体的基础上，发生数目增减的现象。在多数情况下，染色体数目改变会导致性状异常，给动植物带来不利影响甚至死亡，但有时人们也可利用染色体数目的变异培育新的动植物新品种，造福人类。

二维码 4-1
染色体数目变异

在动物体细胞中，每一种染色体都是由大小、形态、结构相同，功能相似的同源染色体组成，而每一种同源染色体之一构成的一套染色体，称为一个染色体组(genome)。如二倍体动物的精子或卵子中即包含一个染色体组。同一个染色体组的各个染色体的形态、结构和基因连锁群都彼此不同，它们共同构成一个完整而协调的体系，携带着控制生物生长发育的全部遗传信息。因此，缺少其中之一就会破坏基因组固有的平衡，从而造成动物的不育、性状异常甚至死亡。

一、整倍体的变异

什么是整倍体的变异呢？大多数生物的体细胞里有两个染色体组，我们称之为二倍体(diploid)。如果在正常二倍体的基础上，染色体组数目成倍地增加或减少，就叫作整倍体变异，如一倍体的雄蜂、三倍体的牡蛎、四倍体的马铃薯等。

(一)一倍体(monoploid)和单倍体(haploid)

含有一个染色体组的细胞或生物个体称为一倍体(x)；含有配子染色体数的生物称为单倍体(n)。大部分动物的单倍体和一倍体是相同的，都含有一个染色体组，即 x 等同于 n。而在某些植物中，x 和 n 的意义就不同了，如小麦有 42 条染色体，共有 6 套染色体，那么它的单倍体就不是 1 个染色体组了，而是含有 3 个染色体组。

雄性蜜蜂、黄蜂和蚁是由未受精的卵发育而成的，它们是单倍体，也是一倍体，其发育是正常的。但在大部分物种中，单倍体个体是不正常的，所以在自然界中比较少见。如单倍体植物在自然界中出现的频率很低，通常只有 0.002%～0.02%。由于单倍体动物的精原细胞中的染色体只有一套，形成配子时无法完成同源染色体的配对，所以，这样的雄性是高度不育的。例如，某一个单倍体生物的染色体数为 30，那么该单倍体进行减数分裂时，单独一条染色体将随机移向两极，而所有染色体都趋向一极，即产生完整、可育配子的概率极低仅为$(1/2)^{30}$，即高度不育。而个别生物如单倍体雄性蜜蜂和蚁，它们的精细胞是经过特殊形式的减数分裂形式产生的，因此它们是正常能育的。

在动物中一倍体或单倍体比较少见，仅在鸡和鹅中发现未受精的卵可以发育成一倍体的雄性个体。一般来讲，单倍体的个体比较小、生活力差、高度不育。单倍体可广泛用于植物育种中，如单倍体加倍，可以快速培育出纯合的二倍体。

(二)多倍体(polyploid)

具有两个以上染色体组的细胞或生物统称为多倍体。如含有三个染色体组的生物叫三倍体(triploid)，含有四个染色体组的生物叫四倍体(tetraploid)，含有几个染色体组就称为几倍体。

1. 多倍体产生的途径

多倍体动物产生的机制主要有两种。一是双雄受精：两个精子进入一个卵子，如在人类就有一定概率的双雄受精，结果会形成 69/XXX、69/XXY 或 69/XYY 等的三倍体胚胎。二是双雌受精：由于卵子形成过程的第二次减数分裂未产生第二极体，就会形成二倍体的卵子，这种卵子与正常精子受精也会形成三倍体。

同源四倍体是自然产生的，如一个二倍体的生物，由于本身染色体的加倍就可能产生同源四倍体。如四倍体肿瘤细胞的形成，是由于核内复制，即 DNA 复制两次，而细胞只分裂一次所导致的。在植物中，三倍体通常是由同源四倍体和二倍体天然或人工杂交产生的。

多倍体物种在植物界是常见的，因为大多数植物是雌雄同株或同花，其雌雄配子常可能同时发生不正常的减数分裂，使配子中染色体数目不减半，然后通过自体受精形成多倍体。一般认为，许多植物新物种是由多倍体形成的。据估计，高等植物中多倍体物种约占 65%，禾本科植物约占 75%。由此可见多倍体的形成在物种进化中具有重要的作用。

动物中多倍体十分罕见，因为大多数动物是雌雄异体，而两性细胞同时发生不正常的减数分裂机会极小，而且染色体稍不平衡，就会导致不育。但在扁形虫、水蛭和海虾中发现有多倍体，它们是通过孤雌生殖方式繁殖。在鱼类、两栖和爬行动物中也都有多倍体。在现有的多倍体的形成过程中，染色体之所以能够加倍，主要是由于减数分裂时，染色体分离之后细胞分裂被抑制，造成染色体在同一细胞内的累积所致。

2. 多倍体的分类及育性

按照多倍体的染色体组是否源于同一物种，可将多倍体分为同源多倍体和异源多倍体，前者是指含有两个以上染色体组并来自同一物种，后者指含有两个以上染色体组并来自不同物种。按照多倍体的染色体组数又可将其分为奇倍数的多倍体如三倍体、五倍体，偶倍数的多倍体如四倍体、六倍体等。

奇倍数的多倍体的特点是高度不育，这与减数分裂时染色体分离有关。如无论是同源三倍体还是异源三倍体，在减数分裂的后期，3 个同源染色体总有一个染色体可随机拉向一极。而只有拉向同一极的染色体是一个完整的染色体组，这个配子才具有可育性。但这种配子的概率仅为$(\frac{1}{2})^{x-1}$。由于其概率太小，故认为三倍体是高度不育的。

偶倍数的多倍体常见有同源四倍体。同源四倍体在减数分裂时，会出现 3 种情况：两个二价体，或一个四价体，或一个单价体和一个三价体。两个同源染色体相互配对的叫二价体；3 个同源染色体相互配对的叫三价体；4 个同源染色体相互配对的叫四价体(图 4-1)。同源四倍体减数分裂时其联会具有多样性，但由于二价体的配对形式占比大，这种形式的配对形成的配子是完全可育的，因此同源四倍体的育性是比较高的，或称为一定程度的不育。另外像异源四倍体，它是由两个不同物种的二倍体生物杂交，其杂种再经染色体加倍所形成的。如 AA′BB′……TT′加倍后成为 AAA′A′BBB′B′……TTT′T′。与同源四倍体不同，在减数分裂时能进行正常的染色体配对和分离，产生有功能的配子。因此异源多倍体的繁殖性能是完全正常的。

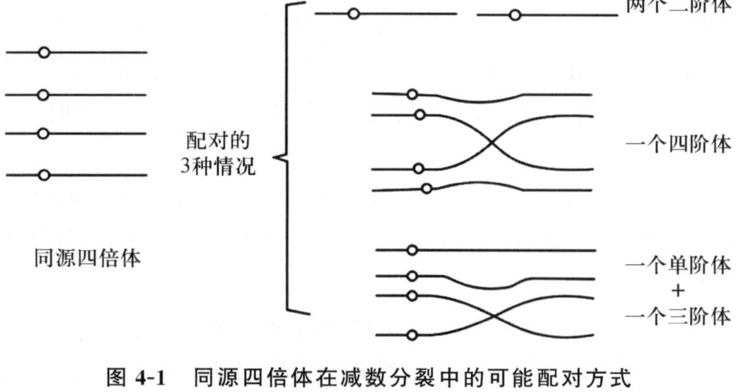

图 4-1　同源四倍体在减数分裂中的可能配对方式

同源多倍体因具有多套染色体，所以植株高大，同时花和果实都要比二倍体大一些。多倍体育种在生产中有广阔的应用前景。如三倍体白杨生长速率是二倍体的 2 倍；三倍体无籽西瓜甜度比二倍体提高约 1 倍；三倍体牡蛎比相应的二倍体更具有商业价值，因二倍体进入产卵季节时味道不好，而三倍体是不育的不产卵，因此一年四季味道鲜美。

二、非整倍体的变异

非整倍体的变异是指在正常染色体组($2n$)的基础上，发生个别染色体增减的现象。按其变异类型，可将其分为单体、缺体、双三体、四体等。

(一)非整倍体变异的类型

1. 单体(monomer)

单体($2n-1$)是指二倍体的生物个体丢失了一条染色体。单体往往会出现异常的表型特征，可能的原因是：①染色体的平衡受到破坏；②某些基因产物的剂量减半影响了性状的发育；③随着一条染色体的丢失，其携带的显性基因随之丢失，其隐性有害基因得以表达。在人类和动物中常会见到性染色体的丢失，如人的45、XO和牛的59、XO等单体个体，均表现先天性卵巢发育不全。常染色体的单体一般会导致胚胎的早期死亡。

2. 缺体(nullisomic)

缺体($2n-2$)是指二倍体的生物个体丢失了一对同源染色体，又称为零体。由于丢失的染色体上带有的基因是其他染色体所不具有的，无法补偿其功能，故一般是致死的。但在异源多倍体植物中常可成活，但较弱小。

3. 多体(polysomic)

多体是指二倍体生物的染色体增加了一个或多个染色体的个体的统称。因染色体增加的多少不同，多体可分为以下几种：

(1)三体(trisomic)　三体($2n+1$)是指在正常二倍体的基础上多了某一条染色体的生物个体。由于染色体平衡的破坏和基因产物剂量的增加，三体也显现出异常的表型特征。在人类中常见的常染色体三体有三种：

21三体，即Down氏综合征，又称为唐氏综合征，也称为先天性愚型。主要是生殖细胞形成过程中21号染色体不分离所致。临床表现主要是不同程度的智力低下(智商为20～60)、鼻梁低、眼距宽、舌大外伸以及生长发育迟缓、四肢短小等，约1/3的患者合并先天性心脏病。

18三体，即Edward综合征。1960年Edward等首先描述，发生率为1/8 000。18三体的胎儿和新生儿通常是生长受限，平均出生体重低，面部特征是枕骨突出、外耳旋转畸形、眼裂短、嘴巴小。几乎95%会有心脏缺陷，有一半在出生的第一周死亡，其他大多在一年内死亡，存活超过10年以上的很少有报道。

13三体，即Patau综合征。患者症状比21三体要严重很多，几乎都存在脑结构问题和面部发育缺陷，如眼睛紧闭、唇腭裂、多指、肾脏缺损、小头畸形、先天性心脏缺损、听力损失、智力缺陷等，因此大多在胚胎期流产或者死产。

除了常染色体的数量异常外，性染色体异常的情况也时有发生。

Klinefelter综合征，其核型是47、XXY，患者的外貌是男性，身长较一般男性为高，但睾丸发育不全，无生育能力，常出现女性似的乳房，智力一般较差。

XYY综合征。外貌男性，症状类似Klinefelter综合征患者。他们的智力稍差，但也有智力高于一般的。行为异常，性情粗暴，常有攻击性行为。该类型有生育能力，但所生男孩中有部分仍为XYY患儿。

在动物中同样存在多种类型的常染色体和性染色体三体，均表现一定程度的表型异常。如牛的 18 三体造成致死三体综合征，23 三体的母犊表现出侏儒症，水牛的常染色体三体引起致死的短腭综合征。牛的性染色体三体如 61/XXX 的母牛表现繁殖机能上的缺陷，61/XXY 的公牛则表现为性腺发育不全，生长发育受阻，睾丸发育不良等。在水牛中，性染色体三体有 51/XXX，常表现为不育。另发现长白猪中 39/XXY 的公猪阴茎短、无精子形成；65/XXY 型公马，其颈似母马，无精子形成。

（2）双三体（double trisomic）　双三体指在二倍体的基础上增加了两条不同的染色体（$2n+1+1$）的个体。

（3）四体（tetrasomic）　四体指在二倍体的基础上增加了一对染色体（$2n+2$）的个体。

以上所述部分染色体整倍体和非整倍体的变异类型见表 4-1。

表 4-1　部分染色体整倍体和非整倍体的变异类型

	类别	名称		符号	染色体组
染色体数目	整倍体	单倍体		n	(ABCD)
		二倍体		$2n$	(ABCD)(ABCD)
		多倍体	三倍体	$3n$	(ABCD)(ABCD)(ABCD)
			同源四倍体	$4n$	(ABCD)(ABCD)(ABCD)(ABCD)
			异源四倍体	$4n$	(ABCD)(ABCD)(A′B′C′D′)(A′B′C′D′)
	非整倍体	单体		$2n-1$	(ABCD)(ABC)
		缺体		$2n-2$	(ABC)(ABC)
		多体	三体	$2n+1$	(ABCD)(ABCD)(A)
			四体	$2n+2$	(ABCD)(ABCD)(AA)
			双三体	$2n+1+1$	(ABCD)(ABCD)(AB)

(二)非整倍体变异产生的机制

染色体的非整倍体变异是由于个体在减数分裂形成配子时，个别染色体的不分离或丢失所造成的。例如人类的 21 三体：如图 4-2A、图 4-2B 所示，减数第一次分裂 21 号染色体不分离，将会形成 1/2 的 $n+1$ 和 1/2 的 $n-1$ 两类配子，它们与正常配子结合，就形成 $2n+1$ 的三体和 $2n-1$ 的单体；如果减数第二次分裂 21 号染色体不分离，将会形成一半正常的配子 n、一半 $n+1$ 和 $n-1$ 的异常配子，它们与正常配子结合，就形成二倍体、三体和单体的个体。

二维码 4-2
染色体数目变异的遗传机制

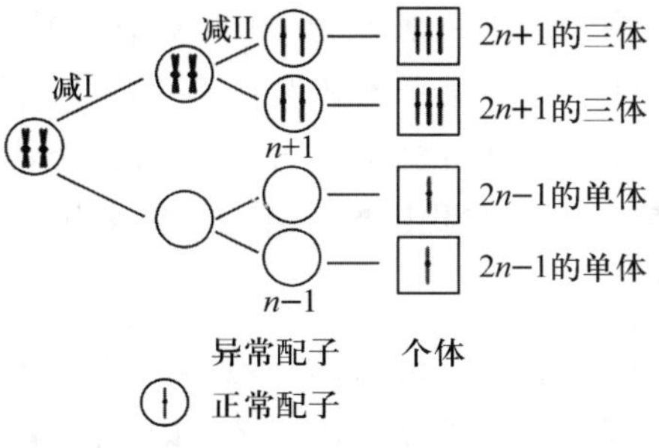

图 4-2A　减数第一次分裂 21 号染色体不分离

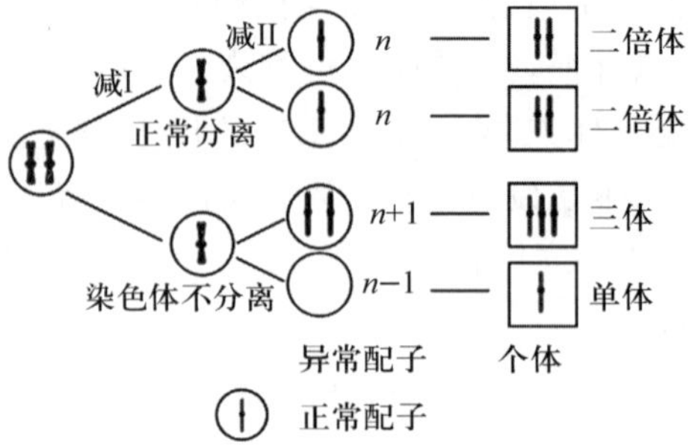

图 4-2B　减数第二次分裂 21 号染色体不分离

另外，在减数分裂中，还可能由于着丝粒未与纺锤丝相连，或染色体移动迟缓，造成个别染色体的丢失，从而产生一定比例的 $n-1$ 的异常配子。

在大多数情况下，动物中非整倍体是致死的，而植物中非整倍体常得以生存。单体和缺体对生物的不利影响大于整个染色体组的增减，这说明遗传物质平衡的重要性。在表型上，植物中的单体小麦与正常小麦差异很小，但缺体小麦之间，以及它们与正常小麦之间则有明显的区别，生长势普遍较弱，并约有半数为雄性不育。

在生物自然进化中，有些物种的非整倍体变异对生物进化具有重要意义。例如，各种甘蔗的体细胞核中的染色体数目有 $2n=48$、56、64、96、104、112、118 等各种变异类型；菊花的染色体组成为 $2n=53\sim67$。动物的非整倍体变异不像植物那样广泛，但也有类似现象。美国俄亥俄州对肉用仔鸡、白来航鸡和一些杂种鸡的染色体畸变类型及其发生频率的研究报道，非整倍体的发生频率，1 日胚龄占全部染色体畸变频率的 3%～7%，4 日胚龄为 17%。人类白细胞非整倍体的发生频率，新生儿为 3%，成年男性为 7%，成年女性为 13%。

除了整倍体的变异和非整倍体的变异外，嵌合体也比较常见。

三、嵌合体(genetic mosaic)

(一)嵌合体的概念及现象

嵌合体是指含有两种以上染色体数目或细胞类型的个体，如 $2n/(2n-1)$，XX/XY，XO/XYY 等。将含有雌雄两种细胞类型的称为雌雄嵌合体或两性嵌合体。如在人类，XX/XY 两性嵌合体既具有男性睾丸，又具有女性卵巢。

在动物中也有嵌合体存在，如在牛中就广泛分布着 XX/XY 细胞的嵌合体，这种核型多见于异性双胎的母牛，一般公牛犊的核型和发育正常，但母犊中约有 90%的个体其核型为 XX/XY 嵌合体，这种嵌合体有 30%～40%的细胞为 60/XX 型，60%～70%的细胞为 60/XY 型。这种牛表现为外阴小，但具有两性的生殖系统和发育不全的生殖器官，没有生育能力。除了不同类型的性染色体嵌合体外，在黄牛中还发现了 $2n/5n$ 的嵌合体，这种牛一般外形正常，发育良好，性器官外观正常，无生育能力。在我国滩羊中，也发现有 $2n/4n$、$2n/5n$ 的嵌合个体。

(二)嵌合体产生的机制

当个体同时存在两种或两种以上细胞系时，大多是由于染色体不分离造成的。如染色体不分离发生在第 1 次卵裂，则形成有 2 个细胞系的嵌合体，即 $2n+1$ 和 $2n-1$(图 4-3A)；不分离发生在第 2 次卵裂以后，可形成有 3 个细胞系的嵌合体，分别是 $2n$、$2n+1$ 和 $2n-1$(图 4-3B)。

染色体不分离发生得越晚，正常二倍体细胞系比例越大，临床症状也就越轻。

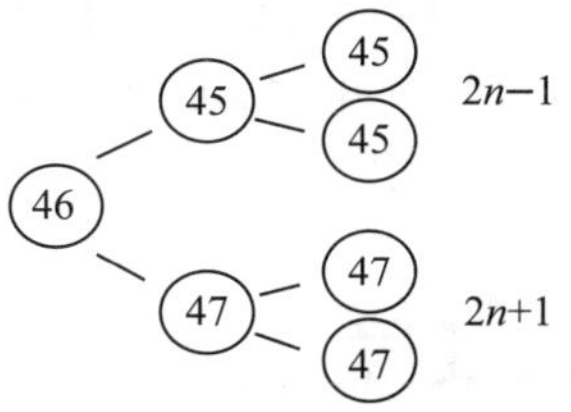

图 4-3A　第一次卵裂不分离

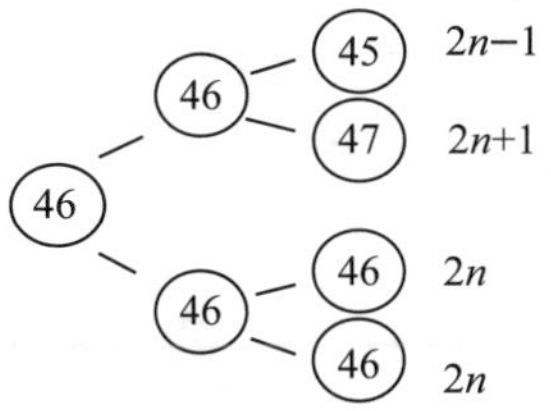

图 4-3B　第二次卵裂不分离

人类中常见的嵌合体是性染色体嵌合体。例如 XX/XY 嵌合体可能是 XX 和 XY 两个受精卵融合的结果；XO/XYY 的嵌合体，可能缘于在 XY 合子发育早期，在有丝分裂中两条 Y 染色体的姐妹染色单体没有分离，同趋一极，而使另一极缺少了 Y 染色体，这样一个子细胞及其后代为 XYY，另一个子细胞及其后代为 XO；还有一种两性嵌合体 XO/XY，可能是 XY 合子在发育早期的有丝分裂中丢失了一条 Y 染色体所致，XO/XX 的个体，可能是在卵裂的某个阶段，XX 细胞中 X 染色体丢失所致；XY/XO/XYY 的三重嵌合体，可能是 Y 染色体的不分开现象出现较晚，结果除了正常 XY 细胞外，还有个别细胞中 Y 染色体不分离形成的 XO 和 XYY 两种子细胞，从而使个体具有 3 种细胞系，形成三重嵌合体。

除人类外，在牛的异性双生母犊中，也常常发现有雄性细胞的嵌合，其形成机制是在胚胎发育早期，由于胎盘微血管交换血液造成的。在牛中，还发现有 XY/XYY、XX/XXY 和 XY/XXY 的嵌合体，据报道，第一类型的种公牛，常表现睾丸发育不全，精子生产水平低下，血液中性激素含量不足的特征，后两种核型的嵌合体常表现不育。

综上所述，染色体数目异常个体的形成多是由于细胞减数分裂时染色体的分开异常所致。染色体数目异常在植物中比较常见，并且是植物育种的重要手段。而动物因为是雌雄异体，其染色体稍不平衡，就容易引起不育甚至死亡。所以动物中染色体异常的个体往往是非正常的。

四、染色体数目变异的应用

根据染色体数目变异的基本遗传理论，形成了通过改变染色体数目进行育种的多种方法，主要包括以下两个方面。

（一）染色体加倍的多倍体育种

根据染色体数目变异的遗传理论，进行染色体数目加倍的多倍体育种和染色体数目减半的单倍体育种在植物育种中得到了广泛的应用。由于多倍体耐贫、耐寒，异源多倍体又表现出杂种优势，所以培育多倍体已成为育种的一个重要方向。我国利用多倍体育种的方法，已培育出农作物的许多新品种，如三倍体无籽西瓜、八倍体小黑麦等。在动物育种方面，有人应用秋水仙素处理兔子的性细胞，获得了三倍体个体，但它们是不育的；在鱼、虾、贝等海洋生物中多倍体育种得到了成功的应用。

（二）二倍体染色体数减半的单倍体育种

单倍体育种实质上是一种直接选择配子的方法，便于选择或淘汰隐性基因，可大大提高选择效率。利用花粉培养技术，通过冷处理的诱导能将花粉培养成胚状体（一种小的可分裂的细胞团），经进一步培养可长成单倍体植物。同时，利用对单倍体某些隐性抗性基因的筛选可育成抗性品种。如将单倍体细胞放在选择性的培养基上先筛选出抗性细胞，然后培养成抗性单倍体植株，再经秋水仙素适当处理，使染色体加倍，便可获得纯合的抗性可育的二倍体植株。这种方法能很快获得稳定的纯系，提高选择效率，显著地缩短育种年限，加快育种进程，有利于种质资源的创新与利用。

第二节　染色体结构的变异

对于一个正常的生物个体来讲，其染色体的结构是相对稳定的。但是，当个体由于代谢的失调、衰老，或者受到 X、γ 等射线和化学药物等影响，就有可能导致染色体的折断。如断开的染色体在原来的位置又立即黏合，染色体即恢复正常，不发生结构变异。一对同源染色体在双线期发生的等位基因间的交换就是这样一种方式。如果染色体错误地黏接，就会产生缺失(deletion)、重复(duplication)、倒位(inversion)和易位(translocation)等结构的变异。

二维码 4-3
缺失

一、缺失

缺失是指一个正常染色体上某区段的丢失。随着该区段的缺失，其所携带的基因也随之丢失，所以可引起性状发生改变。

(一)缺失的类型

按照缺失区段发生的部位不同，可将缺失分为以下两种类型：

(1)中间缺失　染色体的中间缺失了某一片段。它起源于同一个染色体上发生两次断裂，随后中间的片段丢失，其余部分重新黏接。这种缺失由于保留了端粒，比较稳定，因此也较为常见。例如，46，XY，del，(3)(p14p23)，它描述的是 3 号染色体短臂的 1 区 4 带到 2 区 3 带发生了丢失。

(2)顶端缺失　染色体的末端发生了丢失。它起源于一个染色体上发生一次断裂后，无着丝粒的片段丢失。发生末端缺失的染色体由于丢失了端粒，故一般不够稳定，因此也比较少见。例如，46，XY，del，(5)(p15)，它描述的是 5 号染色体短臂的 1 区 5 带至染色体远端发生了丢失，是一个猫叫综合征的男性(图 4-4)。这种疾病的典型特征是由于喉部发育不良或未分化而导致的猫叫样哭声，另外还伴有特殊面容、智力低下和先天性心脏病等。发生末端缺失的染色体常和其他染色体断片愈合形成双着丝粒染色体，或自身头尾相连形成环状染色体。双着丝粒染色体在有丝分裂中有可能形成染色体桥，而没有着丝粒的另一段断片将随着细胞分裂而丢失。

一对同源染色体都发生相同片段的缺失，就形成了缺失纯合体。若一对同源染色体中的一个染色体发生缺失，另一个染色体正常，就形成了缺失杂合体。

(二)缺失的细胞学特征

鉴定某细胞内是否发生过染色体的缺失是不太容易的。因为在最初发生缺失的细胞里，一般可以见到遗留在细胞质里的无着丝粒的断片，但是随着该细胞的分裂断片会消失。如果是中间缺失的杂合体，而且缺失的区段较长，则在细胞分裂的偶线期和粗线期，正常染色体与缺失染色体联会形成的二价体，常会出现环形或瘤形突出。如图 4-5 所示，右下角的一对染色体是中间缺失的杂合体，由于其中一个染色体发生了 4～5 片段的缺失，这样染色体联会时，就

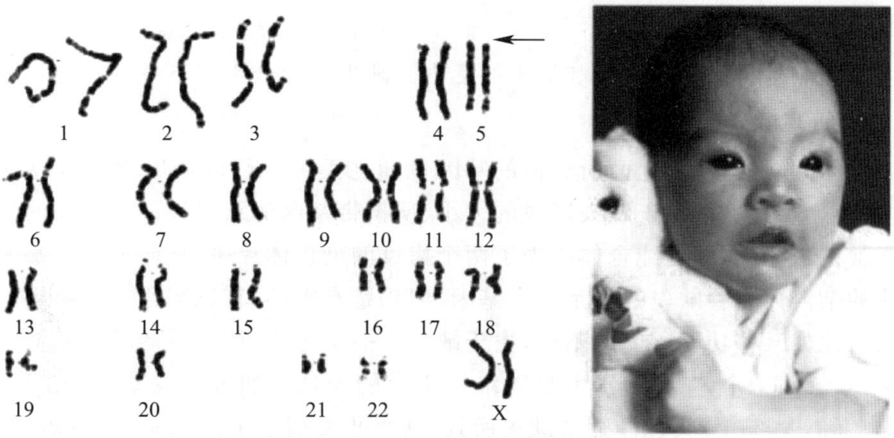

图 4-4　人类第 5 染色体短臂顶端缺失引起的猫叫综合征(引自 Klug,et al,2002)

会使正常染色体的 4-5 片段拱起,形成缺失环,这种环状结构在果蝇的唾腺染色体中都有发现(图 4-6)。如果是顶端缺失的杂合体,则会在双线期呈现末端突出的二价体。

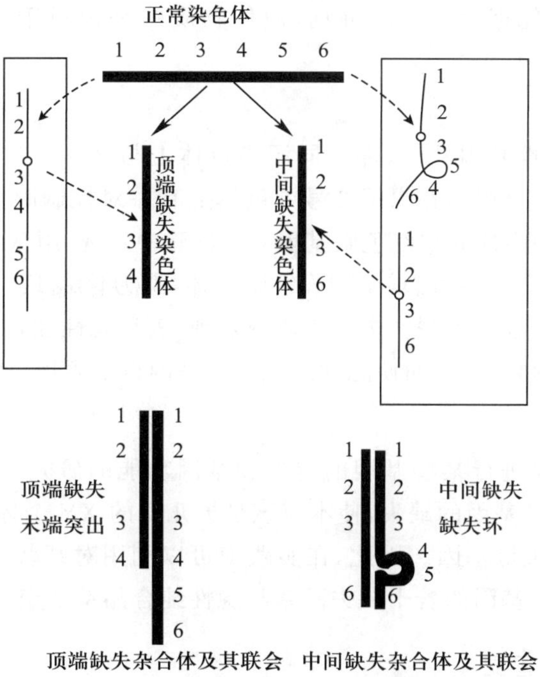

图 4-5　缺失的形成及细胞学特征

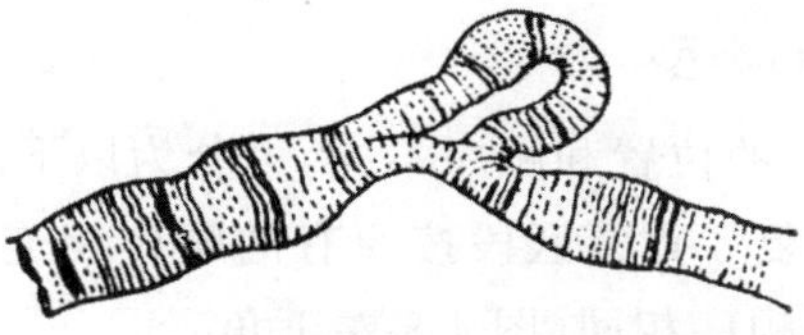

图 4-6　果蝇幼虫唾腺染色体的缺失环

(三)缺失的遗传与表型效应

缺失主要影响生物正常的发育和配子的活力。缺失将会产生以下几种效应：

1. 致死或出现异常

由于染色体的缺失,使它上面所载荷的基因也随之丢失,所以,缺失常常造成生物的死亡或出现异常,其严重程度取决于缺失区段的大小、所携带基因的重要性以及缺失的类型。缺失的纯合体常常是致死的,因为纯合体丢失了两个拷贝的染色体片段,从而导致了基因组的不平衡。而缺失的杂合体尽管缺失的只是单个基因,但仍是有害的,其原因之一是由基因的单倍剂量不足所致。比如某些功能重要的基因,由于缺失了一个拷贝,使合成的功能性蛋白只是正常个体的一半,不足以维持正常的表现。如人类的猫叫综合征就是由于5号染色体短臂缺失所致,新生儿发病率1/50 000,女性多于男性,大部分患儿可以活到儿童期,少数可活到成年。再比如果蝇翅膀的缺刻表型(图4-7),是由于雌性果蝇的一个X染色体上Notch基因片段缺失,导致该基因的剂量不足,从而使翅型的发育不正常,而雄性果蝇X染色体该区段的缺失将是致死的。因此,缺失常会导致个体生活力的下降甚至不能存活。由此可见,遗传物质的平衡对于生物个体来讲是至关重要的。

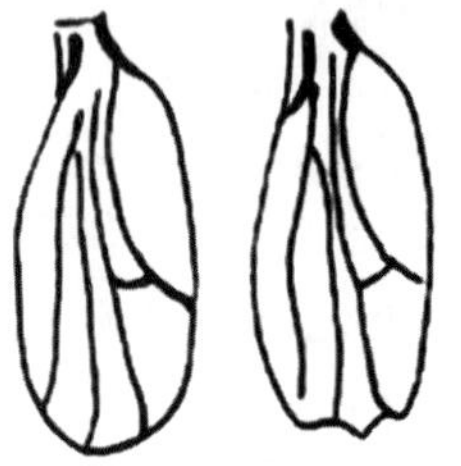

图 4-7 果蝇的正常翅与缺刻翅

2. 假显性或拟显性

在杂合体中,如果显性基因缺失,那么同源染色体上与之对应的隐性等位基因就得以表现,这种现象称为假显性。例如,在果蝇3号染色体上有一对控制眼色的等位基因,分别是显性的深红色眼基因 *ST* 和隐性的猩红色眼基因 *st*。试验中发现,用深红眼的纯合亲本(STST)与猩红眼亲本(stst)杂交,后代会出现个别猩红眼个体,那为什么 F_1 本该是深红眼表型,但却有个别果蝇表现出隐性的猩红眼呢?进一步研究发现,表现隐性性状的个体,是由于3号染色体发生了显性 *ST* 基因的缺失,从而使隐性的猩红眼基因得以表现,这种现象叫假显性。

(四)缺失的应用

缺失常作为一种手段进行某些基因的定位和基因功能的研究。如在人类临床医学中发现,由于Y染色体上SRY基因的缺失,使本应该是男儿身的XY个体表现为女性,由此可知,SRY基因是男性发育的关键基因。因此,在实践中可以利用对某些基因的缺失,来揭示该基因的功能。另外利用特定基因的若干缺失品系与隐性纯合品系杂交,也可以进行基因的定位。

二维码 4-4 重复

二、重复

重复是一个正常染色体增加了与本身相同的某一区段。

(一)重复的类型

重复按发生的位置和顺序不同,可分为以下两种类型:

(1)顺接重复　重复区段按原有的顺序相连接,即重复区段所携带的遗传信息的顺序与染色体上原有的顺序相同(图4-8左下角)。

(2)反接重复　重复区段按颠倒顺序连接,即重复区段所携带的遗传信息的顺序和原来的相反(图4-8右下角)。

一对同源染色体中如有一条染色体发生重复，另一条染色体正常，就形成了重复杂合体。若一对同源染色体都发生相同的重复，就形成了重复纯合体。

（二）重复的细胞学特征

重复和缺失总是相伴出现的，可以用鉴别缺失染色体的方法来鉴别重复染色体。倘若重复的区段较长，当重复杂合体的染色体联会时，重复区段就会拱起来，形成一个突出的环或瘤（图 4-8）。缺失和重复所形成的环或瘤是不同的，重复形成的拱形部分是染色体的重复区段，而缺失形成的拱形部分是染色体的正常区段。果蝇的唾液腺染色体是检查缺失和重复最好的材料，因为果蝇唾液腺染色体特别大，而且是体细胞联会。4 对染色体所联会的 4 个二价体的总长度达 1 000 μm，肉眼也能看见。唾液腺染色体上的许多宽窄不等和染色深浅不同的横纹带，可以作为鉴别缺失和重复的标志。

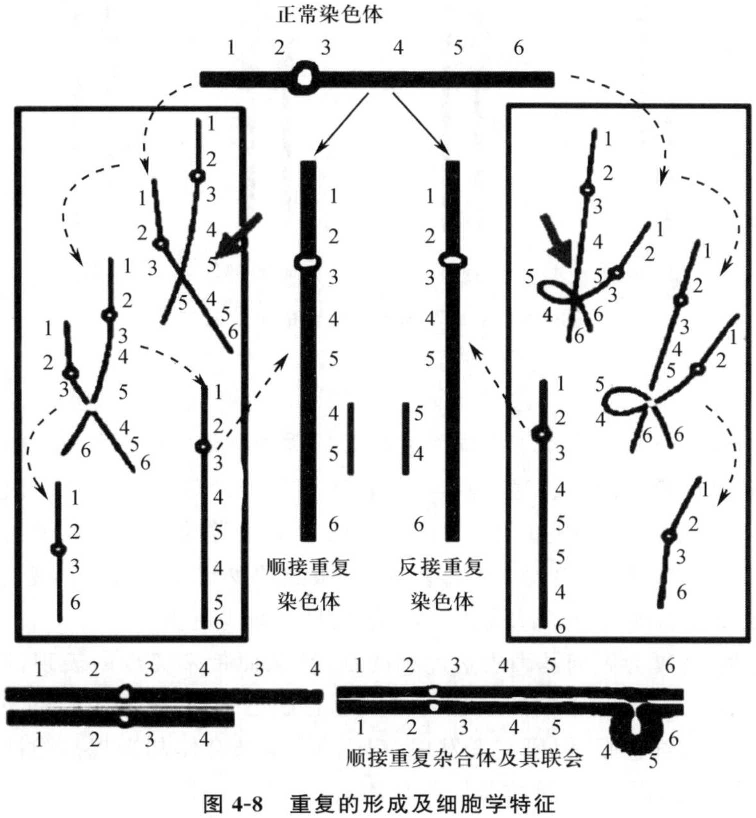

图 4-8　重复的形成及细胞学特征

（三）重复的遗传与表型效应

重复的遗传效应比缺失缓和，但重复片段过大，也会影响个体的生活力，甚至导致个体死亡。重复发生后，除了会破坏正常的连锁群、影响基因的交换率之外，还可能导致以下效应及表型异常。

1. 位置效应

一个基因随着染色体畸变而改变它和相邻基因的位置关系，所引起表型改变的现象称位置效应。重复的发生改变了原有基因间的位置关系。如图 4-9 所示，如果果蝇 16A 区段的重复是 2 个拷贝，那么，这 2 个区段分散在一对同源染色体上表型为棒眼，集中在一个染色体上表现为重棒眼，也就是同等数量的重复，由于分布的位置不同而表现出不同的效应。位置效应的产生，是由于重复使基因的位置关系发生变化，因此可能会导致基因的表达水平也随之发生改变。

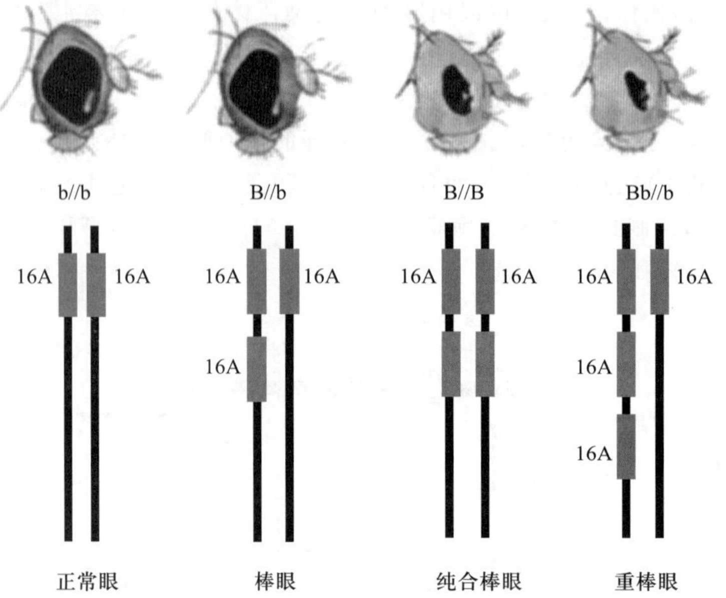

图 4-9　果蝇眼面大小遗传的位置效应

2. 剂量效应

由于基因数目的不同，而表现了不同的表型差异称为剂量效应。如图 4-9 所示，在正常情况下，果蝇的眼睛是卵圆形的，人们发现，当 X 染色体上 16A 区段发生了一次重复，也就是一个染色体上出现 2 个 16A 区段的时候，复眼的小眼数由正常的 779 个减少到 358 个，致使果蝇的眼睛变小、表现为棒眼；当出现 3 个重复时，小眼数减少到 45 个，眼睛变为更小的重棒眼。也就是 16A 区段重复的次数越多，复眼中的小眼数目就减少越多。

以上结果表明，重复会影响基因表达产物的剂量，从而带来突变的表现，即由正常的卵圆型眼变为细小的棒眼。再如，果蝇的眼色有朱红色和红色 2 种，分别由隐性 *v* 和显性 *V* 基因控制。Vv 基因型表现红色眼，但研究者发现 Vvv 的重复杂合体却表现是隐性的朱红色眼，即 2 个隐性基因的作用超过了显性等位基因的作用。

3. 表型异常

重复对动物个体的异常影响比缺失要小。例如果蝇的 Notch 基因发生了缺失，会导致翅膀产生缺刻的表型，但如果该基因发生重复，也就是细胞中有 3 个拷贝的 Notch 基因，果蝇的翅膀会出现额外的翅脉，其表型的异常会比缺失缓和。在我们人类有一种脆性 X 染色体综合征，其 X 染色体形态如图 4-10 所示，这种疾病的特征是智力低下，长脸大头，嘴大唇厚，语言和行为障碍等。那么脆性 X 染色体综合征的发病机制是什么呢？人们通过对其分子机制的研究发现，患者 X 染色体长臂末端（Xq27.3）*FMR*1 基因的 CGG 三联体密码子，其拷贝数由正常的 16～54 个增加到 200 个甚至上千个。由于 CGG 重复的发生，导致该区段基因功能的丧失，并使 X 染色体形成易被折断的脆性部位，从而产生表型异常或叫表型突变。

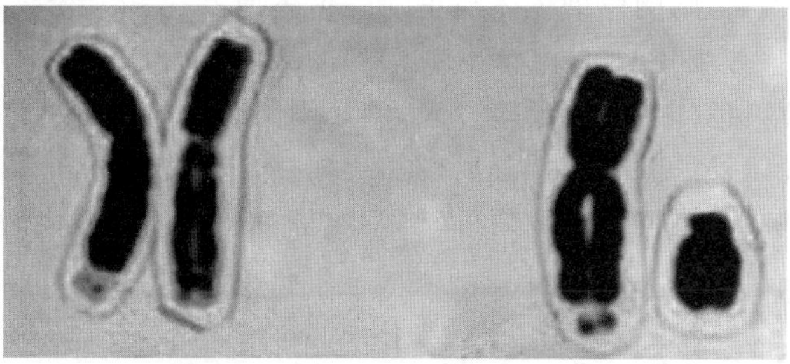

图 4-10　电镜下的脆性 X 染色体

(四)重复的应用

虽然重复所导致的性状异常不利于个体生存,但从基因组演化的角度来看,重复是生物进化中重要的原始材料之一。例如,有学者推测大约 8 亿年前可能是染色体的重复,促成了珠蛋白基因向血红蛋白和肌红蛋白编码基因的分化。

在动物育种上,利用基因的重复,可以固定杂种优势。比如对于一个杂合体 Aa 来说,随着 A、a 的分离,杂种优势会消失,因此不能作为种用。但如果通过不等交换使这 2 个基因重复到一个染色体上的相邻位置,那么就可以起到固定杂种优势的作用。

三、倒位

倒位是指一个染色体上某区段的正常排列顺序发生了 180°的颠倒。倒位起源于染色体 2 次断裂后,中间区段发生 180°的颠倒,再与另外两个区段重新连接。

二维码 4-5
倒位

(一)倒位的类型

按照倒位区段包含着丝粒的有无,分为以下两种类型:

(1)臂内倒位　发生在一个臂内不包含着丝粒的染色体区段的颠倒(图 4-11)。

(2)臂间倒位　发生在两个臂间包含着丝粒的染色体区段的颠倒(图 4-11)。

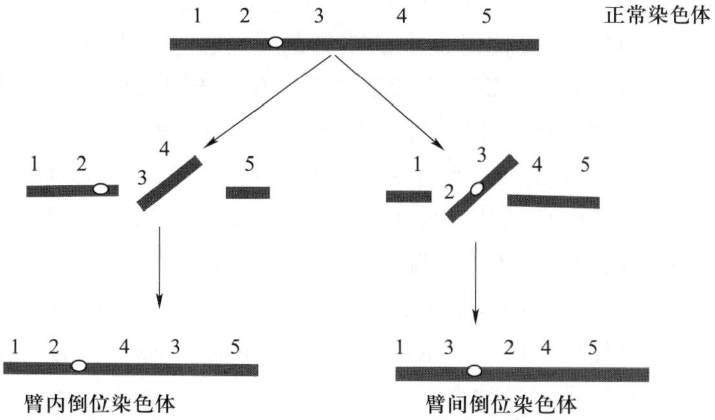

图 4-11　臂内倒位和臂间倒位的形成

(二)倒位的细胞学特征

如何鉴定一个个体是否发生倒位呢?一般是根据倒位杂合体减数分裂时的联会特征来鉴

别。倘若倒位区段不太长，则倒位染色体与正常染色体所联会的二价体就会在倒位区段内形成“倒位圈”(图 4-12)。如图 4-13 是电镜下观察到的果蝇唾液腺染色体形成的倒位圈。倘若倒位区段很长，则倒位染色体就可能反转过来，使其倒位区段与正常染色体的同源区段进行联会，二价体的倒位区段以外的部分保持分离(图 4-12)。倒位圈不同于缺失杂合体和重复杂合体的环或瘤，后二者是单个染色体形成的，而倒位圈是一对染色体形成的。

图 4-12　倒位杂合体及细胞学特征

图 4-13　电镜下观察到的果蝇的倒位圈

(三)倒位的遗传与表型效应

1. 部分不育

倒位的纯合体一般表现正常，杂合体则表现不育。原因是在杂合体的倒位圈内，非姐妹染色单体交换时，会形成重复和缺失同时发生的不育的异常配子。如图 4-14 所示，一个臂内倒位杂合体，着丝粒在倒位环的外面，那么在减数分裂时倒位环内的 4 和 5 基因间发生交换，会出现一种特殊的图像，叫作“桥和断片”。即四条染色单体将会形成 12・3453・21 的双着丝粒染色体和 6456 的无着丝粒染色体，另外还有两条不发生交换的染色体 123456 和 123546。双着丝粒染色体在减数分裂后期形成的染色体桥，随着着丝点被纺锤丝牵拉，该染色体将随机断裂，从而形成基因不平衡的配子即不育的配子。无着丝点的片段往往留在细胞质中，不能进入子细胞的核内而丢失。若是臂间倒位的杂合体(图 4-15)，当着丝粒在倒位环的里面时，3 和 4 基因间交换后会使染色单体发生缺失或重复，即产生遗传物质不平衡的不育配子 12・341 和 652・3456，这两种配子一般没有生活力。

2. 交换值降低

不论着丝粒在倒位环的外面，还是在倒位环的里面，如果在环内有交换发生，那么交换过的染色单体都带有缺失和重复，进入配子后，往往引起配子的死亡，因此最后所得到的配子几乎都是在环内没有发生过交换的。所以倒位的一个重要的遗传学效应就是可以抑制或大大地

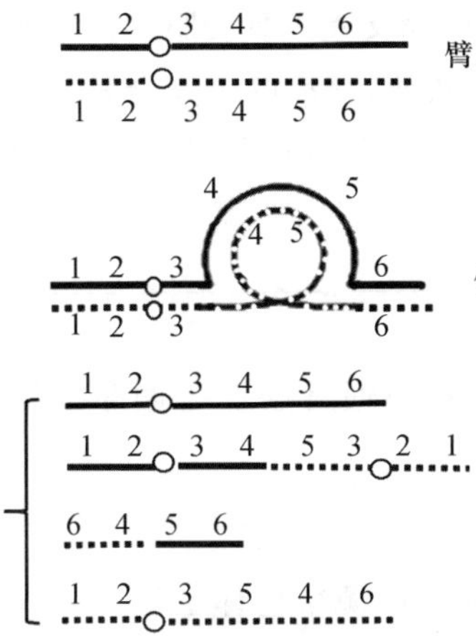

图 4-14 臂内倒位杂合体的联会及交换

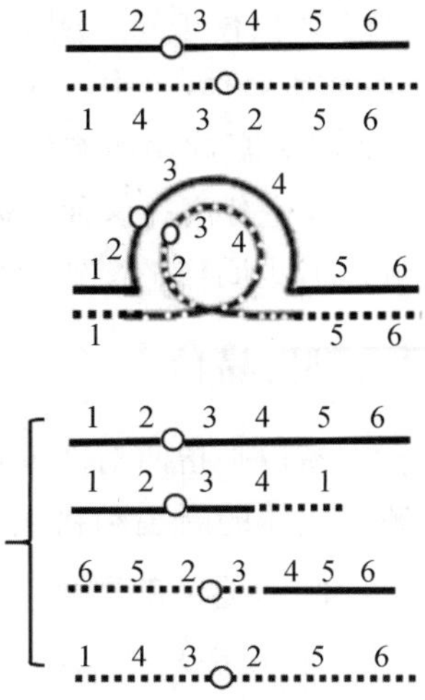

图 4-15 臂间倒位杂合体的联会及交换

降低倒位环内基因的交换。即在倒位杂合体中，倒位环内发生单次交换的产物不能形成有功能的配子，因而表面看来好像交换被抑制了。倒位在我们人类也时常发生，据不完全统计，人的臂内倒位有 23 种，臂间倒位有 214 种。

3. 表型异常

如果倒位破坏了所在位置的基因，或者影响到其他基因的表达水平，就会使个体产生异常的表现。例如在北美人群中，有 45%的重症甲型血友病的发病机制是凝血因子 8 的编码基因第 1 到 22 号外显子区段内发生一个倒位，这样的倒位使基因的遗传密码的阅读框架发生改变，造成凝血因子 8 基因的失活，结果导致重症甲型血友病的发生。

4. 新物种形成的途径

由于染色体发生倒位，而且倒位杂合体通过自交会出现倒位纯合体的后代，而倒位纯合体生活能力正常，当它们与原来的物种产生生殖隔离，就会形成新的物种。例如在果蝇中有 2 个物种，其中一个物种的形成是在原物种的基础上发生了 1 个大片段倒位和 5 个小片段倒位。再如，人和黑猩猩的第 4 号染色体相比，DNA 序列虽基本相同，但发生了一个臂间倒位。因此，倒位与基因组的演化具有密切的联系。

(四)倒位的应用

利用倒位的交换抑制效应，可以保存带有致死基因的品系。一般来说，品系都是以纯合体的形式保存下来，而带有致死基因的品系纯合是致死的，因此不容易被保存下来。例如果蝇中第 3 号染色体上的 *D*(dichaete，展翅)是个显性基因，但也是隐性致死基因。要培养展翅品系，只能每一代都选择杂合体交配，下一代是 2/3 的杂合体和 1/3 的正常翅(因 *D*/D 个体死亡)。因此要保存致死基因，即选留杂合体，必须逐代逐个观察，把正常翅个体淘汰。如果不这样选择，则培养瓶中必然进行着自然选择，致死基因最终会消失，这样不利于对其进行基因定位和致死作用机理等方面的研究工作。但是每一代逐个观察是极费人力和时间的，在保存果蝇品系较多的遗传学实验室中这个问题尤其严重。为此，摩尔根的学生穆勒想出一个非常巧妙的办法，就是用另一致死基因来“平衡”，不过这第二个致死基因与第一个致死基因之间必须不发生交换重组才行。例如可用 *Gl*(glued，黏胶眼)来“平衡”*D* 基因。*Gl* 也是 3 号染色体上的显性基因，但纯合致死。

已知 D 和 Gl 这两个基因位于同一倒位圈内，由于倒位区段具有抑制交换的作用，因此用展翅个体(D+/++)与黏胶眼个体(++/+Gl)交配，在后代中选择既表现展翅又表现黏胶眼的雌雄个体(D+/+Gl)传代，这样后代中所有纯合个体(DD/++，++/GlGl)致死，存活的个体全是杂合体(D+/+Gl)，不会发生分离。这种永远以杂合状态保存下来、不发生分离的品系，叫作永久杂种(permanent hybrid)，也叫作平衡致死系(balanced lethal system)。

二维码 4-6 易位

四、易位

易位是指两对非同源染色体间某区段的转移。易位通常起源于两条非同源染色体的断裂和错误的连接。

(一)易位的类型

(1)单向易位　一个染色体的某区段结合到另一非同源染色体上。

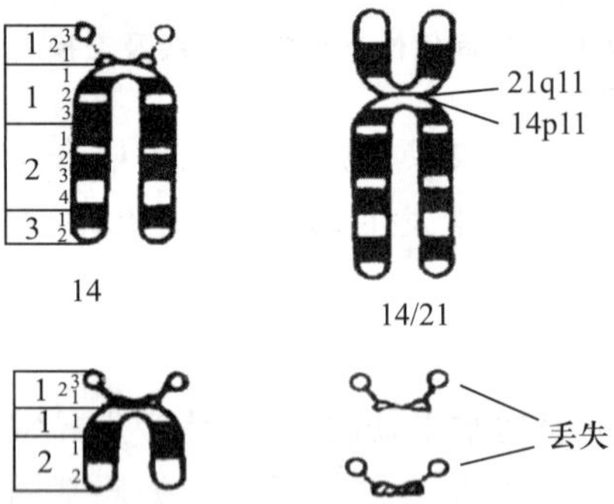

图 4-16　罗伯逊易位

(2)相互易位　指非同源染色体间相互交换了一段染色体片段(图 4-16)。相互易位与连锁互换中描述的基因间的交换有些类似，但二者之间存在本质区别。交换发生在同源染色体之间，而易位则发生在非同源染色体之间。

(3)罗伯逊易位　它是由两个近端着丝粒染色体或者端着丝粒染色体，在着丝粒附近断裂后，两条染色体长臂融合形成一条衍生染色体，而两个短臂构成的染色体在后续的分裂中会发生丢失。因此罗伯逊易位会导致染色体数目的减少(图 4-16)。

(二)易位的细胞学特征

易位的细胞学特征是根据易位杂合体在偶线期和粗线期的联会特征来判定。染色体的联会通常要遵循等位基因对应的原则，单向易位的杂合体，在减数分裂中期可以看到特有的“T”字形图像，相互易位杂合体则呈现“十”字形联会特征(图 4-17)。“十”字形联会到了终变期，就会因交叉端化而变为 4 个染色体构成的“四体链”或“四体环”；到了中期Ⅰ，终变期的环又可能变为“8”字形。

(三)易位的遗传与表型效应

1. 个体表型异常

易位可以改变正常的连锁群。一条染色体上的连锁基因，可能因易位而表现为独立遗传，独立遗传的基因也可能因易位而表现为连锁遗传。但易位通常没有改变基因组中遗传信息的总量，而只是改变了这些遗传信息的位置，也就是说易位个体的遗传物质是平衡的。因此在多数情况下，易位携带者的表现是相对正常的。但有时基因位置的改变会抑制或激活基因的表达，这样就会导致个体表型的异常。

例如，控制果蝇红色眼的基因，在一些细胞中如果易位到了异染色质区，由于异染色质区的基因是不表达的，这样，果蝇的复眼就由表型红色的正常细胞和表型异常的白色细胞构成，所以果蝇就会呈现出红白相间的复眼。这种效应也叫位置效应。

另外，易位时基因的重排，也可能导致癌基因的活化。如人类 8 号染色体上的 *c-myc* 原癌基因易位到 14 号染色体上特定区域时，会使该原癌基因的活性显著提高，从而导致 B 淋巴细胞瘤的发生。

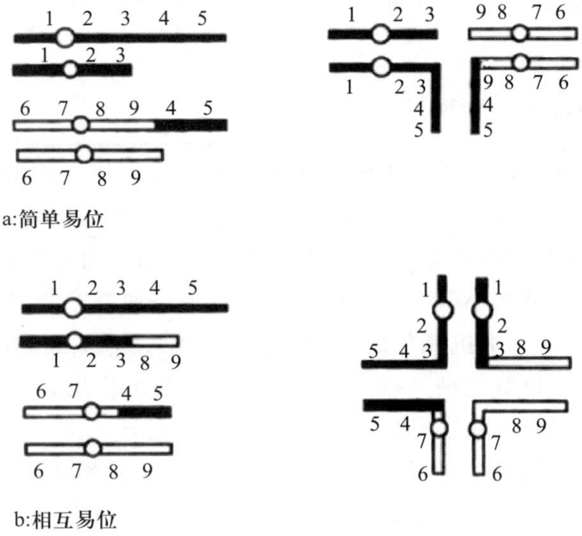

图 4-17　易位杂合体的联会图

2. 不育现象

相互易位的杂合体，非同源染色体在减数分裂联会时会形成十字形结构。后期可能会出现两种分离情况(图 4-17)：一种是交互分离，它是十字配对中不相邻的染色体同趋一极，如产生 12345 和 6789 的正常配子，以及 12389 和 6745 的平衡易位的可育配子。另一种分离是邻近分离，即相邻的两条染色体同趋向一极，如产生 12345 和 6745 的配子，以及 12389 和 6789 的配子，这两种配子存在重复和缺失，皆不可育。如一头公猪繁殖力很低，其与配母猪的产仔数为 5.1 头，而该猪所在群体的平均产仔数为 12.7 头，通过核型研究发现，其原因是 15 号染色体长臂上的一个区段易位到了 11 号染色体短臂上(11p＋/15q－)。再如在牛中存在 2/4、13/21、1/25、3/4、5/21、27/29、1/29 等罗伯逊易位，其中 1/29 易位个体在瑞典红白花牛群中占 13%～14%，造成牛繁殖力下降 6%～13%。

3. 新物种形成的途径

在哺乳动物的进化中，着丝粒融合是较普遍的形式。如牛科的主要进化方式是罗伯逊易位；对山羊和绵羊染色体的 G 带研究证实，山羊($2n=60$)的 6 对端着丝点染色体发生罗伯逊易位，形成绵羊($2n=54$)的 3 对中央着丝点染色体。另外，生物学家研究发现，人类的 2 号染色体可能是由祖先的两条独立的染色体发生融合产生的。在包括黑猩猩在内的现代类人猿中，都能够看到未发生融合的两条独立的染色体。

(四)易位的应用

易位主要用于动植物的育种。如人们通过诱发易位，可以进行同一个体非同源染色体间基因的转移。在植物上，已知小伞山羊草具有抗小麦叶锈病的基因，人们通过杂交和 X 射线处理，将小伞山羊草一段带抗叶锈病基因 *R* 的染色体片段易位到中国春小麦第 6B 染色体上，从而育成抗叶锈病的小麦品种。在动物上，用 X 射线处理蚕蛹，使其 2 号染色体上载有显性斑纹基因的片段易位到雌性的 W 染色体上，使斑纹基因成为限雌遗传。该易位品系的雌性个体与白蚕的雄性个体交配，后代雌性蚕卵有斑纹，雄性蚕卵为白色。生产上雄性家蚕蚕丝产量高、品质好，因此可根据幼虫期蚕卵的颜色鉴别雌雄，以便分别饲养，提高养蚕生产的经济效益。

五、染色体结构变异的机制

染色体结构发生变异一般源于染色体的断裂。导致染色体断裂的因素较多，在自然条件下可发生，也可由体内代谢产物所引起。如用 X、γ 射线或某些化学药品处理生物细胞染色体，可以增加断裂和结构改变的频率。有人用洋葱磨碎后的提出液处理洋葱的细胞，发现可引起染色体断裂。另有研究者在小鼠白细胞的培养过程中添加诱癌剂(如二甲基苯蒽)可以增加染色体断裂的频率，但同时添加抗氧化剂(如维生素 C、维生素 E、亚硒酸钠等)时，可降低染色体断裂的频率，这样看来，抗氧化剂具有保护染色体不断裂的作用。

染色体发生断裂后，如在断裂处原位愈合，则不会有变异产生。如断裂后发生重组，就可能造成染色体的缺失、重复、易位、倒位等结构异常。染色体断裂可发生在细胞分裂的不同时期。如断裂发生于 G_1 期，这时染色体尚未复制，可导致染色体畸变，通过 S 期的复制，可以影响同一染色体的两条单体。如断裂发生在 G_2 期，这时染色体已经复制，由两条染色单体构成，断裂通常只影响两条单体中的一条，即导致染色单体畸变。

第三节　基因突变

1901 年，荷兰学者狄·弗里斯(De Vris)通过对栽培的月见草观察研究，发现月见草性状变异呈间断飞跃式的改变，发生的频率很低，用孟德尔规律不能解释这种现象，他把这种现象叫作突变。基因突变(gene mutation)是摩尔根于 1910 年首先提出的，其在大量红眼果蝇中发现了一只白眼突变果蝇。突变可以自发产生，也可以诱发产生。基因突变的发生与 DNA 复制、DNA 损伤修复、衰老等有关。对于基因突变的研究，不仅具有理论价值，还具有广泛的生物学意义。基因突变为遗传学研究提供了突变体，为育种工作提供了材料，这对科学研究和生产实践及人类医学具有重要的意义。

一、基因突变的概念

突变是指生物遗传物质结构的改变。广义突变包括基因突变和染色体畸变，狭义突变指基因突变。基因突变的本质是指在基因水平上由于 DNA 碱基对的替换、增加或缺失等引起的 DNA 分子结构发生改变，所以基因突变也称为点突变(point mutation)。DNA 的任一碱基对都可突变。这种突变是可以检测、遗传的(不包括遗传重组)，在所有生物的所有基因中都可能发生，通常可以引起一定的表现型改变，导致个体间相对性状的差异，同时这些突变为生物适应环境变化提供了新的遗产变异，对生物进化具有重要意义。

突变前的基因(野生型)和突变后的基因(突变型)形成相对关系，这常常使由原始基因(野生型)决定的性状发生变异，并出现突变型。例如，植物高秆基因 D 突变为矮秆基因 d，D 与 d 为一对等位基因。携带突变基因并表现突变性状的细胞或生物个体称为突变型或突变体(mutant)；而自然群体中最常见的典型类型称为野生型(wild type)。野生型和突变型也常被用作限定词以描述不同类型的生物个体、细胞、基因、品系或性状。例如突变细胞/品系(mutant cell/strain)携带突变基因(mutant gene/allele),表现为突变表现型(mutant phenotype)等。

变异是生物界的普遍现象。从某种意义上说,变异是绝对的。突变产生了新的基因,是生物进化的基础之一,使生物体通过自然选择进化,并影响生物体的特性,可以使生物体具有多样性,创造了千姿百态的自然界。突变是一切性状变异之源。变异可以体现在生物机体的外在特征上,也可以体现在生物机体的生理生化特征上,但归根结底,变异的基础是生物机体遗传物质的变化。遗传物质的变化可以发生在DNA分子水平或染色体水平。

基因重组和基因突变在性状和表型上有相似之处,但两者之间有本质的区别。基因重组是原始基因之间关系的变化,而基因突变是发生在基因内的质的变化。基因突变的结果产生新的基因型,因此,基因突变是生物多样性的根本原因,也是生物进化的源泉。

二、基因突变的特征

基因突变作为生物变异的一个重要来源,不论是低等生物还是高等动植物以及人类,都可能发生基因突变。基因突变具有重演性、平行性、可逆性、多方向性、有害性与有利性等特征。掌握这些特征对于研究基因突变产生的机制、突变体筛选与鉴定、人工诱发突变等具有重要的意义。

(一)突变的重演性

突变的重演性意味着相同的基因突变可以在同一生物的不同个体、不同时间、不同地点重复发生和出现。例如:在20世纪40年代,短腿的安康羊灭绝50年后,短腿的突变体在挪威的一群正常的羊群中重新出现,并由此选育出短腿安康羊(图4-18);研究人员在有角海福特牛群中发现了多个无角的突变体,从而育成无角海福特牛品系(图4-19);另外摩尔根的果蝇杂交试验也多次出现雌雄果蝇的白眼突变个体。

图4-18　短腿安康羊(中)

图4-19　有角海福特牛(左)与无角海福特牛(右)

(二)突变的平行性

亲缘关系彼此密切相近的物种具有相似的遗传基础和相似的基因,经常发生相似的基因突变,这种现象称为基因突变的平行性。根据该特征,如果某种突变类型发生在一个物种或属的生物中,则可以预期其他密切相关的物种或属也可能存在或产生相似类型的突变。例如,矮化基因在马、猪、牛、鸡等动物中都有发生,形成了具有矮小特征的矮小马、小型猪、矮小牛、矮小鸡的个体(图 4-20)。

图 4-20　矮小型动物

突变的平行性对于研究物种间的遗传关系和人工诱变育种具有重要的参考价值,在进行动物与人类相关的试验研究中也有一定意义。

(三)突变的可逆性

突变的可逆性是指突变可以从一种相对性状突变成为另一种相对性状,又可从另一种相对性状突变为原来的相对性状。将自然界中大量存在的野生型等位基因作为标准类型,任何偏离野生型等位基因的变化叫作正向突变(forward mutation)。也就是说基因可以在野生型基因和突变型基因之间来回变异 $A \leftrightarrows a$,即可产生从野生型基因 A 变成突变型基因 a 的过程,也可产生从偏离野生型的突变型基因 a 变成野生型基因 A 的过程,称为反向突变(back mutation)或回复突变(reverse mutation)(图 4-21)。

$$A \underset{反突变v}{\overset{正突变u}{\rightleftharpoons}} a$$

图 4-21　正(反)向突变示意图

造成回复突变的可能性有两种:一是真的回复突变,二是突变发生在另一个与该基因有相互作用的基因座位上,掩盖了原来突变型的表现型——抑制因子突变。在大多数情况下,正向突变发生的概率大于反向突变。这是因为一个野生型基因内部的许多位点都可以发生改变导致基因突变。但是一个基因内部只有那个被改变了的结构恢复原状,才可发生回复突变。

(四)突变的多方向性

一个基因突变后变成了它的等位基因,但突变并非只重复发生在一条路径上,突变可以向多个方向发生。基因向多方向突变的结果是产生了复等位基因。即一个基因突变后可形成一个以上的不同等位基因,在遗传上具有对应关系,且各基因具有不同生理和性状表现(multiple alleles)。如一个基因 A,可以突变为 a,也可能形成 $a_1, a_2, a_3, \cdots, a_n$ 等不同等位基因,并且 $A, a, a_1, a_2, a_3, \cdots, a_n$ 分别具有不同的生理和性状表现(图 4-22)。比如人类的 ABO 血型,就是受同一基因座位上的三个复等位基因(I^A, I^B, i)决定的,形成 4 种主要的血型 A、B、AB 和 O;其中 I^A,I^B 对 i 均为显性;I^A,I^B 间为共显性(无显隐性关系),所以这 3 个复等位基因组成 6 种基因型,但表现型只有 4 种,如表 4-2。再比如果蝇红眼可突变成白眼、杏红眼、血红眼等 14 个复等位基因(图 4-23)。

表 4-2 人类的 ABO 血型系统

血型	A 血型	B 型	AB 型	O 型
基因型	I^AI^A,I^Ai	I^BI^B,I^Bi	I^AI^B	ii

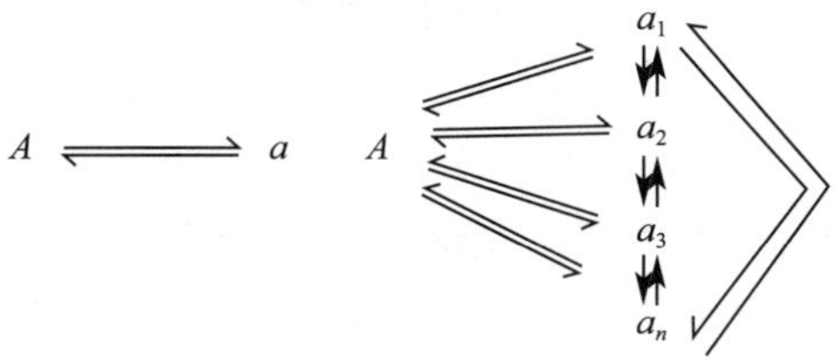

图 4-22 基因突变的多方向性

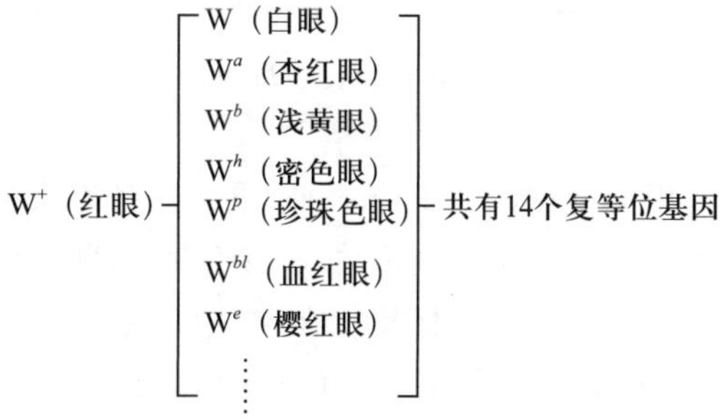

图 4-23 果蝇红眼基因突变的多方向性

(五)突变的有利性与有害性

对一个物种而言,任何一种能增强适应环境、提高其生存竞争能力、提高其繁殖后代能力的突变都是有利的,反之则是有害的。大多数基因的突变是有害的,会造成生物体生活力和生殖能力降低、抗逆性差等。因为各种生物在进化过程中,它们的遗传物质及其代谢过程,都是自然界长期进化、选择的产物,与环境都已达到相对的平衡和高度的协调统一。一旦某个基因发生突变,往往不可避免地造成原有的平衡协调关系遭到破坏和打乱,机体的平衡也将被破坏,个体的正常生理代谢会受到影响,从而导致性状变异、个体发育异常、生存竞争与生殖能力下降等,极端情况下还会造成细胞或者个体死亡,即致死突变。致死突变(lethal mutant)是指发生突变后会导致特定基因型个体死亡的基因突变。大多数致死突变都为隐性致死(recessive lethal),只有突变后代中的隐性合体才表现为致死的效应。如 1904 年 Lucien Cuenot 在小鼠的毛色遗传中发现,正常黑色鼠群体中发现一种黄色,在黄色鼠自交群体中,后代黄色与黑色的分离比是 2∶1。研究结果表明,黄色基因 A^Y 对黑色基因 a 在毛色上表现为显性,但是同时具有显性纯合致死效应,即 A^YA^Y 个体在胚胎阶段即死亡,只有黄色鼠杂合体 A^Ya 可以正常存活。

少数致死突变表现为显性致死(dominant lethal)。如人的神经胶症(epiloia)基因,是显性致死基因,可引起皮肤畸形生长、严重的智力缺陷、多发性肿瘤等,携带该致死基因的个体年轻时即死亡。再如由显性基因 *Rb* 引起的视网膜母细胞瘤是一种致死性遗传病,常在幼年发病,患者通常肿瘤长入单侧或双侧眼内玻璃体,晚期会向眼外蔓延,最后因全身转移而死亡。致死突变在常染色体和性染色体都可发生,如果发生在性染色体上,将产生伴性致死(sex linked lethal)现象。

作为基因的重要特征,突变并非全部有害,少数基因突变是有利的。基因突变的有利性是指基因突变可以创造新的基因型,增加生物的多样性,为育种工作提供更多的素材,同时还可以促进生物的进化,并为进化过程中对环境的适应性提供了可能性。如植物的抗倒伏、微生物的抗药性、羊的矮腿、牛的双肌性状等。

基因突变的有利性和有害性是相对而言的,有的突变对生物体本身有利,对人类不利;而

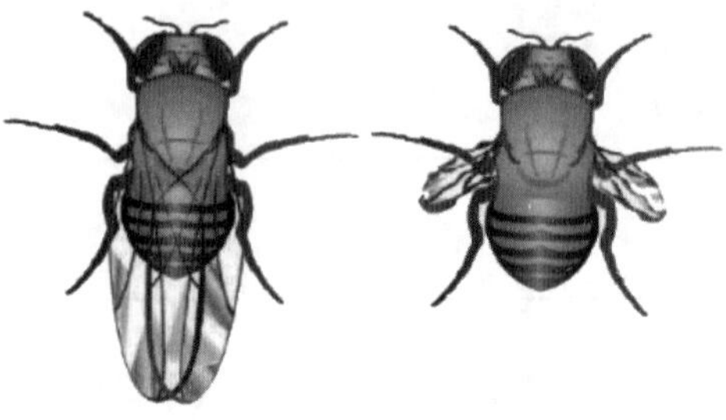

图 4-24 果蝇的长翅与残翅

有些突变对生物体本身不利，对人类有利。例如，果蝇的长翅和残翅是一对相对性状，由位于第二染色体上的基因＋/*vg* 决定；当长翅突变为残翅，正常情况下影响飞行，不易寻找食物，表现为有害；但是在多风的岛上，长翅果蝇容易被吹入海中，这时残翅更有利于果蝇的生存(图 4-24)。

(六)突变的低频率性

研究发现，相同突变重复发生的趋势相对稳定，可以用突变率(mutation rate)或突变频率(mutation frequency)进行定量描述。突变率表示某个基因突变在单位时间内(如一个生物学世代或细胞世代)突变个体占总观察个体的比值，即每世代每个基因的突变概率。在实践中，由于时间检测和界定困难，大多数生物的突变率难以准确估计，因此通常使用突变频率来估计突变率。突变频率指在群体中某种突变产生的突变体在一个世代(单细胞生物以每一细胞)群体中所占的比例，也就是一定时间内突变可能发生的次数。突变频率的估计因生物繁殖方式而异：有性繁殖生物的突变频率通常由配子突变的概率表示，即一定数目的配子中突变配子的数目。细菌和单细胞生物的突变频率由细胞突变的概率表示，即突变细胞数在总细胞数中的占比。自然条件下发生的突变频率通常非常低，如国王猎豹是一种返祖现象，拥有和祖先一样的条状花纹，普通猎豹是斑点状花纹，斑纹差异源自 *Taqpep* 基因，平均每 1 000 头猎豹中才会有一头国王猎豹(图 4-25)。美国遗传学家 Christopher Kaelin 最新研究发现，埃及猫、阿比西尼亚猫、缅甸猫不同毛色是 *Ticked* 基因突变导致的，其中单色的阿比西尼亚猫、缅甸猫是因为拥有一对 *Ticked* 基因导致失去明显的斑点标记(图 4-26)。不同生物和不同基因的突变频率因生物种类或者基因相差较大，同一基因的突变频率则相对稳定(表 4-3)。据估计，高等生物的突变频率为 10^{-5}～10^{-8}，细菌中为 10^{-4}～10^{-10}。原发性"非典"，是突变频率作用的结果。如果是在人工诱变条件下，突变频率可以大大提高，有时相差几千倍。

图 4-25 低突变频率的国王猎豹(Greg Barsh)

图 4-26 低突变频率的猫(引自 Christopher B. Kaelin，2020)

表 4-3 部分生物性状的自然突变频率

物种	突变体性状	突变方向	突变率	单位
果蝇	黄体	Y→y	1.2×10^{-6}	每个配子世代
(*D. melanogaster*)	白眼	W→w	4×10^{-5}	
	黑檀体	e^{+}→e	2×10^{-5}	
	无眼	eg^{+}→eg	6×10^{-5}	
小鼠	浅色皮毛	d^{+}→d	3×10^{-5}	每个配子世代
(*Mus musculus*)	粉红色眼	p^{+}→p	3.5×10^{-6}	
	白化	c^{+}→c	1.022×10^{-5}	
人	血友病	h^{+}→h	2×10^{-5}	每个配子世代
(*Homo sapiens*)	视网膜色素瘤	R^{+}→R	2×10^{-5}	
	软骨发育不全	A^{+}→A	5×10^{-5}	

注:引自杨业华,2000。

(七)突变的随机性

突变的随机性是指基因突变可发生在生物个体发育的任何时期和任何细胞,既可以在合子期、胚胎期、幼龄期和成熟期的体细胞中发生,也可以在配子期发生。配子期发生的突变称为生殖细胞突变(germinal mutation)。如果突变的生殖细胞参与了受精过程,突变基因就可以通过有性生殖传递给子代。合子期之后发生的突变称为体细胞突变(somatic mutation),体细胞发生显性突变时,当代就会出现突变性状与原来性状并存的现象,叫嵌合现象,这种个体称为嵌合体(chimaera),如苹果果实半边红半边黄的现象(图 4-27)。嵌合范围的大小与体细胞发生基因突变时期的早晚有关,发生的时期早,嵌合范围大,发生时期晚,嵌合范围小。

图 4-27 苹果颜色突变的随机性

突变的不确定性和无目的性是基因突变随机性表现的另一个方面。我们可以通过筛选来得到所需要的突变体,但不能确定该突变是否一定会发生。如细菌对抗生素的耐药性突变并不是在使用抗生素之后才发生的,只不过是在使用抗生素后,发生耐药性的突变体能够存活下来,并且在药物的选择压力下,从少数逐渐成为优势菌系。

三、基因突变的类型

基因突变可按不同依据划分出以下类型。

(一)按基因化学结构的改变划分

1. 碱基替代(base substitution)

碱基替代是指在 DNA 分子中一个碱基对被另一个碱基对所代替的现象,但是碱基对的数量没有发生变化。碱基替代可分为两种:颠换和转换。一种嘌呤被一种嘧啶置换,或一种嘧啶被一种嘌呤置换的现象叫颠换(transversion);一种嘌呤被另一种嘌呤置换,或一种嘧啶被另一种嘧啶置换叫转换(transition),如图 4-28 所示。如果碱基替换发生在编码区,则只改变被置换碱基所在的密码子,不会影响其他密码子。

如皮埃蒙特双肌牛的育成是由于研究人员在牛群中，发现牛的 2 号染色体上的肌生长因子抑制基因的 *G* 突变为 *A*（酪氨酸替代胱氨酸），从而导致肌肉过度生长，产生牛的双肌性状（图 4-29）。

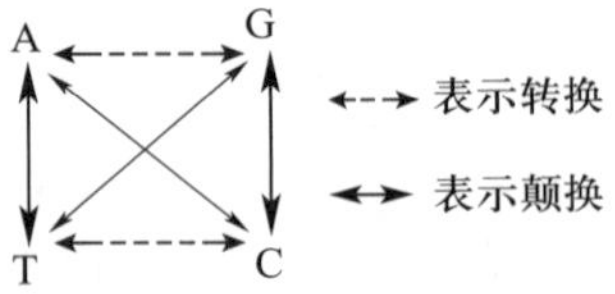

图 4-28　碱基的转换与颠换

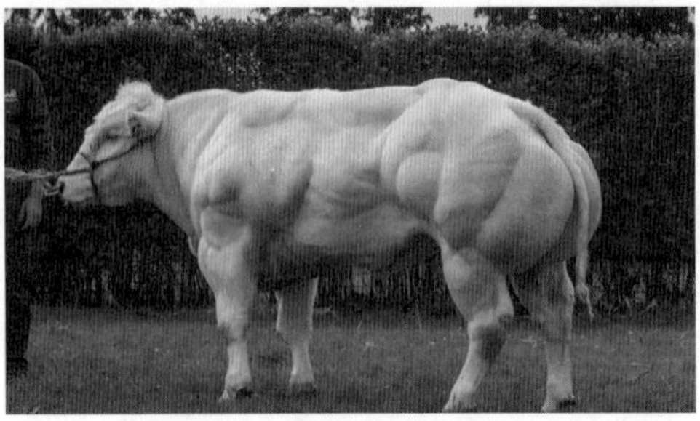

图 4-29　皮埃蒙特双肌牛

碱基类似物的掺入和某些化学物质以及紫外线照射是引起碱基替代的主要原因。生物体发生碱基替代后，主要会影响遗传信息的传递，造成误传信息或者阻断遗传信息的传递，产生新的活性蛋白或者一种不完整的多肽链，使蛋白质失去活性。

2. 移码突变（frameshift mutation）

移码突变是指在基因组中由于一个或者少数几个相邻的碱基对的插入或缺失，造成基因的阅读框位移，从而使该位点之后的密码子都发生改变的现象（图 4-30）。

野生型：	CGA	CAT	**TGC**	ATG	CAT	ATC	
			GC缺失				
缺失：	CGA	GAT	TAT	GCA	TAT	C	
				AA插入			
插入：	CGA	GAT	TGC	A**AA**	TGC	ATA	TC

图 4-30　碱基的缺失与插入

（二）按突变所导致的结果划分

1. 形态突变（morphological mutant）

形态突变主要影响生物的形态结构，导致其大小、形状、色泽等的改变，可以从外观的表现型识别。如金鱼体型（图 4-31）和尾鳍的变异（图 4-32）等。

2. 生化突变（biochemical mutant）

生化突变是指影响生物的代谢过程的基因发生的突变，导致一个特定生化功能的改变或丧失。常见的生化突变是营养缺陷型突变，如红色面包霉一般能在基本培养基上生长，但突变后，要在基本培养基上添加某种特定营养物质才能生长。

3. 致死突变（lethal mutant）

致死突变主要影响生物的生活能力，会导致细胞或者个体的死亡。致死突变既可在性染色体上遗传的基因中发生，也可以在常染色体遗传的基因中发生。大多数的致死突变为隐性致死。

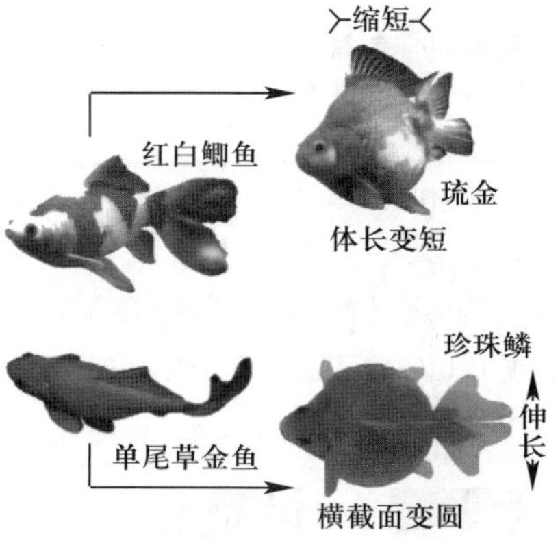

图 4-31 金鱼体型的变异

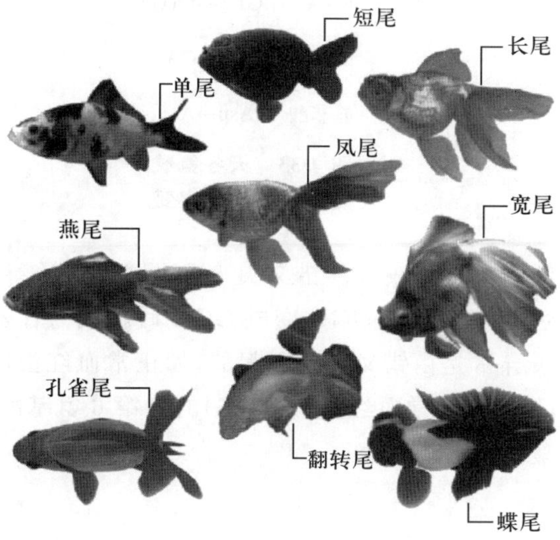

图 4-32 金鱼尾鳍的变异

4. 条件致死突变(conditional lethal mutant)

条件致死突变是指在一定条件下表现出致死效应,而在其他条件下个体能够成活的突变。如噬菌体温度敏感的突变型,25 ℃的时候能在大肠杆菌上生长,形成噬菌斑,但是到了 42 ℃则会致死。

(三)按基因突变的遗传效应划分

基因发生突变是很常见的,无论是碱基替代或者移码突变,这些突变都遵循孟德尔遗传定律,即自由组合定律和分离定律,所以遗传是随机的。发生在基因非编码序列或基因间序列的突变,可能影响基因的调控序列,导致基因表达量的变化,也可能无明显影响。如发生在基因编码序列,单个碱基突变可造成同义突变、无义突变和错义突变,三者属于碱基替代的遗传效应。

1. 碱基替代的遗传效应

(1)同义突变(samesense mutation) 同义突变的发生是由于密码子具有简并性,即一个氨基酸可以有两个以上密码子。如果发生碱基替代之前和之后的密码子都对应一种氨基酸,那么基因编码氨基酸的种类就不发生改变,这种突变不会造成蛋白质序列和性质发生变化。如天冬氨酸密码子由 GAU 变成 GAC 后仍编码天冬氨酸(图 4-33)。

(2)无义突变(nonsense mutation) 无义突变是指由于一对或几对碱基的改变而使决定某一氨基酸的密码子变成终止密码子的基因突变,其结果产生的蛋白质(或酶)失去活性或者丧失正常功能。如色氨酸密码子 UGG 突变成 UAG(终止密码子)(图 4-34)。人类 β 地中海贫血症就是无义突变造成的,由于纯合子的血红蛋白 β-珠蛋白的结构基因发生了单个核苷酸取代,使 mRNA 原来编码第 17 位氨基酸(赖氨酸)的密码子 AAG 变成无义密码子 UAG,导致中度或重度地中海贫血症,临床表现为贫血、浑身无力、营养不良、肝脾肿大等症状,如不治疗,多于 5 岁前死亡。

(3)错义突变(missense mutation) 错义突变是由于一对或几对碱基的改变,而使决定某一氨基酸的密码子变为决定另一种氨基酸的密码子,引起蛋白质功能发生改变,影响生物的生

DNA： CTA→CTG

mRNA：GAU→GAC

氨基酸： Asp→Asp

图 4-33 天冬氨酸密码子的同义突变

DNA： ACC→ATC

mRNA：UGG→UAG

氨基酸： Trp→终止

图 4-34 色氨酸密码子无义突变

活力或性状表现。错义突变和无义突变统称为非同义突变(nonsynonymous mutation)。如色氨酸密码子 UGG 变成 GGG 后就成为甘氨酸密码子(图 4-35)。某些类型的人血红蛋白分子异常是由错义突变引起的,如正常血红蛋白(HbA)的 β 链第 6 位氨基酸为谷氨酸(GAA 或 GAG),异常血红蛋白(HbS)的 β 第 6 氨基酸为缬氨酸(GUA 或 GUG),引起人类镰刀型细胞贫血症(图 4-36)。

DNA： ACC→CCC

mRNA：UGG→GGG

氨基酸： Trp→Gly

图 4-35 色氨酸密码子错义突变

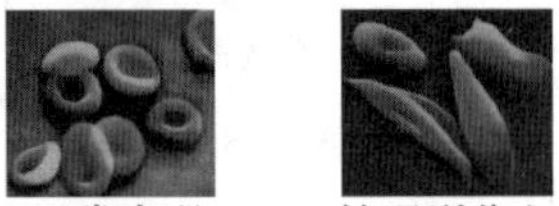

红细胞性状	(正常)	(镰刀型)
临床表现	正常表现	镰刀型贫血
血红蛋白	正常	异常
β-6 (N端)	谷氨酸	缬氨酸
mRNA遗传密码	GAA	GUA
DNA基因	GTT / GAA	GAT / GTA

图 4-36 镰刀型细胞贫血症

2. 移码突变的遗传效应

移码突变的遗传效应比碱基替代所造成的影响要大得多。如果缺失或者插入的碱基对数正好是 3 或者 3 的整数倍,则所表达的多肽链就缺失或插入了某一个或者几个氨基酸,这种整码缺失或者整码插入的突变称为整码突变(in-frame mutation);如果插入或缺失的碱基数不是 3 或者 3 的整数倍($3n \pm 1$ 或者 $3n \pm 2$),会使插入点或缺失点以后的密码错位,解析出一套完全不同的密码子,这不仅会完全改变编码蛋白质的氨基酸序列,还会产生出一种异常的多肽链,进而产生无功能的蛋白质;如果同时发生插入和缺失的双重突变,且插入和缺失的碱基数目相等,则可以抑制突变产生的遗传效应,即第二次移码突变能校正第一次移码突变打乱的密码顺序。

图 4-37 比利时蓝白花双肌牛

比利时蓝白花双肌牛是由于肌生长因子抑制基因(myostatin)在第三外显子处有 11 个核苷酸缺失,导致该基因突变而丧失对肌细胞生长的抑制作用,造成牛肌肉的过度生长(图 4-37)。矮小型蛋鸡是由于性连锁矮小鸡(*dw*)生长激素受体基因(*GHR*)编码的受体蛋白的第 10 个外显子发生了 1 775 个核苷酸的缺失突变,结果导致鸡只比普通鸡只体型矮小。

四、诱发基因突变的因素

基因突变有自发突变和诱发突变两类。自然条件下，基因突变往往是自发产生的。例如，个体受外部环境的温度、营养、天然辐射及有害的化学物质的影响，或由于生物性别、年龄、遗传因素及生物体代谢的异常产物的影响等，都会使基因产生自发突变。

诱发突变中引起基因突变的诱发因素主要包括物理因素、化学因素和生物因素等。三类因素的诱变机理各不相同，如引起突变的化学物质有碱基类似物、结合到DNA上的诱变剂和改变DNA化学结构的诱变剂等。

(一)物理因素

物理诱变是利用各种射线对生物体进行诱变，主要包括离子射线和非离子射线。离子射线包括α和β射线、质子、中子等粒子辐射，以及X射线、γ射线等电磁辐射。离子射线具有很高的能量，能穿透组织，诱导基因突变和染色体的断裂。一般来讲，高能射线并不作用于DNA的某种特定结构。单位被照射物质吸收的能量数值是辐射剂量，它与突变频率成正比。突变频率与辐射强度无关。研究表明，照射量是有累加效应的，2 000 r(伦琴)辐射剂量照射果蝇精子，可使6% X染色体突变，4 000 r(伦琴)辐射剂量照射果蝇精子，可使12%X染色体发生隐性致死突变。

非离子射线主要包括紫外线、电子流、激光和超声波等。紫外线(ultraviolet light ray，UV)是常用的诱变剂，可杀死细胞。紫外线波长通常在10～400 nm，当紫外线波长为320～400 nm时，其致癌性最强。医学以及遗传学上广泛应用UV进行杀菌。紫外线引起的诱变作用与波长有关，因为DNA中的嘌呤和嘧啶有很强的吸收光的能力，尤其是对波长为254～260 nm的UV，这种波长的UV可通过对DNA分子的改变，使DNA合成延伸衰减。

物理诱变可以使DNA分子内部碱基结构发生变化，或者DNA分子与内部分子链、附近的蛋白质分子、相邻嘧啶碱基等发生交联，影响DNA复制，导致基因突变或者个体死亡。紫外线特异性地作用于嘧啶，使得同一条链上邻近的嘧啶核苷酸之间形成多价的联合。最常见的结果是将胞嘧啶脱氨形成尿嘧啶，或是将水加到嘧啶的C4、C5位置上形成发光产物，或是促使胸腺嘧啶联合成二聚体(TT)，见图4-38。它能够减弱C-G之间的氢键，使DNA链发生局部变性或分离。实验证明，紫外线的作用集中在DNA的特定部位，显示了诱变作用的特异性。

胸腺嘧啶二聚体形成以后，局部DNA分子结构会产生变形，这将严重影响DNA之后的复制和转录。如果在DNA双链间形成二聚体，将阻碍双链分开和下一步复制。如果在同一单链间形成二聚体，则会阻碍碱基的正常配对，破坏嘌呤的正常掺入，带来的进一步影响就是复制将终止于此，或发生错误，在后续的复制过程中，会产生一个在两条链上碱基顺序都改变了的分子，进而引起基因突变。

(二)化学因素

化学诱变是指由一些化学物质诱发引起的诱变。诱变具有特异性，特定性质的诱变剂可以诱发一定类型的变异。不同的化学物质诱发突变的作用方式不同，可以造成取代碱基、改变碱基结构、碱基的插入缺失等影响。根据不同的化学结构和功能，主要分为碱基类似物、碱基修饰物和DNA插入剂等。

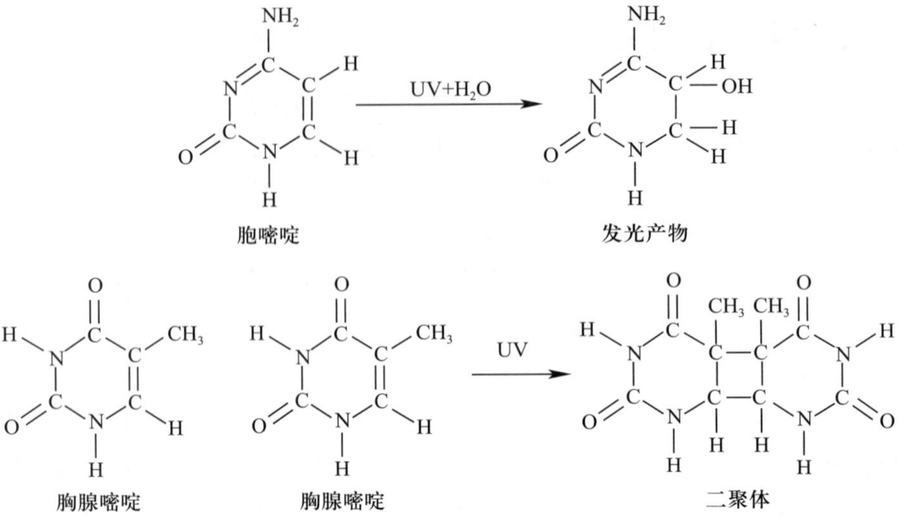

图 4-38　紫外线照射后嘧啶的变化

1. 碱基类似物

碱基类似物的化学结构与 DNA 中正常碱基十分相似，它可以替换 DNA 中碱基而掺入 DNA 分子中，导致复制时错配。如 5-溴尿嘧啶(5-BU)，是强诱变剂，以酮式(常见)、烯醇式(少见)两种异构体存在，而且可以相互转化。酮式和 T 相似，烯醇式和胞嘧啶(C)相似。5-溴尿嘧啶仅在第 5 位碳原子上由溴(Br)取代了胸腺嘧啶(T)的甲基。5-BU 的酮式和烯醇式，可分别与腺嘌呤(A)和鸟嘌呤(G)配对。在 DNA 复制时，酮式 5-BU 与 A 配对掺入 DNA 分子中，然后变成烯醇式，在下一次复制时即会与 G 配对，这样在 DNA 复制中一旦掺入 5-BU 就会引起碱基的转换而产生突变(图 4-39)。

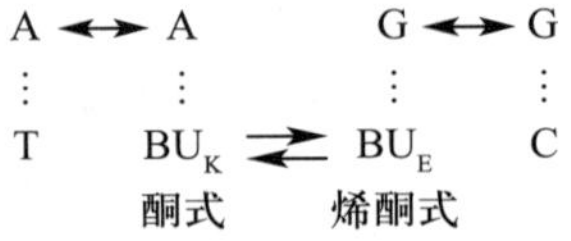

图 4-39　BU 的酮式和烯醇式结构及与 A、G 配对

再如 2-氨基嘌呤(2-aminopurine，2-AP)，嘌呤类似物，有正常状态(2-AP)和稀有状态(2-AP＊)两种异构体，可分别与 DNA 中的胸腺嘧啶(T)和胞嘧啶(C)结合，会造成 G-C→A-T 或者是 A-T→C-G，从而导致突变(图 4-40)。

图 4-40　2-氨基嘌呤的诱变机制

除 5-BU、2-AP 外，还有 5-溴脱氧尿苷、5-氯尿嘧啶，它们的诱变机制相同。

2. 碱基修饰物

属于这类诱变剂的有亚硝酸、烷化剂类和羟胺等，它们不需要掺入到 DNA 分子中，而通过修饰碱基的化学结构，改变其配对特性，引起损伤或复制错误，诱发损伤和基因突变。

(1)亚硝酸(HNO_2)

亚硝酸是一种强诱变剂,又称超诱变剂,具有使碱基氧化脱氨作用,能使腺嘌呤(A)脱去第 2 个碳原子上的氨基,成为次黄嘌呤(H)。次黄嘌呤不能与胸腺嘧啶配对,而仍然与胞嘧啶配对。亚硝酸也可使胞嘧啶(C)脱去氨基成为尿嘧啶(U),尿嘧啶不能与鸟嘌呤(G)配对,而仍然与腺嘌呤(A)配对。这样经过 DNA 复制,使原来的 A-T 转换为 G-C、G-C 转换为 A-T(图 4-41)。

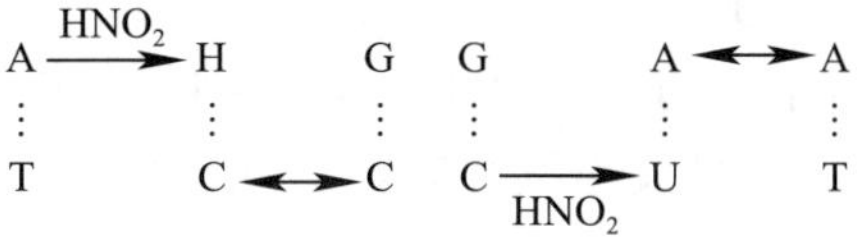

图 4-41 亚硝酸引起碱基替代的机制

(2)烷化剂类

烷化剂带有具有烷化功能的不稳定的烷基,可与核酸中的碱基起化学反应的物质,通过烷基置换取代其他分子的氢原子,称为"烷化作用",这类物质称烷化剂,是栽培作物诱发突变的最重要的一类诱变剂。如硫酸二乙酯类(DES)、甲基磺酸乙酯(EMS)、乙烯亚胺(EI)等属于有多个活泼烷基的烷化剂。烷化剂能使 DNA 分子中的碱基烷基化,导致配对时出现错误,产生碱基替代现象。如大多数烷化剂可在鸟嘌呤的第 7 位上产生烷化作用,形成 7-乙基鸟嘌呤(mG)。硫酸二乙酯可以使鸟嘌呤乙基化变成 7-乙基鸟嘌呤,7-乙基鸟嘌呤很不稳定,不能和胞嘧啶配对,但可以与胸腺嘧啶配对,导致下一次 DNA 复制时使原来的 G-C 对转换成 A-T 对。

烷基的烷化作用还能使 DNA 的碱基容易受到水解而从 DNA 链上裂解下来,造成碱基的缺失,结果会引起碱基的转换、颠换和移码突变。

(3)羟胺(HA)

羟胺是一种非常强的点突变诱变剂,它的作用比较专一化,这一诱变剂几乎只与胞嘧啶发生反应,而不与其他 3 种碱基发生反应,使胞嘧啶第 4 个 C 原子上加氨基羟化,变成像胸腺嘧啶的结合特性,在 DNA 复制时,不再与鸟嘌呤配对,而是与腺嘌呤配对。因此经过 DNA 复制,能将 C-G 对转换成 T-A 对(图 4-42)。如育种专家常用一定浓度的羟胺溶液浸泡番茄种子以培育番茄新品种。

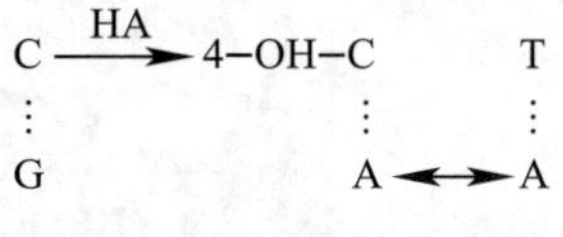

图 4-42 用羟胺处理后 C 的配对行为改变

3. DNA 插入剂

吖啶类、染料类(如溴化乙啶、原黄素、亚黄素)的分子较扁平,大小与碱基相似,可以插入 DNA 分子中间,使 DNA 分子增加或缺失几对核苷酸,造成移码突变。

4. 转座成分的致变作用

转座子(Transposable Elements)又称易位子、跳跃基因,指存在于基因组上可以自主复制和位移的一段 DNA 片段,构成了高等生物基因组的大部分,并且其在不同生物基因组中的含量有非常大的变化。当它们从一个位点转座到另外一个位点，如果这两个位点正好位于一个基因的内部，该片段的插入就打乱基因正常的碱基序列，从而导致基因转录的 mRNA 出现错误，致使翻译的蛋白质失去活性。转座子主要分为 Class Ⅰ型转座子和 Class Ⅱ型转座子两大类。Class Ⅰ型转座子又称逆转录转座子，以 RNA 为介导进行转座，属于“DNA-RNA-DNA”型，每转座一次相应拷贝数增加，基因组增大，且本身带有调控元件，所以会对宿主基因的表达造成影响。Class Ⅰ型转座子包括长末端重复元件(LTRs)、内源性反转录病毒(ERV)、长散布元件(LINEs)和短散布元件(SINEs)，后两者又被统称为非长末端重复元件(Non-LTRs)。Class Ⅱ型转座子也称作 DNA 转座子，以 DNA 为介导进行转座，属于“DNA-DNA”型，造成基因的突变或者重排，一般对基因组大小没有影响。此类转座子包括微型反向重复转座元件(MITEs)和滚筒式转座子(helitron)。

转座子在 20 世纪 50 年代被 McClintock 在玉米中首次发现，在很长一段时间，一直被当作是基因组中的一类无用的“垃圾序列”。近年来，随着越来越多物种全基因组测序的应用，关于染色体结构、基因组大小、基因组重排、新基因生成和基因表达调控等受转座子影响的研究报道越来越多，在分子生物学研究中被广泛应用于基因治疗、转基因动物制备和物种进化等研究。CLARK 等研究发现在犬 *SILV* 基因 11 号外显子附近有 SINE 插入，使其毛色出现白色、黄褐色和烟熏毛色 3 种表型(图 4-43)。DALL'OLIO 等研究表明在赛马 *MSTN* 基因转座子的插入，影响马的赛跑距离。猪 *VRTN* 基因 SINE 的插入多态可能与猪生长速度、繁殖性能和瘦肉率有关。

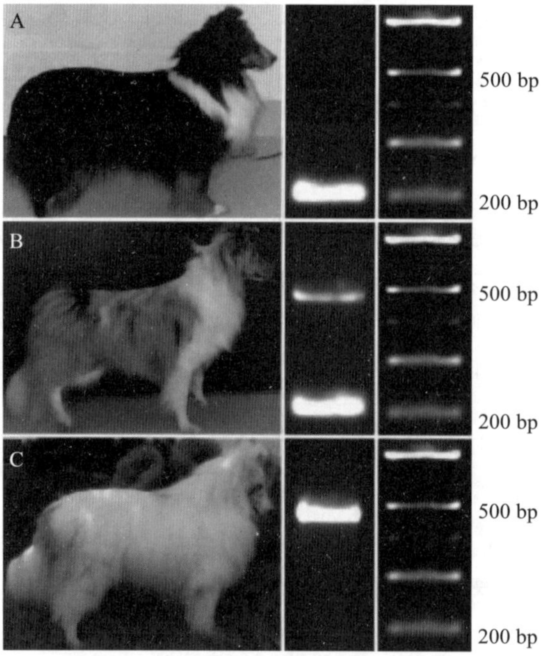

图 4-43　犬转座子 SINE 插入对毛色的影响(引自 CLARK，2006)

五、突变的抑制与 DNA 的修复

(一)突变的抑制

自然界的生物处于千变万化的环境中，内部与外界环境中各种物理化学因素的作用都会引起种类繁多的突变。实际上，生物体表现出的突变率很低，这是因为生物体经过千万年的进化，体内拥有一套完善的DNA修复系统和突变抑制系统，主动或者被动的抑制着各种突变的发生，维持着生命状态的稳定和世代延续。

1. 密码子水平上的突变抑制

遗传密码的简并性指的是一个氨基酸有多个密码子为其编码的现象。密码子的简并性以及结构和性质相似的氨基酸常有相似的密码子，是密码子水平上突变抑制的基础。一般来讲：三个连续的核苷酸构成一个氨基酸的密码子，同一氨基酸的多个三联体遗传密码中，前两位的碱基大多数是相同的，只是第三位不同，如果第三位密码子发生点突变，可能并不影响所翻译的氨基酸种类，因此蛋白质的结构和活性没有发生变化，并不表现突变性状。

2. 基因间突变的抑制

基因间突变抑制一般是指tRNA基因发生突变，使原来的错义突变、无义突变、或移码突变恢复成野生型。

(1)移码突变的抑制　移码突变也可由tRNA分子结构的改变而被抑制，如在正常的DNA序列中插入一个G，使其后的密码子发生移码突变，这时如果反密码子上增加一个C，使反密码子成为CXXX，从而校对了由插入一个碱基造成的移码突变。

(2)无义突变和错义突变的抑制　结构基因发生碱基替代会造成无义突变和错义突变，如果相应密码子的tRNA基因也发生突变，使tRNA反密码子也发生变异，就会合成带有相同氨基酸的完整多肽，使突变得到抑制。

(3)直接抑制突变与间接抑制突变　根据野生表现型恢复作用的性质的差别，还可以将突变分为直接抑制突变和间接抑制突变。直接抑制突变是通过恢复或部分恢复原来突变基因产物蛋白质的功能，而使表型恢复为野生型状态。所以基因内抑制突变和一些改变翻译性质的基因间抑制突变的作用都是直接的。间接抑制突变不恢复正向突变基因产物蛋白质的功能，而是通过改变其他蛋白质的性质或表达水平以补偿原来突变造成的缺陷，使野生型表现得以恢复。

3. 基因内突变的抑制

基因内突变的抑制是指一个基因突变掩盖了另一个基因的突变(但未恢复原来的密码子顺序)，使突变型恢复成野生型。如果突变是由于碱基对的增加，就会使增加碱基对以后的密码子全部误读。若这时在这个突变密码子附近又发生缺失，就会使读码恢复正常，编码有活性的蛋白质。假如原来的序列是ATC CCG CCC GGG ACG……，如果第4个碱基丢失，编码就变为ATC CGC CCG GGA CG……，这时若在第5位碱基前插入一个碱基，就会使后面的密码子恢复正常，成为ATC CXG CCC GGG ACG……

(二)DNA的修复

各基因为了保持自我的稳定性，DNA会有一套自我保护机制，即机体内存在一整套完整、精细的DNA修复系统。在自然界中，自发突变或诱变会引发DNA损伤，损伤修复系统是DNA的一种安全保障体系。生物体在长期进化过程中，已形成各种系统来纠正或者是修复偶然发生的DNA损伤或者是DNA复制错误。理想情况下是按原样修复不会引起突变，若未按原样修复则引起突变，所以，突变是损伤和修复相互作用的结果。DNA的修复机制有多种，主要包括光复活修复、切除修复、特异性修复、重组修复。

1. 光复活修复

由于紫外线的作用,DNA 分子形成胸腺嘧啶二聚体,在 DNA 螺旋形成一个巨大的凸起,好像一个“赘瘤”,这个“赘瘤”被一种特殊的 DNA 光分解酶所辨认而形成复合体,在有蓝色光波(300～600 nm)的条件下,光复活酶利用光能将二聚体切开,复合体解体,DNA 恢复正常。这种在可见光存在的条件下,通过光复活酶的作用将紫外线引起的嘧啶二聚体分解为单体的过程称为光复活(photo reactivation)(图 4-44)。光复活修复是原核生物中的一种主要修复形式,其作用过程:①光复活酶与 T＝T 结合形成复合物;②复合物吸收可见光切断 T＝T 之间的 C-C 共价键,使二聚体变成单体;③光复活酶从 DNA 链解离。

2. 切除修复

切除修复(excision repair)方式普遍存在于各种生物细胞中,也是人体细胞主要的 DNA 修复机制,对于高等生物来说切除修复主要指暗修复。切除修复是指在一系列酶的作用下,将 DNA 分子中受损伤的部分切除掉,并以完整的一条链为模板,合成切除的部分,然后使 DNA 恢复正常的结构。这种修复方式既可以修复紫外线引起的损伤,也能消除电离辐射和化学诱变引起的损伤,切除的片段可以由几十到上万个碱基不等。切除修复的整个过程需要 4 种酶配合来完成,分别是核酸内切酶、核酸外切酶、DNA 聚合酶和连接酶。他们之间的相互作用是:核酸内切酶在胸腺嘧啶二聚体一边切开;然后由核酸外切酶在另一边切开,把胸腺嘧啶二聚体和临近的一些核苷酸切除;再由 DNA 聚合酶把新合成的正常的核苷酸片段补上;最后由连接酶把切口连接好,使 DNA 的结构恢复正常(图 4-45)。

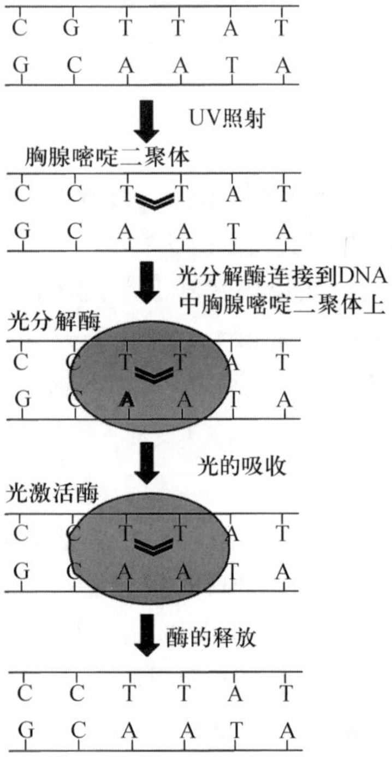

图 4-44　光复活修复示意图

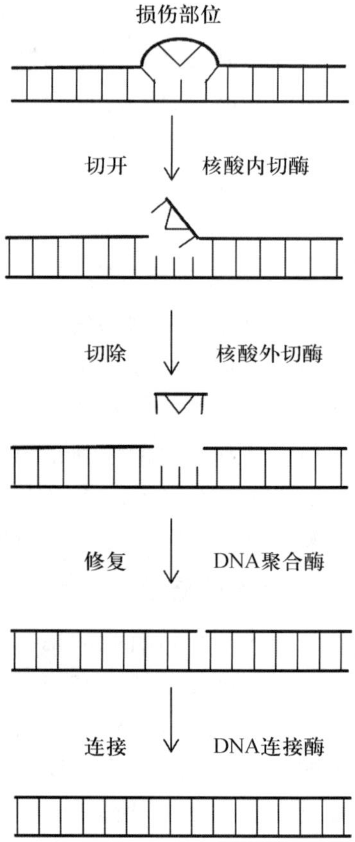

图 4-45　切除修复示意图

切除修复有以下两种形式：

（1）碱基切除修复（base excision repair，BER） 负责切除小片段，在 DNA 糖基化酶的作用下从 DNA 中除去特定类型的损伤或者不合适的碱基，然后 DNA 聚合酶根据互补链的特异性替代缺失的核苷酸，DNA 连接酶补上缺刻部分，完成修复。

（2）核苷酸切除修复（nucleotide excision repair，NER） 主要用于清除像胸腺嘧啶二聚体这样的大缺陷，如人类的着色性干皮症是由常染色体隐性基因决定的。患者对阳光中的紫外线极度敏感。这是由于皮肤成纤维细胞在 DNA 损伤之后，缺乏修复能力所致（切除修复酶基因缺陷）。

3. 特异性修复

光复活或切除修复可以修复明显的损伤，但对于不明显的损伤，需要特异性修复。特异性修复包括糖基化酶修复和无碱基（AP）内切酶修复系统修复两种。

（1）AP 内切酶修复系统修复 此类修复由内切酶、外切酶、聚合酶和连接酶 4 种酶共同来完成，以修复 AP 位点，其过程与暗修复过程类似。

（2）糖基化酶修复 如果碱基被共价修饰，糖基化酶可作用于 C-N 糖苷键，使碱基释放，产生无碱基（AP）位点，再由 AP 内切酶修复系统修复。

上述修复过程都没有涉及 DNA 的重组，属于无误差修复。

4. 重组修复

重组修复是受损伤的 DNA 分子通过其分子间的重组来完成的。重组修复过程：带有二聚体的 DNA 单链仍可作为模板进行 DNA 复制，复制完后的两条链一条是正常的，另一条由以受损伤的母链为模板复制出来的子链，子代 DNA 链中在与二聚体对应的部位不能正常复制出现空隙；然后有缺口的子代 DNA 链与另一完整的母链进行重组，空隙由母链的片段弥补而将空隙转移给母链；最后是再合成，即重组后，空缺已由二聚体的互补链部位转移到另一条正常的单链，此时在 DNA 多聚酶和连接酶作用下便可完成修复过程（图 4-46）。重组修复的特点是并未从亲代 DNA 中除去二聚体，但是随着复制的持续进行，损伤的 DNA 链将在群体中逐步“稀释”。

修复现象在生物体内是普遍存在的，也是正常的生理过程。紫外线、电离辐射、化学诱变都可被修复，单细胞生物有修复系统，哺乳动物细胞内也有修复系统。但不是所有导致的 DNA 损伤都能够修复的，否则就不会有遗传病的发生，生物就没有变异，生物也就不可能进化了。

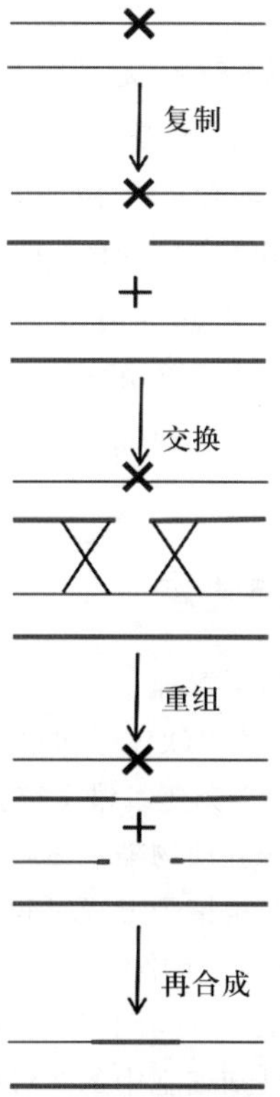

图 4-46 重组修复示意图

小　结

基因是有功能的DNA片段,它是性状表现的基础,而染色体是基因的载体。性状的变异可发生在染色体和DNA两个层面上。

染色体水平上的变异包括数量异常和结构异常。染色体数目的改变分为整倍数变异与非倍数变异。减数分裂时染色体组的不分离或个别染色体的不分离都会导致配子染色体数目的异常,这种异常配子受精,就会产生整倍数变异和非倍数变异的个体。一般来说,奇倍数染色体的个体是高度不育的。染色体结构变异是由于染色体断裂后或不接合或进行差错的接合而产生的,会造成染色体上基因数目和基因位置的变化,导致细胞学特征和遗传效应的异常。染色体结构变异可分为4种类型:缺失、重复、倒位和易位。4种类型的杂合体都具有特有的细胞学特征:缺失环、重复环、倒位圈、"十"字形或"T"形等。4种类型的杂合体又具有特有遗传学效应:缺失有假显性效应,重复具有剂量效应和位置效应,倒位具有抑制交换的作用,易位具有半不育的特征等。

DNA水平的改变主要是指基因突变。基因突变具有重演性、可逆性、多方向性和低频性等特征,大多数基因突变是有害的。基因突变实际上都是DNA分子上碱基序列、成分和结构发生了改变,归纳起来有碱基替代、移码突变和DNA链的断裂等类型。碱基替代是指在DNA分子中一个碱基对被另一个碱基对所代替的现象,分为转换和颠换。碱基替代的遗传效应有错义突变、无义突变和同义突变3种。移码突变是指在基因组中增加或减少碱基对,使其该位点之后的密码子都发生改变的现象,移码突变的遗传效应比碱基替代所造成的突变要大得多,通常会产生没有功能的蛋白质。

引起基因突变的理化因素很多。主要包括化学物质引起的突变、辐射引起的突变以及由转座因子引起的突变。引起突变的化学物质有碱基类似物、改变DNA化学结构的诱变剂和结合到DNA上的诱变剂等。了解和掌握不同的突变类型及其发生机制,对于指导动植物育种工作,以及动物遗传病的防治具有重要的理论意义。

复习思考题

1. 名词解释

单倍体　缺体　多倍体　嵌合体　缺失　倒位　重复　易位　基因突变　正(反)向突变　转换　颠换　同义突变　错义突变　无义突变　移码突变　转座子

2. 哺乳动物染色体整倍体变异的细胞学机制是什么? 试对整倍体变异的育性进行讨论。

3. 分析精子形成过程中如果减数分裂时个别染色体不分离会形成哪些类型的配子? 比例如何?(用 n 表示一个染色体组)

4. 试对臂间倒位和臂内倒位杂合体的育性加以分析讨论。

5. 已知细胞中的2对染色体分别是abcde和zwxy,当xy单向易位到abcde时,易位杂合体是如何联会的? 并分析这个个体的育性大小。

6. 正常卵圆眼的果蝇,其同源染色体上各有1个16A区段。如果其同源染色体发生了不对等交换,其后代群体能否产生正常的卵圆眼的果蝇,试说明其原理,并画出产生各种类型的原理图。

7. 摩尔根的学生穆勒，用果蝇 3 号染色体上的黏胶眼致死基因 *Gl* 保存展翅致死基因 *D*，因为二者位置很近几乎不交换。如果 *D* 和 *Gl* 基因相距较远，但二者所在位置是一个倒位区段，那么这两个致死基因的保存方法与穆勒的方法一样吗？其遗传机制是什么？

8. 某生物有 3 个不同的变种，各变种的某染色体的区段顺序分别为：ABCDEFGHIJ、ABCHGFIDEJ、ABCHGFEDIJ。试论述这 3 个变种的进化关系。

9. 假设某生物的 2 个种都有 4 对染色体，以甲种与乙种杂交得 F_1，问 F_1 植株的各个染色体在减数分裂时是怎样联会的？绘图表示联会的图像。

甲种

A	A	F	F	K	K	P	P
B	B	G	G	L	L	Q	Q
C	C	H	H	M	M	R	R
D	D	I	I	N	N	S	S
E	E	J	J	O	O	T	T

乙种

A	A	F	F	K	K	P	P
D	D	G	G	L	L	Q	Q
C	C	M	M	H	H	R	R
B	B	N	N	I	I	S	S
E	E	O	O	J	J	T	T

10. 画出果蝇唾腺核中两条同源染色体的配对图，一条染色体的顺序是 1・234567，另一条染色体的顺序是 1・265437(注在 1 和 2 之间的点"・"表示着丝点)。

11. 一个色盲女人和一个正常男人结婚，生了一个性染色体为 XXY 的正常儿子。

(1)此染色体畸变是发生在精子中还是卵子中？

(2)如果父亲是色盲者，而母亲为正常者，这种染色体畸变是发生在精子中还是卵子中？

(3)假如父亲是正常者，母亲是色盲者，生了一个色盲儿子，那么染色体畸变发生在哪里？

12. 在一牛群中，外貌正常的双亲产生一头矮个的公犊，这种矮小究竟是由于突变的直接结果，还是由于环境的影响？你判定的依据是什么？

13. 假定色氨酸密码子的突变只是由单个碱基引起，那么，这样的突变可能有哪些碱基替换的方式？

14. 在鸽子中，有一伴性的复等位基因系列，包括：B^A＝灰红，B＝野生型(蓝)，b＝巧克力色。显性可以认为是完全的，次序从左到右。我们已经知道鸟类的性别决定是：♂ ZZ，♀ ZW。基因型 $B^A b$ 的雄鸽是灰红色的，可是有时它们的某些羽毛上出现巧克力斑点。

(1)请对这现象加以解释，一个是从基因方面，一个是从染色体方面。

(2)如果在遗传型 B^A_的雌鸽中出现斑点，这斑点往往是巧克力色，但在这类鸽子中有时也可看到蓝色斑点。这个事实对你的上述两个解释中哪一个有利？

15. 基因突变主要有几种类型？它在动物遗传育种中有何应用？

16. 基因突变的特征及遗传效应是什么？如何理解基因突变的有利性和有害性？

17. 碱基替换和移码突变的机制及遗传效应是什么？

18. 简述电离辐射与非电离辐射诱变的机制。

19. 化学诱变剂的种类有哪些？其遗传机制是什么？

20. 紫外线长期照射生物个体后，会对机体的 DNA 造成怎样的损伤？生物对自身的 DNA 损伤是如何修复的？

HAPTER

5

第五章 非孟德尔遗传

1865年孟德尔提出的分离定律、自由组合定律，以及1928年摩尔根提出的连锁与互换定律、伴性遗传规律，可以解释大多数动物性状的遗传现象。随着对遗传现象的认识不断深入，人们逐渐发现有些性状不以孟德尔遗传方式向后代传递。早在1909年，Correns和Baur就发现植物叶绿素特征的遗传不符合孟德尔定律，比如正反交结果不同，杂交后代的性状与母本来源密切相关等，这类生物性状的遗传不符合经典孟德尔遗传方式的现象称为非孟德尔遗传。非孟德尔遗传主要包括母性影响、表观遗传、核外遗传等。

第一节　母性影响

一般来说，子代的表现型受双亲核基因的支配，但有些性状子代的表现型却受母体核基因的影响，其原因在于核基因产物积累在卵细胞中，因此子代表型不受自身基因型的支配，而是由母本的基因型决定，这种母体基因型决定后代表型的现象称为母性影响(maternal effect)，也称为前定作用或者延迟遗传。母性影响有两种类型：一种是母本基因型对子代的影响仅限于子代个体生长发育的幼龄期，成年以后这种影响就消失，称为短暂的母性影响；另一种是母本基因型对子代的影响延续至子代个体一生，称为持久的母性影响。

一、短暂的母性影响

(一)欧洲麦粉蛾的生物学特征

欧洲麦粉蛾是一种生活在谷物颗粒中的昆虫，整个生命周期分为：卵、幼虫、蛹和成虫4个时期。幼虫时期的野生型麦粉蛾的皮肤有色，成虫的复眼为棕褐色。但是对于突变型个体，幼虫皮肤无色，成虫的复眼呈现为红色。欧洲麦粉蛾野生型幼虫皮肤和成虫复眼的颜色均与色素的合成有关，这种色素是由犬尿氨酸衍生的犬尿素形成，突变型缺乏犬尿素。该性状是由显性基因(A)控制的。

(二)欧洲麦粉蛾的杂交试验

将欧洲麦粉蛾幼虫皮肤有色的野生纯合型个体(AA)和皮肤无色的突变纯合型个体(aa)进行正反交,结果显示,无论是 AA 或者是 aa 作为母本,F_1 基因型为 Aa,都表现为幼虫的皮肤有色,成虫的复眼颜色为棕褐色。说明有色对无色是显性,棕褐色对红色是显性。将 F_1 个体与突变型个体(aa)交配,得到 Aa 和 aa 两种基因型,其表型在正交与反交却表现出不同。

正交(aa♀×Aa♂)的结果是:后代有 1/2Aa、1/2aa。Aa 的幼虫皮肤表现有色,成虫后眼睛为棕褐色;aa 的幼虫皮肤无色、成虫后复眼为红色。欧洲麦粉蛾幼虫的肤色以及成虫复眼的眼色,符合孟德尔遗传规律。

反交(Aa♀×aa♂)的结果却不同:后代基因型仍然是 1/2Aa、1/2aa。Aa 的幼虫皮肤表现为有色,成虫后眼睛为棕褐色;aa 的幼虫皮肤颜色呈现有色,成虫期眼睛表现为红色,没有表现为棕褐色,不符合 1∶1 的孟德尔分离比(图 5-1)。

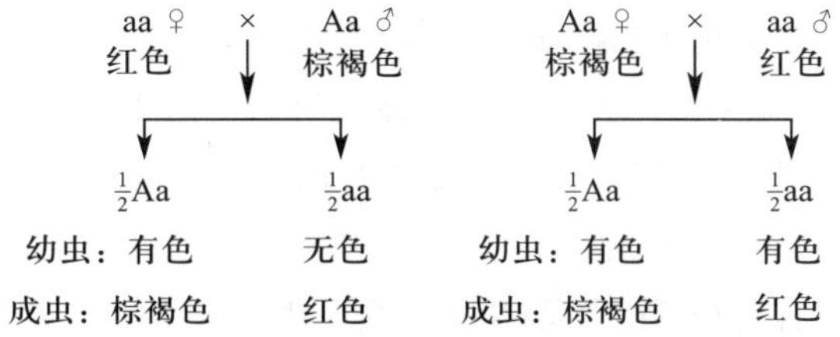

图 5-1　麦粉蛾肤色和眼睛颜色的遗传

(三)欧洲麦粉蛾遗传现象的解释

在上述的反交后代中,aa 个体幼虫的肤色受母本基因型的影响,当 Aa 基因型的雌性麦粉蛾产卵时,无论在 A 等位基因还是 a 等位基因的卵母细胞中,都含有 A 基因的产物,细胞质中都含有足量的犬尿素,使得后代 aa 型个体的皮肤有色。随着个体发育,犬尿素合成减少直至耗尽,色素消失,成虫时眼睛表现为红色。也就是说,由于母本所产卵中所包含的犬尿素而导致了幼虫的皮肤有色,而不受幼虫自身基因(a)表达的产物的控制;但是,由于 aa 个体无 A 基因,不能合成犬尿素,因此随着幼虫个体的发育,犬尿素逐渐耗尽,aa 成虫的复眼发育为红色,仍由个体基因型决定。这个性状母本基因型对后代的影响仅限于幼虫期,对后代的影响是短暂的。

二、持久的母性影响

(一)椎实螺的生物习性

椎实螺(Lymnaea)是一类常见的淡水产软体动物,广泛分布于池塘、小溪、水库的沿岸等不同环境中。它在分类学上的地位是属于软体动物门,腹足纲,基眼目,淡水栖亚目,椎实螺科。椎实螺是雌雄同体,雌雄饲养在一起时,异体受精;雌雄单个饲养时,可以自体受精繁殖后代。研究发现它的外壳旋转方向分为左旋和右旋两种,是由一对等位基因 D 和 d 控制的,D 表现为右旋,d 表现为左旋,右旋(D)对左旋(d)是显性(图 5-2)。椎实螺受精卵的卵裂是螺旋式的,分别呈左、右旋转 45°方向。

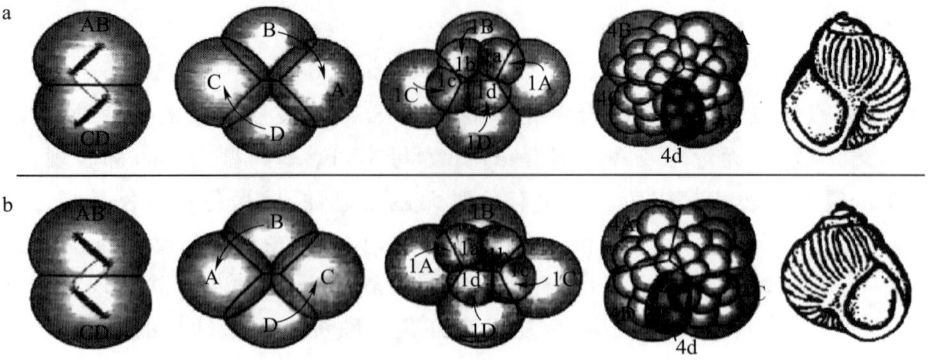

图 5-2　椎实螺的受精卵前两次卵裂及它的旋转方向(引自李碧春,2019)

a. 表示左旋　b. 表示右旋

(二)椎实螺的杂交试验

将不同旋转方向的异体受精的椎实螺作为亲本进行杂交时,所得到的正反交的结果不同。

以右旋(DD)为母本、左旋(dd)为父本进行交配时,F_1 的 Dd 全为右旋,继续自体受精,F_2 中 DD、Dd、dd 三种基因型,比例为 1∶2∶1,表现型也全是右旋,与母本相同。但 F_2 分别自体受精后,F_3 中 3/4 为右旋,1/4 为左旋。

以左旋(dd)为母本与右旋(DD)为父本进行交配时,得到的 F_1 的 Dd 全为左旋,继续自体受精,F_2(DD、Dd、dd)全为右旋。F_2 继续自体受精,F_3 中 3/4 为右旋,1/4 为左旋(图 5-3)。

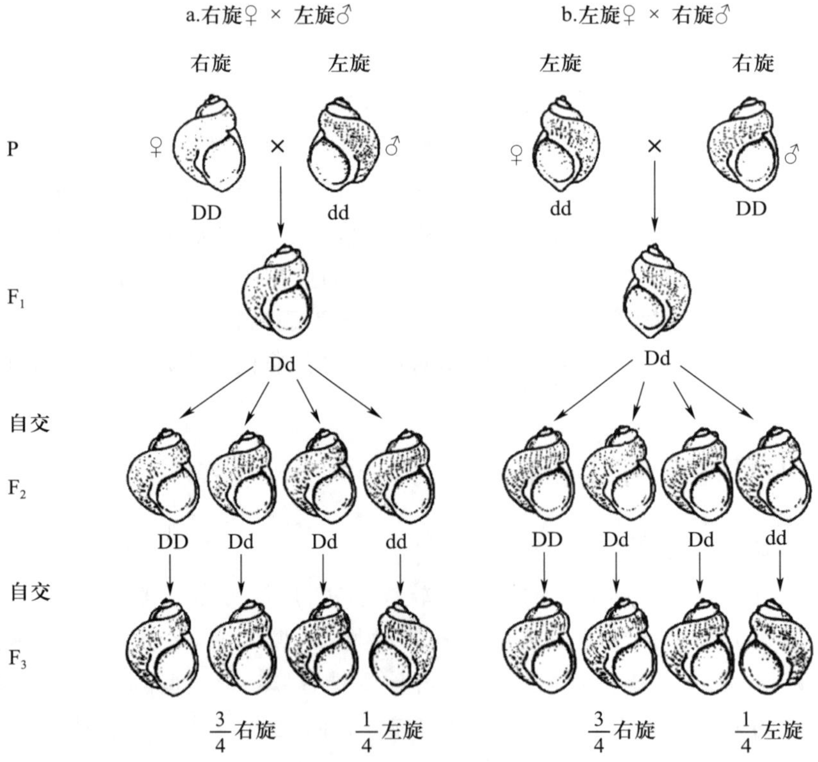

图 5-3　椎实螺的杂交实验(引自 Gilbert,2000)

a. 正交　b. 反交

(三)椎实螺杂交试验结果解释

正交 F_2 中的 dd 表现与自身基因型不一致，是由于母本基因型的效应影响。F_2 的表型比延迟到 F_3 表现。F_3 外壳旋转方向的比例是右旋∶左旋＝3∶1。反交后代中，F_1 中的 Dd 表现与自身基因型不一致，不因为有 D 而表现右旋，而是受到其母本的基因型影响而表现为左旋。F_2 延迟到 F_3 出现 3∶1 的分离比。后代表现型 F_3 出现 3∶1 分离是因为母本的基因型决定了卵细胞的状态，卵细胞的状态决定后代的表现型，故称为母性影响，因为直到 F_3 才出现 3∶1 的分离比，所以又称为延迟遗传。进一步研究还发现椎实螺成体外壳的旋转方向是由受精卵在第 1 次和第 2 次分裂时的纺锤体的分裂方向所决定的。受精卵纺锤体若向中线的左侧分裂为左旋，受精卵纺锤体若向中线的右侧分裂为右旋，纺锤体的分裂方向取决于卵细胞质的特性，即取决于受精前母体染色体上的基因型，而受精卵（子代）本身基因型对此不起作用（图 5-4）。

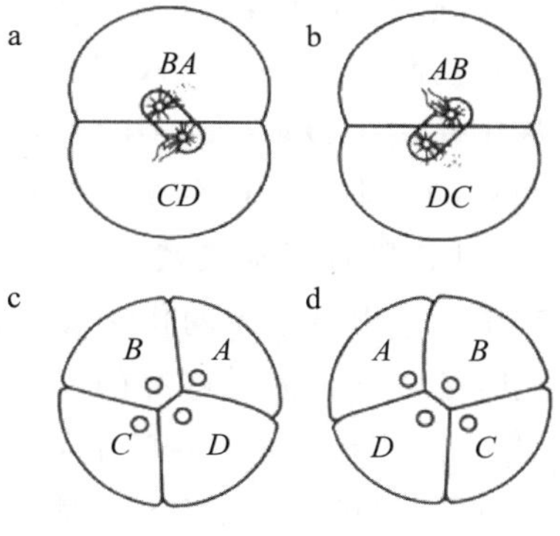

图 5-4　左旋和右旋（引自刘祖洞等，2013）
a、b. 第 1 次卵裂　c、d. 第 2 次卵裂
a、c. 左旋　b、d. 右旋

第二节　表观遗传

一、表观遗传的概念

表观遗传学（epigenetics）这一术语最早于 1939 年由 Conrad Waddington 首次在《现代遗传学导论》中提出，1942 年他对表观遗传学的定义是“研究基因与决定表型的基因产物通过相互作用使性状形成的生物学的一门分支学科”，用于描述那些不能用遗传定律来解释的可遗传的现象。1996 年，Riggs 对表观遗传学进行了较为准确的描述，他提出表观遗传在发育过程和成体阶段均可引起可以遗传的基因表达的改变，通过细胞的有丝分裂或减数分裂在细胞和个体世代间传递，是一种基因型未发生变化而表型却发生改变了的遗传现象。表观遗传就是不基于 DNA 差异的核酸遗传。即细胞分裂过程中，DNA 序列不发生改变的前提下，DNA 甲基化、组蛋白修饰、非编码 RNA 等对表型有决定作用。表观遗传有 3 个特点，即可遗传性、可逆性的基因表达调节以及不涉及 DNA 序列的变化。

随着研究的深入，表观遗传受到了越来越多的关注。1998 年，欧盟启动“表观基因组学计划”和“基因组的表观遗传可塑性”研究计划。1999 年，英国、德国和法国科学家成立了人类表观基因组协会。2001 年，国际著名学术期刊《自然》杂志专门开设一期来讨论表观遗传学。2003 年，人类表观基因组协会宣布正式启动为期 5 年的人类表观基因组计划。2004 年，表观遗传学第一次作为主题呈现在第 69 届冷泉港定量生物学会议上。2010 年，在巴黎成立国际人类表观遗传学合作组织。2012 年，德国启动人类表观遗传学研究计划。2005 年，我国科技部启动了“肿瘤和神经系统疾病的表观遗传机制”的“973”重大专项研究。表观遗传的异常会引起表现的改变，机体结构和功能的异常，甚至导致疾病的发生。近几年来，国内外有关表观遗传相关会议和研究更是数不胜数。

二、表观遗传的类型与产生机理

(一)DNA 甲基化(DNA methylation)

表观遗传修饰,主要是指研究非 DNA 序列变化的其他途径与机理所引起的可遗传性的基因表达改变,其中 DNA 甲基化是表观遗传学中研究最清楚、最重要的表观遗传修饰。DNA 甲基化模式在 DNA 复制中的维持机制是表观遗传学的重要基础。广义上的 DNA 甲基化是指 DNA 序列上特定的碱基在 DNA 甲基转移酶(DNA methyltransferase,DNMT)的催化作用下,以 S-腺苷甲硫氨酸(S-adenosyl methionine,SAM)作为甲基供体,通过共价键结合的方式获得一个甲基基团的化学修饰过程。这种 DNA 甲基化修饰可以发生在胞嘧啶的 C-5 位、腺嘌呤的 N-6 位及鸟嘌呤的 N-7 位等位点。一般研究中所涉及的 DNA 甲基化主要是指发生在 CpG 二核苷酸中胞嘧啶上第 5 位碳原子被选择性地添加甲基,形成 5-甲基胞嘧啶(5-mC)的一种反应(图 5-5)。5-mC 是哺乳动物基因组 DNA 中含量最高的甲基化修饰,占总胞嘧啶的 3%~5%。DNA 5-mC 修饰主要发生在 DNA 序列上胞嘧啶接着鸟嘌呤出现的位点,称为 CpG 岛(CpG sites)。在成熟体细胞组织中,DNA 甲基化一般发生在 CpG 位点,但在非 CpG 位点也会发生少量的甲基化,非 CpG 甲基化主要在人类胚胎干细胞和大脑中发现。哺乳动物的大部分 CpG 位点容易发生甲基化,而未甲基化的 CpG 成簇地形成 CpG 岛,大多数的 CpG 岛位于基因启动子区域,但在启动子区域的 CpG 岛通常是没有被甲基化的,CpG 岛主要维持活性基因的转录。当启动子区 DNA 的 CpG 岛被甲基化后,蛋白不能结合 DNA,进而使转录沉默,基因不表达。一般高甲基化与转录抑制相关,低甲基化与转录激活相关,即 DNA 甲基化直接制约基因的活化状态。生命体活动中,DNA 甲基化在基因表达调控、胚胎发育、基因组印记和染色体稳定性等方面起着关键性的作用(图 5-6)。

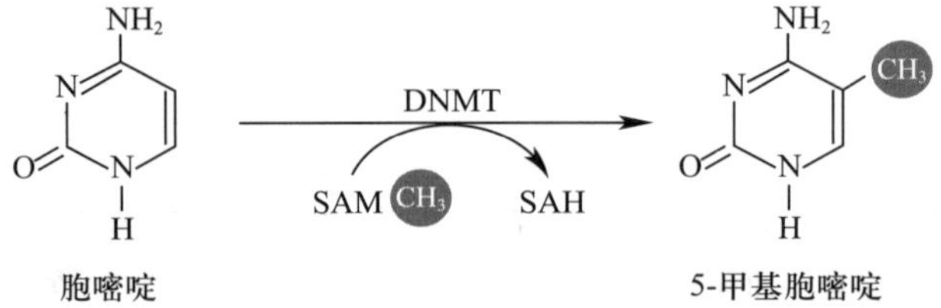

图 5-5　DNA 甲基化的产生机制

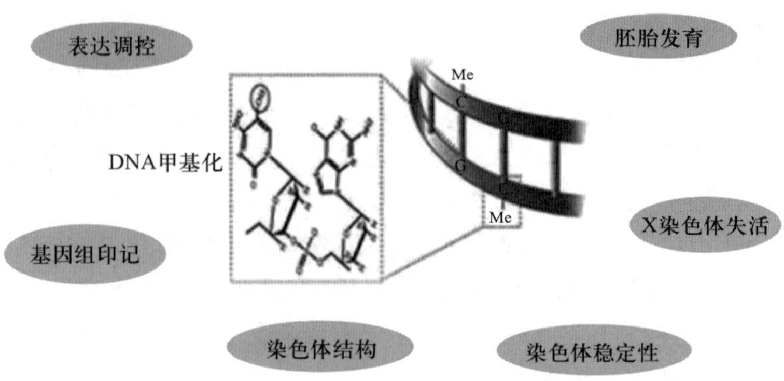

图 5-6　DNA 甲基化在生命过程中的作用(引自王昊泽,2017)

哺乳动物的 DNA 甲基化主要有 2 种基本类型：第一种是从头建立的 DNA 甲基化，主要是发生在 DNA 链上没有甲基化的 CpG；第二种是维持性的 DNA 甲基化，主要作用是负责在半保留复制中，在子链中维持已经在亲链中存在的甲基化。不同种类的 DNA 甲基化需要不同甲基转移酶的作用。甲基转移酶结构和功能的主要分为 2 类：第一类是从头甲基转移酶，主要是指 DNMT3a、DNMT3b，他们不依赖甲基化模板链而从头开始合成 5-mC，非甲基化的 CpG 半甲基化，进而实现全甲基化，DNMT3L 能增强这 2 种酶的活性，DNMT3c 主要是存在在锯齿动物中，在精子生成过程介导雄性生殖细胞的逆转录转座子的启动子甲基化；第二类是维持性 DNA 甲基转移酶，如 DNMT1 和 DNMT3。DNMT1 可以将仅有一条甲基化的 DNA 链进行复制或者修复，以母链的甲基化标记为模板，在对称的位置上催化相应的胞嘧啶完全甲基化（图 5-7）。

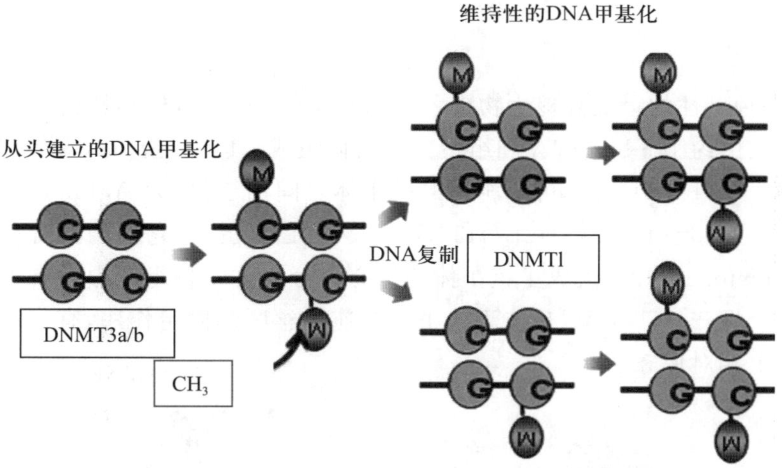

图 5-7　哺乳动物 DNA 甲基化的 2 种基本类型（引自 Umer M，2013）

结构基因中，5′端 CpG 岛中的 5-mC 会阻碍转录因子复合体与 DNA 结合，从而使转录失活，某些基因表达沉默，因此 DNA 甲基化一般与基因沉默相关，最终导致疾病的发生；非甲基化（non-methylated）与基因的活化相关，达到治疗肿瘤的目的；去甲基化（demethylation）与一个沉默基因的重新激活相关，是抗癌研究的重点内容。

目前的研究发现，哺乳动物中甲基化现象在基因组中的分布比真菌和植物更加普遍。不同生物的甲基化现象差异很大，在果蝇中只发现极少数的甲基化位点，而线虫的整个基因组尚未发现甲基化的胞嘧啶。一般而言，一个基因序列上存在的甲基化位点越多，基因活性受到的影响越大，DNA 甲基化总是与基因活性减弱或丧失相关联。但是，不同生物的 DNA 甲基化的遗传功能不尽相同。2003 年，Robert 等人采用 Avy（agouti viable yellow）刺鼠实验解析了 DNA 甲基化。Avy 小鼠毛色控制基因 Agouti 的第一个外显子前插入了一段逆转座子 IAP（intracisternal a particle retrotransponson）序列，Agouti 基因的表达间接地受到 IAP 启动子调控，因此 IAP 启动子的甲基化状态可以通过小鼠的毛色鉴定。通过给孕期的母鼠补充富含甲基的食物可以改变后代中小鼠毛色的比例，实验组刺鼠受孕前后饲喂维生素 B_{12}、叶酸等补充饲料，对照组受孕前后均饲喂标准饲料。结果表明，实验组 IAP 启动子被甲基化的小鼠，其所含 CpG 岛的甲基化水平远高于对照组，对照组子代刺鼠毛色变为黄色，但是也增加了肥胖、肿瘤和糖尿病等风险，实验组子代刺鼠毛色出现斑块棕色或者全褐色（图 5-8）。说明表观遗传的可遗传学性在基因和环境的相互作用中有重要作用，在保持基因组稳定的情况下提高对环境的适应能力。

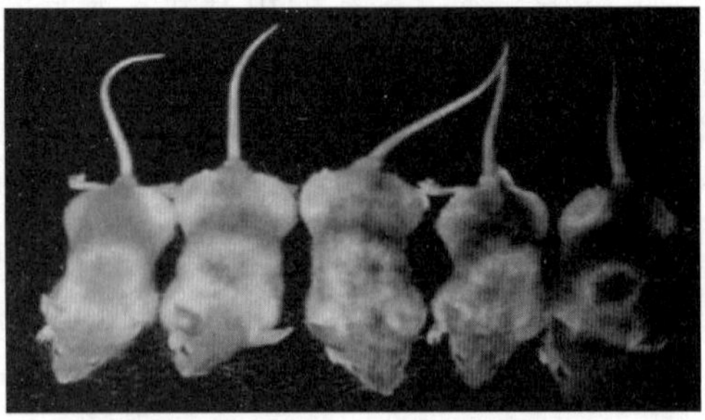

图 5-8 刺鼠实验(引自 Robert，2003)

(二)组蛋白修饰

组蛋白是一种碱性的组成真核生物染色体的基本结构蛋白，核小体是真核生物染色质的基本结构单位，它由约 146 bp DNA 和组蛋白八聚体组成，其中组蛋白八聚体包含 2 个(H2A-H2B)二聚体和 1 个(H3-H4)四聚体，相邻的核小体之间由连接 DNA(linker DNA)形成的细丝相连接(图 5-9)，组蛋白 H2A/H2B/H3/H4 属于核心组蛋白，它们均具有典型的球状组蛋白折叠结构域(histone fold)，组成了核小体的核心部分。这 4 种组蛋白没有种属和组织特异性，在进化上十分保守；H1 组蛋白，位于核小体的连接丝区起固定作用，有一定的种属和组织特异性，在进化上相对保守。

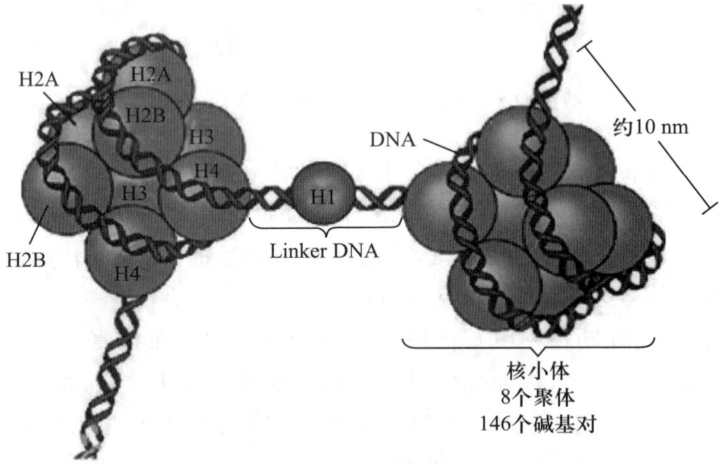

图 5-9 组蛋白示意图

每种组蛋白结构都会伸出来一小段“线头”，这是蛋白质的 N 端，也叫尾巴(tail)。组成核小体的组蛋白八聚体的 N 端都暴露在外(图 5-10)，组蛋白在相关酶作用下可以受到各种各样的修饰，包括组蛋白末端的乙酰化、甲基化、磷酸化、泛素化等修饰。组蛋白的这类结构修饰可以导致染色质的构型发生改变，称为染色质构型重塑。

1. 组蛋白甲基化(Histone methylation)

组蛋白甲基化是一种非常重要的表观遗传修饰，是指添加 1 个、2 个或者 3 个甲基到组蛋

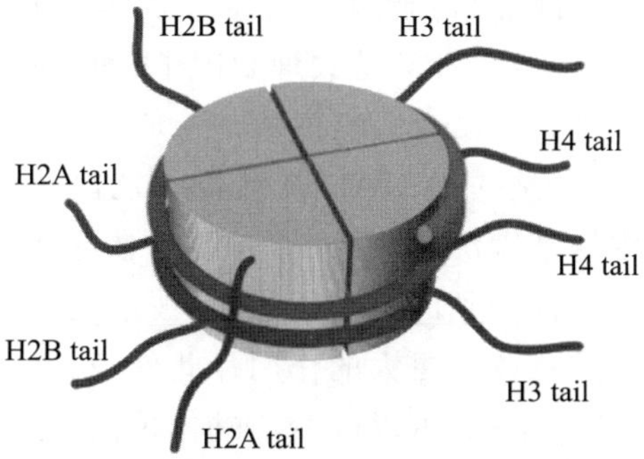

图 5-10 八聚体组蛋白的 N 端

白中的某些氨基酸上，分别称为单甲基化、双甲基化和三甲基化。组蛋白甲基化参与调节异染色质形成、X 染色体失活、基因印记及 DNA 的损伤修复等多种生命过程。

组蛋白甲基化是由组蛋白甲基化转移酶(histonemethyl transferase，HMT)催化的。虽然组蛋白的很多位点都可以发生甲基化，但是主要发生在尾部的赖氨酸(lysine，K)和精氨酸(arginine，R)侧链 N 原子上。作为经典的表观遗传修饰，核小体中组蛋白的甲基化是染色质结构和基因转录活性的重要调节剂。在组蛋白 H3 和 H4 上至少存在 5 个可以被甲基化的精氨酸残基(H3R2、H3R8、H3R17、H3R26 和 H4R3)和 6 个赖氨酸残基(H3K4、H3K9、H3K27、H3K36、H3K79 和 H4K20)。不同位点的甲基化可能对转录产生正反不同的作用。

除组蛋白外，很多种蛋白都能发生甲基化。蛋白质甲基化可能影响蛋白质-蛋白质相互作用，蛋白质-DNA 或蛋白质-RNA 相互作用，蛋白质稳定性，亚细胞定位或酶活性。许多转录因子的甲基化修饰可以影响基因表达。

2. 组蛋白乙酰化

蛋白乙酰化是指在乙酰基转移酶的作用下，在蛋白质赖氨酸残基上添加乙酰基的过程。组蛋白乙酰化是一种翻译后修饰，多发生在 H3、H4 核心组蛋白 N-端碱性氨基酸集中区的特定赖氨酸残基位置上，将乙酰辅酶 A 的乙酰基转移到赖氨酸的 ε-NH_3^+ 中和 1 个正电荷，这种修饰方式可以在蛋白翻译过程当中进行，也可以在蛋白翻译结束后进行。组蛋白乙酰化是由组蛋白乙酰转移酶(histone acethlase，HAT)和组蛋白去乙酰基转移酶(histone deacetylase，HDAC)共同决定的。

组蛋白有 2 种不同的乙酰化方式：一种是蛋白 N 端乙酰化，是真核细胞中非常普遍的一种蛋白修饰方式，这种修饰方式在进化上是保守的。另一种是赖氨酸乙酰化和去乙酰化。组蛋白乙酰化和去乙酰化均发生在组蛋白 N 端尾巴的赖氨酸残基上。几乎所有的真核细胞蛋白质都通过不可逆和可逆的机制发生 N-乙酰化，或乙酰基转移到 N 上。但是特定基因部位的组蛋白乙酰化和去乙酰化是以一种非随机的、位置特异的方式进行。

蛋白 N 端乙酰化需要 N 端蛋氨酸被蛋氨酸氨基肽酶(MAP)裂解，然后用 N-乙酰基转移酶(NAT)用乙酰辅酶 a 的乙酰基取代氨基酸。这种类型的乙酰化是共翻译的，因为 N 端在仍与核糖体相连的生长中的多肽链上乙酰化。虽然 80%～90%的真核细胞蛋白以这种方式乙酰化，但其确切的生物学意义仍不清楚。

组蛋白 N 末端赖氨酸的 ε-NH_2 乙酰化(简称赖氨酸乙酰化)是调节基因转录的常用方法。组蛋白乙酰化是一个可逆的事件，可减少染色体浓缩以促进转录，这些赖氨酸残基的乙酰化受含有组蛋白乙酰转移酶(HAT)活性的转录因子调控。而具有 HAT 活性的转录因子作为转录共激活因子,组蛋白去乙酰化酶(HDAC)是共抑制因子,通过降低赖氨酸乙酰化水平和增加染色体凝聚而逆转乙酰化的作用。

Sirtuins(沉默信息调节因子)是一组 NAD 依赖性去乙酰化酶,靶向组蛋白。顾名思义,它们通过降低乙酰化组蛋白维持基因沉默,据报道有助于维持基因组稳定性。

而乙酰化最早是在组蛋白中检测到的,胞浆蛋白也被报道是乙酰化的,因此乙酰化似乎在细胞生物学中发挥着比单纯的转录调控更大的作用。此外,乙酰化修饰和其他翻译后修饰,包括磷酸化、泛素化和甲基化之间的串扰,可以改变乙酰化蛋白的生物学功能。可通过使用乙酰赖氨酸特异性抗体的染色质免疫沉淀(ChIP)或通过质谱法检测蛋白乙酰化。

(三)染色质重塑

染色质重塑(chromatin remodeling)是通过调整核小体的相位,中和组蛋白尾巴碱性氨基酸残基(如赖氨酸 K、精氨酸 R、组氨酸 H 等)的正电荷,利用 ATP 水解产生的能量,减弱核小体中碱性氨基酸与 DNA 的结合,降低相邻核小体间的聚集,使核小体滑动,暴露本来被遮蔽的元件,或使核小体表面的元件瞬间暴露的动态变化过程,最后染色质的包装状态、核小体中组蛋白以及对应 DNA 分子等会发生改变。

染色质重塑是调控真核生物基因表达的重要机制,目前在生物体内至少发现有 2 类高度保守的染色质重塑的方式。第一类是依赖于 ATP 水解的染色质重塑复合物,这些复合物可以通过滑动、去除、解离或重新组装核小体等方式重塑染色体,进而调控基因的表达。第二类是组蛋白尾巴的作用,组蛋白尾巴的共价修饰(如甲基化、乙酰化、磷酸化和泛素化等)可以间接引起染色质的重塑。

大量研究表明,染色质重塑复合物参与细胞核内包括基因表达调控、DNA 甲基化、细胞周期、DNA 复制和修复及染色质重塑等众多生物学过程,这些异常可以引起生长发育畸形,智力发育迟缓,甚至导致癌症。

(四)非编码 RNA

非编码 RNA(Non-coding RNA)是一类在生物体中广泛存在且不编码蛋白质的功能性 RNA 分子,直接在 RNA 水平发挥作用,影响生物体的生命活动。其中包括 rRNA、tRNA、snRNA、snoRNA 和 miRNA 等多种已知功能的 RNA,还包括未知功能的 RNA。这些 RNA 的共同特点是都能从基因组上转录而来,但是不翻译成蛋白,在 RNA 水平上行使各自的生物学功能。非编码 RNA 从长度上来划分可以分为 3 类:小于 50 nt,包括 miRNA、siRNA、piRNA;50～500 nt,包括 rRNA、tRNA、snRNA、snoRNA、SLRNA、SRPRNA 等;大于 500 nt,包括长的 mRNA-like 的非编码 RNA 和长的不带 polyA 尾巴的非编码 RNA 等。

1. siRNA

siRNA(small interfering RNA)是一种小 RNA 分子,21～23 nt,其来源于长的双链 RNA 分子,由 Dicer 酶剪切形成小双链 RNA 分子。形成 siRNA 的长双链 RNA 分子可以来源于 RNA 病毒入侵、基因组中反向重复序列转录、转座子转录等,其主要在 RNAi 通路中起作用,干扰特异基因的表达。这些长双链 RNA 分子与属于 RNase Ⅲ 核酶家族的 Dicer 酶结合,被 Dicer 酶剪切形成 21～23 nt 的小双链 RNA 分子,即 siRNA。siRNA 与其他蛋白质形成 RNA 诱导沉默复合物 RISC(RNA-induced silence complex)并解旋成单链,引导 RISC 结合到与单链互补的靶 mRNA 上，降解靶 mRNA(图 5-11)。

2. miRNA

miRNA(micro RNA)是一类内源性的具有调控功能的非编码小 RNA 分子，大小为 20～25 nt，由真核生物基因组编码。每个 miRNA 可以有多个靶基因，而几个 miRNA 也可以调节同一个基因。成熟的 miRNA 是由含有茎环结构的 miRNA 前体，经过 Dicer 酶加工形成(图 5-12)。

miRNA 与不完全互补的靶 mRNA 结合，使靶基因降解或者抑制其翻译，在转录后水平调控基因表达。miRNA 参与细胞的增殖、分化、凋亡等，对维持机体正常生理功能和细胞正常代谢发挥重要的生物学功能。60%的人类蛋白质编码基因受 miRNA 的调控。例如，在哺乳动物中，miR-181 促进 B 细胞分化，miR-196 参与四肢形成；在斑马鱼中，miR-430 参与大脑发育；在结肠癌中，miR-143 和 miR-145 表达明显下调；在肺癌患者中，let-7 表达显著降低。

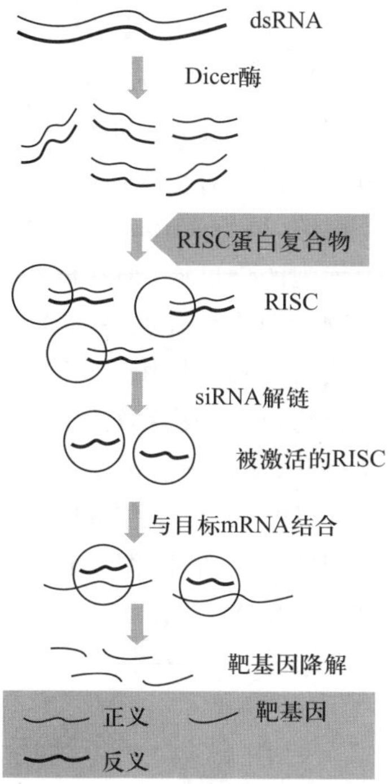

图 5-11　siRNA 的作用机制

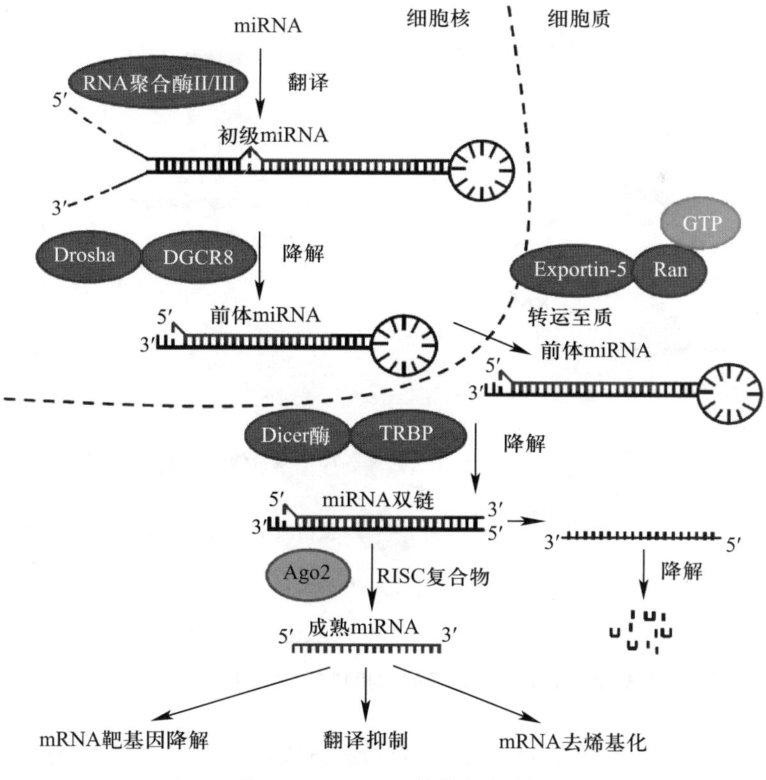

图 5-12　miRNA 的作用机制

3. 长链非编码 RNA

长链非编码 RNA（long non-coding RNA，lncRNA）是一类转录本长度超过 200 nt 的 RNA 分子，没有或很少有蛋白质编码功能，在大部分真核生物基因组中被转录。根据在基因组上它们相对于蛋白质编码基因的位置，可以分为 5 种类型：正义（sense）、反义（antisense）、双向的（bidirectional）、基因内（intronic）、基因间（intergenic）的 lncRNA。lncRNAs 可能存在于细胞的染色质、细胞核和细胞质等多种亚细胞区域，lncRNAs 特殊的亚细胞定位可能对其生物学功能具有重要的意义。研究表明，lncRNA 能够通过 Cis 和 Trans 方式与 DNA、RNA 和蛋白质相互作用，lncRNA 作用方式多样，根据功能特征主要分为 5 类：①招募染色质重塑复合物，抑制或者激活上下游基因表达（图 5-13A）；②充当诱饵分子捕获转录因子和 RNA 聚合酶Ⅱ，使目标基因转录沉默（图 5-13B）；③招募蛋白质影响可变剪接、mRNA 的稳定性、翻译过程（图 5-13C）；④lncRNA 通过与 miRNA 竞争靶基因结合位点或与 miRNA 结合而影响靶基因的转录活性（图 5-13D）；⑤lncRNA 可以通过编码功能性短肽参与基因转录和翻译的调控（图 5-13E）。

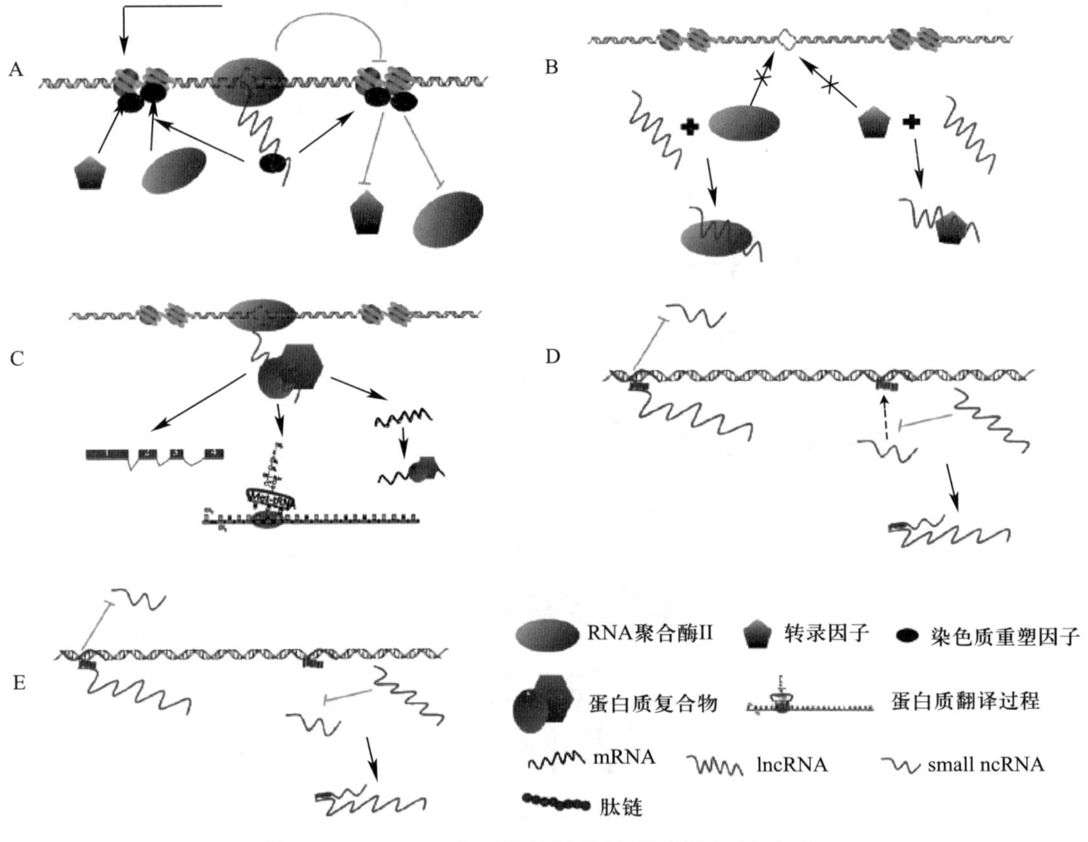

图 5-13　lncRNAs 分子的作用机制（引自路畅等，2017）

在哺乳动物基因组中，大约有 1%的序列编码蛋白质，而有 4%～9%的序列转录成 lncRNA。lncRNA 的调控作用在细胞分化、生长发育、进化、疾病中发挥着重要功能。lncRNA 因具有非常重要的调控功能，且几乎参与到了各种生物学过程和通路，与各种疾病的发生发展紧密关联，从而成为过去几年和将来的研究热点和重点。对于人类基因组来说，产生的 lncRNA 数量比编码 RNA 的数量要多得多，目前除了少数 lncRNA 的功能比较明确外，大部分 lncRNA 的功能都还未知，非常值得去深入研究。

第三节 哺乳动物 X 染色体随机失活

众所周知，哺乳动物的性染色体是由 X 染色体和 Y 染体色组成。雌性的性染色体组成为 XX，雄性为 XY。哺乳动物 X 染色体失活是指雌性哺乳动物细胞中的 2 条 X 染色体中的 1 条经过异染色质化形成巴氏小体，使其失去转录活性的现象。对于哺乳动物来说，如果不存在 X 染色体失活这一机制，理论上雌性体内 X 染色体上的基因表达量是雄性的 2 倍。但是科学家们却发现，雌性与雄性体内 X 染色体上的基因表达量却几乎相同，于是把生物体内这种调节基因产物的剂量，改变基因的活性，使雌雄个体 X 染色体上基因表达量的平衡的机制称之为剂量补偿效应（dosage compensation）。X 染色体失活就是剂量补偿效应的一种具体表现形式。

一、哺乳动物 X 染色体随机失活现象

玳瑁猫不是猫的一个品种，而是对一种颜色猫的统称。玳瑁猫是雌性哺乳动物体细胞中的一条 X 染色体随机失活造成的典型例子。母猫有两条 X 染色体，在 X 染色体上含有 *B*、*b* 两种基因，由于黄色毛基因（*b*）是 X 连锁隐性基因，黑色猫基因（*B*）是它的显性等位基因，雌性纯合体的毛色是黄色（bb）或者黑色（BB）。雌性杂合体（Bb）由于 X 染色体会在胚胎发育早期随机失活，导致细胞中只有一条 X 染色体上的基因表达。由于失活是随机的，所以猫毛发的颜色呈现斑驳状随机分布，成为黄、黑相间的玳瑁色（图 5-14）。

图 5-14　玳瑁猫的毛色

毛色镶嵌小鼠也是雌性哺乳动物体细胞中的一条 X 染色体随机失活造成的典型例子。在 X 染色体上含有 *B*、*b* 两种基因，基因型为 X^BX^b，由于白毛基因（*b*）是 X 连锁隐性基因，黑毛基因（*B*）是它的显性等位基因，雌性纯合体的毛色是白色（bb）或者黑色（BB）。X^B 和 X^b 随机失活，有活性的基因表现出相应的斑块，形成黑白斑毛色镶嵌的雌性小鼠（图 5-15）。

1949 年 Barr 发现雌猫的神经细胞间期核中有一个染色深的小体，而雄猫中却没有。随后在人类大部分正常女性的表皮细胞、口腔上皮细胞等体细胞的间期核中也发现存在一个高度浓缩的异染色质化的小体，该小体实际上是 X 染色体失活所形成的异染色质小体。由于这种染色质小体与哺乳动物的性别及性染色体数有关，所以称为性染色质体（sex-chromatin

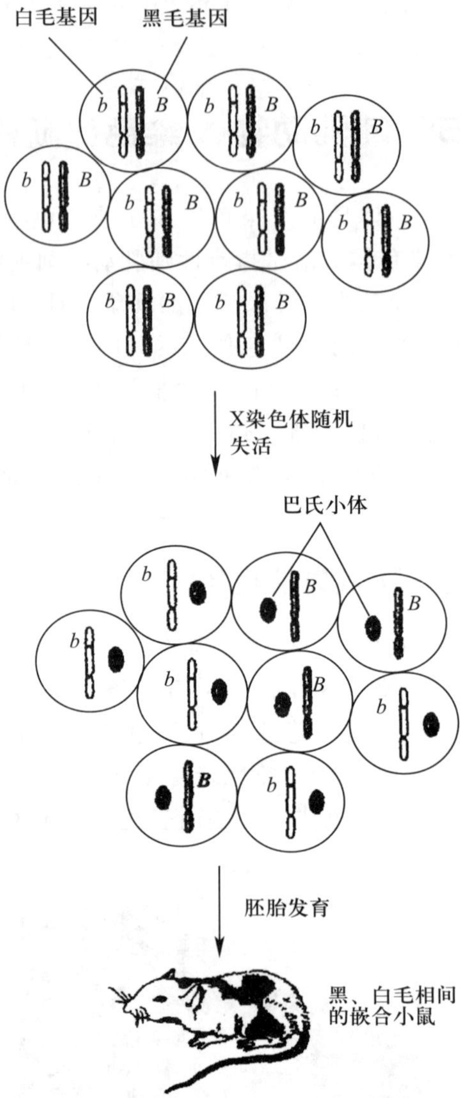

图 5-15 黑白斑毛色镶嵌的雌性小鼠(引自李宁,2003)

body),又名巴氏小体(Barr body)。这是一种惰性的异染色质化的小体,雄性个体仅有一条X染色体,并不出现异染色质化小体的现象。

Mary Lyon为了解释X染色体上基因的剂量补偿效应,于1961年在《自然》期刊上发表论文,提出了莱昂假说(Lyon hypothesis),用来解释巴氏小体形成的机制。该假说的要点包括:①哺乳动物的体细胞中,2条X染色体,只有1条X染色体在遗传上具有转录活性,另1条X在遗传上染色体没有活性,在细胞间期以异染色质的形式存在,该异染色质称为巴氏小体。②在同一哺乳动物的体细胞中,X染色体失活是随机的,即父源或母源的X染色体失活是一个随机发生的事件,一个细胞的1条X染色体失活后,由该细胞分裂而来的子细胞都是该染色体失活。③X染色体失活发生在受精后胚胎发育的早期,人类在胚胎发育16 d时失活,某个细胞的1条X染色体一旦失活,这个细胞的所有后代细胞中该X染色体均处于失活状态。④杂合体雌性在伴性基因的作用上是嵌合体(mosaic)。

1974 年 Lyon 又提出了新莱昂假说，认为 X 染色体的失活是部分片段的失活。

二、支持 Lyon 假说的案例

（一）人无汗性外胚层发育不良（anhidrotic ectoderma dysplasia）

人类有一种 X-连锁的异常叫作无汗性外胚层发育不良，本病主要表现为毛发稀少，牙齿发育异常，无汗或少汗，以及表皮和附件异常。携带该基因（基因型为杂合子）的女性表现出来有齿和无齿颚区的嵌镶以及有汗腺和无汗腺皮肤的嵌镶。这两种嵌镶的位置在个体之间明显不同，这是由于发育期一条 X 染色体随机失活所致。

（二）人类的葡萄糖-6-磷酸脱氢酶（G6PD）的表达

缺乏葡萄糖-6-磷酸脱氢酶（G6PD）引起的溶血性贫血患者大都是男性。G6PD 基因位于 X 染色体，男女活性相同，表明女性有一条 X 染色体失活。女性杂合体（携带者）有两种类型的红细胞，一种红细胞的 G6PD 活性正常，另一种却没有这种酶的活性。这是由于红细胞产生过程中不同的 X 染色体失活的结果。从培养的成纤维细胞株分离出上述两种不同酶活性的事实进一步证实了该理论。G6PD 电泳分出快型 *F* 和慢型 *S*，由一对等位基因 *F* 和 *S* 编码。FF 或 SS 型出现一条带，*F*/*S* 型出现两条带。用胰酶消化处理 *F*/*S* 型女人的皮肤组织，使其分成单个细胞，进行单克隆培养，从各克隆取样电泳，每个克隆都只有一条带（图 5-16）。

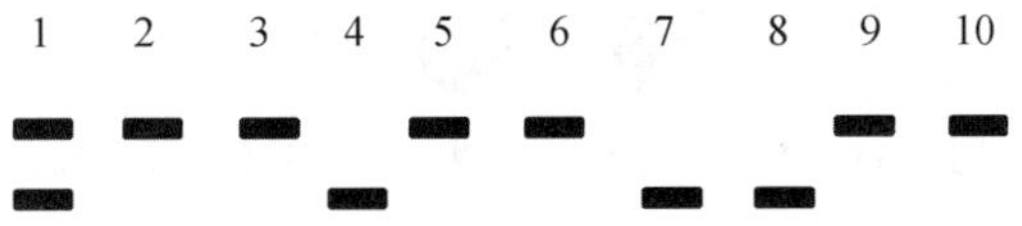

1：原代细胞培养 2-10：克隆培养

图 5-16 G6PD 的电泳检测

三、X 染色体随机失活的分子机制

X 染色体失活是个体发育过程中一种独特的调节机制。在哺乳动物 X 染色体上存在一个特异性失活位点，X 失活中心（X inactivation center，XIC）。X 染色体上都存在与失活有关的 XIC 位点，XIC 位点的丢失会影响莱昂化，胚胎不能存活。X 染色体失活分起始、维持、扩散 3 个阶段。X 失活开始位置是在中心，朝着两个方向扩展（图 5-17）。XIC 包括 X 失活特异转录子基因（X inactive specific transcript，XIST）、X-控制元件（X-controlling element，Xce）和 TSIX 基因等。在 X 染色体随机失活过程中，XIST 发挥着极其重要的作用：将失活的 X 染色体表达 XIST 基因，产物为 RNA；XIST RNA 逐渐由 XIST 向两个方向包被该 X 染色体，致使 X 染色体发生异染色质化，结果是转录沉默，X-连锁的基因不表达（图 5-18）。2020 年，德国科学家发现控制 X 染色体失活的关键因子，将 SPEN 基因招募到调节元件中沉默基因表达，确保 XIST 稳健有效的 X 染色体失活。

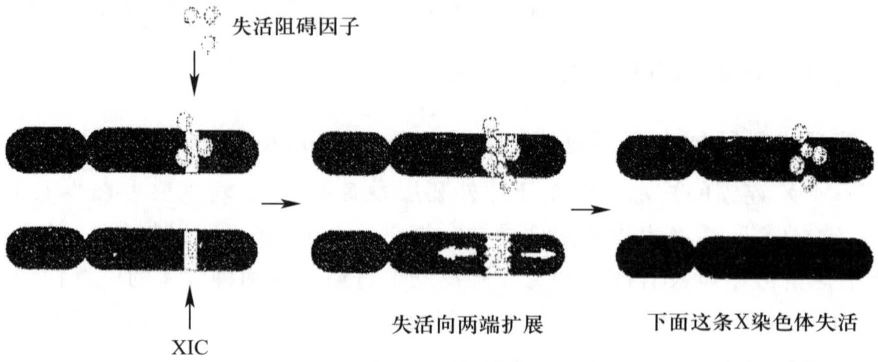

图 5-17　XIC 的失活作用

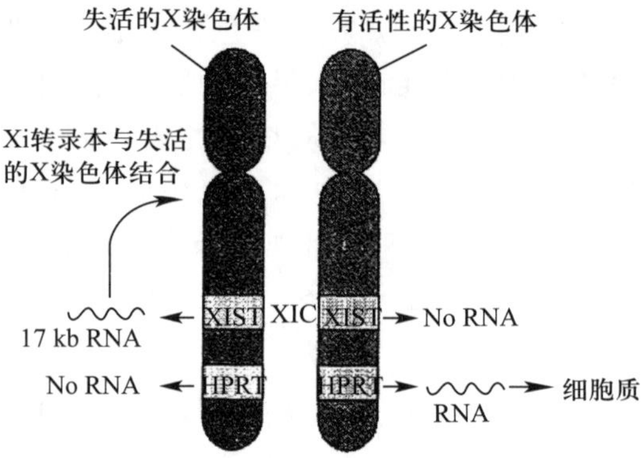

图 5-18　XIST 基因的表达(引自李碧春,2015)

第四节　遗传印记

一、基因组印记的概念

孟德尔遗传规律认为无论遗传物质来自双亲的哪一方,都具有相同的表型效应。但是,有些遗传现象是例外的——公驴与母马杂交生成骡子,公马与母驴的后代称为駃騠(jueti),两者有相当显著的差别。1980 年 B. M. Cattanchde 等研究发现,具有两条母源的 11 号染色体的小鼠在胚胎期比正常小鼠小,而具有两条父源的 11 号染色体的小鼠在胚胎期比正常小鼠大,在胚胎期都能发育,但这两种胚胎都死于发育阶段。亨廷顿病是一种常染色体显性遗传病,若致病基因 *HD* 来自父亲,则发病年龄小;若致病基因 *HD* 来自母亲,则发病年龄大。上述研究结果表明,父系基因组和母系基因组含有胚胎发育所需的不同信息,小鼠胚胎的正常发育需要分别来自双亲的各一套染色体。

基因组印记(genomic imprinting)又称遗传印记,它是指来自父母双方的同源染色体或等位基因存在着功能上的差异,当来自不同性别亲本的同一染色体或基因发生改变时可以引起不同的表型,这种现象称为基因组印记。基因组印记也可以理解为基因组在传递信息的过程中对基因或 DNA 片段打下标识、烙印的过程。如果母源染色体的基因被印记,则父源染色体上的等位基因得到表达;如果父源染色体的基因被印记,则母源染色体上的等位基因得到表达。基因组印记简称为印记,印记意味着沉默。通常认为,印记的存在是抑制基因的表达,使基因沉默。基因组印记不服从孟德尔定律，是一种典型的非孟德尔遗传。

二、遗传印记的现象

在 20 世纪 80 年代，Solter 和 Surani 做了著名的小鼠实验。他们准备 3 个去了前核的小鼠卵子，放入 3 种不同的两个单倍体前核。第一组是 1 个雌性前核和 1 个雄性前核，第二组是 2 个雄性前核，第三组是 2 个雌性前核，最后把这 3 组双倍体卵细胞植入孕期小鼠体内。实验结果是除了雌雄前核的这一组有正常的小鼠出生，其他两组都没有活着的小鼠出生。

此实验说明了母本和父本的基因组虽然可以提供相同的 DNA，但是他们的功能并不等效，也就是说在对后代的遗传贡献方面，父本和母本基因组的作用不完全相同。后代的染色体中表现出父母本在表达上不同的部分即为来自亲本的印记。

在 1991 年，Dechiara 发现了第 1 个内源性印记基因，方法是通过基因剔除技术破坏小鼠胰岛素样生长因子Ⅱ（$IGF2$）基因。$IGF2$ 在动物细胞的增殖、分化、细胞凋亡和转化中具有重要作用，其主要功能是促进个体的生长。$IGF2$ 基因遭到破坏，突变为 $IGF2^{m}$ 将失去原有的影响动物生长的功能，$IGF2$ 发生突变的小鼠（$IGF2^{m}/IGF2^{m}$）体型明显比正常个体（$IGF2^{+}/IGF2^{+}$）小，导致可能产生矮小型小鼠，能否产生矮小型小鼠，则取决于 $IGF2^{m}$ 的印记情况。正交以矮小型小鼠（$IGF2^{m}/IGF2^{m}$）为父本与正常型小鼠（$IGF2^{+}/IGF2^{+}$）为母本进行交配，F_1 是 $IGF2^{m}/IGF2^{+}$，母源的 $IGF2^{+}$ 被印记，父源的 $IGF2^{m}$ 表达，后代为矮小型小鼠。反交以正常型小鼠（$IGF2^{+}/IGF2^{+}$）为父本与矮小型小鼠（$IGF2^{m}/IGF2^{m}$）为母本进行交配，F_1 是 $IGF2^{m}/IGF2^{+}$，母源的 $IGF2^{m}$ 被印记，父源的 $IGF2$ 表达，后代为正常型小鼠（图 5-19）。由正反交实验可以看出：印记基因的正反交结果不一致，不符合孟德尔定律。小鼠 $IGF2$ 基因总是母本来源的等位基因被印记，父本来源的等位基因表达，因此是母本印记。基因印记使基因的表达受到抑制，导致被印记的基因的生物功能的丧失。随着科研工作的深入，2021 年巴斯大学和维也纳大学生物学家在小鼠基因组中发现了 71 个新印记基因，到目前为止，大约有 200 多个有据可查的印记基因被发现，离人类揭示表观遗传学的奥秘又近一步。

正交：

矮小型小鼠♂ × 正常型小鼠♀
$IGF2^{m}/IGF2^{m}$ $IGF2^{+}/IGF2^{+}$
↓
F_1 矮小型小鼠
$IGF2^{m}/IGF2^{+}$

反交：

正常型小鼠♂ × 矮小型小鼠♀
$IGF2^{+}/IGF2^{+}$ $IGF2^{m}/IGF2^{m}$
↓
F_1 正常型小鼠
$IGF2^{m}/IGF2^{+}$

图 5-19 带有 *IGF2* 印记基因的小鼠正反交实验

三、基因组印记的去除、重建和维持

遗传印记是基因在生殖细胞分化过程中受到不同修饰的结果，或者说遗传印记是一种依赖于配子起源的某些等位基因的修饰现象，一些基因在精子发生过程中被印记，另一些基因在卵子发生过程中被印记。哺乳动物基因的印记包括 3 个过程：印记去除、印记重建和印记维持。

（一）印记的去除

印记的去除过程发生在原始生殖细胞的早期阶段。在配子接合前的原核期，母源基因组的去甲基化则多数是因 DNMT1 活性受阻而使甲基化维持失败，随着 DNA 复制的进行，甲基被逐渐稀释，而父源基因组的去甲基化是将甲基从模板链上直接去除。小鼠印记基因去除开始于交配后的 10.5 d，在 11.5 d 的时候完成，这种去除状态会一直维持到交配后的 13.5 d。到目前为止，几乎所有的印记去除过程都发生在胚胎这一阶段。

（二）印记的重建

印记是在成熟的配子中形成的，并将持续到出生后。核移植实验表明，至少在卵母细胞中，遗传印记的获得与 DNA 甲基化的变化高度一致。而富含 CpG 的特异甲基化区（differentially methylated region，DMR）是遗传印记的靶向位点。

比如小鼠 17 号染色体上的 *IGF2R* 基因，该基因有 2 个 DMR，其中对印记具有主要调控作用的，长约 3 kb 的 DMR2 位于第二内含子中。将 DMR2 剔除之后发现其缺失可使印记丢失，并导致 *IGF2R* 的双等位基因表达。虽然 DMR 在遗传印记中起十分重要的作用，但是起到真正调控作用的是一段富含 CpG 的 DNA 序列。而且这种印记丢失还伴随着一种特殊的现象——胞嘧啶的甲基化水平显著降低。这表明，甲基转移酶是作用在 CpG 二核苷酸上的，甲基化对于遗传印记的维持来说是必需的。

（三）印记的维持

在亲代生殖细胞内，一旦 DMR 被差异甲基化，受精后甲基化的维持对 DNMT1 来说将是轻而易举的。问题是，在个体的发育过程中，DMR 必须要经受住受精后的去甲基化和胚胎植入后的新生甲基化的双重考验，才能在 DNMT1 作用下使基因正常印记。因此甲基化在维持印记中有重要作用。

四、遗传印记与疾病

遗传印记与人类的 10 余种遗传疾病有关，而且也被认为是哺乳动物雄核胚（2 个雄核组成）、雌核胚（2 个雌核组成）以及孤雌胚早期死亡的原因。此外，生物进化、性别决定、生长发育以及肿瘤发生等都与遗传印记有关。

在人类遗传中，发现部分染色体畸变、单基因遗传病以及肿瘤易患性等与遗传印记有关。例如，人类 15 号染色体 q11～q13 缺失在临床上引起两种表型不同的染色体畸变病，当患儿缺失的 15 号染色体来自父亲时，表现为智力低下，过度肥胖，身材矮小，小手小足，称为患普拉德-威利综合征（PWS）；若来自母亲时，表现为特殊面容，大嘴呆笑，步态不稳，智力低下，则称为患阿斯伯格综合征（AS）。

再如，Huntington 舞蹈病的基因若经母亲传递，孩子的发病年龄将与母亲的发病年龄相同；如果由父亲传递，大多数家庭孩子的发病年龄早于父亲的发病年龄，在家庭中也可以更早，大约 24 岁。然而，早发年龄的父系效应在一代后消失。早发男性的后代仍为早发性，而早发女性的后代则没有更早的发病年龄。在一些单基因遗传病患者和易患肿瘤的患者中也发现了基因印记。

第五节　核外遗传

真核生物的遗传物质主要位于细胞核内，生物体的性状主要由核基因控制；但是对于线粒体、叶绿体等细胞器，它们也存在遗传物质，这些遗传物质的遗传行为不同以核基因的传递方式，而是具有核外遗传的一些特点。

一、核外遗传的现象及其特点

(一)核外遗传的现象

1. 紫茉莉的遗传

叶绿体(chloroplast)是植物细胞中一个非常重要的细胞器，是细胞光合作用的场所。细胞内叶绿体的数目因物种、细胞类型和生理状态而异，多数情况下，一个叶肉细胞中有几十个到一百个的叶绿体，但藻类往往只有一个大的叶绿体。个体发育过程中，叶绿体由前质体(proplasid)分化形成，在光照条件下，类囊体发育、叶绿素被合成，最后转变为成熟的叶绿体。

1909 年 Correns 发现在紫茉莉(*Mirabilis jalapa*)中有一品系在其茎和叶上出现白、绿相间的斑纹。以不同表型枝条上的花朵相互授粉产生的后代有以下特点：一是正反交后代的性状表现不同于经典遗传学的规律；二是杂交子代茎叶的颜色完全依母本花所在的枝条而定，与花粉来自哪一种枝条无关。即来自白色枝条母本的种子，其幼苗只包含无色的质体，表型为白色，与提供花粉的枝条颜色无关；来自深绿色枝条的母本，其种子长成深绿色幼苗；唯有来自绿白色枝条的母本，其种子可以产生白色、绿色和花斑的幼苗，它们的比例在每朵花中也不相同(表 5-1)。

表 5-1 紫茉莉绿白色斑植株的子代性状

母本枝条的类型	父本枝条的类型	杂交后的类型
白	白	白
	绿	
	花斑	
绿	白	绿
	绿	
	花斑	
花斑	白	绿、白或花斑
	绿	
	花斑	

绿色叶子或花斑叶的绿色部分，其细胞中含正常的叶绿体；白色叶子或花斑叶的白色部分，缺乏正常的叶绿体是一些败育的无色颗粒——白色体。叶绿体来自细胞质中的前质体，能独立复制。细胞分裂时，前质体大都通过卵细胞质传下去，而雄配子中前质体很少或没有。所以后代的表型取决于种子所在的枝条，而与提供花粉的枝条无关，遗传方式呈现出细胞质遗传，即子代紫茉莉叶片的表现型完全由母本决定，而不是由父本决定。

2. 酵母小菌落的遗传

在真菌中也有核外遗传的现象，比如酵母菌(*Saccharomyces*)的小菌落与线粒体有密切关系。酵母菌的生长缓慢同两种线粒体的突变有关。一种为抑制型小菌落突变，当它与正常酵母杂交时，后代既有正常的，也有小菌落的；另一种为隐性突变，这样产生的小菌落酵母菌在与正常的酵母菌杂交时产生正常的子囊孢子。酿酒酵母（*Saccharomyces cerevisiae*）与红色面包霉一样，同属于子囊菌。无论是单倍体还是二倍体都能进行出芽生殖。只是它在有性生殖时，不同交配型相互结合形成的二倍体合子经减数分裂形成4个单倍体子囊孢子。在正常通气情况下，每个酵母细胞在固体培养基上都能产生一个圆形菌落。这些菌落大部分大小是相近的。

有1%～2%的菌落很小，其直径是正常菌落的1/3～1/2，通称为小菌落。如果用小菌落培养，则只能产生小菌落。如果用大菌落进行培养，经常产生少数小菌落；如果把小菌落酵母同正常个体交配，则只产生正常的二倍体合子，它们的单倍体后代也表现正常，不分离出小菌落。

此实验说明小菌落性状的遗传与细胞质遗传有很大关系。发现这4个子囊孢子有2个是a^+，另2个是a^-，它们仍然按孟德尔比例进行分离（图5-20）。但是小菌落性状没有像核基因那样发生重组和分离，从而说明这个性状与核基因没有直接关系。进一步研究发现，小菌落酵母的细胞内缺少细胞色素氧化酶，还缺少细胞色素a和b，不能进行有氧呼吸，因而不能有效地利用有机物。因为线粒体是细胞的呼吸代谢中心，因此推断这种小菌落的变异与线粒体的基因组变异有关。

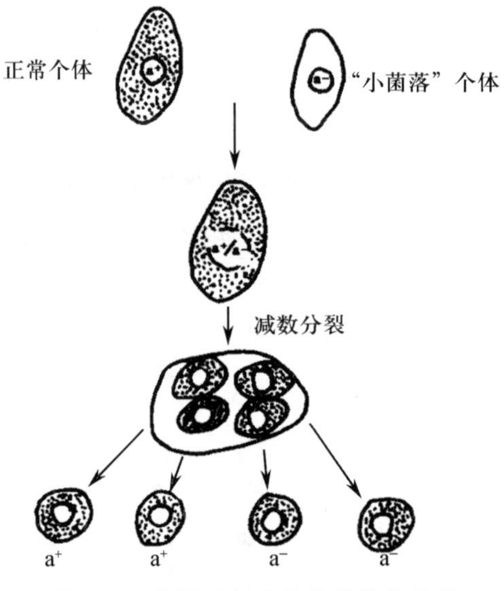

图5-20 啤酒酵母小菌落的核外遗传

（二）核外遗传主要特点

核外遗传物质主要存在线粒体和叶绿体基因组中，它们能够自主复制，它们的行为不按核基因的方式进行。核外遗传具有以下特点：

（1）遗传方式是非孟德尔式的。正反交的结果不一样，杂交后代一般不分离或无孟德尔分离，杂交后代不出现一定的比例，也不出现孟德尔的分离比。

（2）正反交的结果不同。核外基因通常显示逐代出现单亲遗传的现象，即所有的后代不论雌雄都只表现一个亲本的某一表型。

（3）后代表型与母本一致，而与父本无关。此遗传方式称为母性遗传，母本的表型决定了所有F_1的表型。

（4）遗传信息在细胞器DNA上，不受核基因的影响。

二、线粒体的 DNA 结构

(一)线粒体 DNA 的结构

线粒体是生物体内进行氧化磷酸化的场所,生物体内的合成、呼吸、分泌、机械运动等活动所需的化学能都是由线粒体提供的,线粒体通过氧化磷酸化产生大量能量(ATP),线粒体被誉为细胞的氧化中心和动力工厂,是细胞核外含有 DNA 的细胞器,线粒体 DNA(mitochondrial DNA,mtDNA)。

线粒体 DNA(mtDNA)位于线粒体的基质中,一个线粒体中有多个 mtDNA,平均 2.6 个/线粒体,可多达上千个,有的附着于内膜。线粒体基因是裸露的 DNA 双链分子,大多数真核生物的 mtDNA 为闭合环状分子,少数动物是线性分子。各物种线粒体基因组的大小不一。一般动物为 14～39 kb,真菌类为 17～176 kb;四膜虫属(Tetrahymena)和草履虫等原生动物为 50 kb,是线性分子。植物的线粒体基因组比动物的大 15～150 倍,也复杂得多,大小从 200～2 500 kb。如在葫芦科中,西瓜是 330 kb,香瓜是 2 500 kb,相差 7 倍。

人类的 mtDNA 全长 16 569 bp 是双链、闭环分子,外环为重(H)链,内环为轻(L)链。共编码 37 个基因:13 种多肽链、22 种 tRNA、2 种 rRNA。无内含子,唯一的非编码区:1 000 bp 的 D 环,包含重链复制起始点、轻重链转录启动子、4 个高度保守序列(图 5-21)。真核生物每个细胞内含众多的线粒体,每一线粒体又可能具有多个 mtDNA 分子。通常线粒体越大,所含 DNA 分子越多。

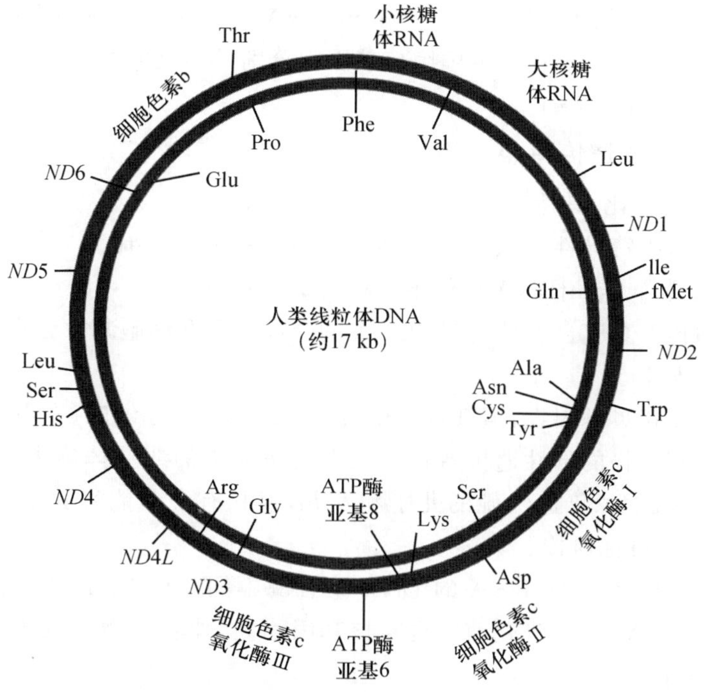

图 5-21　人类线粒体基因组(引自 Griffiths,1999)

线粒体广泛存在于除红细胞以外所有的组织细胞中。脑和骨骼肌作为高能量代谢器官,其细胞中含有大量线粒体,因而 mtDNA 缺陷产生极其广泛的疾病谱,最主要的表现为线粒体性脑肌病。目前，已发现人类100多种疾病与线粒体基因突变有关。

(二)线粒体DNA的遗传特征

1. 线粒体的复制具有半自主性

线粒体拥有自己的遗传物质，被称为“第25号染色体”或“M染色体”，能够独立进行复制、转录和翻译。其复制一般从重链开始，轻链继之复制，有的两条链同时复制。经过复制，每个线粒体内至少保留几个mtDNA，多者达100个，保证细胞分裂时至少有1个mtDNA分配到每个子细胞中去，维持了mtDNA的连续性。研究证明，线粒体中不仅含有DNA，而且含有核糖体(70S)和各种RNA(rRNA、tRNA和mRNA)，这些RNA都是mtDNA转录得来的，现已确定了许多生物mtDNA上RNA基因的位置。线粒体核糖体还含有氨基酰tRNA，能在蛋白质合成中起活化氨基酸的作用。对细胞周期中mtDNA合成的动力学研究表明，mtDNA合成的调节与核DNA合成的调节是彼此独立的。但是，mtDNA复制所需的聚合酶由核DNA编码，在细胞质内合成。所以说线粒体是半自主的细胞器，mtDNA的功能受核DNA的影响，mtDNA基因与核DNA突变均可导致线粒体蛋白质合成受阻，引起细胞能量代谢障碍。

2. 线粒体的独立性

线粒体基因组的结构特点让我们了解到它具有相对独立性，主要表现：①mtDNA合成的调节与核DNA合成的调节彼此独立，可能存在多种复制形式，其中D环复制是线粒体特有的复制形式。②线粒体基因组有自己独立的表达系统，线粒体内100多种蛋白质中，有10种左右是线粒体自身合成的，其中包括3种细胞色素氧化酶亚基、4种ATP酶亚基和1种细胞色素b亚基，编码这些蛋白质的基因都已定位在mtDNA上。③线粒体中有些密码子与编码的氨基酸不同，例如AUA、UUA在人类细胞核基因中分别是异亮氨酸和终止密码子，在线粒体中成为甲硫氨酸和色氨酸密码子。

(三)线粒体DNA的遗传特点

mtDNA与DNA相比，其遗传特点有以下区别：

(1)mtDNA无组织特异性。虽然在人类疾病研究中发现mtDNA存在组织特异性变异及异质型变异，但正常个体mtDNA仍然不存在组织特异性。

(2)mtDNA遗传上具有自主性，核外DNA的合成不只在细胞减数分裂时发生，在细胞有丝分裂时也在活跃地进行。

(3)mtDNA为多拷贝基因组，但其含量仅占细胞总DNA的0.5%左右。

(4)mtDNA呈现严格的母性遗传特性。人类受精卵中的线粒体绝大部分来自母亲的卵母细胞，即母亲将mtDNA传递给她的儿子和女儿，但只有女儿能将其mtDNA传递给下一代，这种传递方式称为母性遗传。

(5)进化速率不同。线粒体DNA的DNA聚合酶不同于核DNA聚合酶，复制中的误差率和修复系统与核DNA不同，进化速率也与核基因不同，哺乳动物线粒体DNA的突变率比核DNA的高5～10倍。

(6)mtDNA结构一般为共价、闭合、环状分子，分子在几百kb以下，远远小于核基因组。

小　结

不符合孟德尔遗传的方式称为非孟德尔遗传，包括母性影响、表观遗传、哺乳动物X染色体随机失活、遗传印记和核外遗传等，是对经典的孟德尔遗传的补充。

母性影响的实质是后代的性状表现受核基因控制，母性影响的正反交的结果不同，子代的表型受母本基因型的影响。影响有的发生在幼虫期，有的持续终身，即短暂的母性影响和持久的母性影响。

表观遗传是指基因表达的改变不依赖于 DNA 核苷酸序列的改变，而是受 DNA 的甲基化、蛋白修饰、染色质重塑以及非编码 RNA 等的影响，而且这种改变能通过细胞的有丝分裂或减数分裂传递的遗传现象。表观遗传修饰主要包括以下几个方面：从头甲基化和维持性甲基化；组蛋白的乙酰化、甲基化、泛素化等修饰；非编码 RNA（包括 siRNA、lncRNA、miRNA 等），其中 siRNA 和 miRNA 通过对靶基因的降解或者抑制影响基因的表达。表观遗传丰富了人们对基因表达差异及数量性状变异机制的认识。

哺乳动物雌性个体随机失活 1 条 X 染色体，使雌雄个体 X 染色体上基因表达量平衡，称为剂量补偿效应。莱昂假说对哺乳动物 X 染色体失活做了深入解释。玳瑁猫、人无汗性外胚层发育不良、人类的葡萄糖-6-磷酸脱氢酶（G6PD）等现象均支持莱昂假说。XIST 基因在 X 染色体失活中有重要作用，其中 XIST RNA 的包被是失活的重要步骤。

基因组印记，又称遗传印记，其特点是来自父母双方的同源染色体或等位基因存在着功能上的差异，因此子代中来自不同性别亲本的同一染色体或基因，当发生改变时可以引起不同的表型，这种现象称为基因组印记。第 1 个被发现的内源性印记基因是 *IGF2*，是引起小鼠矮小型的基因。哺乳动物中，基因组印记有去除、重建和维持 3 个阶段。研究发现，印记异常与神经行为异常、发育异常等一系列疾病有关。

由核外 DNA（包括叶绿体和线粒体等）所控制的性状的遗传方式称为核外遗传。紫茉莉枝条花斑性状遗传是第一个被发现的核外遗传的例子。动物和人的核外遗传物质为线粒体 DNA，一个线粒体有多个 mtDNA，大多数真核生物的 mtDNA 均为闭合环状分子。不同物种的 mtDNA 大小差异较大。线粒体 DNA 包含遗传信息传递的各种信息，可以完成复制、转录到翻译的全过程。动物线粒体 DNA 的结构已经清楚，可用于物种的进化研究。非孟德尔遗传丰富了人们对生物性状遗传的认识。

复习思考题

1. 名词解释

母性影响　表观遗传　DNA 甲基化　非编码 RNA　基因组印迹　X 染色体随机失活　核外遗传

2. 以椎实螺壳螺旋方向的遗传为例，解释为何说母性影响由母本的核基因控制？

3. 哺乳动物 X 染色体随机失活的意义及产生机制。

4. 动物的核外遗传有什么特点？请举例说明。

5. 母性遗传和母性影响的异同点什么？

6. 剂量补偿效应的分子机制是什么？

7. DNA 甲基化主要发生在什么位置？如何影响基因的表达调控？

8. miRNA 的作用机制是什么？

CHAPTER 6

第六章 群体遗传学基础

自然界中任何一个物种都是以群体的形式存在，基因在群体中的行为如何，其遗传具有怎样的规律，对其进行研究就形成了遗传学的另一个分支——群体遗传学(population genetics)。群体遗传学是应用数学和统计学的方法，研究群体中等位基因频率和基因型频率的变化规律，以及影响基因频率和基因型频率变化的因素，即研究群体遗传结构及其变化规律的学科。群体遗传学理论对于育种实践中定向改变一个群体的遗传结构或者稳定群体的遗传结构具有重要的指导意义。

第一节 群体的遗传结构

一、基本概念

(一)孟德尔群体

在生物学中，群体就是指一个种、一个亚种、一个变种、一个品种或者一个其他同类生物类群所有成员的总和。群体遗传学所研究的群体不是诸多个体的简单集合，而是指可以相互交配并能繁殖后代的个体所构成的集群。群体大至一个物种，小至一个品系或一个其他同类生物的类群。例如无论在什么地方，只要是夏南牛都属于夏南牛这个群体。但不同生物类群个体的总和不能叫群体，如黄牛和牦牛组成的个体群就不是群体。

群体遗传学所研究的群体均指孟德尔群体(Mendelian population)。所谓孟德尔群体是指同一物种个体间能够相互交配繁殖后代的个体所组成的群体。也就是具有共同的基因库，并且由有性交配个体所组成的繁殖群体。孟德尔群体是以有性繁殖为前提的，因而通过无性繁殖形成的无性繁殖系或无性繁殖系群，这样的纯系不属于孟德尔群体。在一个大的孟德尔群体内，由于各种原因造成的交配限制，可能导致基因频率分布不均匀，形成若干遗传特性有一定差异的群落通常称为亚群或亚种，家畜品种均可以视为物种的亚群。对于品种而言，品系、地域群就是亚群。

孟德尔群体的特点：

(1)具有再划分特点，即一个大的孟德尔群体又可划分成若干个小的孟德尔群体。

(2)孟德尔群体以有性生殖为前提，因而其对象具有二倍体的染色体数。

(二)基因库

在群体遗传学中，将一个群体中所有个体具有的全部基因或一个群体所具有的全部遗传信息定义为一个基因库(gene pool)，即含有在特定位点的全部等位基因，是由一个群体的全部基因种类、基因数量和基因组合体系所组成的遗传信息。

孟德尔群体由一群可交配繁殖的个体组成，这些个体分别具有共同基因库中的某些基因，群体中的每个个体的基因型只代表基因库的一小部分。如果因为自然地理或人为因素的限制而阻碍了其中个体间基因的自由交流，则未必属于单一的孟德尔群体，此时其各自保持着不同的基因库，因而就产生了同一地区共存着同一物种的几个孟德尔群体的情况。

(三)随机交配

随机交配(random mating)是指在一个有性繁殖的生物群体中，任何一个雌性或雄性的个体与任何一个相反性别的个体交配的概率相同。即任何一对雌雄个体的结合都是随机的，不受任何选配的影响。实行随机交配的结果是所有基因型都是孟德尔式分离所产生的配子随机结合而形成的。随机交配不等同于自然交配，自然交配是将公母畜禽混在一个群体里，任其自由组合，则身强力壮的雄性个体获得交配的概率高于其他个体。

二、群体的遗传结构

群体中生物体在繁殖的过程中，亲代传递给子代的只是不同频率的基因。孟德尔规律从家庭水平上，研究基因在有血统关系的小群内的传递，它研究的是在特定的双亲与后代之间的基因传递，其成员数少，范围小。而在动物育种实践中，往往要研究基因在一个群体内的传递规律，借此通过育种手段稳定或改变群体的遗传结构，以求达到保种或改良品种的目的。群体遗传学是研究群体的遗传组成及其在遗传过程中的动态变化机制。在个体中遗传组成用基因型表示，在群体中遗传组成则用基因频率和基因型频率表示，不同群体的同一基因往往有不同的基因频率和基因型频率。

(一)基因型频率

在二倍体生物的体细胞中，基因都是成对存在的，一对或几对基因构成某个性状的基因型。因此，一个性状遗传特性的表现不仅取决于基因，更直接地取决于基因型。

基因型频率(genotype frequency)是指在二倍体生物群体中，某一基因型个体数占群体总数的比率。即：

$$\text{基因型频率}=\frac{\text{某一基因型个体数}}{\text{群体总数}}$$

假定某基因由一对等位基因 A 和 a 控制，它们组成的基因型有 3 种，即 AA、Aa 和 aa。设 3 种基因型的总数为 N，AA 的数目为 n_1，Aa 的数目为 n_2，aa 的数目为 n_3，则有 $N=n_1+n_2+n_3$。一般来说，用 D、H、R 分别表示 3 种基因型的频率，所以 $D=\frac{n_1}{N}$，$H=\frac{n_2}{N}$，$R=\frac{n_3}{N}$。

则 $D+H+R=1$。D、H、R 变化范围为 0～1，没有负值。

例如，牛角的有无取决于一对等位基因 P 和 p，它们组成 3 种基因型即：PP、Pp、pp，前 2 种表现无角，最后一种表现有角，这 3 种基因型在不同牛群体中的分布不同。如某牛群中 PP 占 0.01%、Pp 占 1.98%、pp 占 98.01%，或者说，PP 基因型频率为 0.000 1，Pp 基因型频率为 0.019 8，pp 基因型频率为 0.980 1，3 种基因型频率之和等于 1，即：$D+H+R=1$。

值得注意的是，基因型不等于表现型，基因型频率不是表现型比率，例如上述有 3 种基因型，但表现型只有 2 种——无角和有角，两者的比率分别为 1.99%（0.01% + 1.98%）和 98.01%。

（二）基因频率

基因频率（gene frequency）是指群体中某一基因占其同一位点全部基因的比率。即：

$$基因频率=\frac{某基因个数}{群体中同一位点基因总数}$$

如上所述，由等位基因 A 和 a 控制的性状，3 种基因型 AA、Aa 和 aa 的数目分别为 n_1、n_2 和 n_3，3 种基因型的总数为 N。显性基因频率用 p 表示，隐性基因频率用 q 表示，群体中总的等位基因数则为 $2N$，A 的基因频率 $p=\frac{(2n_1+n_2)}{2N}$，a 的基因频率 $q=\frac{(2n_3+n_2)}{2N}$，由此可知，$p+q=1$。p、q 变化范围为 0～1，没有负值。

例如，在一个 100 头猪的群体中，垂耳猪 75 头（其中 DD 50 头，Dd 25 头），竖耳猪 25 头（dd）。那么，显性基因 D 在群中的比率为 $p=\frac{(2n_1+n_2)}{2N}=\frac{2\times50+25}{2\times100}=0.625$，隐性基因 d 在群内的比率则为 $q=1-p=1-0.625=0.375$。

对于一对常染色体上的基因，各基因频率之和等于 1，即：$p+q=1$，其基因频率和基因型频率的范围为大于或等于 0，小于或等于 1，即：$0\leqslant p(q)\leqslant1$，$0\leqslant D(H,R)\leqslant1$。

（三）基因频率与基因型频率的关系

1. 位于常染色体上的基因

设有 1 对等位基因 A、a，它们的基因频率分别为 p、q，可组成 3 种基因型 AA、Aa、aa，基因型频率分别为 D、H、R，个体总数为 N，AA 个体数为 n_1，Aa 个体数 n_2，aa 个体数为 n_3。

则有，

$$D=\frac{n_1}{N},H=\frac{n_2}{N},R=\frac{n_3}{N}$$

$$p_{(A)}=\frac{2n_1+n_2}{2N}=\frac{n_1}{N}+\frac{n_2}{2N}=D+\frac{H}{2}$$

$$q_{(a)}=\frac{2n_3+n_2}{2N}=\frac{n_3}{N}+\frac{n_2}{2N}=R+\frac{H}{2}$$

因此：

$$p=D+\frac{H}{2}$$

$$q=R+\frac{H}{2}$$

2. 位于性染色体上的基因

由于性染色体具有性别差异，因此其基因频率与基因型频率的关系就具有其特殊性，一般是把雌雄分开计算。

(1)性染色体同配群体：即性染色体类型为 XX 和 ZZ 的群体。

设一对等位基因 A、a，在同配性别群体可构成 3 种基因型，即 X^AX^A、X^AX^a 和 X^aX^a，它与常染色体上基因频率和基因型频率的关系相同，即：

$$p=D+\frac{H}{2}$$

$$q=R+\frac{H}{2}$$

(2)性染色体异配群体：即性染色体类型为 XY 和 ZW 的群体。

设一对等位基因 A、a，可构成 2 种基因型即 X^AY 和 X^aY 或 Z^AW 和 Z^aW，由于基因的数量和基因型的数量相等，所以基因频率等于基因型频率，即：

$$p=D;q=R$$

只要是孟德尔群体，上述关系在任何群体(平衡或不平衡)中都是适用的。

第二节 哈迪-温伯格定律

英国数学家哈迪(G. H. Hardy，1877—1947)和德国医生温伯格(W. Weinberg，1862—1937)，经过各自独立的研究，于 1908 年同时发现了有关基因频率和基因型频率的重要规律，称为哈迪-温伯格定律，或称基因平衡定律。

二维码 6-1
哈迪-温伯格定律

一、哈迪-温伯格定律

(一)哈迪-温伯格定律的要点

(1)在随机交配的大群体中，若没有其他因素的影响，基因频率世代不变。即：

$$p_0=p_1=p_2=\cdots=p_n$$
$$q_0=q_1=q_2=\cdots=q_n$$

(2)任何一个大群体，无论其基因频率如何，只要经过一代随机交配，一对常染色体上基因型频率就达到平衡，若没有其他因素的影响，一直进行随机交配，这种平衡状态始终不变。即：

$$D_1=D_2=\cdots=D_n$$
$$H_1=H_2=\cdots=H_n$$
$$R_1=R_2=\cdots=R_n$$

(3)在平衡群体中，基因频率和基因型频率的关系为：

$$D=p^2$$
$$H=2pq$$
$$R=q^2$$

(二)哈迪-温伯格定律的证明

设一对等位基因 A 和 a,0 世代的基因频率为 p_0 和 q_0,基因型频率为 D_0、H_0 和 R_0;1 世代的基因频率为 p_1 和 q_1,基因型频率为 D_1、H_1 和 R_1;2 世代的基因频率为 p_2 和 q_2,基因型频率为 D_2、H_2 和 R_2。

在一个大群体中,任何一个配子带有某一基因的概率就等于该基因在这个群体中的频率。因此 0 世代的个体所产生的配子,带有 A 基因的概率为 p_0,带有 a 基因的概率为 q_0。

在随机交配下,各雌雄配子随机结合,形成 1 世代个体的基因型频率如表 6-1 所示。

表 6-1 1 世代基因型频率

♀雌亲	♂雄亲	
	A, p_0	a, q_0
A, p_0	AA, p_0^2	Aa, p_0q_0
a, q_0	Aa, p_0q_0	aa, q_0^2

由表 6-1 可得:

1 世代的基因型频率:

$$D_1 = p_0^2$$
$$H_1 = 2p_0q_0$$
$$R_1 = q_0^2$$

1 世代基因频率:$p_1 = D_1 + \frac{1}{2}H_1 = p_0^2 + \frac{1}{2}(2p_0q_0) = p_0(p_0 + q_0) = p_0$

$$q_1 = R_1 + \frac{1}{2}H_1 = q_0^2 + \frac{1}{2}(2p_0q_0) = q_0(p_0 + q_0) = q_0$$

1 世代个体产生的雌雄配子随机结合,产生的 2 世代基因型频率,见表 6-2。

表 6-2 2 世代基因型频率

♀雌亲	♂雄亲	
	A, p_1	a, q_1
A, p_1	AA, p_1^2	Aa, p_1q_1
a, q_1	Aa, p_1q_1	aa, q_1^2

由表 6-2 可得:

2 世代的基因型频率:

$$D_2 = p_1^2$$
$$H_2 = 2p_1q_1$$
$$R_2 = q_1^2$$

2 世代的基因频率:$p_2 = D_2 + \frac{1}{2}H_2 = p_1^2 + \frac{1}{2}(2p_1q_1) = p_1(p_1 + q_1) = p_1 = p_0$

$$q_2 = R_2 + \frac{1}{2}H_2 = q_1^2 + \frac{1}{2}(2p_1q_1) = q_1(p_1 + q_1) = q_1 = q_0$$

同理可证得:

$$p_n = p_{n-1} = \cdots = p_2 = p_1 = p_0$$
$$q_n = q_{n-1} = \cdots = q_2 = q_1 = q_0$$

因为　$p_1=p_0, D_1=p_0^2, D_2=p_1^2$

所以　$D_2=D_1$

同理可得：　$H_2=H_1, R_2=R_1$

即

$$D_n=D_{n-1}=\cdots=D_2=D_1$$

$$H_n=H_{n-1}=\cdots=H_2=H_1$$

$$R_n=R_{n-1}=\cdots=R_2=R_1$$

由以上证明可以看出，基因型频率虽然 $D_1\neq D_0$，$H_1\neq H_0$，$R_1\neq R_0$，但经一代随机交配，基因型频率就达到平衡，而基因频率则自始至终保持不变。

例如，已知 0 世代群体基因型频率分别为 $D_0=0.6$，$H_0=0.4$，$R_0=0$，则 0 世代的基因频率如下：

$$p_0=D_0+\frac{H_0}{2}=0.6+\frac{0.4}{2}=0.8$$

$$q_0=R_0+\frac{H_0}{2}=0+\frac{0.4}{2}=0.2$$

1 世代基因型频率

$$D_1=p_0^2=0.8^2=0.64$$

$$H_1=2p_0q_0=2\times0.8\times0.2=0.32$$

$$R_1=q_0^2=0.2^2=0.04$$

1 世代基因频率

$$p_1=D_1+\frac{H_1}{2}=0.64+\frac{0.32}{2}=0.8$$

$$q_0=R_1+\frac{H_1}{2}=0.04+\frac{0.32}{2}=0.2$$

2 世代基因型频率

$$D_2=p_1^2=0.8^2=0.64$$

$$H_2=2p_1q_1=2\times0.8\times0.2=0.32$$

$$R_2=q_1^2=0.2^2=0.04$$

2 世代基因频率

$$p_2=D_2+\frac{H_2}{2}=0.64+\frac{0.32}{2}=0.8$$

$$q_2=R_2+\frac{H_2}{2}=0.04+\frac{0.32}{2}=0.2$$

依次类推，得出：

n 世代基因型频率

$$D_n = p_n^2 = 0.8^2 = 0.64$$

$$H_n = 2p_n q_n = 2 \times 0.8 \times 0.2 = 0.32$$

$$R_n = q_n^2 = 0.2^2 = 0.04$$

n 世代基因频率

$$p_n = D_n + \frac{H_n}{2} = 0.64 + \frac{0.32}{2} = 0.8$$

$$q_n = R_n + \frac{H_n}{2} = 0.04 + \frac{0.32}{2} = 0.2$$

由上例可见，虽然基因型频率 $D_0 \neq D_1$，$H_0 \neq H_1$，$R_0 \neq R_1$，但经过一代随机交配后，一对常染色体上的基因型频率就达到了平衡。

$$D_1 = D_2 = \cdots = D_n = p^2, H_1 = H_2 = \cdots = H_n = 2pq, R_1 = R_2 = \cdots = R_n = q^2。$$

二、群体平衡的检验

群体调查所得到的基因型观测值是否符合哈迪-温伯格平衡定律的随机交配的预期值，即一个群体是否实现了哈迪-温伯格平衡，可用 χ^2 检验法来检验。依据哈迪-温伯格平衡定律，后代的基因型频率是由其群体的基因频率所决定的。如果被检验的群体处于遗传平衡状态，则群体中上下代的基因频率应该是相同的。因此，后代的基因频率可以看作是其亲本基因频率的估计值，并应用此估计值计算哈迪-温伯格平衡定律下的基因型频率，然后进行相应的 χ^2 检验，判断群体是否是遗传平衡群体。

例如，在中国某省汉族人群中检测了 1 050 人对苯硫脲的尝味能力，其中有尝味者 410 人（TT），味觉杂合体 500 人（Tt），味盲 140 人（tt）。该群体是否是一个平衡群体呢？

第一，根据调查的 1 050 人中 3 种不同尝味能力的人数，可分别计算出相应的实测基因型频率。

TT 基因型频率：$D = \frac{410}{1\,050} = 0.390\,5$

Tt 基因型频率：$H = \frac{500}{1\,050} = 0.476\,2$

tt 基因型频率：$R = \frac{140}{1\,050} = 0.133\,3$

第二，根据实测基因型频率计算基因频率。

T 基因频率：$p = D + \frac{1}{2}H = 0.390\,5 + \frac{1}{2} \times 0.476\,2 = 0.628\,6$

t 基因频率：$q = R + \frac{1}{2}H = 0.133\,3 + \frac{1}{2} \times 0.476\,2 = 0.371\,4$

第三，根据哈迪-温伯格平衡定律的基因频率与基因型频率的关系，计算基因型频率的理论值。

TT 基因型频率的理论值为：$p^2 = 0.628\,6^2 = 0.395\,2$

Tt 基因型频率的理论值为：$2pq = 2 \times 0.628\,6 \times 0.317\,4 = 0.466\,9$

tt 基因型频率的理论值为：$q^2=0.371\ 4^2=0.137\ 9$

第四，计算各类基因型数的理论值。

TT 基因型数的理论值为：0.395 2×1 050＝414.96

Tt 基因型数的理论值为：0.466 9×1 050＝490.25

tt 基因型数的理论值为：0.137 9×1 050＝144.79

第五，将各类基因型的实际观测值和计算出的理论值代入 χ^2 检验公式，进行 χ^2 适合度检验。

$$\chi^2=\sum_i \frac{(O_i-C_i)^2}{C_i}$$

其中，O_i 是第 i 个基因型的实际观测值，C_i 是第 i 个基因型的理论值。

$$\chi^2=\frac{(410-414.96)^2}{414.96}+\frac{(500-490.25)^2}{490.25}+\frac{(140-144.79)^2}{144.79}$$
$$=0.059\ 3+0.193\ 9+0.158\ 5=0.411\ 7$$

这里 $df=3-2=1$（计算理论值时既用了群体总数又用了样本内基因频率，因而自由度为 $df=3-2=1$），查 χ^2 表可知 $\chi^2_{df=1,P=0.05}=3.841$，因 $\chi^2=0.411\ 7<3.841$，说明 $P>0.05$，即该 1 050 人群体的实际观测值与理论值相符合，是 3 种基因型频率平衡了的群体，即该群体处于哈迪-温伯格遗传平衡状态。

为了简明起见，也可用表 6-3 的形式列表。

表 6-3　苯硫脲尝味能力调查结果的哈迪-温伯格遗传平衡的检验

实测值与理论值	基因型			总数	基因频率	
	TT	Tt	tt		T	t
实测数(O_i)	410	500	140	1 050		
实测频率	0.390 5	0.476 5	0.133 3	1.000 0		
理论频率	0.395 2	0.466 9	0.137 9	1.000 0	0.628 6	0.371 4
理论值(C_i)	414.960 0	490.250 0	144.790 0	1 050.00		
χ^2 值	0.059 3	0.193 9	0.158 5	0.411 7		
$df=3-2=1, \chi^2_{df=1,P=0.05}=3.841>0.411\ 7, P>0.05$						

三、平衡群体成立的条件

所谓的平衡群体，是指在世代更替的过程中，遗传组成不发生变化的群体，即基因频率和基因型频率从一代到另一代始终保持不变。一个平衡群体必须具备以下条件：

(1)必须是大群体。

(2)实行随机交配。雌雄个体间具有同样的交配概率。

(3)闭锁群体。即该群体内的个体不能迁出，也没有另一个群体的个体迁入。

(4)无突变。没有从一个等位基因状态向另一个等位基因状态的突变。如果正向突变和回复突变的速率相同，则可以允许突变存在。

(5)无选择。即无人工选择和自然选择。

只有符合以上条件的群体，才能建立并保持平衡群体的特性。

四、平衡定律的意义

遗传平衡定律揭示了群体基因频率和基因型频率的遗传规律，对于一个大群体，如果在各个体间进行随机交配，群体遗传结构将会保持平衡，而不发生改变。即使由于突变、选择、迁移和杂交等因素改变了群体的等位基因频率和基因型频率，只要这些作用不再继续产生作用，这个群体会再次达到平衡状态，而且可以保持。根据遗传平衡定律，在畜禽育种中可通过选择、杂交等途径先打破群体原有的遗传平衡，促使畜禽群体再建立新的遗传平衡的方法，提高原品种或创造新品种，这是本品种选育、品系繁育和杂交育种的理论依据。因此，改变群体等位基因频率和基因型频率，打破它的遗传平衡，仍是目前动植物育种的主要手段。

遗传平衡定律揭示了在一个随机交配群体中，基因频率与基因型频率间的关系，从而为在不同情况下计算不同群体的基因频率和基因型频率提供了方法，据此可使育种成效更具预见性。

五、平衡群体的性质

由哈迪-温伯格遗传平衡定律可知，平衡群体具有以下 2 个性质：

性质 1：在二倍体遗传平衡群体中，杂合子(Aa)的频率 $H=2pq\leqslant 0.5$。

根据这个性质可知，只要 $H>\frac{1}{2}$，就绝对不是平衡群体。

性质 2：杂合子频率是两个纯合子频率乘积平方根的 2 倍，即 $H=2\sqrt{DR}$。

证明：因为 $D=p^2, H=2pq, R=q^2$，

所以 $\sqrt{DR}=\sqrt{p^2q^2}=pq$，两边同乘以 2，得 $2pq=2\sqrt{DR}$，$H=2\sqrt{DR}$。

该性质给我们提供了检验群体是否达到平衡的一个简便方法，即如果 $\frac{H}{\sqrt{DR}}=2$，就说明是平衡群体。

第三节　基因频率和基因型频率的计算

计算基因频率的基本原理是依据表现型频率估计各基因型频率，然后根据基因型频率和基因频率两者之间的关系计算基因频率。

一、无显性或不完全显性

在无显性或不完全显性时，计算比较简单。因为这时基因型和表现型一致，即由表型可直接识别基因型，因此只要知道表型的百分数就可知道基因型频率，再通过基因型频率计算出基因频率，所用公式为：

$$p=D+\frac{H}{2}$$

$$q=R+\frac{H}{2}$$

例如，短角牛的被毛有红色、沙色和白色，它们是由一对等位基因 R、r 控制的，沙色是红

牛和白牛杂交的后代，3 种毛色的基因型分别为 RR、Rr 和 rr。某一短角牛群中红、沙、白 3 种被毛的牛分别占 36%、48%和 16%，于是基因频率分别为：

红色 R 的基因频率　$p=D+\frac{H}{2}=0.36+\frac{0.48}{2}=0.6$

白色 r 的基因频率　$q=R+\frac{H}{2}=0.16+\frac{0.48}{2}=0.4$

因此，根据对已知的毛色类型的统计，运用简单的计算即可得知该群体的遗传结构。

二、完全显性

在完全显性时，一对基因有 3 种基因型、2 种表型，由于显性纯合子和杂合子表型相同，因此，通过对表现型的统计，我们只能得到隐性纯合子的基因型频率和另 2 种类型基因型频率之和，而得不到 3 种类型各自的基因型频率。在随机交配的大群体中，根据哈迪-温伯格遗传平衡定律，平衡状态下隐性纯合子的基因频率和基因型频率的关系为，$R=q^2$，即 $q=\sqrt{R}$，而 $p=1-q$，这样很容易求出基因频率。

例如，一个随机交配的牛群中，黑色对红色为显性，黑色牛（BB、Bb）占 96%，红色牛（bb）占 4%，那么黑色牛中，纯合体和杂合体各占多大比例？

已知 $R=4\%$

根据哈迪-温伯格定律

$$q=\sqrt{R}=\sqrt{0.04}=0.2$$

所以　$p=1-q=1-0.2=0.8$

BB 和 Bb 的基因型频率

$$D=p^2=0.8^2=0.64$$

$$H=2pq=2\times0.8\times0.2=0.32$$

因此，该群体中黑色牛纯合体占 64%、杂合体占 32%。

三、伴性基因

高等动物性染色体有 XY 型、ZW 型以及由其变化而来的其他类型。家畜的性染色体为 XY 型，雌性为同配子型 XX，雄性为异配子型 XY；家禽和蚕的类型为 ZW 型，正好与 XY 型相反，即雄性为同型配子，雌性为异型配子。因此，对于伴性基因而言，由于不同性别中包含的性染色体类型和数目不同，因此应将其分为同配性别和异配性别群体分别计算。

(1)对于同配性别群体。同配性别群体基因频率的计算与常染色体基因频率计算相同，在此不再赘述。

(2)对于异配性别群体。异配性别群体中，表型频率等于基因型频率，也等于基因频率。因此，$p=D$，$q=R$。

例如，色盲属于性连锁遗传，人群中女性色盲的患病率为 36‰，可以把人群看作是平衡状态，问：人群中男性色盲的患病率是多高？女性色盲基因携带者的频率是多少？

已知女色盲个体（X^bX^b）的频率是 $D=q^2=36‰$

所以 $q=\sqrt{R}=\sqrt{0.036}=0.19$

当群体达到平衡时，色盲男性(X^bY)的患病率为群体中色盲基因的频率，即

$$q=0.19=19\%$$

因为 $$p=1-q=0.81$$

所以女性色盲携带者的频率为 $2pq=0.31$。

四、复等位基因

(一)等显性的复等位基因

与不完全显性类似，计算较复杂。基本原则是某一基因的频率等于该基因纯合体的频率加上含有该基因全部杂合体频率的一半。

例如，秦川牛血红蛋白的基因有3个等位基因，可组成6种基因型，各基因型及频率见表6-4。

表6-4　秦川牛血红蛋白各基因型及其频率

基因型	AA	BB	CC	AB	AC	BC	总计
测定头数	27	0	0	8	5	0	40
基因型频率	0.675	0	0	0.200	0.125	0	1

设 A、B、C 三个基因频率分别为 p、q、r；AB、AC、BC 的频率分别为 H_1、H_2、H_3；AA、BB、CC 的频率为 D_1、D_2、D_3，则

$$p=D_1+\frac{H_1+H_2}{2}=0.675+\frac{0.20+0.125}{2}=0.8375$$

$$q=D_2+\frac{H_1+H_3}{2}=0+\frac{0.20+0}{2}=0.10$$

$$r=D_3+\frac{H_2+H_3}{2}=0+\frac{0+0.125}{2}=0.0625$$

(二)等显性及有等级显性的复等位基因

例如，人的ABO血型受3个复等位基因 I^A、I^B、i 控制，I^A、I^B 为等显性，在杂合状态下均可以得到表现，i 对 I^A 和 I^B 均为隐性。设A、B、O的血型比率分别为A、B、O，$[I^A, I^B, i]=[p, q, r]$，那么随机交配下一代的基因型、表现型及频率见表6-5和表6-6。

表6-5　人ABO血型随机交配下一代的基因型及其频率

雌亲	雄亲		
	I^A, p	I^B, q	i, r
I^A, p	I^AI^A, p^2	I^AI^B, pq	I^Ai, pr
I^B, q	I^BI^A, pq	I^BI^B, q^2	I^Bi, qr
i, r	I^Ai, pr	I^Bi, qr	ii, r^2

表 6-6　人 ABO 血型随机交配下一代的表现型与基因型频率

表现型	基因型	基因型频率	表现型频率
A 型	$I^A I^A$	p^2	p^2+2pr
	$I^A i$	$2pr$	
B 型	$I^B I^B$	q^2	q^2+2qr
	$I^B i$	$2qr$	
AB 型	$I^A I^B$	$2pq$	$2pq$
O 型	ii	r^2	r^2

由表现型频率推知基因频率，从隐性个体频率计算 i 基因的频率：

因为 $O=r^2$，所以 $r=\sqrt{O}$

$$A+O=p^2+2pr+r^2=(p+r)^2=(1-q)^2$$

则有 $1-q=\sqrt{A+O}$，$q=1-\sqrt{A+O}$，$p=1-q-r$

例如，1944 年在昆明对 6 000 个中国人的 ABO 血型进行调查，结果见表 6-7。

表 6-7　昆明人群 ABO 血型调查结果

血型	A	B	AB	O	合计
调查人数	1 920	1 627	607	1 846	6 000
表现型频率	0.320 00	0.271 16	0.101 16	0.307 66	0.999 80

根据表中各类表型频率，代入公式计算基因频率如下：

$$r=\sqrt{O}=\sqrt{0.307\ 66}=0.554\ 7$$

$$q=1-\sqrt{A+O}=1-\sqrt{0.32+0.307\ 66}=0.207\ 7$$

$$p=1-q-r=1-0.207\ 7-0.554\ 7=0.237\ 6$$

因此，运用哈迪-温伯格定律，可分析得知该昆明人群 ABO 血型的遗传结构。

第四节　影响群体遗传结构变化的因素

群体的遗传平衡是在一定条件下成立的。哈迪-温伯格定律是建立在大群体、随机交配、无突变、无迁移、无选择的前提下的。但实际情况是，自然界中没有一个群体的遗传组成是一成不变的。影响群体遗传结构变化的主要因素有突变、迁移、选择和遗传漂变等。

二维码 6-2
影响群体基因频率变化的因素

一、突变(mutation)

(一)基因突变的作用

基因突变对群体的遗传组成的改变有 2 个重要作用：第一，形成新的基因，即等位基因和复等位基因，为选择提供了材料，如果突变与选择方向一致，基因频率改变的速度就加快了。

第二,突变直接改变了基因频率,当 A 突变为 a 时,A 的频率减少,a 的频率增加。

基因突变可分为两类:一类是非频发突变,指整个群体里仅仅产生单一突变基因而言,而且不会经常发生,突变频率非常低,不是改变基因频率的主要原因,因为单一突变的频率非常低,而且这个突变的基因在一个大群体里,遗传下去的机会是很小的。例如,群体内所有个体为 AA,而只有一个个体是 Aa,这个突变基因除非在选择上具有优势,否则很容易在群体内消失。因此,一个单一的没有选择优势的突变,不能使群体里产生永久性的变化,因此这种突变不能在群体中永久保持下去。另一类是频发突变,它是指某种突变在一个大群体内频繁地发生,它是导致基因频率变化的一个因素。例如,一对等位基因,当基因 A 不断变为 a 时,群体内 A 的频率将逐渐减少,而 a 的频率就会逐渐增加。假如 $A \rightarrow a$ 长期连续发生,最后群体内的 A 将被 a 完全代替。通常把改变群体遗传组成的基因突变频率的度量叫作突变压(mutation pressure)。在一个群体内,如果正反突变压相等,就达到了平衡状态。

(二)正突变与反突变对基因频率的影响

自然条件下,自发突变的频率是很低的,一般为 $10^{-8} \sim 10^{-4}$。突变对基因频率影响程度的估计,以一对等位基因为例介绍。

假定 A 和 a 为一对等位基因,当突变时,A 变为 a 称为正突变,a 变为 A 称为反突变。正突变率为 u,反突变率为 v,正突变与反突变的频率往往不同,一般正突变的频率高于反突变率。

如果起始群体中 A 基因频率为 p_0,a 频率为 q_0,则下一代 a 频率为

$$q_1 = up_0 + (1-v)q_0 = u(1-q_0) + (1-v)q_0$$

每一代的基因频率变化量 Δq 为:$\Delta q = q_1 - q_0 = u(1-q_0) + vq_0$

经过若干世代后,当 $\Delta q = 0$ 时,群体达到平衡,即 $vq = u(1-q_0)$

这时基因 A 的平衡频率

$$p = \frac{v}{u+v}, q = \frac{u}{u+\mathrm{v}}$$

可见,在平衡状态下,基因频率与初始基因频率无关,仅取决于正反突变频率 u 和 v 的大小。如果一对等位基因的正反突变频率相等($u=v$),则达到平衡时的基因频率都是 0.5。

二、迁移(migration)

两个基因频率不同群体的混杂称为迁移。由于群体间个体或基因的流动即可是单向的,也可是双向甚至多方向的,因此必然会引起群体基因频率的改变。迁入者的比例通常用迁移率 m 来表示,迁移率是指迁入的个体数占迁入后群体总数的比值。实践中迁移的方式主要有混群、杂交、引种。那么两个群体混杂后,基因频率该如何计算呢?

(1)设有 M 和 N 两个群体,分别以 m 和 n 个个体相混杂,M 群体的基因频率为 p_m,N 群体的基因频率为 p_n,混合群体的基因频率为 p_{mn},于是混合群体的基因频率就等于两群体基因频率以各自群体个数为权的加权平均数,即

$$p_{mn} = \frac{mp_m + np_n}{m+n}$$

例如，有一个 100 个个体的群体（$m=100$），某一基因 A 的频率 $p_m=0.4$，另有一个 200 个个体的群体（$n=200$），某一基因 A 的频率 $p_n=0.5$，那么混合群体 A 基因的频率为两个群体基因频率的加权平均数，即

$$p_{mn}=\frac{mp_m+np_n}{m+n}=\frac{100\times0.4+200\times0.5}{100+200}=0.467$$

（2）如果是两个群体的雌雄个体杂交所产生的杂种群体，其基因频率为两个亲本群体基因频率的简单平均数。

设甲群体为♂，基因频率为 p_1，乙群体为♀，基因频率为 p_2，则杂种群体基因频率：

$$p=\frac{p_1+p_2}{2}$$

例如，无角牛群为♂，其有角基因频率为 $p_1=0$；有角牛群为♀，其有角基因频率为 $p_2=1$。混合牛群有角基因频率为：

$$p=\frac{p_1+p_2}{2}=\frac{0+1}{2}=0.5$$

（3）如果知道混合群体中迁入者比例为 m，基因频率为 q_m，原有个体比例为 $1-m$，原有个体基因频率 q_0。则：

$$q=mq_m+(1-m)q_0=m(q_m-q_0)+q_0$$

经一代迁入基因频率的变化率为 $\Delta q=q-q_0=m(q_m-q_0)$。其中 Δq 取决于两个因素，迁移率（m）和迁入群体与原群体之间基因频率的差异。

目前，在育种中广泛采用的导入杂交就属于迁移的范畴，其目的是增加群体中优秀基因的频率，是家畜育种中重要的育种手段。

三、选择（selection）

在生物群体中，由于人类和自然界的干预，不同的基因型产生的后代数目不同，从而导致一些基因型频率逐代增高，另一些逐代降低，这种基因型个体的比例所发生变化的现象称为选择，选择是改变基因频率的重要因素。在家畜育种中，选择是选种的重要手段，通过选择，把符合要求的性状选留下来，使基因频率逐代提高，从而引起基因频率向着一定方向改变，进而改变群体的遗传品质。

二维码 6-3
影响群体遗传结构的因素

适合度是指在选择中，某个基因型的个体在下一代平均保留后代数的比率。它表示在后代中传递自身基因的能力，是生物体或生物群体对环境适应的量化特征，用 W 表示。淘汰率是指某一基因型个体在下一代被淘汰的个体数占总后代数的比例，也称为选择系数，用 s 表示，因此，适合度 $W=1-s$，当淘汰率为 $s=0$ 时，即全部留种时，适合度就等于 1。

（一）全部淘汰显性个体，培育隐性纯合群体

在人工选择下淘汰显性基因，若基因的外显率为 100%，只需一代就可把显性基因型的个体从群体中清除，从而把显性基因的频率降低到 0，显性基因或显性性状就完全消失。全部淘汰显性个体后基因型频率变化见表 6-8。

表 6-8 全部淘汰显性个体后的基因型频率变化

基因型	AA	Aa	aa	合计
初始群频率	p_0^2	$2p_0q_0$	q_0^2	1
适合度	0	0	1	
选择后频率	0	0	$q_0{}^2$	q_0^2

经过1代对显性个体的全部淘汰，下一代基因频率：

$$q_1=\frac{q_0^2}{q_0^2}=1, p_1=1-q_1=1-1=0$$

例如，羊的毛色有白色和黑色，它由一对基因控制，白色对黑色呈显性，一个羊群中白羊占84%，黑羊占16%，该群体的遗传结构如何？如果对白羊全部淘汰，一代后显隐性基因频率各为多少？

已知 $R_0=0.16$

根据哈迪-温伯格定律，群体的基因频率为

$$q_0=\sqrt{R_0}=\sqrt{0.16}=0.4$$

$$p_0=1-q_0=1-0.4=0.6$$

群体的基因型频率为

$$D_0=p_0^2=0.6^2=0.36$$

$$H_0=2p_0q_0=2\times0.6\times0.4=0.48$$

将 D_0、H_0 全部淘汰后，$p=0$，$q=1-p=1-0=1$，即经一代对显性个体的全部淘汰，群体就能够达到纯化。

(二)全部或部分淘汰隐性个体，使群体显性基因频率逐代提高

由于隐性基因常常受到显性基因的掩盖作用而表现不出来，所以要淘汰隐性基因相对困难，速度较慢。对隐性个体的淘汰分为以下两种情况。

1. 全部淘汰隐性个体后，隐性基因频率的变化

对隐性个体全部淘汰，即 $s=1$，适合度 $1-s=0$，基因型频率变化见表6-9。

表 6-9 全部隐性基因淘汰后基因型频率变化

基因型	AA	Aa	aa	合计
初始群基因型频率	p_0^2	$2p_0q_0$	q_0^2	1
适合度	1	1	0	
选择后频率	p_0^2	$2p_0q_0$	0	$p_0^2+2p_0q_0$

隐性基因频率

经1代淘汰后：

$$q_1=\frac{p_0q_0}{p_0^2+2p_0q_0}=\frac{(1-q_0)q_0}{1-q_0^2}=\frac{q_0}{1+q_0}$$

经 2 代淘汰后：

$$q_2=\frac{q_1}{1+q_1}=\frac{\dfrac{q_0}{1+q_0}}{1+\dfrac{q_0}{1+q_0}}=\frac{q_0}{1+2q_0}$$

经 n 代淘汰后：

$$q_n=\frac{q_0}{1+nq_0}$$

隐性基因 q 的变化

$$\Delta q=q_1-q_0=\frac{q_0}{1+q_0}-q_0=-\frac{q_0^2}{1+q_0}$$

隐性基因频率下降到一定程度所需世代数（n）

因为 $q_n=\dfrac{q_0}{1+nq_0}$，所以 $q_n+nq_nq_0=q_0$，$nq_nq_0=q_0-q_n$。两边同除以 q_nq_0，得 $n=\dfrac{1}{q_n}-\dfrac{1}{q_0}$，根据这个公式，只要知道 0 世代的基因频率，就能计算出将某一基因频率降到一定频率所需要的世代数。

例如，在一个猪群中有白猪和黑猪，且白色对黑色为显性，已知这个猪群黑色基因的频率为 0.4，经过把黑猪全部淘汰，下一代黑色基因的频率是多少？假如连续淘汰黑猪，20 代后黑色基因频率与黑色猪个体频率又如何？如果需要把黑色基因频率降到 0.01，采取逐代淘汰黑猪的方法，共需多少代？

已知　$q_0=0.4$，$q_n=0.01$

对原始群体的黑猪全部淘汰，1 世代隐性基因频率为：

$$q_1=\frac{q_0}{1+q_0}=\frac{0.4}{1+0.4}=0.286$$

连续 20 代全部淘汰黑猪，黑色基因频率和黑猪个体频率分别为：

$$q_{20}=\frac{q_0}{1+20q_0}=\frac{0.4}{1+20\times0.4}=0.0444$$

$$R_{20}={q_{20}}^2=0.0444^2=0.001975=0.2\%$$

将黑色基因频率由 0.4 降到 0.01 所需世代数：

$$n=\frac{1}{q_n}-\frac{1}{q_0}=\frac{1}{0.01}-\frac{1}{0.4}\approx98(\text{代})$$

对黑猪淘汰 98 代后，黑猪在群体中所占比例：

$$R_{98}={q_n}^2=0.01^2=0.0001=0.01\%$$

由此可见，对隐性个体淘汰 98 代后，黑色基因频率下降到 0.01，即 1 万头猪中还会有 1 头黑猪。说明要将隐性基因从群体中彻底清除，除了在留种时全部淘汰隐性个体外，还应通过测交的方法淘汰杂合体。

2. 部分淘汰隐性个体后，隐性基因频率的变化

假设对隐性个体的淘汰率为 s，则隐性个体的留种率，即适合度为 $1\text{-}s$。个体的基因型频率变化见表 6-10。

表 6-10 不完全淘汰隐性个体后基因型频率的变化情况

基因型	AA	Aa	aa	合计
初始群基因型频率	p_0^2	$2p_0q_0$	q_0^2	1
适合度	1	1	$1\text{-}s$	
选择后基因型频率	p_0^2	$2p_0q_0$	$(1\text{-}s)q_0^2$	$1\text{-}sq_0^2$

1 世代的基因频率

$$q_1=\frac{p_0q_0+(1-s)q_0^2}{1-sq_0^2}=\frac{q_0(1-sq_0)}{1-sq_0^2}$$

$$q_{n+1}=\frac{q_n(1-sq_n)}{1-sq_n^2}$$

1 代选择后 q 的变化量

$$\Delta q=q_1-q_0=\frac{q_0(1-sq_0)}{1-sq_0^2}-q_0=\frac{sq_0^2(q_0-1)}{1-sq_0^2}$$

即 q 的每代变化量为：$\Delta q=\dfrac{sq^2(q-1)}{1-sq^2}$

(三)选择显性纯合公畜留种，可显著提高后代群体的显性基因频率

如果在留种时公畜选择显性纯合子，母畜不做选择，下一代的基因型频率见表 6-11。

表 6-11 一世代基因型频率的变化(种公畜为显性纯合子)

卵子类型及频率	精子类型及频率(A，1)
A,p_0	AA,p_0
a,q_0	Aa,q_0

1 世代的基因型频率为：

$$D_1=p_0,H_1=q_0,R_1=0$$

1 世代的隐性基因频率为：

$$q_1=\frac{H_1}{2}=\frac{q_0}{2}$$

同理，

$$q_2=\frac{\frac{q_0}{2}}{2}=\frac{q_0}{2^2}$$

经过 n 世代对种公畜的测交选择后：

$$q_n=\frac{q_0}{2^n}$$

$$n\lg 2=\lg\left(\frac{q_0}{q_n}\right)$$

$$n=\frac{\lg q_0-\lg q_n}{\lg 2}$$

这说明，如果每代都以测交选择纯合子公畜留种，而对母畜不做选择，那么 n 代后，隐性基因的频率就是选择前原始群体隐性基因频率除以 2 的 n 次方之商。

例如，已知某群体隐性个体占 81%，如果每世代均选择纯合显性公畜留种，那么要将隐性个体比例降到万分之 4，需要多少代？

已知　$R_0=0.81, R_n=0.0004$

则　$q_0=\sqrt{R_0}=\sqrt{0.81}=0.9$

$$q_n=\sqrt{R_n}=\sqrt{0.0004}=0.02$$

所以有 $n=\dfrac{\lg q_0-\lg q_n}{\lg 2}=\dfrac{\lg 0.9-\lg 0.02}{\lg 2}=5.8\approx 6$(代)

在上述案例中，如果不做测交，仅是选择显性表型的公母畜留种，要将隐性个体比例由 81%降到万分之 4，所需的代数为：

$$n=\frac{1}{q_n}-\frac{1}{q_0}=\frac{1}{0.02}-\frac{1}{0.09}\approx 39\text{(代)}$$

由此可见，要将群体隐性个体的比例由 81%降到万分之 4，留种时采用全部淘汰隐性个体的方法，大约需要选择 39 代；如果结合测交选择显性纯合公畜留种，只需要选择 6 代。也就是说，每一代母畜随机留种(不考虑基因型)，而公畜选择纯合个体留种，可大大缩短群体显性基因频率提高到一定水平的世代数。

(四)突变和选择的联合效应

前面讨论了突变和选择对基因频率的影响，在考虑选择对基因频率的影响时，实际上假定了没有发生突变的前提，在考虑突变影响时，实际上假定无选择作用。但在自然界，这种影响往往是同时存在的，所以同时探讨选择和突变对基因频率的影响是更接近于实际的。

如果突变和选择对基因频率的影响是相同的，那么基因频率的变化就大一些，如果两者的影响不同，方向相反，那么它们的效应就会相互抵消，最后成为一个稳定的平衡状态。

1. 突变与选择之间的平衡

如果每代突变改变的基因频率与选择改变的基因频率相当，方向相反，基因频率就会维持不变，处于一种平衡状态。

设 $A\rightarrow a$ 的频率为 u，A 的频率为 p；$a\rightarrow A$ 的频率为 v，a 的频率为 q。对隐性个体每代的淘汰率为 s。

则突变每代变化量 $\Delta q=up-vq$(增加)。

对隐性个体做不完全选择时，每代变化量为：$\Delta q=\dfrac{sq^2(q-1)}{1-sq^2}$

当 $v=0$，突变与选择的变化量相等时：

$$up=\frac{sq^2(q-1)}{1-sq^2}$$

当 q 很小时，上式可写为(分母为 1)：$up=sq^2(1-q)$，则 $u(1-q)=sq^2(1-q)$

此时两种效应会彼此抵消，群体处于平衡状态，即 q 就是平衡时的隐性基因频率：

$$u(1-q)=sq^2(1-q)$$

则有：$u=sq^2$，$q^2=\dfrac{u}{s}$，$q=\sqrt{\dfrac{u}{s}}$

即：当隐性基因 $q=\sqrt{\dfrac{u}{s}}$ 时，群体处于平衡状态。

2. 基因突变率的估计

由 $q^2=\dfrac{u}{s}$，知 $u=sq^2$。利用这一公式，测定出 s 和已知群体 q，就可估算基因的自发突变率。人类的许多基因的自然突变就是根据此公式估计的。

另外，在选择上还有很多种选择办法，如：①对不完全显性状态下的隐性个体和杂合体的部分选择；②对显性纯合子和隐性纯合子的部分选择；③对杂合子的部分选择；④涉及多个位点的选择等各种形式。这些选择形式下，基因频率的变化各不相同。

四、遗传漂变

由某一代基因库中抽样形成下一代个体的配子时所发生的随机误差，这种由随机误差而引起基因频率的变化称为基因的随机漂移，或称遗传漂变。也可以说用随机抽样的办法建立小群体时，由于抽样误差引起基因频率随机波动的现象。

例如，有一猪群中闭肛的基因频率为 0.001，正常基因为 0.999，原群 $D=0.998$，$H=2pq=0.002$。从这个群体中购买 2 头猪，这 2 头猪有可能都是显性纯合子(概率为 0.996)，也可能 2 头都是杂合子(概率为 0.000 04)，也可能有 1 头为杂合子，1 头为纯合子(概率为 0.001 996)，由它们建立的群体产生的基因频率变化见表 6-12。

表 6-12　抽样产生的基因频率的改变

抽样：两个	抽样概率	新群体基因频率
均为 AA	$D^2=0.998^2=0.996$	$p=1, q=0$
均为 Aa	$H^2=0.001\,998^2=0.000\,04$	$p=0.5, q=0.5$
1 个 AA，1 个 Aa	$D\times H=0.001\,994$	$p=0.75, q=0.25$

已知，$q=0.001$，$p=0.999$，$D=p^2=0.999^2=0.998$

则 $H=2pq=2\times0.001\times0.999=0.001\,998$，$R=q^2=0.001^2=0.000\,001$

从此例可以看出，一个群体越小，遗传漂变作用越大；当群体很大时，个体间容易达到充分随机交配，遗传漂变的作用就消失了。基因频率遗传漂变的范围大于 0 而小于 1，在基因频率

为 $p=1$、$q=0$，或 $p=0$、$q=1$ 的群体中，是不会发生遗传漂变的。

遗传漂变的方向是不定的，但趋势是频率高的基因容易向高频率漂变，频率低的基因容易消失，低频率基因向高频率基因漂变的概率很小。随着抽样群体的增大，遗传漂变趋于缓和，故群体越大，越难纯化。

遗传漂变一般由引种、留种、分群、建系、近交及传染病死亡等引起。

五、非随机交配

平衡群体是随机交配，但在实际生物群体常常出现的是非随机交配，尤其在当今人工授精技术得到广泛应用的条件下更是如此。

(一)非随机交配类型

(1)同型交配：相同基因型个体交配。如 AA×AA，Aa×Aa，aa×aa。

(2)异型交配：不同基因型个体交配。如 AA×aa，AA×Aa，Aa×aa。

(3)同质交配：表型相同或相似个体的交配；也就是说在体质、类型、生物学特性、生产性能及产品品质等方面相同或相似个体间的交配。实际上它和近交都是不完全的同型交配。

(4)异质交配：不同表型个体的交配。

(二)非随机交配的遗传效应

同质交配和近交含有部分的同型交配，异质交配含有部分的异型交配，所以可以归结为同型交配和异型交配 2 种情况来讨论。

如果有 1 对等位基因 A、a，可组成 3 种基因型 AA、Aa、aa，即会有 3 种同型交配，分别为 AA×AA，Aa×Aa，aa×aa。第一、第三种同型交配，子代与亲代基因型相同；第二种交配方式即 Aa×Aa，后代有 3 种基因型 AA、Aa、aa，它们的比率分别为 0.25、0.5 和 0.25，每交配一代，杂合子频率降低一半，增加了两种纯合子的频率。如果原始群体的基因型频率为 $D=0$、$H=1$、$R=0$ 则连续进行同型交配，各代的基因型频率变化见表 6-13。

表 6-13 连续同型交配各代的基因型频率变化情况

世代数	基因型		
	AA	Aa	aa
0	0	1.000 0	0
1	0.250 0	0.500 0	0.250 0
2	0.375 0	0.250 0	0.375 0
3	0.437 5	0.125 0	0.437 5
4	0.468 3	0.062 5	0.468 3
5	0.484 4	0.031 2	0.484 4
6	0.492 2	0.015 8	0.492 2

基因型频率代代变化，但基因频率却始终不变。

0 世代：$p_0=0+\frac{1}{2}=0.5$，$q_0=\frac{1}{2}+0=0.5$

1 世代：$p_1=0.25+\frac{0.5}{2}=0.5$，$q_1=\frac{0.5}{2}+0.25=0.5$

2 世代：$p_2=0.375+\frac{0.25}{2}=0.5$，$q_2=\frac{0.25}{2}+0.375=0.5$

3 世代：$p_3=0.4375+\frac{0.125}{2}=0.5$，$q_3=\frac{0.125}{2}+0.4375=0.5$

……

由此可得出同型交配的遗传效应为：

(1)纯合子的同型交配，基因频率和基因型频率世代不变。

(2)杂合子的同型交配，基因频率不发生变化，但基因型频率发生改变，每经过 1 代杂合子频率减少一半。

(3)同型交配只改变基因型频率，不改变基因频率。

近交和同质交配是不完全的同型交配，其效应程度不如完全的同型交配，但效应的性质是相同的，即能使杂合子逐代减少，群体趋向分化，而对基因频率则无影响。

异型交配跟同型交配相反，可以增加杂合子的频率，减少纯合子的基因型频率，但均不改变基因频率。

小　结

在生物学中，群体就是指一个种、一个亚种、一个变种、一个品种或者一个其他同类生物类群所有成员的总和。而群体遗传学就是在这样的孟德尔群体（在群体遗传学中的群体一般是指具有共有的基因库，并由有性交配个体所组成的繁殖群体——孟德尔群体）水平上揭示基因频率和基因型频率的遗传规律的分支学科。基因频率和基因型频率是群体遗传组成的基本标志，基因频率是指群体中某一基因占其同一位点全部基因的比率，不同群体的同一基因往往频率不同；一个群体中某一性状各种基因型间的比例叫作基因型频率，不同基因组合体系反映了这个群体性状的表现特点。

基因频率和基因型频率的关系表现为：$p=D+\frac{1}{2}H$，$q=R+\frac{1}{2}H$。

在群体数量大、随机交配、无突变、无迁移、无选择的前提下，群体即达到平衡。在平衡群体中，基因频率和基因型频率的关系为：$D=p^2$，$H=2pq$，$R=q^2$。

哈迪-温伯格定律揭示了生物变异的根本原因是基因频率和基因型频率，它揭示了群体遗传的基本规律，为保持群体遗传稳定性提供了理论根据，为计算群体的基因频率创造了条件。基因频率和基因型频率的平衡是在一定条件下成立的，虽然在自然界中几乎没有一个群体的遗传组成是恒定不变的，但是利用这个定律所反映的理想状态的规律，有助于理解生物遗传变异，解释选择、突变、迁移、杂交及遗传漂变对基因频率的影响，这些因素也是引起群体遗传结构的变化主要原因，对其研究有助于阐明生物群体进化的遗传机制，改进育种措施和加速育种进程。例如在新品种培育中就是要运用选择、迁移等手段改变原始群体的遗传结构，不断提高优良基因的频率；而在保种过程中则是尽量避免选择和迁移，以利于群体遗传结构和性状的稳定。

20 世纪中叶以来，在群体遗传学研究中引入分子生物技术，给群体遗传学带来了革命性的变化。人们可以根据蛋白质中氨基酸的顺序以及 DNA 中核苷酸的变化，并结合群体遗传学的统计方法，对生物的进化机制及生命的起源进行更深入地探讨。

通过学习群体遗传结构的不平衡及其应用，培养学生辩证的思维方式，鼓励学生学号育种的基础理论，为打好我国种业翻身仗奠定扎实基础。

复习思考题

1. 哈迪-温伯格定律的要点是什么？怎样证明？有何性质？

2. 分析影响基因频率和基因型频率变化的因素有哪些？

3. 对于等位基因 A 和 a，下列群体哪一个处于哈迪-温伯格平衡状态？

A. 50AA，2Aa，48aa　　B. 49AA，42Aa，9aa　　C. 100AA，10aa　　D. 50AA，50aa

4. 在一个完全随机交配的群体中，基因型 AA、Aa 和 aa 的频率分别为 0.2、0.6 和 0.2。若没有其他因素的干扰，子 5 代的基因频率是多少？

5. 在人类中，大约 12 个男性中有一个为色盲患者(色盲是由于性连锁隐性基因引起的)。问女性中色盲的概率是多少？

6. 在一个原来平衡的群体中对隐性纯合子进行完全选择。已知在原群体中显性纯合子的频率是 0.36。需要经过多少代的选择才能使隐性基因频率下降到 0.005？

7. 在人类群体中抽样 420 人进行 MN 血型分析，发现 137 人是 M 血型，196 人是 MN 血型，87 人是 N 血型。计算 M 基因频率 p 和 N 基因频率 q。

8. 基因 A 突变为隐性等位基因 a 的速率是 a 突变为 A 的 4 倍。在平衡时 a 的频率是多少？

9. 某黑白花奶牛群大多数个体有角，某安哥拉牛群几乎全部个体无角，而某些杂种牛群有角和无角个体数目的比例更是千差万别。已知由某一特定基因位点的等位基因 P、p 控制牛角有无这一性状表现。请问出现这些现象的原因是什么，并给出合理解释。

10. 对澳大利亚土著居民和美国的印第安人所做的 MN 血型调查的结果如下表所示。

血型调查表　　人

群体	血型			合计
	M 型	MN 型	N 型	
澳大利亚土著居民	22	216	492	730
美国印第安人	305	52	4	361
假想群体	327	268	496	1 091

请分别计算出各自群体的基因频率，并用 χ^2 检验法检验哈迪-温伯格平衡是否成立。如果把两个群体集中在一个假想群体里，试做同样的检验。

11. 在一个群体内，a 基因的频率为 0.01，这个群体是否会发生遗传漂变？a 基因漂变的动向如何？如果该群体进一步缩小，遗传漂变将如何发展？

12. 在一个能够真实遗传的白毛猪(AA)群内，引入 10 头黑毛(aa)公猪进行杂交，F_1 中 A 和 a 的频率如何？在 F_1 基础上，实行随机交配，如不选择淘汰，5 个世代后，A、a 基因频率如何？群内隐性纯合子表现的概率有多大？

13. 在一个黑毛基因频率为 0.01 的随机交配大群体内，不施行育种措施，5 个世代后，黑毛基因频率有多大？在此基础上，连续 3 个世代淘汰黑毛(aa)个体，黑毛基因频率有多大？黑毛纯合子的表现概率有多大？

14. 一个平衡群体(AA、Aa、aa)中，A 基因的频率为 p。证明杂合子的频率 H 最大为 50%。

15. 中国人的姓氏除少数例外都是随父亲的，有人提出在中国人的群体遗传分析中将姓氏作为 Y 染色体的遗传标记进行研究，你觉得是可行的吗？为什么？请你比较姓氏的遗传与 Y 染色体上基因的传递的异同。

CHAPTER 7

第七章 数量遗传学基础

数量遗传学是一门研究生物数量性状的遗传和变异的科学，因此又称为生统遗传学(Biometrical Genetics)或统计遗传学(Statistical Genetics)，它是研究生物个体间数量上和程度上的差异而不是质量上和种类上的差异。了解这些数量性状的差异遗传，对生物进化的研究及动植物育种等均具有重要的意义。数量遗传学的诞生是在孟德尔遗传学的基础上建立起来的。

1900 年，孟德尔的"植物杂交的试验"论文被重新发现并引起世界的普遍关注，许多学者用不同的动植物做了大量的验证工作。1908 年，瑞典遗传学家尼尔逊·埃尔(H. Nilsson Ehle)在小麦种皮颜色的遗传试验中发现，红皮小麦与白皮小麦杂交，F_1 的种皮颜色介于两亲本之间，呈中红色。F_2 的种皮红色与白色呈 3∶1 比例，符合孟德尔一对基因遗传规律。但在 3/4 的红色中，红色的深浅程度不一。随着涉及遗传因子对数的增加，各种变异逐渐从间断分布趋向连续分布，从而认为连续变异也是遗传的，符合孟德尔遗传规律，只是涉及的因子对数较多。为此尼尔逊·埃尔提出了多因子假说，并得到了遗传学界的普遍认可。

20 世纪 80 年代以来，将分子生物学技术与数量遗传学方法相结合，研究数量性状基因定位与分子标记辅助选择的理论和方法，形成了分子数量遗传学。传统数量遗传学对于动植物的育种实践，迄今仍有相当大的应用空间。分子育种方法的应用并不意味着数量遗传学方法的终结，分子育种方法与数量遗传学方法也绝不是简单的取代与被取代的关系，而是相互联系、相互依赖的关系。

动物数量遗传学一开始就是因动物育种工作的需要而产生的，由于研究对象和研究领域的不同，它采用统计学方法作为研究手段，这也像生化遗传学采用生物化学手段一样是必然的，这不但不排斥采用其他研究手段对数量性状进行研究，而且与其他遗传学分支的有机结合正是数量遗传学发展的重要方向。在发展过程中，它吸纳了不少现代数学理论和方法。为了适应育种工作的要求，它还引入了不少经济学的内容。数量遗传学是一门朝气蓬勃的现代学科，它的特点就是兼各家之长来发展自己，在短短半个世纪中，已经成为一门影响很大、充满活力、日渐成熟的学科。

本章内容包括数量性状的遗传特征、三大遗传参数(遗传力、重复力和遗传相关)及各自应用等。

第一节 数量性状的遗传特征

一、数量性状的遗传特征

(一)性状的分类

动物的遗传性状按其表现特征和遗传机制的差异可分为 3 大类:第一类是质量性状(qualitative trait),第二类是数量性状(quantitative trait),第三类是阈性状(threshold trait)。动物的经济性状(economic trait)大多是数量性状。因此,研究数量性状的遗传方式及其机制,对于指导动物的育种实践,提高动物生产水平具有重要意义。质量性状是指那些在类型间有明显界限,变异呈不连续的性状。例如,牛的无角与有角,鸡的芦花羽色与非芦花羽色,等等。这些性状由一对或少数几对基因控制,它不易受环境条件的影响,相对性状间大多有显隐性的区别,它的遗传表现完全服从于三大遗传定律。数量性状是指那些在类型间没有明显界限,具有连续性变异的性状,只能用度、量、衡等工具进行测定,以群体为研究对象,并用数量来表示,如产奶量、产蛋量、产毛量、日增重、饲料利用率等,应用统计方法进行分析归纳。阈性状是指由微效多基因控制的,且性状的表达也受环境因素影响,但表型变异却呈现不连续变异;而表型的遗传规律,又不服从孟德尔遗传定律。即这类性状具有潜在的连续分布遗传基础,但其表型特征却能够明显的区分,例如,产仔数的成活或死亡,精子形态的正常或畸形,这类性状的基因效应是累积的,只有达到阈值水平才能表现出来。

二维码 7-1
数量性状的
遗传特点

(二)数量性状遗传特点

1. 数量性状是由数量很多、单个基因的作用很小的微效基因决定的,微效基因的效应是微小的。

2. 由多基因支配的数量性状的变异是连续的,在一个相当大的群体中形成的一个“正态分布”,也就是说,在频数分布中属于中间程度的个体较多,趋向两极的个体越来越少,个体在分布中的位置也取决于所具有的微效基因数目的多少,基因多的个体处于分布中的上端或正极,基因少的个体处于分布中的下端或负极。

3. 数量性状一般容易受环境条件的影响而发生变异。由环境所造成的环境偏差可以在群体平均数中互相抵消,所以群体的表型平均数接近或等于基因型平均数,因此两个亲本表型的差异就可以认为是遗传的差异。

4. 等位基因中通常不存在显隐性效应,在多基因的遗传中互相抵消,所以子一代表型平均数接近双亲平均值。

5. 子二代表型平均数接近子一代平均值,由于多基因的分离和重组,子二代的变异范围也随之增大。

二、数量性状的遗传基础

(一)数量性状的多基因假说

数量性状也是由基因决定的,但它具有与质量性状不同的遗传机制。数量性状为什么会呈现连续的变异并出现中间型遗传现象呢？1909 年，瑞典植物育种学家尼尔逊·埃尔(H. Nilsson Ehle)在接受了于勒(F. G. Yule)1906 提出的数量性状可能是由许多单独因子控制，且每一因子所起的作用很微小的理论后，根据小麦籽粒皮色遗传试验的资料总结出了多基因假说。随后，统计学家费希尔(R. A. Fisher)和伊斯特(E. M. East)在玉米、烟草等作物数量性状的遗传研究中进一步发展了这一学说，成为现今分析和解释数量性状遗传的理论。其要点为：

(1)数量性状是由许多对基因所控制的。

(2)多基因中的各个基因对于性状的表现所起的效应是很微小的，但这些基因的效应大致相等而且是累加的。1941 年，英国数量遗传学家马瑟(K. Mather)把这类控制数量性状的基因称为微效基因，相应地把其中效应显著的基因称为主效基因。

(3)控制数量性状的等位基因之间一般没有明显的显隐性关系；有时用小写字母表示减效，用大写字母表示增效。

(4)微效基因与主效基因一样都在染色体上，具有分离、重组、连锁和交换等性质。

(5)多基因通常有多效性，它一方面对某一个数量性状起微效基因的作用，另一方面在其他性状上可以作为修饰基因而起作用。

这种多基因学说虽然阐明了数量性状遗传的某些现象，但还不能完全解释数量性状的复杂现象。对于许多性状而言，由于涉及的基因数量多，每个基因对表型的影响比较微小，加上数量性状对环境比较敏感，所以很难把微效基因个别的效应区别开来，需要用统计学的分析方法进行研究。

有些性状虽然主要是受一对或少数几对主效基因控制的，但还有一组效应微小的基因能增强或削弱主效基因对表现型的作用，这类微效基因称为修饰基因(modifying genes)。例如，牛的毛色花斑是由一对隐性基因所控制，但花斑的大小则是一组修饰基因影响主效基因的结果。又例如，小家鼠有一种引起白斑的显性基因，因不同品系各具不同数目的修饰基因，所以不同品系所表现的白斑大小也有差别。另外，微效基因往往具有多效性，即一个基因往往同时对若干性状起作用，既可以都表现为微效基因，也可以对某一性状是微效基因，而对另一性状是主效基因。

到了 20 世纪 80 年代，人们发现有些动物的数量性状不但受微效基因控制，而且也受控于一个或几个主效基因。数量性状的主效基因是在众多微效基因中产生巨大效应的一个或几个基因，当一个基因位点的效应在一个标准差以上时，则可当作主效基因；控制质量性状的一对或多对效应明显的基因，可根据表型对基因型做出推断。

例如蒙哥马利(G. W. Montgomerry)等(1994)报道，已定位于绵羊第 6 号染色体上的名为布罗拉(*Booroola*)的基因与绵羊的产羔数有关。带有该基因的纯合体母羊，产羔数比不带该基因的母羊平均多产羔 1.1～1.7 头，杂合体母羊也要多产羔 0.9～1.2 头。又如猪氟烷敏感基因，这一主效基因已被定位在猪的第 6 号染色体上。该基因的隐性纯合体(*nn*)的猪易患应激综合征，当患猪在饥饿、咬斗、驱赶等情况下容易发生突然死亡。但是带有该基因的猪在生长速度、瘦肉率等数量性状方面却表现出明显优势。

随着遗传学理论研究的不断深入和生物学新技术新方法的广泛应用，将会使多基因假说不断完善，从而对数量性状的遗传现象做出更加科学合理的解释，目前普遍认为：

(1)控制数量性状的基因除了微效基因，也可以有主效基因。

(2)决定数量性状的基因有加性效应，也有显性效应和上位效应，更多情况是几种基因效应同时存在。

(3)应用现代生物技术和统计方法,可以对控制数量性状的基因从整体到局部进行研究,如数量性状基因座(quantitative trait locus,QTL),也可以从局部到整体进行研究,如全基因组选择(genomic selection,GS)。

(二)数量性状基因座

1. 数量性状基因座(QTL)的概念

在畜牧生产中,大多数重要的经济性状都属于数量性状。传统数量遗传学中,主要研究导致数量性状变异的所有基因的总效应,单个基因的作用不能用经典的孟德尔遗传方法来研究,不清楚控制数量性状的基因在染色体上的具体位置及其传递规律,无法估计基因效应大小,也不能从分子水平分离和定位基因。近年来随着现代分子生物学技术的发展,一些高效的 DNA 分子遗传标记的发现,推动了各种畜禽的遗传图谱研究的实用化,将复杂的数量性状分解为多个数量性状主基因后进行定位分析,科学家认识到控制数量性状的基因呈现基因簇的存在形式。因此,格尔德曼(H. Gerldermann)在 1975 年提出数量性状基因座(quantitative trait locus,QTL)的概念,用来描述控制数量性状的基因。QTL 是影响数量性状的一个染色体片段,是对某一数量性状有一定决定作用的单个基因或微效多基因簇。该研究方法改变了传统数量遗传学把控制某个数量性状的多个基因作为一个整体研究的方法,它借助各种遗传标记,运用统计学手段将影响数量性状的多个基因剖分,估计各个基因的效应大小和在染色体上的具体位置,并确定它们与其他基因之间的关系。数量性状基因定位主要是确定遗传连锁图谱,即利用遗传重组值作为基因间距离得到的图谱被称为连锁图谱(linkage map)。

利用分子生物学技术确立遗传标记与数量性状间的关联关系可提高动物遗传改良效率。可以利用单个或少数几个遗传标记进行关联分析,也可以利用大量遗传标记建立完整的连锁遗传图谱。目前随着 QTL 研究的不断深入,数量遗传学的内容不断得到丰富和发展,推动了分子数量遗传学的发展,开创了动物育种的新纪元。

2. QTL 的定位

QTL 定位的目的首先是确定一个数量性状受到多少个 QTL 作用的控制,然后确定它们在染色体上的位置,并估计出它们对数量性状作用的效应大小及互作效应。QTL 定位的原理是依据分离群体结合分子标记,并加入连锁图谱信息,对分离群体中的基因型和性状的表型值进行统计分析,从而将决定数量性状的 QTL 定位在分子标记连锁图中。QTL 定位的策略是在一个大群体中,记录遗传标记的基因型和被测数量性状表型值,采用统计方法进行连锁分析,确定 QTL 与遗传标记之间的连锁关系。QTL 定位的基本步骤为:第一,选择适宜的遗传标记;第二,选择在所研究数量性状上处于分离状态的纯系或高度近交系;第三,进行系间杂交获得分离世代的 F_1 个体或者进行回交获得 BC(回交)个体;第四,检测各世代群体中每个个体的标记基因型并记录其数量性状表型值;第五,分析标记基因型与数量性状表型值之间是否存在连锁关系,确定 QTL 连锁群,估计 QTL 效应。定位 QTL 的常用方法有标记-QTL 连锁分析和候选基因分析。

(1)标记-QTL 连锁分析(mark-QTL linkage analysis),也称为基因组扫描(genome scanning),是基于遗传标记座位等位基因与 QTL 等位基因之间的连锁不平衡关系,通过对遗传标记从亲代遗传给子代的过程追踪以及它们在群体中的分离与数量性状表现之间的关系的分析,判断是否存在 QTL、其在染色体上的相对位置以及对数量性状的效应大小。目前各主要畜种的基因图谱已建立，可借助这些图谱中的分子标记，并结合覆盖整个基因组的标记所提供的信息通过基因组扫描进行连锁分析，定位 QTL。QTL 参数估计方法主要有：单标记分析法、均值-方差分析法、最大似然法、相关分析法、区间作图法、复合区间作图法、多区间作图法、带印记效应的多重 QTL 模型法等。标记-QTL 连锁分析具有成本高、耗时长、统计分析难度大、难以精确定位等缺点，导致实际应用受限。

(2)候选基因分析。根据已有的生理、生化知识，剖析复杂的数量性状，推测哪些基因可能参与了性状的形成，并预先选定一些基因，这些基因被称为候选基因。设计分子生物学实验检测这些候选基因及其分子标记对目标数量性状的效应，筛选对该数量性状有效应的基因和分子标记，并估计效应值，最后在分子水平验证基因的变异能否对应真实的表型变异。候选基因法因其费用低廉，操作简便而广泛应用于标记辅助选择中。

3. QTL 定位(作图)的统计方法

QTL 的定位实质上是分析分子标记与数量性状位点基因间的连锁关系，也叫作 QTL 作图。QTL 定位常用的统计分析方法有：回归分析法(regression methods)，均值比较法(mean comparison)和最大似然法(maximum likelihood methods)。目前在 QTL 研究中大多采用候选基因法与全基因组扫描相结合的方法，也即先利用全基因组扫描确定可能的目标区域，然后在目标区域中寻找与目标数量性状功能关联的基因作为候选基因。

截至 2021 年 4 月 26 日，Animal QTLdb 数据库中，有 33 143 个家猪的 QTL/eQTL/关联定位被报道，其中被定位的 QTL 有 32 477 个；有 161 781 个牛的 QTL/eQTL/关联定位被报道，其中被定位的 QTL 有 161 756 个；有 14 058 个鸡的 QTL/eQTL/关联定位被报道，其中被定位的 QTL 有 13 947 个；有 3 572 个绵羊的 QTL/eQTL/关联定位被报道，其中被定位的 QTL 有 3 551 个；有 2 472 个马的 QTL 定位被报道(表 7-1)。这些数量还在一直增加，但真正能实际应用的还是少数。表 7-2 列出了部分对畜禽经济性状有意义的 QTG/QTN。

表 7-1　主要畜禽已定位的 QTL 数量

畜种	性状类型	QTL 数量	QTL 总数	畜种	性状类型	QTL 数量	QTL 总数
猪	肉质和胴体	17 193	32 477	绵羊	产奶量	898	3 551
	健康	6 716			健康	876	
	繁殖	3 165			肉质和胴体	513	
	生产	2 911			外貌	497	
	外貌	2 492			生产	420	
牛	产奶量	67 693	161 756		繁殖	227	
	繁殖	45 408			产毛量	120	
	生产	22 494		马	健康	1 165	2 472
	外貌	9 966			生长	618	
	肉质和胴体	9 218			性能	415	
	健康	6 977			外貌	154	
鸡	生产	9 472	13 947		繁殖	99	
	外貌	2 835			行为	21	
	健康	947					
	繁殖	390					
	生理	303					

表 7-2 部分对畜禽经济性状有意义的 QTG/QTN

畜种	基因名称	影响性状	所在染色体	参考文献
猪	*Hal*（氟烷敏感基因）	肉品质	6	Ollivier L, et al. 1968
	Rn（酸肉基因）	肉品质	15	Le Roy P, et al. 1990
	IGF2（胰岛素样生长因子 2）	生长性状	2	Georges & Andersson 2003; Van Laere, et al. 2003
	MHC（主要组织相容性复合体）	生长性状	7	Wei W H, et al. 2010
牛	*ABCG2*（ATP 结合转运蛋白 G2）	产奶性状	6	Olsen H G, et al. 2007; Cohen-Zinder M, et al. 2005
	DGAT1（二酯酰甘油酰基转移酶 1）	产奶性状	14	Grisart B, et al. 2002
	MH（双肌基因）	生长发育	2	Charlier C, et al. 1995
鸡	*PARK2*（帕尔金 *RBRE3* 泛素蛋白连接酶）	脂肪调控	3	Roux P F, et al. 2015
	JAG2（呈锯齿状的典型缺口配体 2）	脂肪调控	5	Roux P F, et al. 2015
	MLNR（基素受体）	体重和食欲	1	Cao X M, et al. 2020
	HTR2A（5-羟色胺受体 2A）	体重和食欲	1	Cao X M, et al. 2020
	IGF2BP1（胰岛素样生长因子 2 mRNA 结合蛋白 1）	生长性状	27	Wang K J, et al. 2021
	dw（矮小基因）	生长	Z	Japp R G & Mohammadian M. 1969; Selvarajah T, et al. 1970
绵羊	*GDF8*（myostain, 肌肉生长抑制素）	肌肉生长	2	Clop A, et al. 2006; Johnson R L, et al. 2005
	FecX（骨形态发生蛋白 15）	繁殖性状	X	Bodin L, et al. 2003
	FecB（骨形态发生蛋白受体）	繁殖性状	6	Cao J X, et al. 2016; Qi M Y, et al. 2019

4. 有关 QTL 的几个问题

(1)遗传标记与 QTL。遗传标记是指一些可以直接或间接观察到反应个体遗传组成差异的一些特性特征，并且可追踪染色体、染色体某一节段、某个基因座，包括形态标记、细胞学标记、生物化学标记、免疫学标记和DNA分子标记。通常意义的分子标记都是指DNA分子标记。DNA分子标记反映DNA水平上的遗传变异，信息量大，能稳定遗传，可靠性高，并且消除了环境影响。一个理想的分子遗传标记应具有以下特点：数量丰富，有足够多的标记覆盖整个基因；遗传高度多态，个体和亲、子代间有不同的基因组合；检测方法简单快捷，容易实现自动化；遗传共显性，分离群中可分离出等位基因的3种基因型；遗传中性，各种基因组合都有相同的适应性，不存在生存能力差异，不影响目标性状的表达。

在QTL定位中，对分离世代群体样本中的每个个体进行遗传标记检测，并测定其数量性状表型值，将每个个体的数量性状表型值与分子标记基因型值，整理列表，形成统计分析所用到的基本数据。

(2)主效基因与QTL。对某一数量性状具有明显效应的基因，或有较大效应且可以直接测定其基因型的QTL称为主效基因或主基因。目前在畜禽中已经检测出一些对经济性状具有较大效应的主效基因，影响猪瘦肉率的氟烷敏感基因(*Hal*)，影响鸡体重的矮小基因(*dw*)，影响羊产羔性状的*FecX*基因、*FecB*基因，影响羊毛纤维质量的*HH*1基因，影响牛产肉量的双肌基因(*MH*)等。检测主效基因的统计方法有多峰分布法、回交法、非正态分布法、方差的异质性、亲子相关、综合分离分析、连锁分析等，但所有的统计方法均依赖于基因效应的大小，效应越大越准确。所以，要证明主效基因的存在，难度很大。通常情况下，人们检测具有一定效应大小的所有相关基因座，即为QTL，需要通过分子生物学方法将这些DNA序列进行克隆，进行分子水平的验证实验。

(3)QTG、QTN与eQTL。QTG(quantitative trait gene)，即数量性状基因，由QTL衍生而来，QTL通常情况下是一个相当大的DNA片段，往往含有多个基因。QTG是指数量性状基因座(QTL)内对数量性状变异真正起作用的基因，可属于候选基因。从QTL粗放位点研究进一步发展到相对精细的数量性状基因水平上的变异，再从QTG继续精细到相应于基因内多态性的QTN。QTN(quantitative trait nucleotide)，即数量性状核苷酸，同样由QTL衍生而来，是指数量性状基因座(QTL)内对数量性状变异真正起作用的核苷酸序列，将模糊的染色体区域具体到DNA核苷酸水平，相应于等位基因的数量性状核苷酸。eQTL(expression quantitative trait locus)，即表达数量性状基因座分析，同样由QTL衍生而来，是指特定基因组位置上的一个变异与特异组织中基因活性水平的关联。

(4)QTL在育种中的应用。QTL检测定位的最终目的是应用于动物育种实践中。随着畜禽QTL的精细定位及数目的增加，育种学家就能在畜群中引入优良的QTL，培育集多种优良性状于一体的新品种或品系，加快动物分子育种的遗传进展。QTL定位对于杂种优势机制探讨、种质资源遗传多样性研究以及数量性状基因的分离与克隆等方面也有重要意义。

当前，针对畜禽重要性状的研究涌现了许多新技术、新方法，其中应用最广泛的有全基因组关联分析和全基因组选择。

(1)全基因组关联分析。

随着基因组测序技术的发展以及统计方法的不断完善，目前在畜禽重要经济性状的研究中多采用全基因组关联分析(genome-wide association study，GWAS)，是一种在关联分析的基础上，充分利用群体水平的连锁不平衡，对全基因组范围内的遗传标记进行检测，以定位影响表型性状的遗传因素的分析方法。通俗地讲，是指在生物基因组范围内找出存在的序列变异，即单核苷酸多态性(single nucleotide polymorphism，SNP)，从中筛选出与性状相关的

SNPs。GWAS是基于“共同变异决定共同复杂性状”(common disease-common variant,CD-CV)假设上,最先应用于人类疾病的研究,找到疾病相关的主要致病基因。目前,随着畜禽SNP芯片成本不断降低,GWAS已成为研究畜禽重要经济性状的强大工具。过去十余年的研究中,挖掘了许多统计显著性较大的QTL区域以及SNP位点。

GWAS广泛应用于在动物复杂性状中寻找候选基因或基因组区域。与传统的候选基因关联分析相比,GWAS具有以下明显优势:①研究的基因可以是未知的,不牵涉“候选基因”;②可直接研究全基因水平的DNA变异,不需要假设某些特定的基因位点与目标性状或疾病相关;③高通量,可同时检测成千上万个序列变异,极大程度地降低了大样本全基因组水平分析的成本。

通过GWAS鉴定畜禽重要经济性状,需要合理的实验设计方案,根据研究对象和统计分析原理不同,主要有以下3种:①基于无关个体的关联分析,案例对照研究的设计,主要用于质量性状的研究,用卡方检验来比较基因频率在实验组和对照组间的差异;②基于家系的关联分析,采用传递不平衡检验对遗传标记与质量表型和数量表型进行关联研究;③基于群体的关联分析,主要用于数量性状分析,采用协方差分析来研究SNP与某一数量性状的关联分析。

对多数畜禽的质量性状来说,GWAS可一次完成,但对于受多基因控制的数量性状和复杂性状,GWAS通常采用2步设计。第1步,对较少的样本用覆盖整个基因组的高通量SNP分型芯片进行分型分析,筛选出差异最显著的SNP(如$P<10^{-7}$);第2步,扩大样本,对第1步筛选出的SNP进行验证。这种设计的优点是减少了基因分型的工作量和费用,而且通过第2步的重复试验降低了假阳性率等误差。同时,这种设计也存在一定缺点,由于第1步分析通常是在较少样本中进行,有可能漏检了一部分目标基因。解决的措施是适当扩大样本含量,并放宽第1步筛选SNP的显著标准(如$P<10^{-5}$),但这样做的结果又会增加费用。

GWAS的大致过程可分为以下几个步骤:①提取的DNA样本与高通量的SNP分型芯片进行杂交;②用专门的扫描仪对芯片进行扫描;③将每个样本的全部SNP分型信息以数字形式存储并对其进行质量控制;④检测分型样本和位点的“得率”(call rate),比较试验与对照的符合即差异程度;⑤对经过质控的数据进行关联分析,筛选出一批差异最显著的SNP位点;⑥根据试验要求,对筛选出的SNP用合适通量的基因分型技术在独立样本中进行验证;⑦如果采用两步设计,还需合并两部分的数据。

GWAS由于其具有高通量、不涉及候选基因、无须构建假设等优点,自问世以来得到了广泛应用,但性状与基因组之间的关系受到许多因素的影响,GWAS的应用也存在一定的局限性。①研究群体遗传背景的不一致将出现分层现象,导致结果不可靠;②群体重复性不强,要求大样本量的群体进行多次验证;③等位基因结构(类型、数量、作用大小和易感性变异频率)在不同性状中可能具有不同特性;④GWAS仅对相关基因与表型给出统计结论,并没有进一步基因功能研究的信息。这就需要加上后续的各项实验验证才能较具体说明相关问题,常见的验证手段有候选基因的实时荧光定量PCR验证、同源基因的比对、多组学结合验证、扩大群体验证和转基因验证等。

全基因组关联分析在畜禽育种上的应用。近年来,GWAS在畜禽重要经济性状主效基因的筛查和鉴定中得到广泛应用。通过GWAS可找到与数量性状关联的基因,并利用高密度SNP芯片,发现与该性状相关的SNP位点,丰富在分子标记辅助选择中可利用的分子标记。如奶牛的产奶性状、繁殖性状等。另外,采用GWAS方法可精细定位质量性状,找到致因突变位点,如鸡的绿壳蛋基因。

(2)全基因组选择。

人类基因组测序的完成推进了农业动物基因组研究,多种动物基因组测序的完成和高通量基因分型技术的快速发展,产生海量数据,开发出了多个畜禽物种的高密度全基因组 SNP 分型芯片,据此,麦森(T. H. E. Meuwissen)等(2001)首次提出了全基因组选择(genomic selection,GS)方法,也有人称为基因组选择。即全基因组范围的标记辅助选择(marker assisted selection,MAS),指通过检测覆盖全基因组的分子标记,利用基因组水平的遗传信息对个体进行遗传评估,以期获得更高的育种值估计准确度。近年来,随着分子数量遗传学理论的不断进步,关于全基因组选择的计算方法、影响因素、应用策略和育种方案的研究大量涌现,伍尔夫(J. V. D. Werf)指出全基因组选择是在全基因组层面上分析目标性状表型的所有遗传变异,能够同时选择多种经济性状,从而达到多性状选育的育种模式。全基因组选择能够从基因本质上区分优秀种畜禽个体。

与传统育种方法比较,全基因组选择具有"快、准、高"的优势。"快"是指缩短培育新品种(系)的时间,特别是针对世代间隔较长的畜禽;"准"是指从候选群体中选择的优秀个体更加准确,利用基因组信息,遗传评估准确性高;"高"是指育种收益高,育种投入与育种收益比例合适。采用全基因组选择选得准、进展快、减少生产性能测定成本,从而降低育种成本。全基因组选择是动物育种的国际大趋势,目前全基因组选择已极大地促进了动物育种和畜牧生产的发展。

实施全基因组选择通常分为 2 步:第 1 步,建立一个参考群体,对每个个体所有要选择的性状做详细、准确的表型记录,同时对这些个体进行高通量基因组标记分型,然后利用数学模型估计出各个标记的效应。第 2 步,对需要选择的候选群体中的每个个体也做标记分型,再根据第一步得到的标记效应值累加得出每个个体的基因组育种值(genomic estimation of breeding value,GEBV),据此进行选种。

全基因组选择技术在育种领域的主要发展重点有以下 4 个方面:

(1)革新 SNP 检测技术。SNP 检测成本是全基因组选择大规模应用于动物育种领域的重要限制条件,因此革新 SNP 检测技术,可缩短检测时间,提高全基因组选择检测的效率;进一步降低 SNP 芯片制作技术成本,提高芯片利用率,达到扩大全基因组选择的应用范围。

(2)构建适合全基因组 SNP 标记的单倍型推断方法。要想获得更准确的育种值,对 SNP 进行准确的单倍型推断,利用标记信息,正确估计单倍型和 SNP 的遗传效应是非常重要的。基因型选择的核心思想是估计出覆盖整个基因组的 SNP 的单倍型效应,每个染色体区段上单倍型效应的累加即个体的基因组估计育种值,单倍型效应的估计尤为重要。单倍型很难通过实验方法检测到,实际应用中多是利用统计学方法推断。需要建立针对主要畜禽不同实验设计的单倍型推断方法。

(3)建立全基因组选择育种技术。开展猪、牛、羊、鸡等畜禽参考群体的构建、全基因组重测序、抗病抗逆等重要性状相关分子标记筛选、SNP 分子标记于重要性状关联分析及其遗传效应值估计、基于全基因组选择的系谱信息分子矩阵及遗传算法等技术研究,开发重要动物基因分型用的高密度全基因组 SNP 芯片和育种用的低密度 SNP 芯片,建成体系的动物全基因组选择育种技术。

(4)建立分子育种设计体系。构建重要畜禽抗病抗逆、高产、优质等重要性状相关基因的调控网络,构建重要性状关键基因功能验证及互作网络,构建重要经济性状的基因型-表型模型,研究不同个体关键基因和优良性状的聚合技术。建立相对完善的分子育种设计体系。

全基因组选择的应用与发展前景。自全基因组选择概念提出之后，美国、英国、澳大利亚等国先后开展了对全基因组选择的研究及应用，并且取得了一定的进展。表 7-3 列出几种常见畜禽全基因组选择的遗传进展。

表 7-3 几种常见畜禽全基因组选择的遗传进展

畜种	提高遗传进展	参考文献
奶牛	59%～130%	Pryce J E, et al. 2010
肉牛	15%～50%	Pimentel E C, et al. 2012
猪	23%～91%	Lillehammer M, et al. 2011
绵羊	51.70%	Shumbusho F, et al. 2013
山羊	26.20%	Shumbusho F, et al. 2013
蛋鸡	60%	Sitzenstock F, et al. 2013
肉鸡	20%	Dekkers J C M, et al. 2009

在分子育种时代，期待 GWAS 和 GS 在今后的畜禽育种和动物遗传资源保护与利用中得到更加广泛的应用。

三、数量性状表型值的剖分

(一)数量性状表型值的剖分

性状的表现型是基因型与环境条件共同作用的结果。不论是基因型还是环境条件发生改变，都会引起表型值的变异。因此，数量性状的表型值(用 P 表示)可按其变异原因剖分为两部分：由基因型控制的能遗传的部分，称为基因型值(用 G 表示)；由环境影响造成的不可遗传的部分，叫作环境偏差(用 E 表示)。写成公式：$P=G+E$。

即遗传效应是产生表型变异的内因，环境效应是表型变异的外因。

在一般情况下，个体环境效应有大有小、有正有负。因而，在样本含量足够大的群体中其总和为零。即

$$\frac{\sum P}{N}=\frac{\sum G}{N}+\frac{\sum E}{N} \qquad \left(\sum E=0\right)$$

$$\overline{P}=\overline{G}$$

这说明群体的平均值反映了群体的遗传水平。

基因型值，还可根据基因作用类型的不同，再剖分为基因加性效应值(additive effect，以 A 表示)、等位基因间的显性效应值(dominance deviation，以 D 表示)和非等位基因间的互作或上位效应值(interaction or epistatic deviation，以 I 表示)。环境效应可剖分为一般环境效应(E_g)和特殊环境效应(E_s)，一般环境效应又称永久性环境效应，能长期甚至终身影响个体的表型值，如胎儿在母体中受到有利或不利影响；特殊环境效应又称暂时性环境效应，只影响个体某个阶段的表型值，如饲料、气候因素改变对个体的影响。则

$$P=A+D+I+E_g+E_s$$

由于显性效应(D)在后代中有分离，上位效应(I)在后代中有重组，所以这两种遗传效应

在群体中很难被固定。一般均将它们与环境偏差合并，统称为剩余值(R)。能固定的是基因的加性效应值(A)，因此，在育种中把基因的加性效应值叫作育种值。因而：

$$P = A + R$$

由于剩余效应与环境效应相同，可正可负，正负抵消后，其总和为零，因而：

$$\frac{\sum P}{N} = \frac{\sum A}{N} + \frac{\sum R}{N} \qquad (\sum R = 0)$$

$$\bar{P} = \bar{A}$$

即群体的平均值既等于基因型值平均数又等于育种值平均数。

(二)数量性状方差剖分

表型变异有两个来源：由遗传因素引起的和由环境因素引起的。在生物统计学上，用方差作为变异的度量。如果设 V_P 为表型方差，V_G 为遗传方差，V_E 为环境方差。

由于 $P = G + E$，则在基因型值和环境偏差不相关时，就有

$$V_P = V_G + V_E \qquad (\mathrm{Cov}_{GE} = 0)$$

又由于 $G = A + D + I$，则在加性、显性、上位效应都不相关时，就有

$$V_G = V_A + V_D + V_I \quad (\mathrm{Cov}_{AD} + \mathrm{Cov}_{AI} + \mathrm{Cov}_{DI} = 0)$$

同理，由于 $E = E_{Es} + E_{Eg} \qquad (\mathrm{Cov}_{EgEs} = 0)$

所以，当各种效应间互不相关时，它们的协方差为零，就有

$$V_P = V_A + V_D + V_I + V_{Eg} + V_{Es} \text{ 或 } V_P = V_A + V_R$$

式中，V_A 为加性方差；V_R 为剩余值方差。

四、群体基因型值及其平均数

(一)基因型值

以一对基因为例加以说明。设 A 和 a 为一对等位基因，A 对性状有增效作用，a 对性状有减效作用，两个纯合基因类型之间的差数可用 $2a$ 表示，两者之间的中点可用 O 表示(或用 m 表示)，3 种基因型(AA、Aa 和 aa)的理论效应值分别为 α、d 和-α，2 种纯合基因型值为 $m+\alpha$，$m-\alpha$。显然，2 种纯合子的中亲值 m 在$[\alpha+(-\alpha)]/2=0$ 点上，如图 7-1 所示。

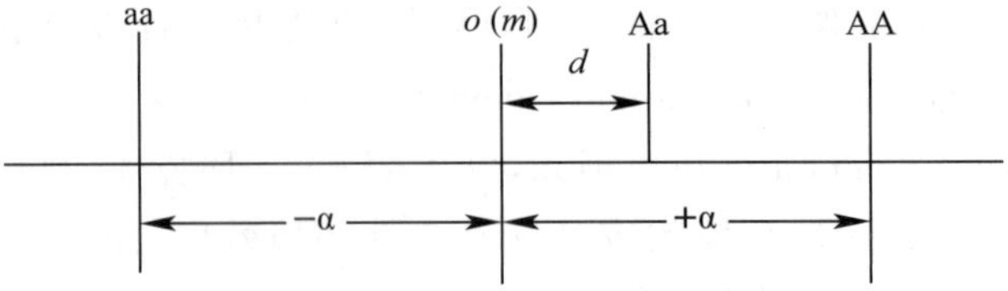

图 7-1　一对基因的加性显性效应

其中，α 表示距离中亲值正向或负向的基因型加性效应理论值，d 表示由显性效应引起的与中亲值的离差。d 值的大小决定于基因 A 的显性程度(表 7-4)。

表 7-4　*d* 值与显性程度关系

d 值	显性程度
$d=0$	无显性(加性)
$A>d>0$	A 部分显性
$d=\alpha$	A 完全显性
$-\alpha<d<0$	a 部分显性
$d=\alpha$	a 完全显性
$d>\alpha$	A 为超显性
$d<-\alpha$	a 为超显性

例如，有一种小型猪(aa)6 月龄体重为 10 kg，正常纯合体(AA)猪 6 月龄体重平均为 90 kg，杂合子(Aa)的平均体重为 70 kg。这些猪饲养在相同条件下。试计算中亲值 m，基因加性效应 α 和显性离差 d。

平均体重的表型值可以当作体重的基因型值，由此可得：

$$m=(10+90)/2=50(\text{kg})$$

$$\alpha=90-50=40(\text{kg})$$

$$d=70-50=20(\text{kg})$$

(二)群体基因型值的平均数

有了基因型值，就可将基因型频率结合计算群体基因型值的平均数。所谓群体平均数，是指基因型频率与基因型值的乘积。

设随机交配群体中 A、a 的基因频率为 p 和 q，且 $p+q=1$，则 AA，Aa，aa 三种基因型的频率为 p^2、$2pq$、q^2，群体平均数的计算如表 7-5 所示。

表 7-5　群体平均数的计算

基因型	频率(f)	基因型值(x)	频率×基因型值(fx)
AA	p^2	$+\alpha$	αp^2
Aa	$2pq$	d	$2dpq$
aa	q^2	$-\alpha$	$-\alpha q^2$

所以，平均数 $\mu=\dfrac{(\sum fx)}{(\sum f)}=\dfrac{[\alpha p^2+2dpq+(-\alpha q^2)]}{(p^2+2pq+q^2)}=\alpha(p-q)+2dpq$

(三)基因频率对群体平均数的影响

由群体平均数的计算公式可以看出，任何位点对群体平均数的贡献可分为两部分：一部分为 $\alpha(p-q)$，属于纯合体的加性效应；另一部分为 $2dpq$，属于杂合体的显性效应。两部分的大小都直接与基因频率有关。

(1)当无显性时，$d=0$，则 $u=\alpha(p-q)=\alpha(2p-1)=\alpha(1-2q)$，群体平均数正比于群体基因频率。

(2)当完全显性时，$d=a$，则 $u=a(p-q)+2dpq=a(1-2q^2)$，群体平均数正比于群体基

因频率的平方。

(3)如果为部分显性,即 $d<a$,那么群体平均数取决于群体等位基因频率的差异。差异越大,群体平均数越大,当 p 或 q 为 1 时,即 A($p=1$)或 a($q=1$)固定,$u=a$ 或 $u=-a$;差异越小,群体平均数越小,当 $p=q$ 时,即 $p=q=0.5$,群体内纯合体效应正负抵消,群体平均数 $u=a(\frac{1}{2}-\frac{1}{2})+2\times\frac{1}{2}\times\frac{1}{2}d=\frac{1}{2}d$。

(4)如果位点存在超显性情况时,即 $d>a$,群体平均数处于上述区间的外面。

在多基因情况下,假定各个基因效应相等可累加,那么所有基因位点联合效应所得的群体平均数为 $u=\sum a(p-q)+2\sum dpq$ 。超显性不存在时,总区间为 $2\sum a$ 。

这个式子对育种工作特别重要,由于基因型值 a、d、$-a$ 一般不能改变,所以,提高基因型值平均数 μ 的方法是改变基因频率 p 和 q。可以看出,增效基因的频率 p 越大,则基因型值平均数 μ 越大。这也说明,选择的作用是让较多含有增效基因的个体繁殖,达到提高畜群平均数,亦即提高育种值的目的。

五、数量性状基因对数的估计

数量性状的遗传基础是微效多基因控制的,对于某个数量性状而言,究竟是由多少对基因决定的呢?可以通过对两个极端差异的纯合亲本杂交所产生的 F_1、F_2 的方差分析,用公式加以估计。

$$n=\frac{(\bar{P}_2-\bar{P}_1)^2}{8(\sigma_{F_2}^2-\sigma_{F_1}^2)}$$

式中,n 为基因对数;$\bar{P}_2$ 和 $\bar{P}_1$ 分别为两个亲本该性状的平均数;$\sigma_{F_1}^2$ 和 $\sigma_{F_2}^2$ 分别为 F_1 和 F_2 该性状的方差。

该公式成立必须具备以下条件:

(1)亲本为两个极端品种。

(2)决定数量性状的基因不连锁。

(3)无显性,无上位。

(4)基因型与环境无互作。

例:已知玉米的短穗品种穗长为 6.6 cm,长穗品种穗长为 16.8 cm;F_1 和 F_2 的穗长标准差分别为 1.52 和 2.25,试估计决定穗长的基因对数。

$$n=\frac{(16.8-6.6)^2}{8\times(2.25^2-1.52^2)}=\frac{104.04}{22.02}=4.7\approx5$$

即玉米穗长约受 5 对基因控制。

若影响数量性状的基因互不连锁,并且极端个体和其他个体有同等生活力或生存率。根据自由组合定律,当受到 1 对基因控制时,F_2 中极端类型出现的概率是 1/4;受 2 对基因控制时为 $(1/4)^2=1/16$;受 3 对基因控制时为 $(1/4)^3=1/64$;受 n 对基因控制时,F_2 中极端类型出现的概率应为 $(1/4)^n$。因此可以通过计算 F_2 的表型中某一极端类型的个体数在 F_2 总群体中所占比例,推算出有几对基因决定该性状。

$$4^n=\frac{F_2\text{ 个体总数}}{F_2\text{ 中某极端类型个体数}}$$

设 $4^n=b$，则

$$n=\frac{\log b}{\log 4}$$

例如，当两个纯系亲本杂交的 F_2 中，总个体数为 22 016，其中某极端类型的个体数为 86，则 $b=4^n=22\,016/86=256$，所以

$$n=\frac{\log 256}{\log 4}=4$$

即该性状约受 4 对基因控制。

第二节　遗传参数及其应用

研究数量性状的遗传必须采用统计方法。为了说明某种性状的特性以及不同性状之间的表型关系，可以根据表型值计算平均数、标准差、相关系数等，统称表型参数。为了估计个体的育种值和进行育种工作，数量性状必须估计遗传参数。常用的遗传参数有 3 个，即遗传力、重复力和遗传相关。

一、遗传力

（一）遗传力的概念

遗传力又称遗传率，用来测量一个群体内某种由遗传原因（对环境影响而言）引起的变异在表型变异中所占的比重，以此作为选择的一个参考指标，从而判断该性状变异传递给后代的可能程度，例如奶牛的出生体重的遗传力是 49%，说明出生体重在很大程度上是由遗传因素决定的，所以按出生体重来选育大型牛成功的可能性较大。相反地，怀孕率的遗传力是 3%，说明怀孕率大部分不决定于遗传因素，所以按怀孕率来选育多产奶牛的成功的可能性很小。

二维码 7-2
遗传力

1937 年，拉什（J. L. Lush）指出不同的数量性状，其子女的表型均值对双亲均值的回归系数不同，由此提出了“遗传力”的概念。

所谓遗传力，是指数量性状基因型方差占表型方差的比例，用公式表示：

$$H^2=\frac{V_G}{V_P}$$

H^2 称为广义的遗传力，它反映了一个性状受遗传效应与环境效应影响的大小。由于育种中只有加性效应值，即育种值能在后代中固定，因此，在实践中常用狭义的遗传力（h^2）来代替广义的遗传力（H^2）。其公式是：

$$h^2=\frac{V_A}{V_P}$$

所谓狭义遗传力，即基因的加性方差在总表型方差中所占的比例。

遗传力估计值可以用百分数或者小数来表示。如果遗传力估计值是 1（即 100%），说明某性状在后代畜群中的变异原因完全是遗传所造成的；相反，如果遗传力估计值是 0，则说明这

种变异的原因完全是环境造成的，与遗传无关。事实上，没有任何一个数量性状的变异与遗传或与环境完全无关。所以，数量性状的遗传力估计值总是介于 0～1。

遗传力还存在下列几种表述方式：

(1)遗传力是育种值对表型值的决定系数 d_{AP}：决定系数是通径分析中的一个基本概念，它是相应通径系数的平方，描述了一个原因变量对另一个结果变量的决定程度大小。

(2)遗传力是育种值对表型值的回归系数 b_{AP}：这是从育种值估计的角度阐述的，尽管实质上是育种值决定表型值，但是表型值可以度量得到，而育种值不能直接度量，只能由表型值估计，这实际上是一种反向回归估计。

(3)遗传力是育种值与表型值的相关系数 r_{AP}^2：该相关系数反映了根据表型值估计育种值的准确度。

需要指出的是，一个数量性状的遗传力不仅仅是性状本身独有的特性，它同时也是群体遗传结构和群体所处环境的一个综合体现，对性状而言，控制它的基因加性效应越大，遗传力的值就越高；反之遗传力的值就越低，对群体而言，控制该性状的遗传基础一致性越强，群体基因纯合度越大，例如经过长期近交后的群体，遗传变异减少，估计的遗传力的值就越低；反之估计的遗传力的值就越高。然而，应当注意到这种遗传力值的降低并不意味着性状遗传能力的下降，恰恰相反，群体遗传基础一致性越好，表明群体平均遗传能力越强。对环境而言，在环境较为稳定的情况下，环境变异较小，估计的遗传力值也较高，反之估计的遗传力值就较低。同样的，这也并不意味着性状遗传能力的改变。

遗传力估计值只是对后代群体某性状的变异来说，遗传与环境两类原因影响的相对重要性，但并不是指该性状能遗传给后代个体的绝对值。例如，假设有一个猪群留种的公母猪 8 月龄时背膘厚平均为 5 cm，背膘厚遗传力为 0.5(50%)。在此绝不是说平均背膘厚 5 cm 中只有一半(2.5 cm)能遗传给后代，而其余一半不能遗传给后代。而是指留种的个体背膘厚的变异部分，有一半来自遗传原因，另一半则是由环境条件造成的。

根据性状遗传力值的大小，可将其大致划分为 3 等。$h^2 \geqslant 0.30$ 以上者为高遗传力，一般与机体构成有关的性状具有较高的遗传力，如初生重、乳脂率等；而与生长发育有关的性状具有中等大小的遗传力，即 $0.10 \leqslant h^2 \leqslant 0.30$，如日增重、饲料利用率等；$h^2 \leqslant 0.10$ 为低遗传力，一般与繁殖性能有关的性状具有较低的遗传力，如产仔数、受胎率等。

畜禽一些数量性状的遗传力估计值，如表 7-6 所示。

表 7-6　畜禽部分性状的遗传力估计值均值

畜禽	性状	遗传力	畜禽	性状	遗传力	畜禽	性状	遗传力
奶牛	产奶量	0.31(0.25～0.36)	猪	窝产仔数	0.10	蛋鸡	蛋重	0.43
	乳脂率	0.46(0.40～0.50)		窝断奶仔猪数	0.10		产蛋率	0.15
	乳蛋白量	0.31(0.25～0.35)		初生重	0.10		开产体重	0.40
肉牛	初生重	0.45		断奶重	0.15		蛋壳颜色	0.60
	断奶重	0.24		日增重	0.30	肉鸡	日增重	0.39
	饲料转化率	0.45		饲料转化率	0.35		饲料转化率	0.41
	屠宰率	0.39		瘦肉率	0.60		屠宰率	0.41

注：引自张沅，2018。

(二)遗传力的估算方法

遗传力是育种值方差与表型值方差的比例。育种值不能直接度量，只能利用亲属表型值间的关系，通过统计分析来间接估计育种值方差。常用的遗传力估算方法有亲子回归法和半同胞相关法 2 种。

1. 亲子回归法

此法是用子女和父母两代的表型资料求出其回归系数，以估计性状遗传力。因为子代与亲代的相似性可以反映遗传力，相似性的程度在统计学中往往用回归系数来表示。在动物育种中，一般只用母女回归法来估计其遗传力。

估计遗传力的公式是：

$$h^2 = 2b_{OP}$$

式中，P 是母亲某性状的表型值，O 是女儿该性状的表型值。

用此法计算性状遗传力时，为什么要将回归系数乘以 2 呢？这是因为母亲与女儿的亲缘系数 r_A 是$\frac{1}{2}$，即

$$b_{OP} = \frac{1}{2}h^2$$

则 $h^2 = 2b_{OP}$

用此法计算实践中，计算某性状的遗传力，往往用多个公畜的女、母性状表型值的资料，这时就要计算公畜(组)内母女回归系数，然后再乘以 2，求性状的遗传力。

求公畜内母女回归系数的公式是：

$$b_{W(OP)} = \frac{SP_{W(OP)}}{SS_{W(P)}}$$

式中，$b_{W(OP)}$ 是公畜内母女回归系数，$SP_{W(OP)}$ 是女、母性状表型值的组内乘积和，$SS_{W(P)}$ 是母亲性状的组内平方和。

下面举例说明母女回归估计遗传力的方法。

兹有某猪场部分母猪乳头数的母、女配对资料，如表 7-7 所示。

表 7-7　某种猪场部分母猪的乳头数资料　　个

序号	1 号公猪		2 号公猪		3 号公猪	
	母	女	母	女	母	女
1	12	13.7	16	13.5	13	13.3
2	15	15.0	12	13.9	13	13.8
3	14	13.3		13	13.5	
4	12	14.1		15	14.2	
5	14	13.7				
6	14	14.0				
7	12	13.8				
8	15	14.7				
9	14	14.2				
10	14	13.2				

试计算该性状的遗传力。

计算步骤：

(1)计算二级数据。按公猪组分别计算出 $\sum P$ 、$\sum O$ 、$\sum P^2$ 、$\sum OP$ ，如表 7-8 所示。

表 7-8　母猪乳头数的回归计算

序号	P	P^2	O	OP
1	12	144	13.7	164.4
2	15	225	15.0	225.0
3	14	196	13.3	186.2
4	12	144	14.1	169.2
5	14	196	13.7	191.8
6	14	196	14.0	196.0
7	12	144	13.8	165.6
8	15	225	14.7	220.8
9	14	196	14.2	198.8
10	14	196	13.2	184.8
$\sum$	136	1 862	139.7	1 902.3

以 1 号公猪内母女配对的数据为例，说明计算方法。以 P 代表母亲乳头数，O 代表女儿的平均乳头数，列表计算各项数据如下：

$$C_P = \frac{(\sum P)^2}{n} = \frac{(136)^2}{10} = \frac{18\ 496}{10} = 1\ 849.60$$

$$C_{OP} = \frac{\sum P \sum O}{n} = \frac{136 \times 139.7}{10} = 1\ 899.92$$

其他各组如上法计算出这些数据。

(2)将各组的上述数据总加起来列表(表 7-9)。

表 7-9　母猪乳头数的方差组内分析

公猪组	$\sum P^2$	$\sum OP$	C_P	C_{OP}
1	1 862	1 902.30	1 849.60	1 899.92
2	400	384.80	392.00	383.50
3	732	740.80	729.00	739.80
$\sum$	2 994	3 027.90	2 970.60	3 023.22

(3)计算组内平方和、组内乘积和。

母亲的组内平方和 $SS_{W(P)} = \sum\sum P^2 - \sum C_P = 2\ 994.00 - 2\ 970.60 = 23.40$

女与母的组内乘积和 $SP_{W(OP)} = \sum\sum OP - \sum C_{OP} = 3\ 027.90 - 3\ 023.22 = 4.68$

(4)计算公猪组内母女回归系数和遗传力。

公猪组内母女回归系数 $b_{W(OP)}=\frac{SP_{W(OP)}}{SS_{(WP)}}=\frac{4.68}{23.40}=0.2$

乳头数性状遗传力 $h^2=2b_{W(OP)}=2\times0.2=0.4$

计算结果，某猪场母猪乳头数遗传力为 0.4。

2. 半同胞相关法

所谓半同胞就是同父异母或同母异父的兄弟姐妹。通过对若干公畜(或母畜)的女儿某性状表型值的度量，用方差分析法可求得组间(公畜或母畜间)方差和组内方差。组间方差反映了公畜的遗传差异，即育种值方差。再由育种值方差与总方差之比，求出组内相关系数(r_{HS})，然后乘以 4 即是该性状的遗传力。

公式是：

$$h^2=4r_{HS}$$

为什么要将半同胞组内相关系数乘上 4 才等于遗传力呢？因为半同胞亲缘系数(r_A)为 1/4，故

$$r_{HS}=\frac{1}{4}h^2, h^2=4r_{HS}$$

根据生物统计学原理，组间方差除以总方差得到组内相关系数 r。用公畜分组的子女资料计算时，其组内成员间的关系即半同胞关系，所以这时的组内相关系数即是半同胞相关系数，用 r_{HS}表 示，即

$$r_{HS}=\frac{\sigma_S^2}{\sigma_S^2+\sigma_W^2}$$

为了计算方便，也可采用下式：

$$r_{HS}=\frac{MS_B-MS_W}{MS_B+(n-1)MS_W}$$

式中，MS_B 为公畜间均方，MS_W 为公畜内均方，n 为各公畜的女儿数。

利用上式计算出半同胞组内相关系数后，再乘以 4，即为该性状的遗传力。当资料中各公畜女儿数不等时，要用加权平均女儿数 n_0 来代替 n。计算 n_0 的公式是：

$$n_0=\frac{1}{S-1}\left(\sum n_i-\frac{\sum n_i^2}{\sum n_i}\right)$$

式中，S 代表公畜数。

下面以某牧场育成母羊的剪毛量资料为例，说明用半同胞资料计算性状遗传力的方法。其计算步骤：

(1)整理资料。将各公羊组的女儿剪毛量列出，如表 7-10 所示。

(2)计算二级数据。

分别计算各公羊组的 $\sum x$ 、$\sum x^2$、$\frac{(\sum x)^2}{n}$，并累计求和(表 7-11)。

表 7-10　某牧场育成母羊剪毛量　　kg

女儿号	公羊 A	公羊 B	公羊 C	公羊 D	公羊 E
1	5.5	3.6	6.0	6.6	6.2
2	4.3	3.8	3.8	4.6	7.2
3	4.6	4.2	3.2	4.5	4.0
4	4.6	4.0	5.7	4.0	4.8
5	5.2		5.2	5.2	
6	5.5		4.5		

表 7-11　育成母羊剪毛量的计算结果

公羊	n	$\sum x$	$\sum x^2$	$\frac{(\sum x)^2}{n}$
A	6	29.7	148.35	147.01
B	4	15.6	61.04	60.84
C	6	28.4	140.46	134.43
D	5	24.9	128.01	124.0
E	4	22.2	129.32	123.21
Σ	25	120.8	607.18	589.49

(3)计算总校正数 C。

公畜数 $S=5$，$\sum n=25$，$\sum\sum x=120.8$

总校正数　$C=\frac{(\sum\sum x)^2}{\sum n}=\frac{(120.8)^2}{25}=583.7$

(4)求平方和、自由度和均方。

公畜间平方和　$SS_B=\sum\frac{(\sum x)^2}{n}-C=589.49-583.7=5.79$

公畜内平方和　$SS_W=\sum\sum x^2-\sum\frac{(\sum x)^2}{n}=607.18-589.49=17.69$

公畜间自由度　$df_B=S-1=5-1=4$

公畜内自由度　$df_W=\sum n-S=25-5=20$

公畜间均方　$MS_B=\frac{SS_B}{df_B}=\frac{5.79}{4}=1.447\,5$

公畜内均方　$MS_W=\frac{SS_W}{df_W}=\frac{17.69}{20}=0.884\,5$

(5)计算半同胞组内相关系数和遗传力。

各公畜加权平均女儿数

$$n_0=\frac{1}{5-1}\left(25-\frac{6^2+4^2+6^2+5^2+4^2}{25}\right)=4.96$$

半同胞组内相关系数

$$r_{HS}=\frac{MS_B-MS_W}{MS_B+(n_0-1)MS_W}=\frac{1.4475-0.8845}{1.4475+(4.96-1)\times0.8845}=\frac{0.563}{4.9501}=0.1137$$

剪毛量的遗传力　$h^2=4r_{HS}=4\times0.1137=0.445$

(三)遗传力的应用

遗传力的用途主要有以下几点：

1. 估计种畜的育种值

在畜禽的育种工作中，根据育种值来选种最准确有效，可提高选择的准确性和加快遗传改进，因此，性状的遗传力在育种值的估计中非常重要。但育种值是不能直接度量的，而需要利用表型值和遗传力来估计。根据个体的表型值估计个体育种值的公式为：

$$\hat{A}_X=(P_X-\bar{P})h^2+\bar{P}$$

式中，$\hat{A}_X$ 为个体 X 的育种值，P_X 为个体 X 的表型值，$\bar{P}$ 为该性状畜群平均值，h^2 为该性状的遗传力。

2. 确定选择方法

对单性状选择时，由于性状的遗传力不同，采用不同的选择方法所获得的选择效果也大不一样。一般来说，遗传力高的性状，如乳牛的乳脂率、体高，猪的背膘厚、体长，绵羊的毛长、产毛量，鸡的蛋重等，根据个体表型值选择效果好；而遗传力低的性状，当家系(全同胞或半同胞)成员比较多，每个家系中个体表型值相关程度低，如鸡的产蛋性能，采用家系选择，效果较好。对于那些遗传力低，家系成员大，家系中个体表型相关程度较高，而且个体受环境影响较大的性状，如仔猪的断奶体重，采用家系内选择，其效果较好。所以，根据性状遗传力参数，采取不同的选种方法，可以提高选种的效果。

3. 确定繁育方法

在动物育种工作中，根据性状的遗传力值的高低不同，采用不同的繁育方法。对于遗传力高的性状因上下代的相关大，通过对亲代的选择可以在子代得到较大遗传进展，因此，对这类的性状适宜采用纯种繁育来提高。而对于遗传力低的一些性状，一般来说杂种优势较明显，可通过经济杂交利用杂种优势。但有些遗传力低的性状，品种间的差异很明显，而品种内估测的遗传力却因随机环境方差过大而呈低值，这类性状可以通过杂交引入优良基因来提高。

4. 应用于综合选择指数的制订

动物育种实践中，常以综合评定的方法来鉴别一头种畜的优劣，其中一种行之有效的方法就是根据选择指数进行选留种畜，在选择单个性状时，主要是根据合并选择指数的高低来选种。在选择多个性状时，根据性状的表型值，按其经济重要性、遗传力、表型相关和遗传相关，进行不同的适当加权，制定一个综合选择指数，根据指数的大小依次排队决定选留或淘汰种畜。

5. 预测选择效果

根据选择反应公式：

$$R=S\cdot h^2$$

式中，R 为选择反应，S 为选择差。

由此可见，在选择差一定时，遗传力越高的性状，选择效果越好。

(四)遗传力值的范围和影响因素

遗传力估计值的高低取决于遗传和环境所有方差分量的大小,任何一个方差分量的变化都会影响遗传力,从理论上来说遗传力值的范围在大于0和小于1之间,如果某一数量性状完全不受环境影响时,则 $h^2=1$;如果该性状完全不受遗传影响时,则 $h^2=0$。但在实际估测中,有时会遇到遗传力大于1或小于0的情况,这时就要考虑到数据资料的来源是否同质,年度间、场间或群间的饲养管理条件是否稳定以及样本大小等。必要时还要对数据资料进行统计处理,剔除个别或极端的数值,遗传力估计值大于1或小于0都是没有意义的。一般情况下,如果遗传方差在总方差中所占的比例大,遗传力就高,说明该性状的变异大部分是由遗传造成的;如果遗传力低,说明由环境造成的变异较大。所以说,遗传力这个参数,不仅是性状的,也是群体以及个体所处环境的一种性质。因此遗传力的估测只能反映在特定环境条件下该性状的遗传情况,只限于在这个特定的畜群中使用。

影响估计遗传力的准确性和精确性的因素主要有:

(1)遗传力不仅是一个性状本身的特性,它与群体属性和环境条件有关,环境差异大遗传力相对降低,环境一致则能提高遗传力的准确性。因此所估计的遗传力只能反映在特定条件下该性状的遗传情况。但同一品种同一性状的遗传力,在各种不同环境条件下,还有相对的稳定性,有一定的变动范围,因此不同环境条件下所估得的遗传力可以相互参考。

在我国畜禽遗传力估计的实践中,常会遇到环境条件相同的样本往往含量小,导致取样误差偏大,若将不同环境条件的资料合并统计,又产生较大的系统误差。减小取样误差与消除系统误差是提高遗传力估计准确性的关键。

为了加大样本提高参数的准确性,可将不同年份、不同场别、不同性别的同一品种或类群的资料合并使用。这时应采用多因素方差分析的方法,将年间、场间、性别间、群间等非遗传方差从公畜间或母畜间方差中剔除。

(2)共同环境是造成亲属间环境相关的原因,有共同的环境存在,亲属的剩余值之间就有相关。在生产实践中,除了母体效应外,亲属间共同环境一般是通过随机化科学消除的,而母体效应造成亲属间的相关是无法消除的,一般只存在于全同胞和同母异父的半同胞中,有时也存在于母子之间。例如,一般的哺乳动物,体格大的母亲在怀孕期间供给仔畜较多的营养,因而仔畜体格也大,这也是共同环境造成的相关。

全同胞、同母异父的半同胞或母子间由于母体效应造成共同环境总是存在的,但它对各种性状的影响不同。有的性状受母体效应的影响较大,如初生重、断乳重等;有的性状受母体效应较小;有的甚至几乎没有影响,如皮肤的色素含量等。所以由全同胞、同母异父的半同胞或母子相关估计遗传力时,受到母体效应影响大的性状是不准确的,而对那些基本不受母体效应影响的性状,由全同胞相关或母子回归估计遗传力,不但准确,而且比由同样数目的半同胞相关估计遗传力更为精确。

(3)由于近交上下代的方差往往是不同的,近交可以增加整个群体的方差,而且通常近交动物对环境的影响比较敏感,因而环境方差增大,遗传力的估计值偏小。但如果近交程度不高,影响可能不大。

二、重复力

(一)重复力的概念

重复力是指家畜个体同一性状多次度量值之间相关程度的度量。在家畜生产中,同一性状,常常有多次度量值。如一头奶牛,每个泌乳期有一个产奶量,一生就有好几个产奶量记录;又例如母猪不同胎次的产仔数,绵羊不同部位的羊毛细度,一窝鸡蛋中各个鸡蛋的蛋重等。度量次数越多,信息量越大,取样误差越小,也就越可靠。但是到底需要度量多少次合适,这决定于该性状各次度量间的相关程度。随着相关程度的降低,需要度量的次数就增加。

性状的重复力系数一般大于性状的遗传力系数。环境影响有 2 种:一种是一般环境或永久性环境,这部分虽不属遗传因素,但能影响个体终生的生产性能,如乳牛在生长发育期间营养不良、发育受阻,对生产力的影响是永久性的;另一种是特殊环境,如暂时的饲养条件变换,造成产量下降,当条件改善时,产量即可恢复正常。重复力是遗传方差加上一般环境方差占表型总方差的比例。即

重复力:$r_e=\dfrac{V_G+V_{Eg}}{V_P}$

而遗传力:$h^2=\dfrac{V_A}{V_P}$,因此重复力值大于遗传力值。

(二)重复力的计算

由于通常情况下对同一个体,同一性状的度量次数在 2 次以上,这时就不能采用相关分析法来估计各次度量值之间的相关程度,而只能采用组内相关法来求重复力。这时组间方差就是个体间方差,组内方差就是个体内方差。

计算重复力同计算半同胞相关的方法相同。它是用畜群多头个体的多次度量值,求出组内相关系数,即为重复力。计算公式是:

$$\text{重复率(重复力)}=\frac{\text{个体间方差}}{\text{个体间方差}+\text{个体内度量间方差}}$$

$$\text{即}\quad r_e=\frac{\sigma_B^2}{\sigma_B^2+\sigma_W^2}$$

若以 MS_B 代表个体间均方,MS_W 代表个体内度量间均方,n 为度量次数,则用下式计算较方便:

$$r_e=\frac{MS_B-MS_W}{MS_B+(n-1)MS_W}$$

从上式可以看出,如果个体间方差越大,个体内度量间的方差相对就越小,个体各次度量值间越相似,计算结果的组内相关系数也越大。所以组内相关系数(即重复率)可以用来表示个体的不同次度量值之间的相似程度。

下面以 5 头大白猪母猪各胎次产仔的初生重资料(表 7-12),说明计算该性状重复率的方法。

表 7-12 大白猪 5 头母猪各胎次产仔平均初生重 kg

母猪号	胎次				
	1	2	4	5	6
1	1.1	1.4	0.9	1.1	0.9
2	1.3	1.3	1.1	0.9	1.2
3	1.1	1.3	1.2	1.0	1.3
4	1.4	1.4	1.0	1.3	1.4
5	1.1	1.1	1.0	1.4	1.5

计算步骤：

(1)计算二级数据。分别计算各个体的 $\sum x$、$\sum x^2$、$\frac{(\sum x)^2}{n}$，然后总加起来，列表计算(表 7-13)。

表 7-13 母猪各胎次产仔平均初生重的计算结果

母猪号	$\sum x$	$\sum x^2$	$\frac{(\sum x)^2}{n}$
1	6.0	7.28	7.2
2	6.5	8.51	8.45
3	5.2	5.46	5.408
4	5.7	6.67	6.498
5	6.3	8.15	7.938
Σ	29.7	36.07	35.494

(2)求均方。

母猪数 $k=5$　　$\sum n=25$(n=胎数)

总校正数 $C=\frac{(\sum\sum x)^2}{\sum n}=\frac{(29.7)^2}{25}=35.2836$

个体间平方和 $SS_B=\sum\frac{(\sum x)^2}{n}-C=35.494-35.2836=0.2104$

个体内平方和 $SS_W=\sum\sum x^2-\sum\frac{(\sum x)^2}{n}=36.07-35.494=0.576$

个体间自由度 $df_B=k-1=5-1=4$

个体内自由度 $df_W=\sum n-k=25-5=20$

个体间均方 $MS_B=\frac{SS_B}{df_B}=\frac{0.2104}{4}=0.0526$

个体内均方 $MS_W=\frac{SS_W}{df_W}=\frac{0.576}{20}=0.0288$

(3)计算重复率。

$$r_e=\frac{MS_B-MS_W}{MS_B+(n-1)MS_W}=\frac{0.0526-0.0288}{0.0526+(5-1)0.0288}=\frac{0.0288}{0.1678}=0.1359$$

(三)重复力的应用

1. 确定性状需要度量的次数(表 7-14)

表 7-14 不同重复力性状所需要的度量次数(参考值)

重复力(r_e)	度量次数
0.9 以上	1
0.7～0.8	2～3
0.5～0.6	4～5
0.3～0.4	6～7
0.1～0.2	8～9

2. 估计个体可能达到的平均生产力

有了重复力参数,可以从动物早期生产记录资料估计其一生可能达到的平均生产力,从而能在早期确定留种或淘汰。拉什(J. L. Lush)提出的估计畜禽可能的生产力方式是:

$$P_x=(P_n-\bar{P})\frac{nr_e}{1+(n-1)r_e}+\bar{P}$$

式中,P_x 代表个体 x 的可能生产力,P_n 是个体 n 次度量的均值,$\bar{P}$ 是全群平均值。$\frac{nr_e}{1+(n-1)r_e}$是 n 次度量的重复力系数。个体记录次数越多,重复力的准确度越大。所以根据个体性状度量的次数,乘上这个系数,估计的生产力越接近实际。

重复力的用途主要有以下几点:

1. 应用于评定动物育种值

在评定动物育种值时,重复力是不可缺少的一个参数。

2. 判断遗传力估计的正确与否

重复力可以作为判断遗传力估计是否正确的参考。因为遗传力 $h^2=\frac{V_A}{V_P}$,而重复力 $r_e=\frac{(V_G+V_{Eg})}{V_P}$,所以重复力是遗传力估计的上限。遗传力最多等于重复力,不可能超过重复力,若估计的遗传力大于重复力,说明遗传力的估计有误。

三、遗传相关的概念

(一)遗传相关的概念

动物有机体是一个统一的整体,各性状间存在着或大或小的联系,这种联系程度称为性状间的相关,用相关系数来表示。性状间的相关除遗传因素外,也有环境因素的影响。所以表型相关同样可剖分为遗传相关和环境相关两部分。群体中各个体两性状间的相关称表型相关[以 $r_{P(xy)}$ 表示];两个性状基因型值(育种值)之间的相关叫遗传相关[以 $r_{A(xy)}$ 表示];性状的环境效应或剩余之间的相关叫环境相关[以 $r_{E(xy)}$ 表示]。按照数量遗传学的研究,性状的表型相关、遗传相关和环境相关的关系如下式:

$$r_{P(xy)}=h_xh_yr_{A(xy)}+e_xe_yr_{E(xy)}$$

式中,$e_x=\sqrt{1-h_x^2}$,$e_y=\sqrt{1-h_y^2}$。可见,表型相关并不等于两个性状的遗传相关和环境相关简单之和;只有 $r_{A(xy)}$ 和 $r_{E(xy)}$ 分别乘以系数 h_xh_y 和 e_xe_y 时,相加才等于表型相关 $r_{P(xy)}$。

从表型相关的组成来看,如果两性状的遗传力较高,则表型相关主要是遗传相关的影响;相反,遗传力较低时,表型相关主要是环境相关的影响。有时表型相关和遗传相差很大;甚至一个是正相关,一个是负相关。例如,鸡的体重和产蛋量的相关,在蛋鸡中,饲养好的鸡群,体重大则产蛋量高,两者表型相关为正值($r_{P(xy)}=0.09$)。但从遗传上看,体重大的鸡比体重小的鸡,其产蛋量却较低,即体重与产蛋量的遗传相关为负值($r_{A(xy)}=-0.16$)。在育种实施中,重要的是遗传相关,因为只有这部分相关是能遗传的。

造成遗传相关的原因是基因的一因多效和基因连锁。如果某一基因有两种以上的效应,就会造成性状间的遗传相关。例如,那些增加生长率的基因,使体长和体重都增加,因此,引起这两种性状间的相关,其次,不同的基因连锁在同一条染色体上时,也会出现遗传相关。

根据文献资料整理畜禽部分数量性状的相关系数,如表 7-15 所示。

表 7-15 畜禽部分数量性状相关系数

畜种	相关性状 r	$r_{P(xy)}$	$r_{A(xy)}$	$r_{E(xy)}$
牛	产乳量和乳脂率	−0.14	0.20	0.10
	产乳量和乳脂量	0.93	0.85	0.96
	产脂量和乳脂量	0.23	0.36	0.22
猪	体长和背膘厚	−0.24	−0.47	−0.01
	生长速度和消耗饲料量	−0.84	−0.96	−0.50
	背膘厚和消耗饲量	0.31	0.28	0.32
绵羊	净毛重和体重	0.36	−0.11	1.05
	净毛重和毛束长	0.30	−0.02	1.17
	毛被重与每英寸卷曲数	−0.21	−0.56	0.10
鸡(18 周)	体重和产卵量	0.09	−0.16	0.18
	体重和卵重	0.16	0.50	−0.05
	体重和开产日龄	−0.30	0.29	−0.50

(二)遗传相关系数的估计

遗传相关系数的估计方法主要有两种:一是利用亲子两代的资料来估计;二是利用半同胞的资料来估计。因为,遗传相关系数的估计牵涉两个性状、两代表现,因而计算起来比较复杂;它的计算要用到协方差的分析方法。下面介绍应用半同胞资料来估计遗传相关系数的方法,计算公式是:

$$r_{A(xy)}=\frac{\mathrm{COV}_{B(xy)}}{\sqrt{\sigma_{B(x)}^{2}\cdot\sigma_{B(y)}^{2}}}$$

式中，$\mathrm{COV}_{B(xy)}$是 x 与 y 性状的组间协方差，$\sigma_{B(x)}^{2}$是 x 性状的组间方差，$\sigma_{B(y)}^{2}$是 y 性状的组间方差。

为了计算方便，可将上式简化为：

$$r_{A(xy)}=\frac{MP_{B(xy)}-MP_{W(xy)}}{\sqrt{(MS_{B(x)}-MS_{W(x)})(MS_{B(y)}-MS_{W(y)})}}$$

式中，$MP_{B(xy)}$是组间均积，即 x 和 y 性状的组间乘积和，除以组间自由度。$MP_{W(xy)}$是组内均积，即 x 和 y 性状的组内乘积和，除以组内自由度；$MS_{B(x)}$是 x 性状的组间均立，$MS_{B(y)}$是 y 性状的组间均方，$MS_{W(x)}$是 x 性状的组内均方，$MS_{W(y)}$是 y 性状的组内均方。

现以某乳牛场乳牛 12 月龄体重与第一泌乳期产乳量的资料(表 7-16)说明估计两个性状遗传相关系数的方法。

表 7-16　某乳牛场乳牛 12 月龄体重与第一泌乳期产乳量

女儿号	1 号公牛		2 号公牛		3 号公牛	
	体重 x	乳量 y	体重 x	乳量 y	体重 x	乳量 y
1	364	4 374.8	344	2 987.2	377	4 701.0
2	317	5 313.8	330	3 815.3	325	5 014.2
3	319	3 337.8	336	4 197.4	324	4 156.9
4	368	4 363.7	352	4 489.8	347	3 874.9
5	307	5 556.1	267	3 735.5	324	5 511.8
6	348	3 364.6	315	3 917.3		
7	331	3 719.3				
8	367	3 289.6				
9	343	4 708.2				
10	351	4 111.5				
11	355	3 024.3				
12	393	4 663.7				
13	365	3 098.6				

计算步骤：

(1) 计算二级数据。分别计算各公牛组的 $\sum x$、$\sum y$、$\sum xy$、$\sum x^2$、$\sum y^2$、$\frac{(\sum x\sum y)}{n}$、$\frac{(\sum x)^2}{n}$、$\frac{(\sum y)^2}{n}$，然后列表总加起来。

以 1 号公牛组资料为例计算结果如表 7-17 所示。

表 7-17　1号公牛组乳牛12月龄体重与第一泌乳期产乳量的计算结果

	x	y	xy	x^2	y^2
	364	4 374.8	1 592 427.2	132 496	19 138 875.04
	317	5 313.8	1 684 474.6	100 489	28 236 470.44
	319	3 337.8	1 064 758.2	101 761	11 140 908.84
	368	4 363.7	1 605 841.6	135 424	19 041 877.69
	307	5 556.1	1 705 722.7	94 249	30 870 247.21
	348	3 364.6	1 170 880.8	121 104	11 320 533.16
	331	3 719.3	1 231 088.3	109 561	13 833 192.49
	367	3 289.6	1 207 283.2	134 689	10 821 468.16
	343	4 708.2	1 614 912.6	117 649	22 167 147.24
	351	4 111.5	1 443 136.5	123 201	16 904 432.25
	355	3 024.3	1 073 626.5	126 025	9 146 390.49
	393	4 663.7	1 832 834.1	154 449	21 750 097.69
	365	3 098.6	1 130 989.0	133 225	9 601 321.95
$\sum$	4 528	52 926.0	18 357 975.3	1 584 322	223 972 962.66

$$\frac{(\sum x)^2}{n}=\frac{(4\ 528)^2}{13}=1\ 577\ 137.23$$

$$\frac{(\sum y)^2}{n}=\frac{(52\ 926)^2}{13}=215\ 473\ 959.69$$

$$\frac{(\sum x\sum y)}{n}=\frac{4\ 528\times 52\ 926}{13}=18\ 434\ 532.92$$

其他各组同样计算这些数据,然后列表总加起来(表 7-18)。

表 7-18　某乳牛场乳牛12月龄体重与第一泌乳期产乳量的方差组分的分析

公牛组	1	2	3	总和
n	13	6	5	24
$\sum x$	4 528	1 944	1 697	8 169
$\sum y$	52 926	23 142.5	23 258.8	99 327.3
$\sum xy$	18 357 975.3	7 508 709.8	7 879 141.1	33 745 826.2
$\sum x^2$	1 584 322	634 550	578 115	2 796 987
$\sum y^2$	223 972 962.66	9 055 548.27	109 916 209.5	424 444 720.43
$\frac{(\sum x\sum y)}{n}$	18 434 532.92	7 498 170	7 894 036.72	33 826 739.64
$\frac{(\sum x)^2}{n}$	1 577 137.23	629 856	575 961.8	2 782 955.03
$\frac{(\sum y)^2}{n}$	215 473 959.69	89 262 551.04	108 194 355.49	412 930 866.22

(2)计算校正数 C。

公牛数 $S=3$，$\sum n=24$，$C_x=\dfrac{(\sum\sum x)^2}{\sum n}=\dfrac{(8\ 169)^2}{24}=2\ 780\ 523.375$

$$C_y=\frac{(\sum\sum y)^2}{\sum n}=\frac{(99\ 327.3)^2}{24}=411\ 079\ 688.55$$

$$C_{xy}=\frac{(\sum\sum x\cdot\sum\sum y)}{\sum n}=\frac{8\ 169\times 99\ 327.3}{24}=33\ 809\ 529.737$$

(3)计算均方和均积。

1)体重 x

公牛间均方 $MS_{B(x)}=\dfrac{SS_{B(x)}}{df_B}=\dfrac{1}{df_B}\left(\sum\dfrac{(\sum x)^2}{n}-C_x\right)$

$$=\frac{1}{3-1}(2\ 782\ 955.03-2\ 780\ 523.37)=1\ 215.83$$

公牛内均方 $MS_{W(x)}=\dfrac{SS_{W(x)}}{df_W}=\dfrac{1}{df_W}\left(\sum\sum x^2-\sum\dfrac{(\sum x)^2}{n}\right)$

$$=\frac{1}{24-3}(2\ 796\ 987-2\ 782\ 955.03)=668.19$$

2)乳量 y

公牛间均方 $MS_{B(y)}=\dfrac{SS_{B(y)}}{df_B}=\dfrac{1}{df_B}\left(\sum\dfrac{(\sum y)^2}{n}-C_y\right)$

$$=\frac{1}{3-1}(412\ 930\ 866.22-411\ 079\ 688.55)=925\ 588.84$$

公牛内均方 $MS_{W(y)}=\dfrac{SS_{W(y)}}{df_W}=\dfrac{1}{df_W}\left(\sum\sum y^2-\sum\dfrac{(\sum y)^2}{n}\right)$

$$=\frac{1}{24-3}(424\ 444\ 720.43-412\ 930\ 866.22)=548\ 278.77$$

3)体重乘乳量(xy)

公牛间均积

$$MP_{B(xy)}=\frac{SP_{B(xy)}}{df_B}=\frac{1}{df_B}\left(\sum\frac{\sum x\sum y}{n}-C_{xy}\right)$$

$$=\frac{1}{3-1}(33\ 826\ 739.64-33\ 808\ 529.73)=9\ 104.96$$

$$MP_{W(xy)}=\frac{SP_{W(xy)}}{df_W}=\frac{1}{df_W}\left(\sum\sum xy-\sum\frac{\sum x\sum y}{n}\right)$$

$$=\frac{1}{24-3}(33\ 745\ 826.2-33\ 826\ 739.64)=-3\ 853.02$$

(4)计算性状间的遗传相关。

将上面计算的各项数据，代入公式得：

$$r_{A(xy)}=\frac{MP_{B(xy)}-MP_{W(xy)}}{\sqrt{(MS_{B(x)}-MS_{W(x)})(MS_{B(y)}-MS_{W(y)})}}$$

$$=\frac{9\ 104.96-(-3\ 853.02)}{\sqrt{(1\ 215.83-668.19)(925\ 588.84-548\ 278.77)}}$$

$$=\frac{12\ 957.98}{\sqrt{547.64\times 377\ 310.07}}=0.90$$

根据计算结果，$r_{A(xy)}=0.92$，说明乳牛的 12 月龄体重与其第一泌乳期产量的遗传相关很大。因此，选择 12 月龄体重较大的个体，可以期望后代有较高的产乳量。这个计算数字偏大。由于抽取样本头数较少，所以计算结果与实际情况有较大误差。在这里只是把它作为计算方法的实例。

(三)遗传相关的应用

性状间的遗传相关系数，主要用于间接选择。

(1)利用两性状的遗传相关，选择容易度量的性状，间接提高不易度量的性状。

(2)找出幼畜与成年畜某些性状间的遗传相关，进行早期选种。

(3)遗传相关系数是制定综合选择指数的重要参数。

遗传相关是由基因多效性和基因连锁引起，可根据亲属间的表型资料进行间接估测。遗传相关可应用于以下方面：

(1)间接选择：对于某些无法直接选择(如限性性状、无法度量的性状、度量花费大的性状、生长发育后期表现的性状)的性状(y)，可通过与性状(y)相关强烈的性状(x)的选择来获得选择进展。即

$$CR_y=i_x h_x h_y r_{A(xy)}$$

式中，CR_y 为间接选择反应；i 为选择强度。

(2)预测同一性状在不同环境中的效果：若甲地选择的某一性状为 x，同一性状在乙地的表现为 y，则乙地选择反应为：$\frac{CR_y}{R_x}=r_{A(xy)}\frac{h_y\sigma_{P_y}}{h_x\sigma_{P_x}}$，其中 R_x 表示直接选择性状 x 的选择反应。

(3)多性状综合选择：用于计算复合育种值。

小　结

数量遗传学是研究生物数量性状的遗传和变异的科学；数量性状的遗传基础是多基因，表型变异是连续的。需注意数量性状、质量性状和阈性状的区别和联系。多基因假说随着遗传学理论研究的不断深入和生物新技术新方法的广泛应用，不断完善并得到了发展：①控制数量性状的基因除了微效基因，也可以有主效基因；②决定数量性状的基因有加性效应，也有显性效应和上位效应，更多情况是几种基因效应同时存；③应用现代生物技术和统计方法，可以对控制数量性状的基因从整体到局部进行研究。数量性状基因座(QTL)是影响数量性状的一个染色体片段，是对某一数量性状有一定决定作用的单个基因或微效多基因簇。定位 QTL 的常用方法有标记-QTL 连锁分析和候选基因分析。在数据库中，被定位的 QTL 的数量在不

断增加，但真正能实际应用的占少数。当前全基因组关联分析和全基因组选择被广泛应用于畜禽重要性状的研究，并在实际育种工作中取得一定的进展。

数量性状的表型值(P)受到基因型值(G)和环境因素(E)两个因素的影响。在一般情况下，个体环境效应有大有小、有正有负。因而，在样本含量足够大的群体中其总和为零。所以群体中某性状的平均表型值等于群体该性状的平均基因型值。

遗传力、重复力和遗传相关是遗传育种实践中 3 个重要的群体遗传参数。遗传力是数量遗传学中最重要的遗传参数，根据其具体定义，它表示育种值方差与表型值方差之比。重复力是指家畜个体同一性状多次度量值之间的相关程度，通常采用组内相关系数表示。遗传相关是性状育种值之间的相关。遗传参数估计是数量遗传学的基本内容之一，遗传系数估计的基本原理是方差组分估计。遗传参数既是性状特异的，又是群体特异的。一般而言，在阐述遗传参数时需要说明特指哪一个群体的哪些性状，以及群体所处的环境。对于这些遗传参数，在小至个体育种值估计，大至整个育种规划体系中都起着十分重要的作用，它们估计的准确度直接关系到整个育种工作效率的高低。数量性状遗传参数是家畜育种的重要基础数据，关系到选种是否准确，在育种中起着至关重要的作用。作为遗传参数，不同类别的性状参数值的大致范围是一定的，如不同生长阶段的体重间有中等以上的遗传相关，繁殖性状的遗传力均不太高。本章列出的畜牧生产和家畜育种中主要畜禽种类的主要相关性状的遗传力和遗传相关，由于采用的品种不同、群体条件和参数估计方法的差异，只能为实际选种应用提供参考。

复习思考题

1. 名词解释：

数量性状　重复力　遗传力　遗传相关　QTL　全基因组关联分析　全基因组选择

2. 简述数量性状的特征及多基因假说的要点。
3. 简述遗传力、重复力和遗传相关的计算公式及他们的应用范围。
4. 遗传参数为什么是可变的，在估计群体遗传参数时应该注意什么？
5. 如果一个数量性状虽经长期选择，但无明显进展可能是什么原因？
6. 什么是 QTL？为什么已发表找到的 QTL 很多，但真正能够实际应用的较少？
7. 简述全基因组选择的主要步骤。

CHAPTER 8

第八章 动物基因组学基础

第一节 动物遗传标记

一、遗传标记的定义及发展

遗传标记是指能够用以区别生物个体或群体及其特定基因型，并能稳定遗传的物质标志。遗传标记在遗传学的建立和发展过程中起着重要作用，同时也是动物遗传育种的重要工具。随着遗传学的发展，遗传标记经历了形态学、细胞学、生化及分子标记等几个主要发展阶段。

最初的遗传标记是动物的形态学标记，即能够用肉眼识别和观察，明确显示遗传多样性的外观性标记，主要包括动物的毛色、冠型、耳型、体型等。春秋战国时期，就根据《相马经》中的“额头隆起，双眼突出，蹄子好像垒起的酒药饼”的描述来寻找千里马。通过形态学观察、描述动物遗传变异是最简单易行的方法，因为表现型和基因型之间存在着密切的相关性，根据表现型的差异来反映基因型上的差异是检测遗传变异的常用手段，并且方便快速。但是，表型性状主要是符合孟德尔遗传规律的一些单基因性状（质量性状），仅代表生物基因组中的极少数基因，此类标记不能全面地反映生物的遗传多样性水平，不能对整个基因组进行研究。

1910 年以后，在细胞遗传学发展的基础上，诞生了细胞遗传标记。细胞遗传标记主要是指染色体的核型、带型和数量特征的变异等，反映了染色体在结构和数量上的遗传多样性。但细胞遗传标记经常伴有对生物有害的表现效应，并且观察和检测比较困难，有些物种适应染色体结构和数目变异的能力较差，难以获得相应的标记材料，从而限制了细胞遗传标记的应用。

随着人类社会的进步和科学技术的发展，诞生了生化遗传标记。生化遗传标记是指同一动物个体中具有相同功能的蛋白质存在两种以上的变异体。主要采用血清学、同工酶、蛋白质氨基酸序列分析等方法进行研究。蛋白质是基因表达的产物，经历了从遗传信息的转录、mRNA 的编辑加工、翻译、蛋白质一级结构的成熟和空间构象的形成过程，其表现易受环境和发育状况的影响。此外，蛋白质电泳能检测到的变异受电泳和染色方法所限，并非所有的氨基酸变异都能通过电泳反映出来，且编码蛋白基因的 DNA 序列的同义突变也无法检测到，因而有时会低估群体的遗传多样性程度。

20 世纪 70 年代以后，随着分子生物学的发展，诞生了分子遗传标记，开创了遗传标记研究的新阶段。分子遗传标记是一种以 DNA 多态性为基础的遗传标记，与其他标记相比分子标记具有无表型效应，不受环境的限制和影响等优点。DNA 水平上研究遗传多样性的技术主要有限制性片段长度多态性（RFLP）、随机扩增多态性 DNA（RAPD）、扩增片段长度多态性（AFLP）、可变串联重复序列标记（VNTR）、单核苷酸多态性标记（SNPs）等。理想的分子遗传标记应具备以下特点：①遗传多态性高，遗传多态性是指一个基因座位在群体中存在两个或更多等位基因的现象。②检测手段简单快捷，易于实现自动化。③遗传共显性，即在分离群中能够分离出等位基因的 3 种基因型。

二、分子遗传标记

（一）第一代分子遗传标记

1. 限制性片段长度多态性（restriction fragment length polymorphism，RFLP）

RFLP 是指用限制性内切酶处理不同生物个体的 DNA，产生大小不等、数量不同的分子片段，也是最早的 DNA 分子标记。生物体在长期进化的过程中，同源 DNA 序列的限制性内切酶识别位点会在种、属甚至品种间出现差异，进而产生许多大小不等的 DNA 片段。用放射性同位素标记的特定 DNA 作探针，能把被标记 DNA 相关的片段检测出来，从而可以构建出多态性图谱。与 DNA 探针结合的特定限制片段即为分子标记。RFLP 主要是基于两个个体间由于序列的变异造成增加或缺失一个限制性酶切位点，从而产生不同的酶切结果。其主要的操作过程是：提取不同个体或群体的 DNA，进行酶切，使基因组被切成大小不等的 DNA 片段，再进行电泳，将大小不等的 DNA 片段分离，最后进行 southern 杂交（图 8-1）。所采用的探针必须含有酶切位点的区域，使差别的遗传标记能显示出来。例如镰刀型细胞贫血症有一个位点的突变，造成酶切位点的改变，其 RFLP 的分析如图 8-2 所示。

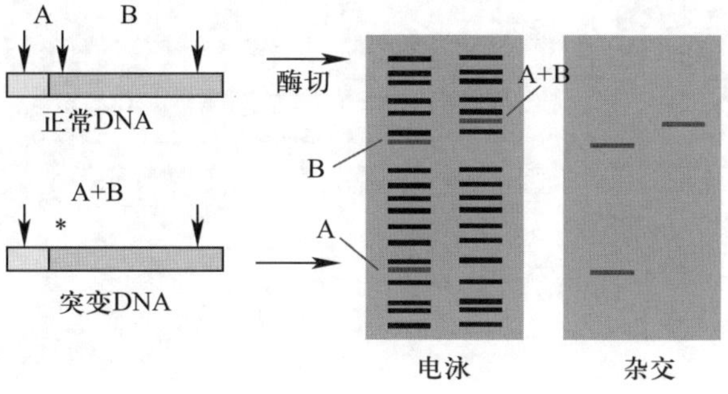

图 8-1 RFLP 分析过程

RFLP 进行分子标记的优点：呈孟德尔遗传，不受环境影响，是一种共显性标记，可区分纯合基因型和杂合基因型；且结果稳定可靠，重复性好。RFLP 也存在一些缺点，如需要大量的 DNA 用于酶切；其多态性频率较低；需要制备放射性探针进行 southern 杂交，其操作复杂，耗时较长，自动化程度低。

RFLP 的重要应用是构建基因组连锁图谱和确定物种间的亲缘关系。然而，由于细胞核

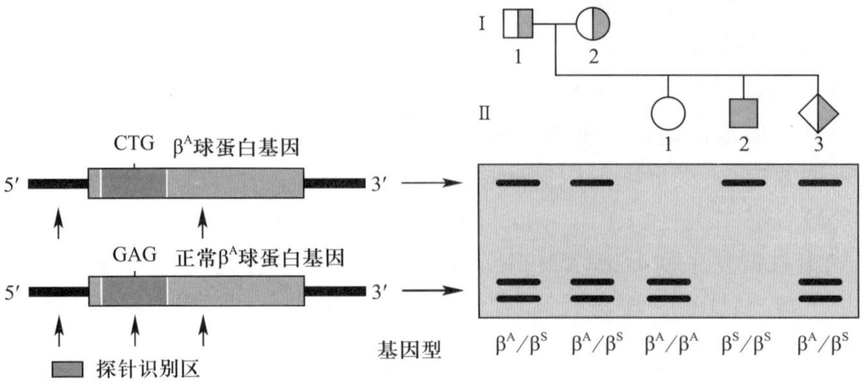

图 8-2 利用 RFLP 进行镰刀型细胞贫血症的诊断

DNA 分子量极大，不同属种生物的差异较大，采用一种或几种限制性内切酶很难切割基因组 DNA，因此，目前国内外普遍进行的是生物体线粒体 DNA 多态性的研究。线粒体 DNA 分子较小(15.7～19.5 kb)，处于限制性内切酶的分析范围，并且基因组结构相对简单、稳定，便于进行结果分析。

2. 随机扩增多态性 DNA(random amplified polymorphism DNA，RAPD)

RAPD 技术是 1990 年由 Williams 和 Welsh 等在 PCR 基础上建立的一项 DNA 分子标记技术。它利用一系列碱基顺序随机排列的寡核苷酸单链为引物，对靶基因组 DNA 进行扩增。该遗传标记是应用 10 bp 的引物进行 PCR，随机扩增多态性 DNA，如图 8-3 所示。

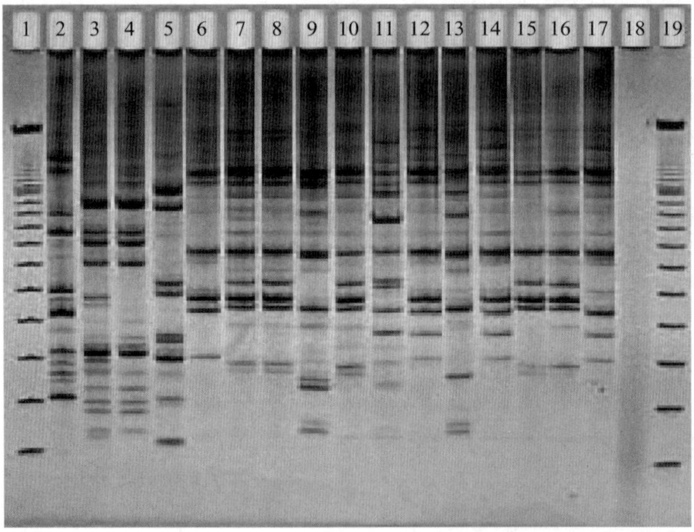

图 8-3 RAPD 检测结果

RAPD 遗传标记的主要特点：①引物随机合成，序列短，仅 9～10 bp，不同生物基因组可共用一套引物。②退火温度低，一般为 36 ℃，允许一定程度的错配。③PCR 反应产物通过电泳分离，具有操作简便快捷，成本低，样品用量少，无须预先了解基因组 DNA 序列；并且能覆盖整个基因组 DNA 等。RAPD 也有一些缺点：①绝大多数 RAPD 标记为显性，不能进行等位基因的直接分析，无法判定杂合子和显性纯合子，无法知道 RAPD 片段在基因组中的确切位置和功能，这也是 RAPD 技术最致命的弱点。②退火温度低，检测结果的稳定性和可比性差，不同实验室之间很难重复。③对模板 DNA 的纯度要求极高，模板 DNA 稍有不纯，就会出现种种非特异性带及强终止等现象，使扩增反应失败。④对于世代较长或群体数目较少的动物，要找到近等基因系以形成品种（系）的特征标记比较困难。RAPD 技术的不足可以通过增大样本、精密设计、规范反应条件和细心操作来加以克服。

3. 扩增片段长度多态性（amplified fragment length polymorphism，AFLP）

AFLP 是由荷兰科学家 Zabeau 和 Vos（1992）发展起来的一种检测 DNA 多态性的新方法。它既有 RFLP 的可靠性，又有 RAPD 的方便性。

简单来说，AFLP 是对基因组 DNA 限制性酶切片段的选择性扩增。该技术使用双链人工接头（artificial adapter）与基因组 DNA 的酶切片段相连接，作为扩增反应的模板，接头与接头相邻的酶切片段的 12 个碱基序列作为引物的结合位点，选择碱基延伸到酶切片段区，这样就只有那些两端序列能与选择碱基配对的限制性酶切片段被扩增，扩增片段经过电泳分离检测。由于接头和引物是人工合成的，所以在不需要事先知道 DNA 序列信息的前提下，就可以对酶切片段进行 PCR 扩增。专用引物包括与人工接头互补的核心碱基序列、限制性内切酶识别序列和引物 3′端的选择碱基三部分，选择碱基包括 1～10 个数量不等的随机核苷酸序列。

AFLP 是 PCR 和 RFLP 相结合的技术，兼具两种技术的优点，同时克服了 RFLP 技术的复杂性和 RAPD 稳定性差的缺点。AFLP 标记在动物的遗传多样性分析和品种鉴定等方面独具优势，尤其是适于对遗传多样性较贫乏的近缘品种（系）、濒危品种及遗传背景了解极少的种群的遗传分析。AFLP 的不足：它不是共显性标记，操作不如 RAPD 简便，实验成本高，相对费时，且对操作人员的实验技术水平要求较高。

（二）第二代分子遗传标记

1. 可变串联重复序列标记（variable number tandem repeated sequence，VNTR）

真核生物基因组中的可变串联重复序列有两类：小卫星（minisatellite）和微卫星（microsatellite），两者具有高度的变异性。

小卫星重复单位的核心序列为 6～25 bp，近缘物种和个体间的小卫星核心序列有一定的同源性，在一定的条件下，可以杂交。利用这一特性，以重复序列中的特异序列为探针，选择在 VNTR 特异序列上没有酶切位点的限制性内切酶将总基因组 DNA 切成不同长度的片段，然后进行杂交，由于不同个体的串联重复序列的数目和位置不同，形成的杂交谱带具有个体的差异性，称为 DNA 指纹（DNA finger print，DFP），如图 8-4 所示。这种方法与 RFLP 分析方法类似，利用探针杂交检测，区别在于酶切位点不在可变重复区，而在侧翼区。在酶切片段里边核心序列重复次数不同，从而导致酶切片段长度的差异。DFP 分析具有多态性，检测率高，一个探针可以检测出十几个甚至几十个位点的多态信息；位点呈共显性遗传；个体具有高度特异性等优点，同时也有 RFLP 的缺点，要用探针进行杂交，比较复杂，实验成本高；有时谱带过于复杂，难以分辨。

微卫星是指以几个（2～6 bp）核苷酸为单位，多次串联重复序列，也称之为简单重复序列（single sequence repeats，SSR）、短串联重复序列（short tandem repeats，STR）或简单序列长度多态性（single sequence length polymorphism，SSLP），是高度重复序列。微卫星广泛分布于真核生物基因组中，每隔 10～50 bp 就有一个微卫星。通过微卫星 DNA 标记两侧特异性序

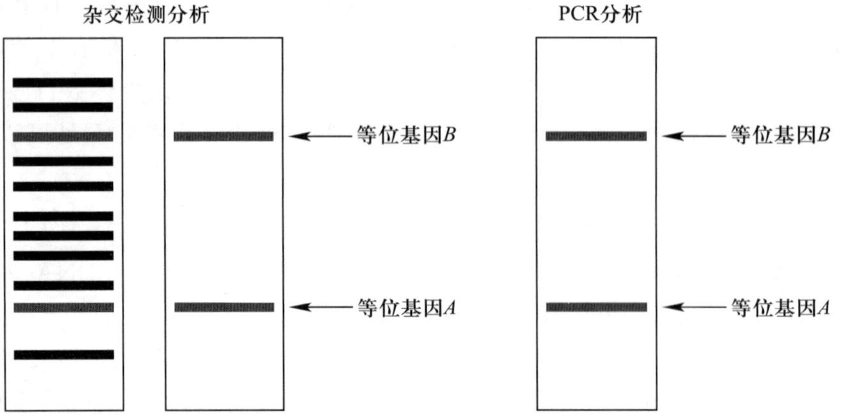

图 8-4　小卫星分析过程

列，设计专一引物，而后通过 PCR 扩增，电泳。由于不同个体重复次数不同而产生多态性，如图 8-5 所示。这个标记是以 PCR 为基础的 DNA 标记，要求重复片段侧翼区的序列已知，且侧翼区序列往往高度保守，该遗传标记可用测序加以证实。

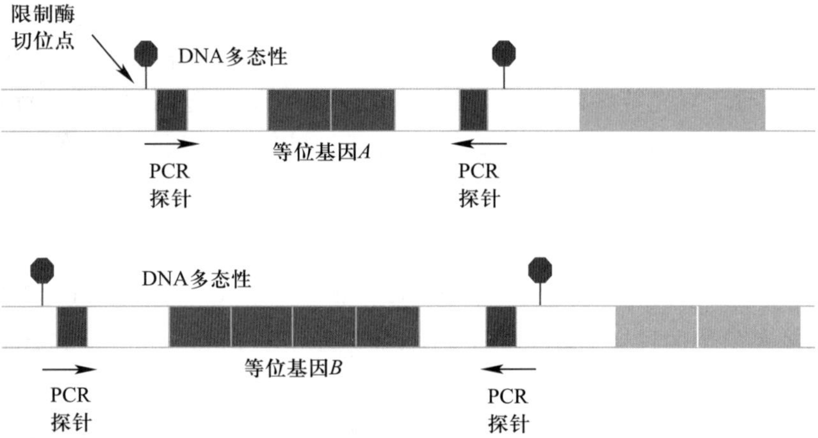

图 8-5　微卫星分析过程

该遗传标记的优点：DNA 用量少，比 southern 杂交法更快捷，即使有部分降解的样品也可用于检测；是共显性标记物，稳定性好，可比性强，分析技术易于自动化。该标记的缺点是必须事先了解侧翼序列才能设计引物，因此标记开发成本较高，并且易受基因组污染的影响。微卫星多态性分析在畜禽遗传多样性评估、品种资源的分类和保存等方面发挥着重要作用。

2. 线粒体 DNA 标记(mitochondrial DNA，mtDNA)

每个细胞有数百个线粒体，每个线粒体内含有 2～10 个拷贝的 mtDNA 分子，且每个线粒体分子中任何碱基都有可能发生突变，线粒体 DNA 突变率约为核 DNA 的 10 倍以上。mtDNA 呈母性遗传，且进化率比核 DNA 高 10～20 倍。因此，mtDNA 标记非常适用于判定相距遥远的几代人之间的亲缘关系、种质资源的起源、分子进化和分类的研究。

(三)第三代分子遗传标记

单核苷酸多态性(single nucleotide polymorphism，SNP)，是指基因组中核苷酸水平上的变异引起的 DNA 序列多态性。包括单碱基转换、颠换、插入、缺失等，SNP 一般以替换为主，颠换与转换之比为 1∶2。SNP 在 CpG 序列中出现的频率最高，SNP 位点极其丰富，在人的基因组中，每 1 000 bp 就会有 1 个 SNP，这样人的基因组中有 300 万个 SNP。

SNP 作为第三代分子标记，使用前景十分广泛，主要是因为：①SNP 遗传图谱可用于致病基因的搜寻。②SNP 可应用于进化和种群多样性的研究。③SNP 可能与一些复杂遗传性状和个体特性关联，开发 SNP 意味着对每个群体甚至每个个体进行 DNA 水平鉴定和区分。

能够检测出单核苷酸差异的方法都可用于 SNP 分析，如基因芯片技术（genetic chips）。该技术是 20 世纪 80 年代末发展起来的，其基本原理是利用 DNA 分子的变性杂交特性，通过 DNA 芯片上的固定探针或样品 DNA 与游离样品 DNA 或探针杂交来推断未知靶分子，杂交发生与否可采用荧光标记技术来检测，如图 8-6 所示。由于该技术可将大量探针同时固定于支持物上，所以一次可以对大量 DNA 分子进行检测分析，解决了传统印迹杂交技术复杂、自动化程度低、检测目的分子少、效率低的问题。SNP 遗传标记分析完全抛弃了经典凝胶电泳，采用最新 DNA 芯片技术，可能是人类基因组"遗传图"的发展方向。SNP 标记具有双等位基因的特点，目前正广泛应用于畜禽重要经济性状研究领域，有目的地导入有利基因或剔除有害基因，拓宽或拓新畜禽的经济用途，提高生产性能。

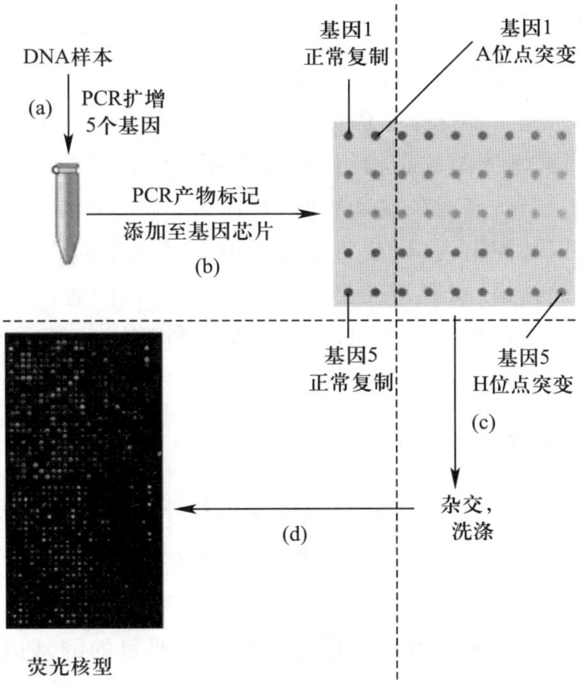

图 8-6　DNA 芯片已经用于扫描 *p*53 和 *BRCA*1 基因的突变（引自 Essential of genetics，William S. Klug）

（四）第四代分子遗传标记

全基因组测序（whole genome sequencing，WGS），即对生物体整个基因组序列进行测序，可以获得完整的基因组信息。可以得到外显示测序和靶向测序不能得到的更多信息，具有其独特的优势。WGS 最突出优点是可以综合利用 RFLP、VNTR（特别是 STR）和 SNP 三种标记信息。随着测序技术的普及和成本的降低,全基因组序列标签必将得到最广泛的应用。例如,不同个体的肠道微生物组群的分析已经用于法医的个体鉴定。

目前用于分子标记技术的遗传特性及技术难度比较见表 8-1。

表 8-1 几种 DNA 分子标记的比较

项目	RFLP	RAPD	小卫星	微卫星	AFLP
遗传特性	共显性	显阴性	共显性	共显性	显阴性
多态水平	低	中等	高	高	高
检测基础	分子杂交	随机 PCR	分子杂交	专一 PCR	专一 PCR
技术难度	难	易	难	易	易
DNA 用量	5~10 μg	<50 ng	5~10 μg	50 ng	<50 ng
费用	中等	低	中等	高	高

注:引自李宁,2011。

第二节 基因组学的定义和研究内容

一、基因组学的定义

基因组学的概念随着人类基因组计划的深入研究,其含义也在不断地发展和更新。目前基因组学的一般定义是研究生物体全基因组的分子结构和遗传功能的学科。具体来说,就是以基因组分析为手段,研究基因组的结构组成、时序表达模式和功能,提供有关生物物种及其细胞功能的进化信息等。当研究对象是动物时,则称为动物基因组学。

基因组学强调的是以基因组为单位,而不是以单个基因作为研究对象,因此,基因组学的研究目标是认识基因组的结构、功能及进化,弄清基因组包含的遗传物质的全部信息及相互关系。为最终充分合理地利用各种有效资源,为认识生命科学的本质,预防和治疗遗传疾病提供科学依据。

二、基因组学的研究内容

根据基因组学研究的主要内容,可分为结构基因组学(structural genomics)、比较基因组学(comparative genomics)和功能基因组学(functional genomics)。

1. 结构基因组学

结构基因组学是以分析测定基因组核苷酸序列为主要目的的基因组研究,是基因组学一个重要的组分和研究内容。是一门通过基因作图、核苷酸序列分析确定基因组成,并进行基因定位的科学。根据使用的标记和研究手段不同,基因组有三张不同图谱:遗传连锁图谱(linkage map)、物理图谱(physical map)和转录图谱(transcription map)。一个生物体基因组的最终图谱就是他的全部 DNA 序列。

基因组测序是结构基因组学最基本的研究手段,因为只有完成了物种基因组的测序,才有可能在碱基水平上破译生物的遗传之谜。自 1990 年开始实施人类基因组计划以来,已陆续完成了大量生物体的测序工作。

2. 比较基因组学

比较基因组学是基于基因测序，对已知基因和基因组结构进行比较，以了解基因功能、表达机理和物种进化的学科。比较基因组学的基础是相关生物基因组的相似性。两种具有较近共同祖先的生物，它们之间具有种属差别的基因组是由祖先基因组进化而来，两种生物在进化的阶段上越接近，它们的基因组相关性就越高。如果生物之间存在很近的亲缘关系，那么它们的基因组就会表现出同线性(synteny)，即基因序列的部分或全部保守。这样就可以利用基因组之间编码顺序上和结构上的同源性，通过已知基因组的作图信息定位其他未知基因组中的基因，从而揭示基因潜在的功能、阐明物种进化关系及基因组的内在结构。通过模式生物基因组之间、动物基因组之间以及模式生物基因组、动物基因组及人类基因组间的比较与鉴别，为研究生物进化、分离动物生产中经济性状的候选基因、挖掘功能基因、预测新基因及其进行遗传研究和性状改良提供依据。

基因组比较是一种识别重要序列强有力的技术和工具，尽管比较基因组学还比较年轻，但却承载着生物科学家们的许多期望，人们希望通过它来揭示功能基因、基因组的内部结构及其演化的诸多机制。识别这些功能信息，是目前生物学研究的一个中心问题。比较基因组学通过对不同亲缘关系物种的基因组序列进行比对分析，能够鉴别出编码序列、非编码调控序列及给定物种特有序列等基因组结构的特征。基因组比较一般可归为物种内比较和物种间比较。基因组范围内的序列对比可以了解不同生物在核苷酸组成、同线性关系和基因顺序方面的异同，进而可获得基因分析预测与定位、生物系统发生进化关系等方面的信息。识别真核生物基因组演化的机制是比较基因组学的重要目标之一。比较基因组学通常从最简单的模式生物开始，来扩展我们对一般演化机制的理解。

比较基因组学的主要目的就是挖掘功能基因。如通过比较功能蛋白特定功能结构域，可以挖掘新的基因。现在更多的研究是寻找鉴定调控区域及其非编码序列的 RNA，研究数据表明遗传相距很远的物种，经常共享很长的基因组序列片段，而这些序列片段似乎不编码任何蛋白，推测是调控区序列或是小的非编码 RNA。目前我们对这些超保守区域的功能仍不了解，还需要进一步研究确定。海量基因组数据的产生，使得比较基因组通常以大规模的计算为特征，目前基因组的比较也是计算机科学中的重要研究课题之一，正在以前所未有的速度发展。

3. 功能基因组学

功能基因组学是指研究全基因组的基因及其功能，又称为后基因组学(post-genomics)。它是利用结构基因组学提供的信息和产物，通过在基因组或系统水平上全面分析基因的功能，使得生物学的研究从对单一基因或蛋白的研究转向对多个基因或蛋白同时进行的系统研究。其研究内容主要包括基因功能发现、基因表达分析及其突变检测等。具体来说，研究基因组中各基因的功能，包括基因的表达及其调控模式等；研究基因的生物学功能，如作为蛋白质激酶对特异蛋白质进行磷酸化修饰；研究基因的细胞学功能，如参与细胞间和细胞内信号传递途径；发育上的功能，如参与形态建成等。

功能基因组学是分子生物学的研究领域之一，随着基因组测序的发展，遗传学家可利用基因组测序产生的大量数据来分析基因的功能和相互作用。相对于静态的基因组信息，如 DNA 序列或结构，功能基因组学则关注动态信息，如基因转录、翻译和蛋白与蛋白的互作，试图从基因、RNA 转录产物和蛋白产物水平来解决 DNA 的功能问题。研究人员将各种基因表达的数据分别命名为各种组,包括转录组,所有转录子的序列和表达;蛋白组,所有蛋白的序列和表达方式;互作组,蛋白与DNA片段之间、蛋白与RNA片段之间以及蛋白与蛋白之间的物理相互作用的全部集合。功能基因组所要面对的数据量极其庞大,因此生物信息学的内容和技术是功能基因组学研究的基础。浩瀚的数据需要分析和挖掘,分析理解这些数据远比产生这些数据的意义更为重大。基因组学与其他组学共同组成了一个叫作系统生物学的研究领域,传统的遗传学是通过各种突变来揭示生物体的遗传本质,解决了很多问题。系统生物学则尝试将各种组件整合在一起,整体进行研究,这正是后基因组时代生物学的研究重点。目前,大规模、高通量分析基因功能主要借助微阵列或DNA芯片、表达序列标签(expressed sequence tag, EST)、基因表达系列分析(serial analysis of gene expression, SAGE)、蛋白质组学分析、反向遗传学技术以及生物信息学等方法来实现。通过这些方法可在短时间内获得大量与基因功能相关的信息。

虽然我们将基因组学的研究内容分为上述三大块进行讲述,但实际上各个研究领域相互之间存在着千丝万缕的联系。例如得到基因组序列之后,我们在其中搜索编码基因序列,这属于功能基因组的范畴;然而这种工作的主要手段是序列比对,而序列比对又属于比较基因组学的研究范畴;基因组和功能基因序列的确定又是结构基因组的基础,这些错综复杂的研究内容,促使了热门学科的诞生,那就是生物信息学。生物信息学又称为计算生物学,常与系统生物学重叠。生物信息学的研究内容大体包含括:基因组序列比对,基因寻找,基因组组装,蛋白结构比对,蛋白质结构预测,基因表达预测,蛋白与蛋白互作预测,演化建模等。可见,生物信息学不仅提供数据库和工具,并且尝试给出许多解释。

总之,基因组学是一个大学科,基因组的信息是用来发现和解释具有普遍意义的生命现象和它们的变化、内在规律和相互关系的。基因组学的复杂性必然导致多学科的引进和介入(如计算机科学、数学等)。目前,研究基因组学的手段和技术已经走在生命科学研究的最前沿。基因组信息来自高效率和规模化所产生的实验数据,而这些数据的解析对整体理解遗传信息具有重要意义。

第三节　基因组图谱

基因组图谱是为了研究生物全基因组结构而绘制的图谱。动物基因组图谱是基因组学研究领域的一项重要内容,是综合基因在染色体上的分布状态、排列顺序等信息而绘制的图谱。建立一张详尽的基因组图谱,可以使人们明确染色体上各基因之间的距离及其它们的相互关系,也可以对新基因进行定位,并有助于育种专家选择有利基因在品种间进行转移和培育。基因组图谱包括遗传图谱、物理图谱、转录图谱和全基因组序列图谱等。

一、遗传图谱

遗传图谱也称为遗传连锁图谱,是以位于同一染色体上相邻的两个遗传标记或基因的重组率为基础,定位遗传标记或基因之间的相对位置关系的基因组图。作图的原理是染色体的交换与重组,即同源染色体减数分裂过程中发生交换,使染色体上的基因发生重组,两基因之间发生重组的频率取决于他们之间的相对距离。遗传连锁图谱是根据标记座位之间的重组率绘制。遗传图谱中,两基因间的距离用厘摩(cM)表示。每单位厘摩定义为1%交换率,也就是在 100 个配子中有一个重组的配子。在哺乳动物的遗传图谱上，1 cM 的距离大约相当于物理图谱上 1×10^6 个碱基对。连锁图谱的构建是以同一条染色体上相邻的两个遗传标记或基因的重组率为基础，因而需要有参考家系和分子遗传标记或者基因作为基础素材。参考家系是用于构建连锁图谱的动物群体，也称为作图群体。用于基因定位的作图群体可以是：回交群体、F_2 群体或者半同胞家系等。分子遗传标记可以是 RFLP、RAPD、AFLP、小卫星、微卫星、SNP 等。

遗传标记除了必须符合孟德尔遗传规律由亲代传给子代外，还必须具有一定程度的多态性。遗传标记的多态性是进行各种遗传分析的基础。遗传标记多态程度评定的常用指标有杂合度（H）、多态信息含量（PIC）和全同胞信息交配比例（$PFIM$）。

杂合度（H）是遗传标记多态性最常用的指标。假定群体中某遗传标记位点处于哈迪-温伯格平衡状态下，且有 n 个等位基因，其频率分别为 $P_1, P_2, \cdots, P_n$，那么杂合度（H）计算公式为：

$$H = 1 - \sum_{i=1}^{n} P_i^2 = 2\sum_{i=1}^{n-1}\sum_{j=i+1}^{n} P_i P_j$$

杂合程度对遗传标记多态性的评定只考虑同一世代，如将亲代与子代的标记基因型结合起来考虑，可采用多态信息含量（PIC）和全同胞信息交配比例（$PFIM$）等。

多态信息含量（PIC）表示当双亲与后代遗传标记的基因型已知时，根据后代遗传标记的基因型能明确判定其等位基因来自父本任一等位基因的期望可能值。PIC 的公式计算：

$$\begin{aligned} PIC &= 1 - \sum_{i=1}^{n} P_i^2 - 2\sum_{i=1}^{n-1}\sum_{j=i+1}^{n} P_i^2 P_j^2 \\ &= 2\sum_{i=1}^{n-1}\sum_{j=i+1}^{n} P_i P_j (1 - P_i P_j) \end{aligned}$$

全同胞信息交配比例（$PFIM$）表示当双亲与后代遗传标记的基因型已知，且后代都为杂合子时，根据后代遗传标记的基因型能明确判定其等位基因来自双亲中任一等位基因的期望可能值。$PFIM$ 的公式计算：

$$PEIM = 2\sum_{i=1}^{n-1}\sum_{j=i+1}^{n} P_i P_j \left(2\sum_{k=1}^{n-1}\sum_{l=k+1}^{n} P_k P_l - 2P_i P_j\right)$$

这三个指标中，杂合程度是基础，它们之间存在如下关系：$H > PIC > PFIM$，其数值随着 n 值的增大而逐步接近，当等位基因频率相等时都可以表示为杂合程度的线性函数。一般将 H 或 PIC 大于或等于 0.10 时的基因位点定义为多态基因位点。以上讨论只涉及一个遗传标记位点，当涉及两个以上的位点时，情况就变得较为复杂。

二、物理图谱

物理图谱是以一段已知核苷酸的 DNA 片段为“位标”，以 DNA 实际长度（Mb 或者 kb）作为图距的基因组图。物理图谱描绘 DNA 上可以识别标记的位置和相互之间的距离（以碱基对的数目为衡量单位）。这些可以识别的标记包括限制性内切酶的酶切位点、基因等。物理图谱不考虑两个标记共同遗传的概率等信息。物理图谱可分为低精度物理图谱和高精度物理图谱。低精度物理图谱主要是指染色体图谱或细胞遗传学图谱，该图谱以染色体带型为表现形式，可以直接说明基因在染色体上的位置。原位杂交技术是应用较为广泛的绘制低精度物理图谱的技术之一，该技术利用标记的 RNA 或 DNA 为探针与通过细胞学制片得到的染色体进行杂交，将这些标记定位到染色体特定位置上，能有效地反映染色体上基因排列的准确位置。高精度物理图谱是利用限制性内切酶，将染色体切成片段，根据重叠序列确定片段间连接顺序，并根据遗传标记之间物理距离构建图谱。物理图谱的主要构建方法有限制性酶切作图法、荧光原位杂交技术、序列标签位点(STS)法等。

1. 限制性酶切作图法

限制性酶切作图法是将限制性酶切位点标定在 DNA 分子的相对位置。基本原理是比较一种 DNA 分子被不同限制性内切酶切割所产生的片段大小。用一种酶处理样品后，电泳确定 DNA 片段的大小。然后用第二种酶处理，获得第二组片段。最后用两种酶混合处理，获得第三组片段。收集上述资料进行对比组装。两种酶切位点交替出现的区段用加减法确定其相对位置，如图 8-7 所示。连续出现 2 个或多个相同酶切位点的区段，可以采用部分酶解法。

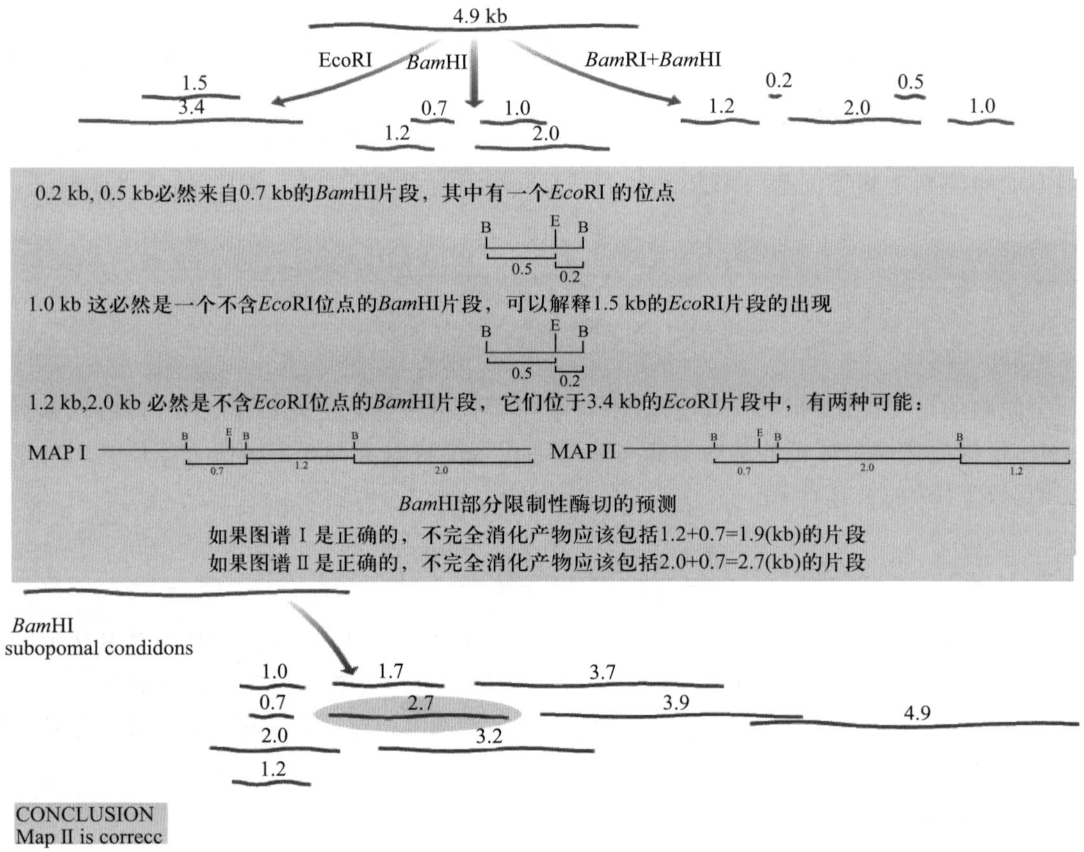

图 8-7 限制性酶切作图法的原理

DNA 片段越大，限制性酶切位点越多，需要比较的片段也会增加，而且当片段多到一定程度，一些大小相似的片段会重叠在一起，不可能组成一个清晰的图谱。因此，限制性酶切作图更适合于小分子。实际应用中如果 DNA 分子小于 50 kb，通常可以选用识别 6 个核苷酸序列的限制酶来建立清晰的限制性图谱。大于 50 kb 的基因组可以通过选择靶 DNA 分子中的稀有酶切位点的酶可以克服限制性酶切作图的局限性。稀有切点限制酶分为两大类：在基因组 DNA 中只有很少可识别序列的限制酶；识别具有 7 或 8 个核苷酸序列的酶。限制性酶切作图快速、简便，能提供详细定位信息，但不能用于大基因组。

2. *荧光原位杂交技术*

荧光原位杂交技术（fluorescent in situ hybridization，FISH）是通过荧光标记探针与 DNA 分子杂交，使染色体上的杂交信号在显微镜下可直接观察，如图 8-8 所示。原位杂交中的探针可用荧光或同位素标记。染色体上出现杂交信号的位置，就是探针 DNA 在染色体上图谱位点。可对待测 DNA 进行定性、定量或相对定量分析。FISH 可用于大基因组，但难以操作，数据积累慢，一次实验定位的标记不超过 3～4 个。

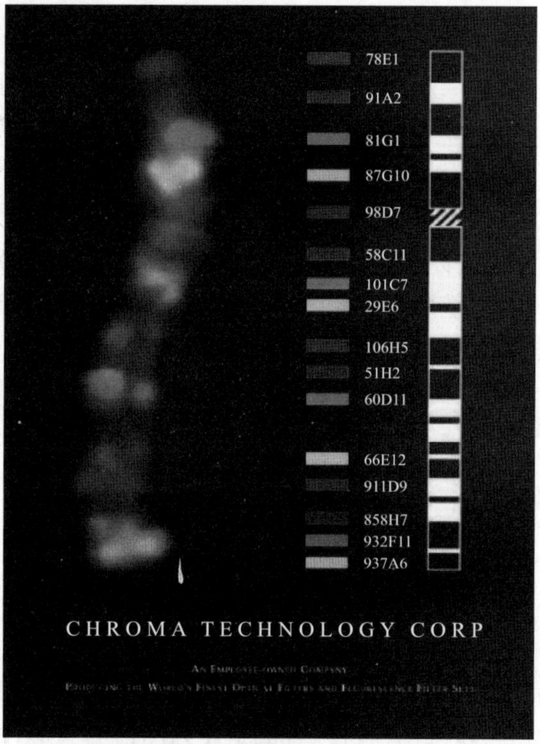

图 8-8　荧光原位杂交图（引自 William S. Klug）

3. *序列标签位点法*

序列标签位点（sequence tagged site，STS）是利用某一已知序列为标签的位点作探针，与基因组 DNA 杂交，绘制物理图谱，其原理如图 8-9 所示。作为 STS 需要具备两个条件：一是其序列是已知的，以便用 PCR 检测；二是在基因组中仅一个位点，没有重复。序列标签有三类：①表达的序列标签（expressed sequence tag，EST），表达的序列来自 cDNA，一些 cDNA 的短片段测序后可作为 EST。②简单序列长度多态性（SSLP），也可用于物理图谱的构建。可根据遗传图谱中的 SSLP 标记，再用于物理图谱构建，进而比较和相互验证。③DNA 随机片段，可随机选择 DNA 片段，测序后经分析比较，如果不是重复序列，也可作为序列标签。

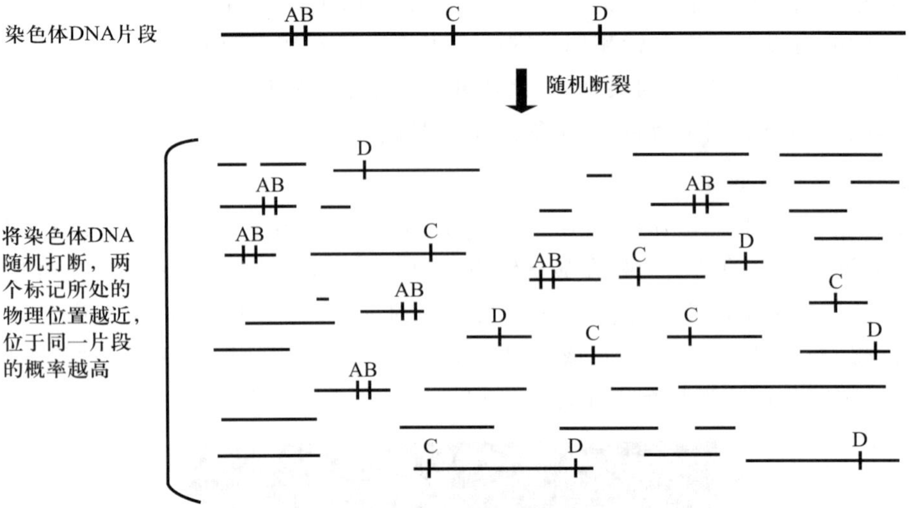

图 8-9　序列标签位点的作图原理

三、转录图谱

转录图谱是利用 EST 作为标记所构建的分子遗传图谱，又称 cDNA 图或者表达序列图。EST 的长度一般为 100～500 bp 的 DNA 片段，该片段是在生物组织中提取 mRNA 后，进行逆转录，从 mRNA 合成相应互补的 cDNA 片段，然后以 EST 为探针，从基因组文库中筛选到全长的基因组序列。RNA-seq 是转录组测序技术，是利用测序手段捕捉某个时刻 mRNA 的存在及其表达数量的一种新型技术。

四、全基因组序列图谱

通过基因组测序得到的图谱，以 A、T、G、C 为标记单位的基因组 DNA 序列。也就是基因组核苷酸序列图，是分子水平上最高层次、最详尽的物理图。

遗传图谱是人类遗传学研究多年积累的结晶，所开发的遗传标记可以作为相对位置更为准确的基因组“路标”；物理图谱既是以物理标记为“路标”的基因组图谱，所提供的 DNA 克隆又是基因组测序的实验材料；转录图谱可以看成是序列图谱的雏形，提供的编码序列对序列组装和基因注释是非常重要的。某种意义上，人类基因组的序列图可以说是以遗传标记、物理标记和转录本为“路标”和“骨架的”核酸水平的物理图谱。

第四节　基因组学研究及其在动物生产中的应用

一、基因组学研究

基因组的研究始于人类基因组计划（human genome project，HGP），这是一项规模宏大，跨国跨学科的科学探索工程，于 1990 年正式启动。人类基因组计划与曼哈顿原子弹计划和阿波罗计划并称为三大科学计划，是人类科学史上的一个伟大工程，被誉为生命科学的“登月计划”。它的宗旨在于测定组成人类染色体（指单倍体）中所包含的 30 亿个碱基对组成的核苷酸序列，从而绘制人类基因组图谱，并辨识其载有的基因及其序列，达到破译人类遗传信息的最终目的。

1990 年 10 月 1 日，经美国国会批准美国 HGP 正式启动，计划投资 30 亿美元，利用 15 年的时间完成人类基因组 30 亿个碱基的测定。随后，德国、日本、英国、法国和中国也相继加入该计划。其中美国占 54%，英国占 33%，日本占 7%，法国占 3%，德国占 2%，中国占 1%。中国是 1999 年 9 月加入其中并承担 1%的任务，即人类 3 号染色体短臂上约 3 000 万个碱基对的测序任务。中国因此成为参加这项计划中唯一的发展中国家。在人类基因组计划中，还包括对 5 种生物基因组的研究：大肠杆菌、酵母、线虫、果蝇和小鼠，称之为人类的 5 种"模式生物"。人类基因组计划的目标是：①分析出代表人类全部基因和模式生物的全长 cDNA 克隆和序列；②研究一种方法，可以用于研究非蛋白编码序列的功能；③开放用于基因表达全面分析的技术；④改进全基因诱变的方法；⑤开发用于大规模蛋白质分析的技术。

1998 年 5 月 11 日，世界上最大的测序仪生产商美国 PE Biosystems 公司，以其刚研制成功的 300 台最新毛细管自动测序仪（ABI 3700）和 3 亿美元资金，成立了塞雷拉基因组（celera genomics）公司，要以不同于人类基因组计划的"全基因组散弹法测序策略"完成人类基因组测序。

1999 年，人类第 22 号染色体测序完成，这是第一个完成测序的人类染色体。2001 年 2 月，美国塞雷拉基因组公司与人类基因组计划分别在《科学》和《自然》杂志上公布了人类基因组草图，这是遗传学发展史上重要的里程碑事件，对遗传学的发展具有重大意义。2003 年 4 月，人类基因组测序完成。人类基因组序列图绘制成功。

至此，两个不同的组织使用不同的方法实现了他们共同的目标：完成对整个人类基因组测序的工作；并且，两者的结果惊人的相似。整个人类基因组测序工作的基本完成，为人类生命科学开辟了一个新纪元，它对生命本质、人类进化、生物遗传、个体差异、发病机制、疾病防治、新药开发、健康长寿等领域，以及对整个生物学都具有深远的影响和重大意义，标志着人类生命科学一个新时代的来临。

人类基因组图谱的构建有两种思路：一是全基因组散弹法（whole genome shut-gun），这是塞雷拉基因组公司提出的一种策略。即从文库中随机提取，然后分析，再根据碱基序列进行拼接。其步骤主要有：提取全基因组 DNA、进行纯化，之后酶切或超声波打断、进行电泳、回收 DNA 片段、构建 DNA 质粒文库、转化宿主菌，并进行扩增培养后、提质粒 DNA 为模板进行 PCR 测序，最后对测序数据进行拼接、补缺，从而得到完整的基因组序列。二是层次散弹法（hierarchical shut gun），层次散弹是人类基因组计划采用的另一种方法，即把大的基因组先进行分层，如染色体编号、染色体小片段编号、小片段上作物理标记，然后再对小片段测序，这样使最后的"拼接"变得更容易。

这两种策略的总体思路比较见图 8-10，其主要的优缺点见表 8-2，两种思路各有千秋。

人类基因组的研究发现了一些惊人的事实：全部人类基因组约有 2.91 Gbp，约有 3.9 万个基因；平均基因大小 27 kb。人的基因数量少得惊人。一些研究人员曾经预测人类约有 14 万个基因，但基因组分析将人类基因总数定在 2.638 3 万到 3.911 4 万个之间，不超过 4 万个，只有线虫或果蝇基因数量的 2 倍，人有而鼠没有的基因只有 300 个。如此少的基因数目，能产生如此复杂的功能，说明基因组的大小和基因的数量在生命进化上可能不具有特别重大的意义，也说明人类的基因较其他生物体更"有效"，人类某些基因的功能和控

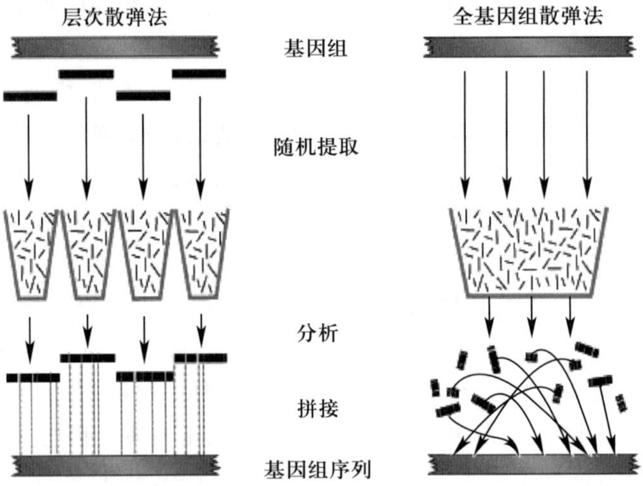

图 8-10　层次散弹法和全基因组散弹法的策略比较

制蛋白质产生的能力与其他生物不同。这将对我们目前的许多观念产生重大的挑战。由于基因剪切、EST 数据库的重复以及一些技术和方法上的误差，将来人类的基因数可能会多于 4 万个。

表 8-2　全基因组散弹法和层次散弹法比较

项　目	全基因组散弹法	层次散弹法
遗传背景	不需要	需要（需构建精确的物理图谱）
速度	快	慢
费用	低	高
计算机性能	高（以全基因组为单位进行拼接）	低（以 BAC 为单位进行拼接）
适用范围	工作框架图	精细图
代表测序物种	果蝇、水稻	人、线虫

2009 年全球 43 个研究机构和 68 位科学家联合组成了“万种脊椎动物基因组计划联盟”(G10KCOS)，并启动了“万种脊椎动物基因组计划”。2010 年 11 月，中国深圳华大基因研究院与 G10KCOS 的科学家联合宣布启动万种脊椎动物基因组计划，该计划拟绘制万种脊椎动物基因组图谱，建立包括哺乳纲、鸟纲、爬行纲、两栖类和鱼纲等 10 000 种脊椎动物的遗传信息数据库。此数据库的建立，将为生物多样性、动物进化机制及其全球动物保护等生命科学的研究提供前所未有的基础资源。2015 年 6 月，由华大基因、哥本哈根大学和杜克大学主导的国际鸟类基因组联盟正式宣布启动“鸟全纲基因组项目”。该项目又称为“万种鸟类基因组项目”，旨在 5 年内构建约 10 500 种现生鸟类的基因组图谱，实现对鸟类生命之树的数字化重建。这是国际上首次对同一大类群的所有现生物种进行完整的基因组研究。2017 年，科学家们宣布在未来 10 年对地球上每个物种的 DNA 进行测序的计划。这项艰巨的任务被命名为地球生物基因组计划(earth biogenome project)，需要绘制超过 150 万种物种的基因组（不包括细菌）。该计划旨在提供有价值的数据，用于发现新药、延缓衰老、创造生物材料，并改善物种保护工作。2019 年 9 月，万种鱼基因组计划，简称 Fish10K(fish 10 000 genomes project)，在“2019 年国际海洋基因组会议(ICG-Ocean 2019)”上正式对外发布。Fish10K 由中国科学

院水生生物研究所联合青岛华大基因研究院、西北工业大学、中国科学院海洋研究所、UPPSALA UNIVERSITET 及菲沙基因共同发起，旨在绘制万种代表性鱼类基因组图谱，涵盖世界各地鱼类的所有目和代表性科，建立一个大规模、高质量的鱼类基因组数据库，聚焦鱼类基因组研究。2019 年 12 月，全球首个“万种原生生物基因组计划”在武汉启动。该项目由中国科学院水生生物研究所联合西藏大学、河南农业大学、中国农业科学院兰州兽医研究所、中国科学院北京基因组研究所和华中科技大学等单位共同发起。计划在 3 年内，绘制万种代表性原生生物基因组图谱，建立一个大规模的原生生物遗传资源数据库。截至 2021 年 4 月，在 NCBI(http://www.ncbi.nlm.nih.gov/genome/)上公布的脊椎动物基因组约 1 690 种，其中的详细分布如表 8-3 所示。

表 8-3　脊椎动物中已经测序的种类

类别	基因组
哺乳动物	454
鸟类	516
两栖动物	22
爬行动物	66
鱼类	632
总计	1 690

二、动物基因组解析的应用

基因组是整个生命体全套 DNA 的集合，各个生命体基因组的大小差异较大，如最小的细菌基因组只有约 60 万个 DNA 碱基对，人类和小鼠的基因组约有 300 亿个碱基对。目前通过大量的基因组测序和解析，发现编码基因序列占基因组序列的比例很小，其余序列包含非编码序列等所占比例比较大，生命体的基本活动都是受基因控制的，基因组掌握和调控着不同类型、不同位置、不同功能细胞的活动特征。

DNA 潜在影响着机体各个方向的机能，获得具体的基因组信息有助于解析生命体的生命过程，预防治疗人类疾病，提高性状的经济价值等。这些生命过程的解析，对于人类发展有着重要而深远的意义。在动物研究中，畜禽动物基因组序列的解析，同样也能够推动经济动物遗传育种工作的开展，促进动物遗传改良的进程。

1. 基因定位及其控制复杂性状关键基因的解析

在所有的基因中，人们更关心哪些是对农业生产有重要意义的性状基因，或者是对人类疾病有重要意义的基因。农业中的经济性状大多属于复杂性状，了解这些性状的机制，对农业生产具有重要意义。

根据一个基因的遗传连锁图谱或者细胞遗传图谱能识别该基因，位置克隆或者位置候选基因克隆是该领域基因定位的方法。借助基因组图谱，可使基因定位在精度、速度、广度等方面有极大的提高，已陆续在各种农作物上定位了许多重要农艺性状和经济性状的基因，如抗病基因、抗虫基因等。在复杂的数量性状基因位点(quantitative trait loci，QTL)定位分析方面，传统的育种方法改进很慢，基因组测序从全方位解析影响复杂数量性状的关键基因，从而大大加快育种进程。在动物的生长性状、繁殖性状、肉质性状等方面也取得了显著进展。如猪

*IGF*2(insulin-like growth factors 2)基因影响猪的背膘厚度和生长速度;*Mc4r*(melanicortin-4)基因影响动物体重和能量平衡等;*GDF*9 和 *FSHR* 均为目前已知的绵羊高繁殖力主效基因。

近年来,随着基因组测序技术的快速发展,猪、羊、鸡、牛等一系列家养动物基因组序列得以快速构建完成,为科研工作者获得全基因组水平的遗传变异和进一步挖掘与家养动物重要经济性状相关的变异位点奠定了基础。全基因组关联分析(genome-wide association studies,GWAS)是一种进行基因定位的方法,基于 SNP 芯片或者全基因组重测序技术获取遍布整个基因组的 SNP 遗传标记,针对目标群体开展体形外貌、遗传缺陷、复杂疾病以及重要经济性状表型和基因型关联分析,通过扩大试验样本进行多次验证并最终确认与目标性状显著相关的标记位点。依据个体间亲缘关系的不同,关联研究有两种基本的试验设计方法,分为基于无关个体间的关联分析和家系的抽样设计。针对无关个体间的统计分析,病例对照研究通常适用于质量性状,而随机人群关联研究则被用于数量性状。其中,卡方检验是一种具有广泛适用性的假设检验方法,常被用于质量性状的关联分析。通过该方法统计样本理论观测值和实际观测值之间的偏离程度,偏离程度越大则卡方值越大,当卡方值为 0 时,表明理论观测值和实际观测值完全相等。

针对基于家系个体间的统计分析,主要采用 Spielman 等人在 1993 年提出的传递不平衡检验(TDT),该方法主要原理是依据杂合子基因型父母传递给病例子女某个等位基因频率是否大于 50%。由于该方法效率较高并且不受关联群体分层的影响,因此得到了广泛的应用。Spielman 等人提出该方法需要满足以下条件:①父母及患病子女位点基因型已知;②在标记位点父母双方有且不低于一个个体是杂合子;③家系数据中子女患病已知,父母患病未知且随机;④位点是二等位基因。

全基因组关联研究已鉴定出数千个与人类复杂性状和疾病相关的基因位点。然而,如何从数目众多的标记中筛选出真正致病突变,是目前关联分析研究的一大难点。由于大多数显著标记不会改变基因的蛋白质编码序列,因此研究者倾向于将 P 值最小的标记附近基因作为候选基因。然而,最显著标记与基因的物理距离并不是性状形成因果关系的实质证据。目前,一些研究工作集中在改善 SNP 的功能注释上,包括 Gene Ontology、GENCODE、FANTOM5 和 Roadmap Epigenomics Projec,这些数据库的补充,为鉴定影响特定组织中特定基因表达水平的 SNP 提供直接证据,即表达定量性状基因座(eQTL)。

2. 基因组比较分析

通过模式生物基因组之间、动物基因组之间以及模式生物基因组、动物基因组及人类基因组间的比较与鉴别,从分子水平了解物种间的同源性,研究基因组的进化和染色体的演变,为研究生物进化、分离动物生产中经济性状的候选基因,以及预测新的基因提供依据。比较基因组主要用于研究物种的进化和演化,揭示亲缘关系的远近,如通过比较基因组揭示了家养和野生双峰骆驼的进化关系。对于亲缘关系较近的物种,通过基因结构的分析,可以推测基因的功能,并且发现新的基因,如通过比较基因组的方法发现了新的防御素基因。

3. 标记辅助选择

遗传标记的发展先后经历了形态学标记、细胞学遗传标记、生物化学标记到分子标记。传统的表型、系谱选择方法对于低遗传力性状,如母猪的产仔数等,选择效果并不理想。因此,动物遗传育种学家从分子水平定位重要经济性状的主效基因或者数量性状位点(QTL),在遗传标记的辅助下区分其基因型，并在此基础上应用于家畜的育种实践。标记辅助选择可通过以下几种方案实施。第一利用定位的 QTL 区域标记进行早期选择，然后开展基于表型和系谱信息的常规 BLUP 方法选择。第二同时利用标记信息、表型信息和系谱信息进行选择。第三是在第二种基础上优化控制理论，对候选基因信息给予适当权重，以获得长期稳定的遗传进展。

鉴定与数量性状存在显著关联的遗传标记，并且以较低成本在大群体中进行标记分型，是进行标记辅助选择的必要条件。通过对遗传标记的选择，间接实现对控制某一性状基因座位的选择，最终达到对该数量性状进行选择的目的。相对于传统育种，标记辅助选择可早期选种，缩短世代间隔，降低育种成本。影响标记辅助选择的因素很多，例如，遗传参数估计准确性、QTL 定位准确性、标记与 QTL 连锁程度、选种方案、性状的遗传特性(限性与非限性)、标记的特性(早期选择标记)和育种方案等。育种过程中对不利基因剔除，开发出相应的基因诊断试剂盒，开展大规模育种，缩短常规的测交方法，降低育种成本，能加快育种进展。

4. 全基因组选择育种

Meuwisswen 等在 2001 年首次提出了基因组选择(genomic selection，GS)的概念。利用覆盖全基因组的高密度标记估算动物个体育种值的新方法，即全基因组选择方法。理论上来讲，基因组选择也是标记辅助选择技术的延伸，区别在于估计育种值时基因组选择是同时利用全基因组标记信息而不是使用少数标记，这克服了原有标记辅助选择技术上的缺点。基因组选择的前提假设是动物基因组中存在数目众多的遗传标记，任何一个性状的基因座在基因组水平上至少能找到一个标记与其连锁不平衡。因此，通过对覆盖整个基因组的高密度标记效应的估计实现对全基因组所有基因效应的估计，然后利用估计的标记效应估计个体的基因组育种值(genomic estimated breeding value，GEBV)，并根据 GEBV 大小开展选择，大大提高了预测的准确性。按照使用的统计模型不同，可以将基因组选择分为间接估计基因组育种值和直接估计基因组育种值。间接估计基因组育种值需要构建一定规模的参考群体，利用该群体的表型值和基因型信息估计全基因组每一个标记对选择性状的效应值，然后对效应值进行加和间接得到候选个体的基因组育种值，如最小二乘模型和贝叶斯模型。直接估计基因组育种值需要构建亲缘关系矩阵，以此来反应个体间的遗传关系，将该矩阵放入混合模型方程组直接获得个体基因组育种值，如 GBLUP 模型。基因组选择利用了整个基因组信息对个体进行遗传评估，其结果更为准确；并且可以大大缩短育种世代间隔，加快遗传改良速度，加快选择反应，降低育种成本，并且能够早期选择，这在奶牛育种实践中意义重大。

小　结

遗传标记是指能够用于区别生物个体或群体及其特定基因型，并能稳定遗传的物质标记。遗传标记包括形态学标记、细胞遗传标记、生化遗传标记和分子遗传标记。分子遗传标记是一种以 DNA 多态性为基础研究的遗传标记，与其他标记相比，分子标记具有无表型效应，不受环境的限制和影响等优点。分子遗传标记主要有限制性片段长度多态性(RFLP)、DNA 指纹、随机扩增多态性(RAPD)、微卫星 DNA 标记、AFLP、SNPs 等。

基因组学是随着人类对基因组研究的不断深入而逐渐发展起来的一门学科，主要研究内容包括结构基因组学、比较基因组学和功能基因组学三部分。结构基因组学是基因组学的一个重要组成部分和研究领域。它以全基因组测序为目标，是一门通过基因作图、核苷酸序列分析确定基因组成、基因定位的科学。比较基因组学是通过比较相关物种的基因组来分析和注解基因组。比较基因组学可以揭示在演化历程中基因组的变化,以及这些变化造成的各种物种在生理学、解剖学和行为学上的差异功能。功能基因组学则是从总体上理解基因组的运作,例如所有的转录组和互作组等。

基因组图谱有不同的形式,包括遗传连锁图谱、物理图谱、转录图谱和序列图谱等。遗传连锁图谱是以位于同一染色体上相邻的两个遗传标记或基因的重组率为基础,定位遗传标记或基因之间的相对位置关系的基因组图。物理图谱是以一段已知核苷酸的 DNA 片段为"位标",以 DNA 实际长度(Mb 或者 kb)作为图距的基因组图。物理图谱描绘 DNA 上可以识别标记的位置和相互之间的距离。转录图谱是利用 EST 作为标记所构建的分子遗传图谱,又称 cDNA 图或者表达序列图。序列图谱是通过基因组测序得到的,以 A、T、G、C 为标记单位的基因组 DNA 序列,也就是人类基因组核苷酸序列图,是分子水平上最高层次、最详尽的物理图。

基因组计划是一项重大科学研究工作,这项工作的主要目的是为了解析生物有机体的基因组序列、注释编码蛋白基因、阐述基因组编码的特征。动物基因组的解析对于基因定位、控制动物复杂性状关键基因的解析、遗传进化、标记辅助选择及其全基因组选择育种等具有重要意义。

复习思考题

1. 遗传标记的种类有哪些?分子遗传标记包含哪些分子标记?其原理是什么?各有哪些优缺点?
2. 什么是基因组学?简述其主要包含哪些研究内容?
3. 基因组图谱包含哪几种图谱?其含义是什么?
4. 进行基因组测序的两种策略,全基因组散弹法和层次散弹法各有哪些优缺点?
5. 简述基因组学在动物遗传中的应用。

CHAPTER 9

第九章 动物基因工程

第一节 基因工程概述

生命科学是21世纪发展最快的学科之一，以基因工程为代表的新兴生物技术大力推动了生命科学的持续发展。近几十年来，基因工程技术不断发展，一方面在研究遗传学复杂生命活动规律中发挥重要作用，另一方面基因工程的发展实现了遗传学的产业发展，以基因工程为代表的新兴生物技术深刻影响整个生命科学的研究与持续发展，在农业生产、医药卫生、环境保护等领域中形成了生物技术产业。

一、基因工程发展简史

基因工程(genetic engineering)是20世纪70年代发展起来的一门新兴技术，是现代分子生物技术的重要组成部分。1970年，科学家阿尔伯(W. Arber)、史密斯(H. O. Smith)、内森斯(D. Nathans)等发现了限制性内切酶，为基因工程提供了“剪刀”这一有力工具；1972年，科学家伯格(P. Berg)将猴空泡病毒40(SV40)病毒DNA与噬菌体P22 DNA进行体外重组，并转化大肠杆菌，实现了真核细胞中合成的蛋白质在细菌中合成。1973年，科恩(S. T. Cohen)和伯耶(H. W. Boyer)将一个基因从一个质粒转移到另一个质粒，并且转入的基因具有生物活性，也即在体外构建具有生物功能的细菌质粒，完成了第一个基因的克隆，为DNA重组技术提供了实验基础，宣告了DNA重组技术的诞生。1979年，美国基因技术公司将人工合成的人胰岛素基因重组并转入大肠杆菌中合成人胰岛素，这是第一个利用基因工程技术生产的具有生物活性的药物。目前世界上已先后出现了上百种基因工程药物，为医药卫生、工业、农业等相关产业的发展做出了突出贡献。

二、基因工程的概念和研究内容

(一)基因工程的概念

二维码 9-1 动物遗传操作(基因工程)

基因工程是一种 DNA 操作技术,以分子遗传学为理论基础,以分子生物学和微生物学的现代研究方法为手段,借助限制性核酸内切酶、DNA 连接酶以及表达载体等工具,将不同来源的目的基因与基因表达所需的多种元件(表达载体)组装起来构建杂种 DNA 分子(表达载体),而后导入受体细胞,使目的基因整合到受体细胞的 DNA 上,达到改变生物原有遗传特性的目的。由于基因工程是在 DNA 分子水平上进行设计和操作的,因此又被称为 DNA 重组技术。

基因工程的重要特征:外源核酸分子可以在不同的宿主生物中进行繁殖,能够跨越天然物种屏障;这种外源核酸分子能够在新的宿主细胞中进行扩增,可以实现少量核酸分子经过拷贝得到大量核酸分子。利用基因工程(DNA 重组技术)可以对不同生物的基因进行重新组合,使生物获得新的性状,实现目的蛋白质的工业化生产或者达到物种遗传改良的目的。现代生物技术的核心和基础是基因工程,在基因的功能验证、生物的遗传改良与疾病的基因诊断治疗等学科领域得到广泛应用,影响整个生命科学的研究与发展,并使生物学从观察—验证性的科学发展成为干涉—创造性的科学,成为当前科学领域最具影响力的技术之一。

(二)基因工程的研究内容

基因工程的研究内容包括基因克隆工具的研究、基因工程技术的研究、目的基因的研究等。

1. 基因克隆工具的研究

基因工程技术能够实现在体外将不同来源的 DNA 重新组合,形成新的重组 DNA 分子在宿主细胞内复制和表达,离不开一系列重要的克隆工具,主要有工具酶、载体、受体系统等。

2. 基因工程技术的研究

随着 21 世纪生命科学领域的飞速发展,基因工程技术获得了长足的发展,如聚合酶链式反应技术及其衍生技术,核酸序列的化学合成技术,第二代、第三代高通量测序技术,借助于计算机和互联网的生物信息技术,以及转录组、代谢组、蛋白质组等各种组学技术的发展,极大地推进了基因工程技术的发展。

3. 目的基因的研究

随着人类基因组计划的完成,人们对生物的认知到达了分子水平,人们开始用分子来解释看到的各种生命现象。分子水平在遗传学领域人们通常的认知就是基因。基因是基因工程技术的核心,目的基因的选择是整个技术的重中之重,发现、定位并获得目的基因是基因工程研究中的核心内容。在相当长的时间里,克隆功能基因并研究其功能是各国科学家的核心工作,随着基因工程技术的发展,全基因组分析工作已全面开展,这得益于人类基因组计划的完成。人类基因组计划的研究策略与方法已广泛应用于其他物种的基因组计划。基因组研究的结果大大推进了功能基因的发现、定位以及克隆。

第二节　基因工程技术的原理

基因克隆技术,也就是 DNA 重组技术,是基因工程的核心技术。要达到 DNA 分子在体外进行拼接重组的目的，首先要分离得到目标 DNA 分子，选取合适的载体，在体外进行限制性核酸内切酶酶切、连接酶连接、构建新的重组 DNA 分子是基因工程的关键。为了实现将 DNA 分子有效酶切、连接等分子水平的操作，就要用到各种酶，运用各种酶对 DNA 分子进行必要的处理。这一节内容将重点介绍各种工具酶、载体的基本知识以及基因工程操作的基本步骤等。

一、工具酶

二维码 9-2 动物基因工程——限制性核酸内切酶、连接酶和载体

基因工程操作中用到许多种功能各异的酶，例如：限制性核酸内切酶——"手术刀"一样起切割功能，可以对 DNA 序列中的特殊位点实施切割，且大多数可以产生黏性末端。连接酶——"缝纫机"一样起连接作用，可以通过催化形成 3′,5′磷酸二酯键，将不同来源的 DNA 片段连接起来。聚合酶——"复印机"一样起复制后修复作用，比如常见的 DNA 聚合酶主要应用于聚合酶链式反应(polymerase chain reaction，PCR)，特别是耐热 DNA 聚合酶的发现，大力推进了 PCR 以及 PCR 衍生技术的发展。还有各种起修饰作用的修饰酶。这些工具酶的应用共同构成了基因工程的技术保障。

(一)限制性核酸内切酶

限制性核酸内切酶(restriction endonuclease)，这类酶简称为限制性内切酶或限制酶，能识别双链 DNA 分子中一段特异的核苷酸序列，在这一段序列内将双链 DNA 分子切断。限制性内切酶本来是微生物细胞中用于专门水解外源 DNA 的一类酶，其功能是避免外源 DNA 的干扰或噬菌体的感染，是细胞中的一种防御机制。

限制性内切酶的命名原则：第一个字母大写，表示所来自的微生物属名的第一个字母。第二、三字母小写，表示所来自的微生物种名的第一、二个字母。其他字母大写或小写，表示所来自的微生物的菌株号。罗马数字表示该菌株发现的限制酶的编号。例如：*Eco*RI 来自 *Escheria coli* RY13 的第一个限制酶。

根据酶的功能、大小和反应条件，及切割 DNA 的特点，可以将限制性内切酶分为 3 类：Ⅰ型酶，分子量较大，反应需 Mg^{2+}、*S*-腺苷甲硫氨酸(SAM)、ATP 等，这类酶有特异的识别位点但没有特异的切割位点，在基因工程中应用不多。Ⅱ型酶，分子量较小(105 Da)，反应只需 Mg^{2+} 的存在，并且具有以下两个特点：识别位点是一个回文对称结构，并且切割位点也在回文对称结构上；许多Ⅱ型酶切割 DNA 后，可在 DNA 上形成黏性末端，有利于 DNA 片段的重组，这些特点使Ⅱ型酶在基因工程研究中得到广泛的应用。Ⅲ型酶，这类酶可识别特定顺序，并在这一顺序的 3′端 24～26 bp 处切开 DNA，所以它的切割位点也是没有特异性的。

同裂酶(isoschizomers)，指来源不同但识别相同靶序列的核酸内切酶。同裂酶能够进行同样的切割，产生同样的末端。但有些同裂酶对甲基化位点的敏感性不同。比如 *Hpa* Ⅱ和 *Msp* Ⅰ，前者对哺乳动物基因组 DNA CpG 甲基化敏感，而后者不敏感。

同尾酶(isocaudamer)，指来源不同、识别靶序列不同但产生相同的黏性末端的核酸内切酶。利用同尾酶可使切割位点的选择余地更大，如 *Mlu* Ⅰ和 *BssH* Ⅱ。

限制性内切酶是分子克隆中最常用的工具酶，常见的限制性内切酶如表 9-1 所示。

表 9-1 常见的限制性内切酶

酶	识别位点	酶	识别位点
Apa I	5′GGGCC^C 3′	*Nhe* I	5′ G^CTAGC 3′
*Bam*H I	5′ G^GATCC 3′	*Not* I	5′ GC^GGCCGC 3′
Bgl II	5′ A^GATCT 3′	*Sac* I	5′ GAGCT^C 3′
*Eco*R I	5′ G^AATTC 3′	*Sal* I	5′ G^TCGAC 3′
*Hin*dIII	5′ A^AGCTT 3′	*Sph* I	5′ GCATG^C 3′
Kpn I	5′ GGTAC^C 3′	*Xba* I	5′ T^CTAGA 3′
Nco I	5′ C^CATGG 3′	*Xho* I	5′ C^TCGAG 3′
Nde I	5′ CA^TATG 3′		

(二)连接酶

DNA 连接酶同限制性内切酶一样，都是在体外构建重组 DNA 分子所必不可少的基本工具酶。DNA 连接酶可催化双链 DNA 片段紧靠在一起的 3′羟基(3′-OH)和 5′磷酸基团($5'$-PO_4)末端之间形成 3′,5′磷酸二酯键，以共价键的形式将两个末端连接起来。目前用于连接 DNA 片段的 DNA 连接酶主要有大肠杆菌(*E. coli*)DNA 连接酶和 T4 DNA 连接酶。*E. coli* DNA 连接酶仅能催化双链 DNA 片段互补黏性末端之间的连接，不能催化双链 DNA 片段平末端之间的连接。T4 DNA 连接酶不但可用于双链 DNA 片段互补黏性末端之间的连接，还可以催化双链 DNA 片段平末端之间的连接。

(三)聚合酶

DNA 聚合酶 I(DNA pol I)在模板和引物存在的条件下，以三磷酸脱氧核糖核苷酸(deoxynucleotides，dNTPs)作为底物，沿 5′→3′方向催化与模板互补 DNA 的合成。该酶还用于裂口修补、反转录第二条链的合成、隐蔽末端的填平反应等。

DNA pol I 用枯草杆菌蛋白酶水解成两个片段，小片段(36 kDa)具有 5′,3′核酸外切酶活性，大片段(76 kDa)称为 Klenow 片段，具有 DNA 链聚合及 3′,5′核酸外切酶的活性。

耐热 DNA 聚合酶是 PCR 技术实现自动化的关键。该酶在 DNA 变性的高温(94～98 ℃)下仍保持活性，现在已发现多种耐热 DNA 聚合酶，均具有在高温下仍保持一定酶活性的通性，但不同耐热 DNA 聚合酶的性能也存在一定的差别。常见的耐热 DNA 聚合酶有 Taq DNA 聚合酶、Pwo DNA 聚合酶、Tth DNA 聚合酶、Vent DNA 聚合酶、Pfu DNA 聚合酶等。其中最常用的是 Taq DNA 聚合酶和 Pfu DNA 聚合酶，Taq 酶扩增效率高但易发生错配，Pfu 酶扩增效率低但有纠错功能。

(四)反转录酶(reverse transcriptase)

这类酶来自反转录病毒，以 RNA 为模板，催化合成 DNA。目前常用的有禽成髓细胞瘤病毒(AMV)反转录酶及 Moloney 鼠白血病病毒(M-MLV)反转录酶两种。这种酶需要 Mg^{2+} 或 Mn^{2+} 作为激活剂，以 mRNA 为模板，用反转录酶合成互补 DNA(cDNA)第一条链，随后灭活反转录酶，用 Taq DNA 聚合酶合成 cDNA 第二条链和进行 PCR 扩增。反转录酶也可以 mRNA 的 poly(A)部分与 oligo(dT)的结合体为模板，可合成与 mRNA 相对应的 cDNA。

（五）末端转移酶（terminal transferase）

该酶全称为末端脱氧核苷酸转移酶（terminal deoxynucleotidyl transferase），它所催化的反应与 DNA pol I 相似，所不同的是它不需要模板，以含有 3′-OH 的 DNA 片段为引物，在 3′-OH 端加入核苷酸达几百个。末端转移酶常用于在平末端 DNA 上合成一段寡聚核苷酸，从而形成黏性末端。经常采用末端转移酶给一段 DNA 分子 3′-OH 末端连接上 oligo(dA) 或 oligo(dG)，给另一段 DNA 分子 3′-OH 末端连接上 oligo(dT) 或 oligo(dC)，混合这两段 DNA 分子就能使末端转移酶接上同聚物尾巴退火形成环状分子，该方法称为同聚物接尾法，在真核基因的 cDNA 克隆中广泛应用。

（六）S1 核酸酶

S1 核酸酶来源于稻谷曲霉（aspergillusoryzae），是一种单链特异性的核酸内切酶。在 pH 4.0～4.3，且 Zn^{2+} 激活剂存在的条件下，降解单链 DNA 或 RNA，产生 5′-磷酸单核苷酸或寡核苷酸。对双链 DNA、双链 RNA 和 DNA-RNA 杂交体相对不敏感。酶量大时，S1 核酸酶能完全降解双链核酸；酶量较少时，仅切割双链 DNA 上的切口，形成小缺口。通常情况下，水解单链 DNA 的速率要远远高于水解双链 DNA 的。

（七）RNA 酶 H（RNase H）

RNA 酶 H 为 RNA 限制酶，是从小牛胸腺中发现而被分离的，广泛存在于哺乳动物细胞、酵母、原核生物及病毒中，可水解 DNA-RNA 杂交体中的 RNA 链，产生 5′-磷酸核苷酸。RNase H 不能水解单链或双链 DNA 或 RNA。该酶的用途有：在 cDNA 第二链合成前去除 mRNA 或进行第二链合成前切割 RNA 产生引物；鉴定 DNA-RNA 杂交体；与 oligo(dT) 杂交，去除 mRNA 的 poly(A) 尾；特异地切割与寡脱氧核苷酸结合的 RNA。

二、基因工程的载体

要把目的基因通过基因工程手段运送到生物细胞（即受体细胞），需要运载工具携带外源目的基因进入受体细胞，这个运载工具就是载体。基因工程常用的载体实际上是 DNA 分子，主要是用来携带目的基因片段进入受体细胞的 DNA 分子。它能携带外源基因随自身 DNA 复制，并启动目的基因在宿主细胞内转录或表达。目前已有上千种的载体，分为不同的种类，有质粒载体、病毒载体、人工构建载体等。载体分子的结构不断被优化，克隆操作流程不断被简化，转化效率不断被提高，装载外源基因的片段不断被扩大。

基因工程理想的载体必须具备以下 5 个条件：①具有较小的分子量和较高的拷贝数。分子量较小，能携带比较大的 DNA 片段，有数据表明，质粒大于 15 kb，其将外源 DNA 转入大肠杆菌的效率大大降低；较高的拷贝数可以提高基因克隆的成功率。②具有复制起点，在宿主细胞中，能独立于染色体而进行自主高效复制。③要有尽可能多种限制酶的切割位点，但每一种限制酶又要最少的切割位点，以便于在此位点插入外源 DNA 片段。如多克隆位点（multiple cloning site，MCS），用于插入外源 DNA 片段。④载体上要有报告基因或选择标记基因，为宿主细胞提供易于检测的遗传表型特征。⑤从安全角度考虑，要求载体不能随便转移，仅限于在某些实验室内特殊菌种内才可复制等，不会对操作者和环境带来不必要的危害。许多天然存在的质粒往往不满足以上要求，天然质粒要作为基因工程载体，经常需要进行遗传改造。一般载体构建时，很有必要考虑其作为理想质粒的基本条件。

一般情况下，载体按功能分为克隆载体和表达载体。克隆载体都有一个松弛的复制子，能携带外源基因，并在宿主细胞中复制扩增，主要用来克隆和扩增 DNA 片段的载体。表达载体除了具有克隆载体的基本元件外，还具有转录(翻译)所必需的 DNA 顺序元件的载体。

根据进入受体细胞类型不同，分为原核载体、真核载体和穿梭载体。真核表达载体，带有真核表达元件，能在真核细胞中表达；原核表达载体，能携带插入的外源核酸序列进入原核细胞中进行表达的载体。细菌 RNA 聚合酶不能识别真核基因的启动子，因此原核表达载体所用的启动子必须是原核启动子。含有细菌及哺乳动物细胞中的双重选择性标记，这就是所谓的穿梭质粒，可在哺乳动物和原核生物之间穿梭。一般情况下，一个质粒只含有一个复制起点，构成一个独立的复制子。穿梭质粒含有两个复制子，一个是原核生物复制子，另一个是真核生物复制子，确保其在两类细胞中均能扩增。

基因工程中常用的载体主要包括质粒(plasmid)、噬菌体(phage)和病毒(virus)3 大类。这些载体均需经人工构建，除去致病基因，并赋予一些新的功能，如有利于进行筛选的标志基因、单一的限制酶切点等。

(一)质粒载体

质粒是存在于天然细菌体内的一种独立于细菌染色体之外的双链环状 DNA，具有独立复制的能力，通常带有细菌的抗药基因。最早使用的质粒 DNA 是人工构建的 pBR322(图 9-1)，该质粒分子大小为 4.3 kb，带有抗四环素和抗氨苄西林基因等筛选标记，含 *Eco*RⅠ、*Bam*HⅠ、*Hin*dⅢ 等单一的限制酶切点，具有起始的复制位点，符合质粒的所要具备的特征。质粒大小有较大差异，小的不到 1 kb，大的超过 500 kb。质粒有高拷贝质粒(每个宿主细胞有 10～100 个拷贝)和低拷贝质粒(每个宿主细胞有 1～4 个拷贝)。质粒存在不相容性，指两种或两种以上亲缘关系密切的不同质粒不能稳定共存在同一宿主细胞中。它们来源于同一个不相容群，但来源于不同的不相容群的质粒可以在同一细胞中共存。根据质粒复制起点是否具有特异性，分为窄宿主范围质粒(仅在特定的宿主细胞内复制)和广宿主范围质粒(可在许多细菌细胞中复制)。质粒载体一般最大能克隆 10 kb 左右的 DNA 片段。

(二)噬菌体载体

噬菌粒(phagemid)是由单链噬菌体 M13 或 f1 与质粒载体重组而成的新型载体。它具有质粒的复制起点、选择性标记、多克隆位点等，方便 DNA 的操作，可在细胞内稳定存在；又具有单链噬菌体的复制起点，在辅助噬菌体的存在下，可进行噬菌体的繁殖，产生单链的子代噬菌体。

(三)柯斯载体

cosmid 载体，也称黏粒、柯斯载体。这是一类用于克隆大片段 DNA 的载体，它是由 λ 噬菌体的 cos(cohesive)位点末端及质粒(plasmid)重组而成的载体。cosmid 载体带有质粒的复制起点、克隆位点、选择性标记以及 λ 噬菌体用于包装的 cos 末端等，因此该载体在体外重组后，可利用噬菌体体外包装的特性进行体外包装，利用噬菌体感染的方式将重组 DNA 导入受体细胞。但它不会产生子代噬菌体，而是以质粒 DNA 的形式存在于细胞内。

(四)YAC 载体

酵母人工染色体(yeast artificial chromosome，YAC)质粒载体是在人类基因组计划(HGP)实施的背景下发展起来的一类克隆特大片段的载体。这类载体含有酵母菌的复制起

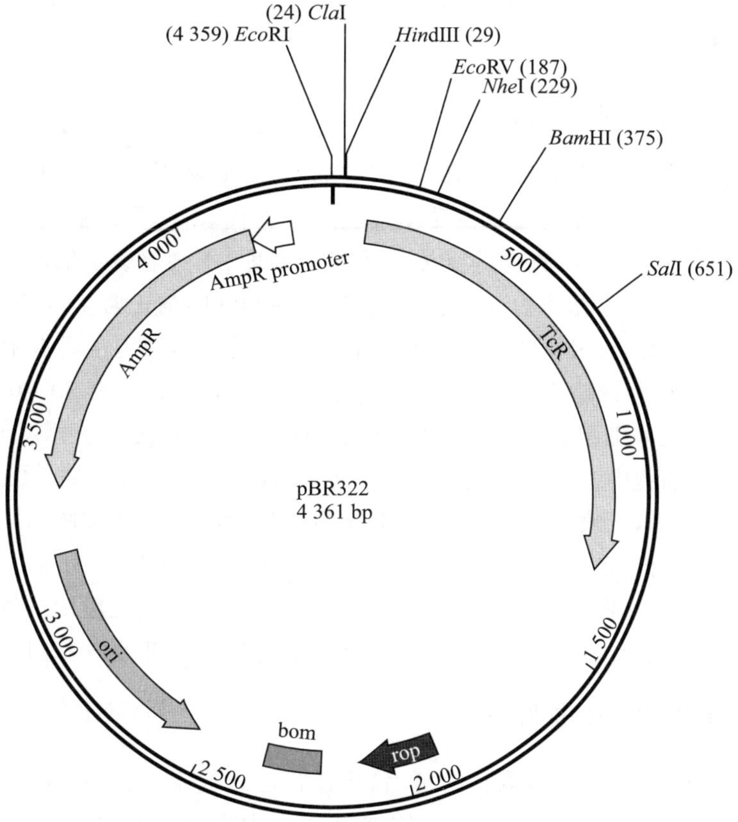

图 9-1　pBR322 质粒图谱(引自优宝生物)

点 ARS(automatic replication sequence)、着丝粒 CEN(centromere)、端粒 TEL(telomere),以及选择性标记和克隆位点;同时还含有大肠杆菌的复制起始点,可以在大肠杆菌中以环状质粒的形式存在。DNA 体外重组后以原生质体转化的方式导入酵母细胞。这类载体克隆能力可达 1～2 Mb。主要用于基因组文库的构建。

(五)BAC 载体

细菌人工染色体(Bacterial artificial chromosome,BAC),又称为 F 黏粒(fosmid),是指一种以 F 质粒(F-plasmid)为基础建构而成的细菌染色体克隆载体,常用来克隆 150 kb 左右大小的 DNA 片段,最多可保存 300 kb 个碱基对,属于大容量的细菌载体系统。该质粒具有复制单元的性质,每个 BCA 环状 DNA 分子中携带 1 个来源于大肠杆菌 F 因子的严谨型控制的复制子 oriS,1 个促进 DNA 复制的由 ATP 驱动的解旋酶(RepE),3 个确保低拷贝质粒精确分配至子代细胞的基因位点(parA、parB 和 parC)以及 1 个抗生素标记 Cm^R。以 BAC 为基础克隆的载体成嵌合体的概率较低,转化效率高,以环状结构存在于细菌体内,易于分辨和分离纯化,被广泛应用于大片段基因组文库的构建和大的基因簇的相关研究,在各类生物基因组计划发挥重要作用。

(六)动物病毒

当表达高等真核基因时,可将动物病毒作为载体,用于外源基因转入真核细胞。目前使用的哺乳动物基因载体大多由哺乳动物病毒改造而成。比如常用的猴空泡病毒 40(SV40),通过感染方式将其 DNA 送入哺乳动物细胞中进行增殖。还有单纯疱疹病毒(HSV)、Rous 肉瘤病毒、EB 病毒、腺病毒、痘病毒等。

三、基因工程的受体系统

受体细胞是载体和其携带的外源基因的宿主细胞,外源基因在受体细胞中实现复制和表达。目前最常用的大肠杆菌细胞是原核受体系统的典型代表,酵母细胞是真核受体系统的代表,还有芽孢杆菌、链霉素、丝状真菌等受体系统。受精卵、干细胞、胚胎组织以及乳腺组织是常用的动物受体系统。在哺乳动物基因表达过程中,肿瘤细胞与正常生理特征比较接近,常被选择作为受体细胞,目前,被用作哺乳动物基因表达系统的受体细胞主要有中国仓鼠卵巢细胞(CHO 细胞)、非洲绿猴肾细胞系(COS 细胞)、鼠骨髓瘤细胞(Sp2/0、NS0 和 J558L)等。

作为基因工程的受体细胞必须具备以下条件:①便于重组 DNA 分子导入;②能使重组 DNA 分子稳定存在于受体细胞中,不会被降解破坏;③便于重组 DNA 分子筛选;④遗传稳定性高,易于扩大培养;⑤安全性高,无致病性,不会对环境造成生物污染;⑥受体细胞内的内源蛋白水解酶基因缺失或蛋白酶含量低,利于外源基因蛋白表达产物在细胞内积累,可促进外源基因高效表达;⑦在遗传密码应用上无明显偏爱;⑧在理论和生产实践上有较高的应用价值。若外源基因是真核基因的表达蛋白,还要求具有较好的转录翻译后加工机制,便于真核基因的高效表达。

四、基因工程的基本步骤

基因工程由以下步骤构成:获取目的基因、选择合适的载体、目的基因与载体的切断、载体与目的基因的连接、重组 DNA 分子导入受体细胞、重组体的筛选与鉴定等。

(一)获取目的基因

获取目的基因是基因工程的第一步,也是关键一步。获取目的基因的方法主要有 PCR 扩增法、利用 cDNA 文库获取、人工化学合成法。

1. PCR 扩增获取目的基因

(1)聚合酶链式反应原理。聚合酶链式反应(polymerase chain reaction,PCR)由穆利斯(K. B. Mullis)于 1988 年首创的一种体外快速扩增特定基因或 DNA 片段的技术,又被称为基因的体外扩增技术。它与体内 DNA 复制有许多相同之处,通过控制温度变化实现体外 DNA 的变性和复性,完成特定基因的体外复制。PCR 是在试管里的 DNA 复制,它同样需要模板、引物、dNTPs、DNA 聚合酶,经过一轮复制,一个 DNA 分子同样会变成两个 DNA 分子。不同的是 PCR 所用的引物为单链的 DNA 引物,所用的聚合酶为耐高温的 Taq DNA 聚合酶。PCR 反应主要有 3 个步骤:①变性,模板 DNA 在 94～98 ℃的高温下,双链 DNA 分子解开变成单链 DNA 分子;②退火,反应体系温度适当下降到 45～65 ℃,使一对引物与变性后的两条模板链配对;③延伸,反应体系温度调整至 Taq DNA 聚合酶作用的最适温度 72 ℃,以目的基因为模板,dNTPs 为反应原料,按照碱基互补配对原则合成新的 DNA 分子。重复循环"变性—退火—延伸"三个过程可获得更多的"半保留复制 DNA 链",这些新链将继续成为下次循环的模板,每完成一个循环需 2～4 min,数小时就能将待扩增目的基因放大百万倍。

(2)基于 PCR 的基因克隆。利用 PCR 克隆目的基因是基因工程中最常用的方法。目前已经发展了多种扩增目的基因的 PCR 法。

RNA水平的PCR通常称为逆转录—聚合酶链反应(reverse transcription-polymerase chain reaction,RT-PCR),也被称为反转录PCR,通过mRNA反转录得到对应的cDNA,然后利用特定的PCR引物直接以反转录得到的cDNA为模板进行PCR扩增反应,获得大量的cDNA序列。

反向PCR,为了克隆已知序列旁侧的位置序列DNA片段,反向PCR技术应运而生。酶切DNA片段后连接为环状DNA分子,利用与已知序列两端特异性结合的两个3′端相互反向的引物,以环状DNA为模板即可扩增环状DNA分子上的未知片段。

不对称PCR是利用不等量的一对引物来产生大量单链DNA(single strarded DNA,ssDNA)的方法。不对称PCR制备的单链DNA在用于序列测定时不必在测序之前除去剩余引物,简化操作,节约人力物力。另外,用cDNA经不对称PCR进行序列分析或单链构象多态性(single strand conformation polymorphism,SSCP)分析也是研究真核外显子的常用方法。根据实验设计的不同,不对称PCR又可分为引物浓度不对称PCR和热不对称PCR。

2. 利用cDNA文库获取目的基因

在体外,以mRNA为模板,在反转录酶作用下反转录生成cDNA,连接适当载体后转化宿主细胞并复制扩增,这种包含特定组织细胞全部mRNA信息的cDNA克隆集合称为该组织细胞的cDNA文库。利用cDNA文库获取目的基因常用的方法是核酸分子杂交,可用于筛选含有特异DNA序列的克隆。将菌落"印迹"到硝酸纤维素膜等固相支持物上,变性后固定,与标记的核酸探针(即目的基因片段)进行杂交,筛选到的阳性克隆即为所需要的克隆。另一种方法是采用PCR方法从特定cDNA文库中获取长片段的目的基因。

3. 人工化学合成目的基因

DNA的化学合成研究始于20世纪50年代。1952年阐明核酸大分子由许多核苷酸通过3′,5′磷酸二酯键相连的基本结构之后,科学家们便立即开始尝试核酸的人工合成。1972年,霍拉纳(H. G. Khorana)等人合成相当于酵母丙氨酸tRNA结构基因的DNA双链,1979年完成了包括启动和调节序列在内的共有207个碱基对的大肠杆菌酪氨酸校正tRNA基因。胰岛素、生长激素、胸腺素和脑啡肽等相继合成并得到表达。我国科学工作者于1981年完成了酵母丙氨酸tRNA的全合成,这是世界上第一个人工合成的具有全部生物活性的RNA分子。DNA的人工合成在分子生物学和医学等许多领域中发挥越来越多的作用。

使用的DNA合成方法主要有磷酸三酯法、亚磷酸酯法及亚磷酸酰胺法。此后又发展了固相化技术,实现了DNA合成的自动化。DNA双链体完成后,缺口通过大肠杆菌DNA *pol* Ⅰ和T4 DNA连接酶进行修补。若基因长度较大,可先分别组装较小的基因片段,然后再拼接形成完整的编码序列。化学合成的基因必须保证已知其正确的核苷酸序列,且合成完成之后,整个序列都必须进行DNA序列分析。根据特定的核苷酸序列可以简便、廉价和迅速地化学合成DNA,为基因工程操作提供了极大的技术支持。

(二)DNA的体外重组

通常采用限制性内切酶分别对载体DNA和目的基因进行切断,并将带有切口的载体与所获得的目的基因连接起来,得到重新组合后的DNA分子。通常包括载体与目的基因的切断、载体与目的基因的连接。

1. 载体与目的基因的切断

根据载体的多克隆位点以及目的基因序列选择合适限制性内切酶,选择原则:载体上含有唯一的酶切位点，便于载体的切断；目的基因两端含有该酶切位点，但是内部不含有的酶切位点，防止目的基因被切断导致目的基因的不完整。常用的酶切方法有双酶切法和单酶切法两种。

双酶切法。如果在克隆目的基因的两端带有两种不同的限制性内切酶酶切位点，并且目的基因内部并没有相应的酶切位点，同时选择具有这两种限制性内切酶酶切位点的合适载体，目的基因和载体同时分别进行双酶切，那么二者可以产生相同的黏性末端，用 DNA 连接酶将二者连接成为重组分子，目的基因即可按照一定的方向插入载体中。

单酶切法。如果目的基因只能用一种限制性内切酶切割，选择具有同向限制性内切酶酶切位点的合适载体，二者分别酶切后的片段两端产生相同的黏性末端或者平末端，而后用连接酶连接构建重组分子，除了形成正常的目的基因与载体的重组子之外，还可能出现目的基因以相反方向插入载体分子中，或者目的基因串联后再插入载体中，甚至出现载体自连并重新环化的现象，因此单酶切后的重组效率低，多数情况下，优先选择双酶切法。在实际操作中需要根据具体情况来定。

2. 载体与目的基因的连接

载体与目的基因常见的连接方式有黏性末端连接和平末端连接。

(1)黏性末端连接分为相同黏性末端的连接和不同黏性末端的连接。

①相同黏性末端的连接可分为两种：同一限制酶切位点连接，不同限制酶切点连接。

在基因工程操作中，相同黏性末端是最常用的适合于 DNA 片段的连接。基因工程操作中，经常选用同一种限制性内切酶切割载体和目的基因，或者采用同尾酶处理载体和目的基因，使二者都具有相同的黏性末端。酶切后的载体和目的基因片段会在 T4 DNA 连接酶的作用下，按照碱基互补配对原则连接形成一个重组 DNA 分子(图 9-2)。但需要注意，使用同一种限制性内切酶切割载体 DNA 后，载体的两个末端碱基序列也是互补的，线性化后的载体很容易发生载体自连，环化形成空载体，降低外源基因与载体的连接效率，导致 DNA 重组子的比例下降。所以切割后的载体 DNA 分子也可用碱性磷酸酶处理一下，防止出现载体自身环化。

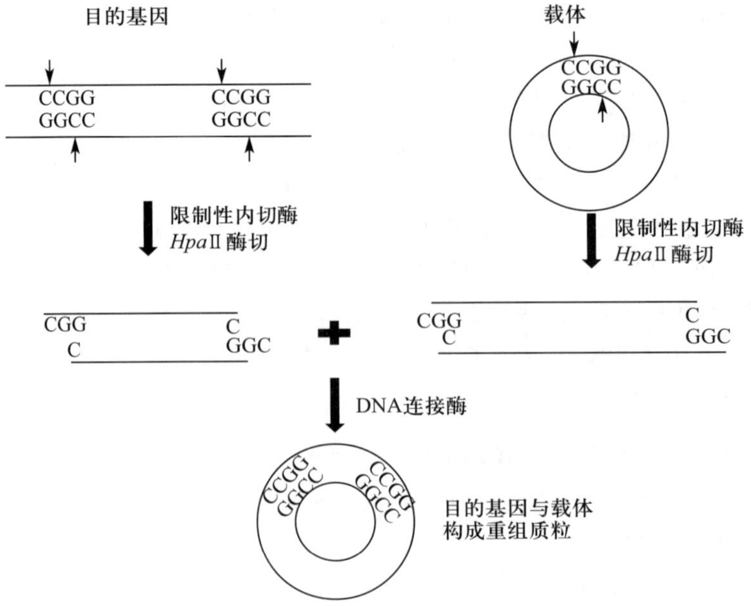

图 9-2　同一限制性内切酶切割 DNA 黏性末端的连接

不同限制酶切点连接。由两种不同的限制性内切酶切割不同 DNA 片段，产生相同类型的黏性末端，它们的末端之间可形成碱基互补配对，并在连接酶作用下形成重组 DNA 分子。不同限制性内切酶切割后形成的黏性末端可以控制目的基因和载体的连接方向，这是构建表达载体的关键点。另外，黏性末端连接可抑制载体和 DNA 分子发生自连，提高连接效率，提高 DNA 重组子的比例。

②不同黏性末端的连接主要有以下 4 种。

第一种，待连接的 DNA 片段都带有 5′-单链突出末端。可以在连接反应前，用 S1 核酸酶将二者 5′-单链突出末端切除，然后对两个平末端进行连接，但产生的重组 DNA 分子在连接前后会减少几对碱基。也可以在连接反应前，用 Klenow 酶将两个 DNA 片段末端补齐，再连接两个平末端，形成的重组 DNA 分子在连接前后碱基对没有发生变化，实际操作中大多采用 Klenow 酶补齐法。

第二种，待连接的 DNA 片段都带有 3′-单链突出末端。可以使用具有 3′-5′外切酶活性的 T4 DNA 聚合酶将二者 3′-单链突出末端切除，接着将平末端连接，但产生的重组 DNA 分子在连接前后会减少几对碱基。

第三种，待连接的 DNA 片段一条带有 5′-单链突出末端，另一条带有 3′-单链突出末端。可以使用 Klenow 酶补平 5′-单链突出末端，同时用 T4 DNA 聚合酶将 3′-单链突出末端切除，接着将产生的平末端连接起来。

第四种，待连接的两种 DNA 片段均含有不同的两个黏性末端。可以使用 Klenow 酶补平 5′-单链突出末端，再用 T4 DNA 聚合酶将 3′-单链突出末端切除，两种 DNA 片段可以混在一起，同时处理，最后将产生的平末端连接起来。

(2)平末端连接。一些限制性内切酶，比如 *Hae* Ⅲ、*Pvu* Ⅱ、*Sma* Ⅰ，切割 DNA 后产生平末端的 DNA 片段。平末端 DNA 片段之间的连接可以采用直接连接，也可采用人工接头连接、同聚物加尾连接。直接连接，T4 DNA 连接酶不但能催化黏性末端 DNA 的连接，还能催化平末端 DNA 分子间的连接，但效率较低。改进措施有加大酶的用量、增加平末端 DNA 的浓度、选择适合的反应温度等。

①人工接头连接是指用化学方法合成的具有一个或数个限制性内切酶识别位点的平末端的双链寡核苷酸片段，一般长度为 8～16 个核苷酸。将其接到目的基因和载体 DNA 分子上，使它们获得新的限制酶酶切位点。应用相应的限制性内切酶切割，就能得到互补的黏性末端，容易连接。具体方法是：首先用多核苷酸激酶处理接头的 5′端和外源基因的 5′端，使二者发生 5′末端磷酸化，然后用 T4 DNA 连接酶将二者连接，接着用相应的限制性内切酶或同尾酶切割，外源基因就具有了黏性末端，同时用相应的限制性内切酶或同尾酶切割载体，此时载体也有了相同的黏性末端，采用常规连接方式，就可将二者连接起来，如图 9-3 所示加了 *Hin*d Ⅲ。

②同聚物加尾连接是利用同聚物序列之间的退火作用来完成的。其核心是利用末端转移酶催化脱氧核苷酸加入 DNA 的 3′-OH 末端的活性，添加同聚物形成延伸部分，形成同聚物黏性末端。例如，由 3′-OH 平末端 DNA 分子、末端转移酶、dATP 构成反应混合物，会产生由末端转移酶催化 DNA 分子的 3′-OH 末端形成有腺嘌呤核苷酸组成的 DNA 单链延伸，称为 poly(dA)尾巴。同样，由 3′-OH 平末端 DNA 分子、末端转移酶、dTTP 构成反应混合物，DNA 分子的 3′-OH 末端会形成 poly(dT)尾巴。分别具有 poly(dA)和 poly(dT)黏性末端的 DNA 分子，可以相互连接起来(图 9-4)。

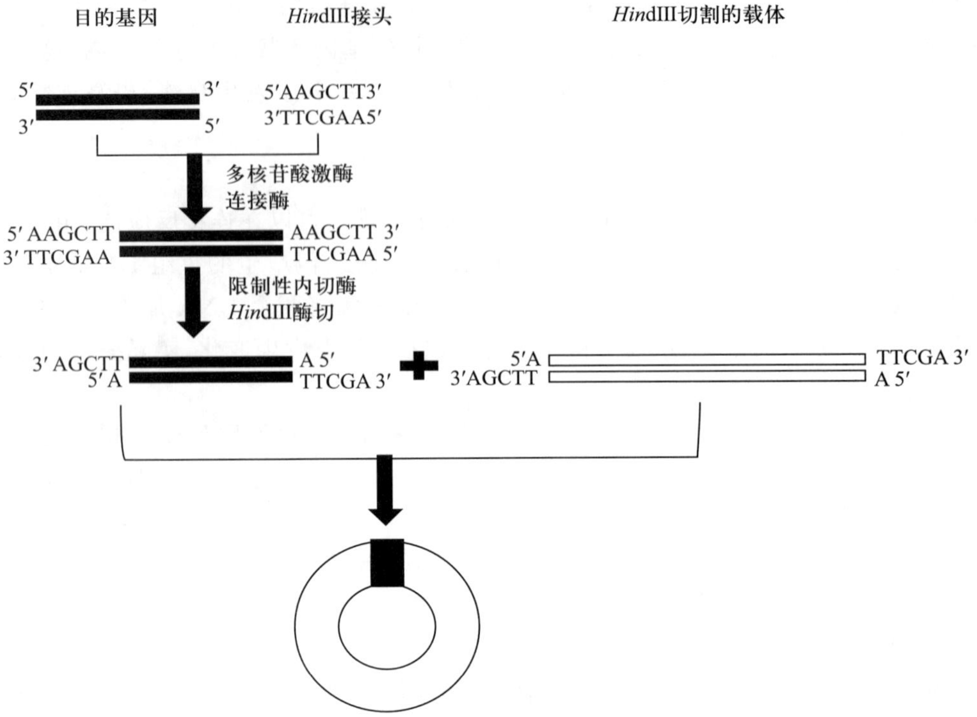

图 9-3 人工接头连接示意图

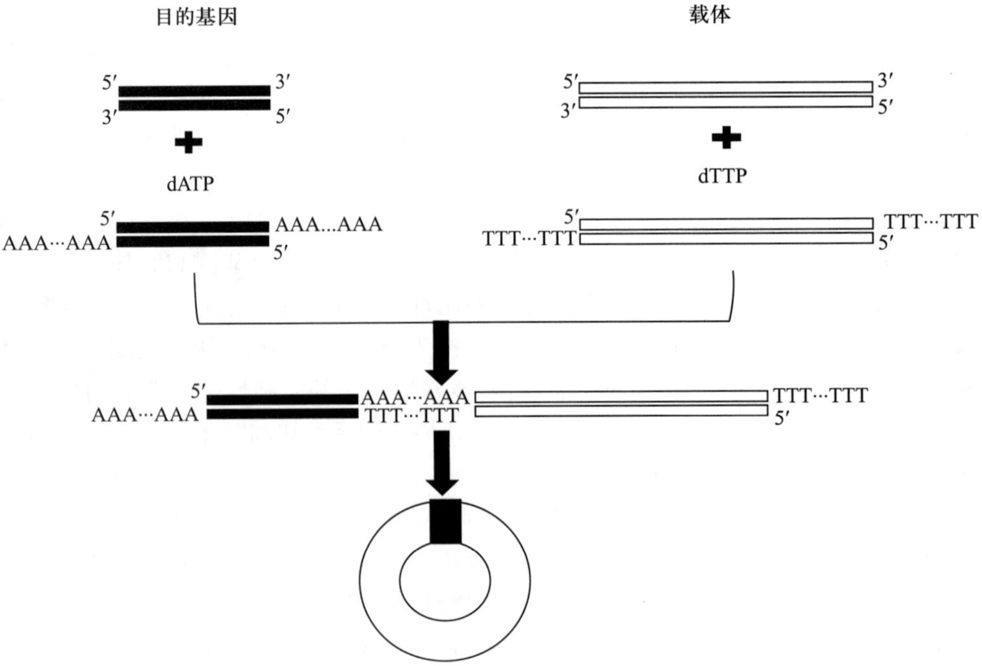

图 9-4 同聚物加尾连接示意图

(三)重组 DNA 分子导入受体细胞

体外连接的重组 DNA 分子导入合适的受体细胞才能大量地进行复制、增殖和表达,受体细胞就是能够摄取外源 DNA 并能够使其稳定存在的细胞,又称为宿主细胞。根据具体实验目的,受体细胞可以选择原核细胞也可以选择真核细胞。原核细胞大多选用大肠杆菌,真核细胞可选用酵母、体细胞或胚胎细胞等。由于受体细胞本身的结构不同,外源重组体分子导入受体细胞的途径也有多种,具体包括转化(或转染)、转导、显微注射和电穿孔等多种不同的方式。

1. 重组 DNA 分子导入原核细胞

含有外源基因的重组子将外源基因直接导入原核细胞(细菌),并在受体细胞内稳定持续表达的过程称为转化(transformation)。细菌转化的本质是受体细菌直接吸收来自供体菌的游离的 DNA 分子,并在细胞中通过遗传交换将其组合到自身的基因组中,从而获得供体菌相应遗传性状的过程。来自供体菌的游离 DNA 分子就是转化因子。

大肠杆菌细胞是目前最常用的原核受体细胞,以大肠杆菌为例介绍重组 DNA 分子导入原核细胞的基本方法。大肠杆菌是一种革兰氏阴性菌,未经处理的自然条件下的大肠杆菌很难接受外源重组 DNA 分子,但经过 $CaCl_2$、RbCl 等化学试剂处理,使细胞的通透性发生暂时性改变,允许外源双链 DNA 分子进入体内,此类细胞被称为感受态细胞(competence cells)。进入受体细胞的外源 DNA 分子可随着受体细胞 DNA 的复制而复制,并表达,在受体细胞中出现新的遗传性状,实现遗传信息的转移。筛选转化后的细胞,即可筛出带有异源 DNA 分子的受体细胞,也即转化子或重组子。$CaCl_2$ 法是目前常用的感受态细胞制备方法。将重组 DNA 分子和感受态大肠杆菌细胞混合,使重组 DNA 分子进入大肠杆菌中,即可实现重组 DNA 分子的转化(图 9-5)。目前还有其他几种实现转化的方式。

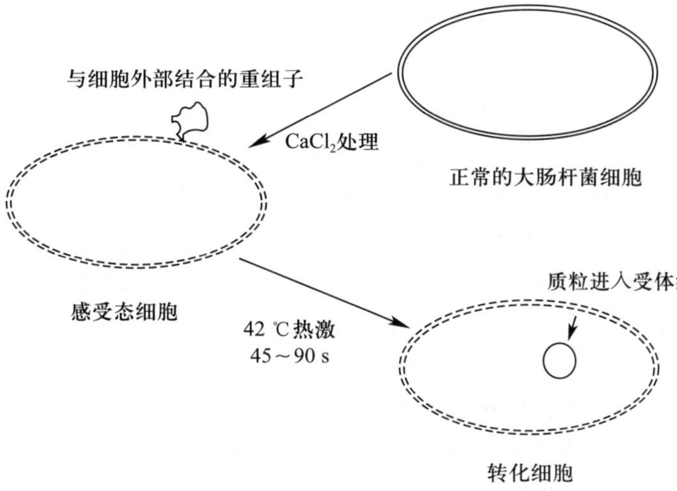

图 9-5　感受态细胞转化过程示意图

(1)电穿孔转化。其原理是用高压脉冲电流击破细胞膜或击出小孔,使外源大分子(包括 DNA、RNA、蛋白质、糖类、病毒颗粒等)通过这些小孔进入细胞。1988 年,道尔(W. J. Dower)等首先将这种方法成功用于大肠杆菌的转化。该方法主要是在强大电场的作用下,使细菌细胞壁与细胞膜产生缝隙或孔洞,质粒或 DNA 重组分子由此进入细胞内,该方法转化效率高。

(2)接合转化法。接合转化是通过供体细胞直接接触受体细胞而传递外源 DNA 的方法。

这个转化系统由接合质粒、辅助质粒、运载质粒(载体)3 种类型质粒构成。这 3 个质粒共存于同一宿主细胞,与受体细胞混合,通过宿主细胞和受体细胞的直接接触,运载质粒进入受体细胞,并在其中稳定维持。目前常把接合质粒和辅助质粒同处于宿主细胞中,再与单独含有运载质粒的供体细胞和被转化的受体细胞混合进行转化;也有把接合质粒和运载质粒同处于宿主细胞中,再与单独含有辅助质粒的宿主细胞和被转化的受体细胞混合进行转化。此方法主要用于微生物细胞的基因转化。

(3)噬菌体转导法。由噬菌体和细胞病毒介导的遗传信息的转移过程,称为转导。λ 噬菌体 DNA 载体是一种比较常用的载体,它可以承载较大的外源 DNA 片段,所以其重组体可达到 48～51 kb。在转导之前,重组 DNA 分子需要经过人工包装,成为具有感染活力的噬菌体颗粒。

2. 重组 DNA 分子导入真核细胞

导入酵母细胞的方法主要有以下 3 种:(1)原生质体转化,碱金属离子(如 LiCl)介导的完整细胞转化。(2)PEG 1 000 转化,采用 PEG 处理酵母细胞获得类感受态,可用于转化。(3)电击转化,该方法适于原生质体和完整细胞,转化率相对高,且单链转化率高于双链。

导入动物细胞的方法主要有磷酸钙沉淀法、脂质体介导法、DEAE-葡萄糖转染法等。

(1)磷酸钙沉淀法,是通过磷酸钙-DNA 共沉淀,将外源基因导入哺乳动物细胞。该法操作简便,成本低廉,对细胞毒性小,可用于大批量转染,但转染效率较低。依据不同的细胞类型,平皿上至多有 10%的细胞能吸收 DNA。

(2)脂质体介导法,脂质体包埋 DNA,通过细胞膜进入细胞。

(3)DEAE-葡聚糖转染法,二乙氨乙基(DEAE)葡聚糖是多聚阳离子试剂,可促进哺乳动物细胞摄入外源 DNA。一般将 DEAE-葡聚糖与外源 DNA 混合后,加入受体细胞,混合物吸附到细胞表面后被细胞吞入,部分 DNA 可以进入到细胞核中。

在转基因动物制备过程中,常用的外源基因导入法主要有显微注射法、逆转录病毒感染、精子载体法、胚胎干细胞介导法等,其中最为常用的方法是显微注射法。

(4)显微注射法(microinjection),是利用显微操作系统将外源 DNA 直接注入受精卵的原核中,使外源基因整合到受体细胞的基因组内,再通过胚胎移植将整合有外源基因的受精卵移植到受体动物的子宫内发育,从而获得转基因动物。此法优点是转移基因大,可达数百 kb,且转基因不含有任何病毒基因组片段,相对安全;但是存在一些缺点,如整合机制不明确,有可能多拷贝整合,影响基因表达;并且整合位点随机,导致动物基因组的重排、突变、易位、缺失等;另外需要显微操作仪,技术性要求强。

(5)逆转录病毒感染,指通过逆转录病毒感染,将插入病毒基因组的外源基因有效整合到受体细胞基因组中。该方法的感染效率高,且导入外源基因多为单拷贝整合。该方法可同时感染大量胚胎,也不需要昂贵的显微注射设备,但同时存在插入外源 DNA 大小有限(8 kb 左右)、外源基因容易发生重排和丢失、逆转录病毒的序列可能干扰转基因表达等缺点,目前较少采用此法生产有商业用途的转基因动物。

(6)精子载体法,是将成熟精子与外源 DNA 载体共同培育,经过适当处理,精子能够携带外源目的基因进入卵细胞中,使之成为受精卵,并将外源 DNA 整合于染色体中。该技术简单操作容易,效率较高。采用精子载体法已经制备出多种转基因动物,但有研究显示,外源 DNA 并未整合到宿主的基因组中,而是以附加体的形式存在于染色体之外,而在正常细胞有丝分裂中，附加体丢失的概率很高，所以该方法不是有效的转基因方法，还需要进一步研究和改进。

(7)胚胎干细胞介导法。胚胎干细胞(embryonic stem cell，ES)是从早期胚胎内细胞团分离出来的，能在体外培养的一种高度未分化的多能干细胞。这是一种具有发育全能型的细胞，可在体外进行人工培养、扩增。培养的ES细胞易于进行基因工程改造且不改变其全能性。利用此特点，将有功能的外源基因整合在ES细胞基因组中某个非必需基因的特定位点，选择并培养这些基因工程细胞，即可产生转基因动物。采用胚胎干细胞介导法可以避免显微注射法和逆转录病毒转染法中随机整合的缺点，且大大提高基因转移效率。但不容易获得纯合的转基因动物，特别是对于大动物来讲，需投入大量资金。

(四)重组体的筛选与鉴定

由于重组体导入宿主细胞的比例通常较低，因此需要对含有重组体的宿主细胞进行筛选和鉴定。常采用的方法有以下几种：

1. 根据载体的选择性标记进行初步筛选

(1)根据载体的抗性基因进行筛选。分子克隆过程中，根据载体所携带的抗性基因对阳性克隆进行初步筛选，是最常用的基本的筛选方法。在质粒载体上往往携带有氨苄(Amp^R)、卡那($Kana^R$)等抗性标记基因，这些基因使宿主细胞具有氨苄西林、卡那霉素等抗性。当携带外源基因的质粒导入受体细胞后，这些细胞可以在含有这些抗生素的培养基上生长形成单菌落，没有导入质粒的受体细胞则不能在这些含抗生素的培养基上生长。

(2)根据重组体的插入失活进行筛选。载体上有一个正常表达的基因，在这个基因中间存在多克隆位点，在没有外源基因插入时该基因可正确表达，当外源基因插入这个基因中间，该基因不能正确表达，这种现象称为插入失活。对于带有抗药基因的质粒重组体，可采用插入灭活法进行筛选，判断是否有外源基因插入载体。比如，分子克隆中常用的一种载体pBR322(详见图9-1)，该载体中带有抗氨苄西林基因(Amp^R)和抗四环素基因(Tc^R)，在Tc^R基因内带有*Bam*HⅠ和*Sal*Ⅰ两种限制性核酸内切酶酶切位点，在这两个酶切位点中的任何插入外源基因都会导致基因功能失活，使形成的质粒具有$\mathrm{Amp^R Tc^S}$的表型。即目的基因插入抗四环素基因后，就可引起该基因失活，细菌对氨苄西林耐药，而对四环素敏感。在含氨苄西林的培养基上能够生长，而在含四环素的培养基上不能生长的细菌即为带重组体的细菌。

(3)根据标志互补进行筛选。当宿主细胞存在某种基因及其表达产物的缺陷时，可采用此方法筛选重组体。即在载体DNA分子中插入相应的缺陷基因，如宿主细胞重新获得缺陷基因的表达产物，则说明该细胞中带有重组体。常用的一种标志互补筛选是蓝白斑筛选，利用*LacZ′*基因的α互补原理。*LacZ′*是*LacZ*基因的突变型，编码半乳糖苷酶N端的146个氨基酸(全长1 201氨基酸)。MCS也在这个区域内。这类载体的适合宿主细胞必须是*Z*基因突变型，只具有*Z*基因C端的序列。当两个*Z*基因的突变产物在一起时可产生蛋白质间的互补，称α互补。具有α互补的细菌培养在含IPTG(异丙基硫代-*β*-*D*-半乳糖苷)及X-gal(5-溴-4-氯-3-吲哚-*β*-*D*-半乳糖苷)培养基上会形成的蓝色菌落。相反，不互补则产生白色的菌落。X-gal本身是无色的，在半乳糖苷酶的水解下产生蓝色的物质(被水解为无色的半乳糖及深蓝色的5-溴-4-氯靛蓝)，因此菌落为蓝色。如果在MCS位点上插入DNA片段导致插入突变，则不能产生α互补，因此菌落是白色的。

2. 根据 DNA 限制酶谱进行分析

经过初步筛选的重组质粒还需要经过进一步鉴定，最常用的方法是酶切鉴定。因为重组质粒是通过相应的限制酶酶切与目的基因相连，所以对重组 DNA 的质粒进行限制性内切酶切割，再经过琼脂糖凝胶电泳，分析酶切图谱，可得知目的 DNA 片段是否插入质粒中。

3. 核酸分子鉴定法

核酸分子鉴定法包括 DNA、RNA 分子鉴定。DNA 分子鉴定最常用的方法是 PCR 法和 Southern 杂交，RNA 分子鉴定最常用 Northern 杂交。PCR 法，通常是以载体和目的基因的序列作为模板设计引物进行扩增，经过琼脂糖凝胶电泳检测。

Southern 印迹杂交（Southern blot）是英国科学家萨瑟恩（E. M. Southern）1975 年首先设计的，检测对象为 DNA，其原理是通过 DNA 凝胶电泳，并将凝胶电泳的 DNA 区带吸附到硝酸纤维薄膜或尼龙膜上，然后在膜上进行同位素标记探针与被测样品之间的杂交，在通过放射自显影对杂交结果进行检测。

Northern 印迹杂交（Northern blot）是斯坦福大学埃尔文（J. Alwine）、肯普（D. Kemp）和斯塔克（G. Stark）在 1977 年发明的一项用寡核苷酸探针检测基因的 RNA 表达水平的技术。其原理与 Southern 杂交类似，通常用于检测目的基因转录水平的表达，同时广泛用于功能基因调控转录水平的研究。

Southern 印迹杂交和 Northern 印迹杂交统称为核酸分子杂交，原理是根据碱基互补配对，将任何具有互补核苷酸序列的两条单链核酸分子放入同一个反应体系，两条互补链可通过复性重新形成双链。

4. 蛋白水平分析

Western 印迹杂交（Western blot）是斯塔克（G. Stark）开发的蛋白质检测方法，伯奈特（N. Burnette）在 1981 年将其命名为 Western blot，这是在蛋白质水平研究基因表达功能的一种方法。Western 印迹杂交又被称为免疫印迹，是由细胞或组织提取蛋白质，蛋白质通过 SDS 聚丙烯酰胺凝胶电泳将不同大小的蛋白质分离，而后印迹到固相支持物硝酸纤维素膜、尼龙膜或聚偏二氟乙烯膜（PVDF 膜）上，这些固相支持物以非共价键形式吸附蛋白质；以固相支持物上的蛋白质或多肽作为抗原，与对应的抗体起免疫反应，再与酶或同位素标记的第二抗体起反应，经过底物显色或放射自显影以检测特定蛋白质的表达情况。

5. DNA 序列分析法

DNA 序列分析法（DNA sequencing）是在生物化学和核酸酶学发展的基础上创立的一门新技术，是从分子水平上研究基因结构和功能的关系，是分子生物学领域最常用的技术之一。测序分手工测序和自动测序，手工测序有化学测序法和双脱氧测序法。1977 年，马克萨姆（A. M. Maxam）和吉尔伯特（W. Gilbert）建立了化学修饰序列测定法；同年，桑格（F. Sanger）发明了双脱氧序列分析法，这两种方法都能够准确分析一定长度的 DNA 序列，其中 Sanger 测序方法使用更广泛。自动测序可用全自动化的 DNA 序列测序仪准确快速测定 DNA 序列。DNA 自动测序仪根据 Sanger 的酶促反应原理，用 4 种荧光染料标记引物，这 4 种荧光在受到激光照射时会发出可以辨别的不同颜色从而快速准确分析 DNA 序列信息，简便省力（图 9-6）。

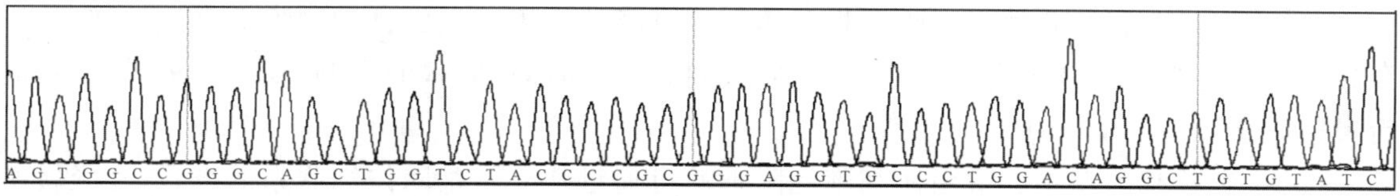

图 9-6 Sanger 测序图

第三节 基因工程技术的应用

基因工程的核心技术是 DNA 的重组技术，随着基因工程技术的不断扩展，与其他学科相互交叉融合，不断涌现新的重要的技术，比如基因编辑技术，大大推进了整个生命科学的进步。在动物克隆、转基因动物、基因组改造等方面不断取得新突破，为分子遗传学、动物育种学以及医学遗传学研究开辟了新途径。

二维码 9-3
Sanger 测序图
（彩图）

一、动物克隆与转基因技术

（一）动物克隆技术

1. 动物克隆的概念

克隆(cloning)是英文(clone)的音译，在生物学中指无性繁殖。在分子生物学上主要是指 DNA 的复制，在细胞学上指培养一群同基因组的细胞，在动物学上指获得同基因组的生物个体。动物克隆(animal cloning)就是不经过受精过程而获得动物新个体。克隆动物是指用体细胞的细胞核移植到去核卵母细胞中，经体外培养和胚胎移植而获得的与核供体动物遗传性状完全一致的一类动物。

2. 动物克隆的一般步骤

广义的克隆技术包括胚胎分割和细胞核移植，狭义的克隆技术仅指细胞核移植，根据核卵供体的来源不同，分为胚胎细胞核移植和体细胞核移植。使用核供体细胞来自多细胞阶段的胚胎，称为胚胎克隆；使用核供体细胞来自动物体，称为体细胞克隆。

动物克隆技术的实质是将核移植技术与胚胎生物工程技术结合起来，显微操作与常规操作相结合，将供体体细胞核移植到受体去核卵细胞中，产生与供体个体遗传性状一致的动物个体的技术。其一般技术流程有：①采集卵细胞并去除卵细胞的细胞核；②供核细胞的采集和处理；③供核细胞移入受体卵细胞；④细胞融合和激活；⑤重组胚胎的体内外培养；⑥发育胚胎移入雌性受体，完成发育，所产生的动物即为克隆动物。

研究发现，动物克隆的成败取决于核移植是否成功，影响核移植成功率的因素主要有：①供核细胞的质量。②供质细胞—卵母细胞的质量及其中大分子物质的影响，卵母细胞中的 RNA、蛋白质等决定核移植是否成功。③核移植胚胎的着床及着床后的发育，胚胎细胞的发育可影响核移植实验的成败。④分娩与克隆动物的出生后护理，获得克隆动物是核心结果，分娩过程与出生后的护理同样重要。

3. 动物克隆的意义与前景

克隆技术已展示出广阔的应用前景，具有重要的实践价值，主要表现在以下 4 个方面：

(1)培育优良畜种和生产实验动物。体细胞克隆技术可以把优良物种特性直接传递下去,可以有效避免自然条件下选种过程中受到的动物生育周期和效率的限制,缩短育种年限,提高育种效率。

(2)生产转基因动物。采用体细胞克隆技术可通过建立转基因体细胞系的方式,克隆转基因动物。

(3)生产人胚胎干细胞用于细胞和组织替代疗法。通过克隆哺乳动物某些特定发育阶段的胎儿,获得胚胎干细胞,用于人类某些疾病的细胞或组织治疗。

(4)挽救濒危动物,保存和传播动物物种资源。克隆技术是拯救濒危动物的有效途径之一,如大熊猫、粤东黑猪等。

动物克隆技术还处于日臻成熟的过程中,但已经显现广阔的应用前景。随着研究的深入,动物克隆技术会在培育优良畜种、生产转基因动物、细胞治疗、挽救濒危动物等方面发挥巨大的作用。

(二)转基因动物

1. 转基因动物的概念

转基因技术是基因工程技术的重要内容,指用现代的分子生物学技术对生物的基因组进行改造,按照人们的意愿设计改造生物的性状,并形成可遗传的种系。其实质是利用重组DNA技术在体外把不同亲本DNA分子重新组合,并把它引到染色体上,使生物表现出新的遗传特性,打破物种之间的界限。

转基因动物(Transgenic animal),采用物理、化学、生物手段将确定外源基因通过生殖细胞或早期胚胎导入动物染色体,其基因组内稳定整合导入外源基因,能遗传给后代的一类动物。

2. 转基因动物的一般步骤

转基因动物的制备过程是DNA重组技术在动物中的应用,其流程有:

(1)选择目的基因,一般情况下目的基因能有效表达蛋白质,或者对动物表型起作用。

(2)克隆或分离目的基因,选择具有组织特异性表达的基因调节序列。

(3)目的基因与调节序列重组,形成重组子。

(4)将克隆的重组子引入受精卵的细胞核中。

(5)培育的受精卵移植到子宫(假孕母体),完成胚胎发育。

(6)需通过检测证实移植受精卵产生的部分后代所有细胞都携带有克隆的基因,生殖细胞中整合克隆基因的动物,可以繁殖建立新的遗传品系。

整个过程涉及基因工程技术、胚胎工程技术等技术。其关键步骤是目的基因的选择,外源基因的成功导入。其中外源基因导入的方法有许多种,包括显微注射法、逆转录病毒感染、精子载体法、胚胎干细胞介导法等,具体见前面内容。

3. 转基因动物检测方法

目前,转基因动物的研究大都处于实验室研究阶段,获得转基因动物难度较大,外源基因转进动物体内,检测相对困难。现在人们结合分子生物学方法探索出一些检测方法,具体有以下方法:

(1)染色体和基因水平。通常有PCR、Southern blot、染色体原位杂交(fluorescence in situ hybridization，FISH）、DNA 斑点杂交（DNA blot）等。一般情况下，转基因动物的 DNA 水平检测，通常采用 PCR 方法进行粗略筛查和初步的定性检测，若转入的目的基因与内源基因有较大同源性时，可采用巢式 PCR、多重 PCR 等进行鉴定，或酶切后采用 Southern blot 方法确定外源基因的整合，也可以将制备好的 DNA 样品点在尼龙膜或硝酸纤维素膜等固相支持物上，将外源目的基因做成探针，做斑点杂交，确定外源基因的整合。再接下来可采用 FISH 技术分析外源基因的整合位点。

（2）转录水平的检测。分析外源基因转录产物，可研究外源基因在宿主内的转录表达情况。目前检测外源基因 RNA 表达的方法主要有 Northern blot、RT-PCR、RNA 斑点杂交（RNA dot blot）等。Northern blot 步骤繁多但不易出现假阳性。RT-PCR 所用 RNA 样品是微量的，设计合适的引物，可以同时分析多个基因的转录水平；RT-PCR 所得产物可继续进行实时荧光定量 PCR（quantitative real-time PCR，qPCR），进行定量分析。qPCR 具有特异性强、灵敏度高等优点，但当转基因低拷贝数或者与所转基因动物同源性较高时容易出现假阳性，并且引物特异性要求较高。

（3）翻译水平。检测蛋白的实验最常用的有 Western blot 和酶联免疫吸附测定（enzyme-linked immune sorbent assay，ELISA）。Western blot 是目前转基因生物蛋白质检测最常用的方法。但它与 Southern blot、Northern blot 类似，存在步骤繁多、检测时间长、检测通量小等缺点，并且不如 ELISA 敏感，ELISA 是先将抗体或抗原包被在固相支持物上，再用抗原抗体免疫反应检测，广泛用于定性分析和定量检测。目前比较流行的方法是双抗体夹心 ELISA 法，检测试剂已经商品化，且适用于转基因检测机构进行批量检测。但存在对目的蛋白结构要求高、检测范围窄等缺点。

当转基因产品为油性物质时，可借助色谱、质谱等技术对转基因蛋白进行分析和鉴定。

随着转基因技术的发展，转基因动物及产品越来越多，转基因动物检测方法未来发展的趋势有高通量、高灵敏度以及低成本的特点。未来转基因动物传统检测方法的改进的方向主要是提高检测范围和检测精度。

4．转基因动物的研究现状及应用前景

（1）转基因动物的研究现状。世界上首例转基因动物是科学家耶尼施（R. Jaenisch）于 1974 年用 SV40 病毒培育出转基因小鼠。帕米特（R. D. Palmiter）于 1982 年将大鼠的生长激素基因注入小鼠的受精卵培育出世界著名的“超级小鼠”，而后相继出现了转基因兔、转基因绵羊、转基因猪。2008 年，我国科学家培育出转 ω-3 脂肪酸去饱和酶的克隆猪，具有保健功能的转基因动物陆续成功获得。近年来不断发展的基因打靶技术，提高了基因靶向修饰的效率和精准度，各种具有功能特性的转基因动物不断出现。2015 年，美国食品药品管理局（FDA）批准转生长激素基因的三文鱼上市，促使转基因动物朝向产业化方向发展。

（2）转基因动物的应用前景。转基因动物的应用场景主要体现在畜牧生产、医学、保护濒危动物、保护环境等方面。

在畜牧生产中的应用，主要表现在提高生长或生产性能，增强抗病力，培育新品种等方面。采用转基因技术提高动物的生长或生产性能是转基因动物研究的核心内容，国内外科学家培育出多种转生长激素（*GH*）基因的猪，哈默（R. E. Hammer）等将人的生长激素基因转入猪体内，获得的转基因猪生长速度提高 15%，饲料利用率提高 21%；而中国农业大学培育的转基因猪，生长速度提高 40%。运用转基因技术还可以提高动物抗病力。对于一些具有种属特异性的疾病，可以先找到抗病基因，克隆该基因，将其导入易感动物品种的基因组，由此培育出抗病动物新品系。比如将小鼠抗流感基因转入猪体内，使转基因猪增强了对流感病毒的抵抗能力。在培育新品种方面，除了提高原有生长或生产性能，现也有许多具有特殊性能的转基因动物，如我国科学家培育出转 ω-3 脂肪酸去饱和酶的克隆猪。

在医学上的应用，主要表现在建立人类疾病的动物模型、生产生物活性物质和异种器官移植等方面。通过转基因，设计并生产出特定实验动物模型，研究外源基因在整体动物中表达调控规律，极大促进人类疾病病因、发病机理和治疗的研究。例如，将正常的 Cu/Zn 过氧化物歧化酶基因转入小鼠体内，并使之过量表达，该小鼠就表现出与 21 三体综合征相似的表型，可作为此病的动物模型。各国科学家利用鼠、猪、牛等建立了多种用于人类癌症、心血管疾病、代谢性疾病、神经性疾病等研究的动物模型。疾病模型的建立为研究相关疾病的发病机理、预防机制以及最佳治疗方案提供科学依据。

转基因动物研究的另一个热点是利用转基因动物生产生物活性物质。据有关资料显示，已有上百种外源蛋白通过转基因技术在不同的动物体表达成功。这些外源基因的表达主要通过动物的乳腺反应器、禽卵、血液等获得。我国科学家培育出能表达人乳铁蛋白、人 α 乳清蛋白、人溶菌酶的转基因牛。美国 GTC 公司利用转基因山羊生产人抗凝血酶已在欧美国家上市。目前有多家公司利用转基因动物生产生物活性物质。

环境保护方面，转基因环保动物可以提高饲料中有机磷、氮的利用率，降低畜禽粪便中磷、氮对环境造成的污染。我国科学家培育出带有植酸酶基因的“环保猪”：猪和家禽排放大量的磷，但它们唾液中没有植酸酶，不能消化食物中的植酸。科学家克隆得到植酸酶基因，通过前核胚胎显微注射建立转基因猪。结果发现该转基因猪只在唾液中表达植酸酶，不影响猪的正常生长，有机磷的排放减少，降低了粪肥对环境的污染。

二、基因组编辑技术

基因组编辑技术(genome editing)是一种可以在基因组水平上对 DNA 序列进行改造的遗传操作技术。所谓编辑是指人为地调整、改变、插入、去除、修改等，并且在基因水平上完成。该技术的原理：构建一个人工内切酶，在预定的基因组位置切断 DNA，切断的 DNA 在被细胞内的 DNA 修复系统修复过程中会产生突变，从而达到定点改造基因组的目的。细胞内修复 DNA 双链的机制有两种：同源介导修复(homology-directed repair，HDR)和非同源末端结合(non-homologous ending-joining，NHEJ)，如图 9-7 所示。只有当细胞核内存在与损伤 DNA 同源的 DNA 片段时，HDR 才能发生。修复主要发生在细胞的 G2 期和 S 期。当细胞核内没有相应的同源 DNA 片段时，细胞将利用 NHEJ 修复机制修复损伤。基因组编辑技术可以实现 3 种基因组改造，即基因敲除、特异突变的引入和定点转基因。目前，基因组编辑技术主要包括 3 大类：锌指核酸酶(zinc-finger nucleases，ZFNs)技术、类转录激活因子效应物核酸酶(transcription activator-like effector nucleases，TALENs)技术和成簇的规律间隔的短回文重复序列(clustered regularly interspaced short palindromic repeats，CRISPR)/CRISPR 相关联的(Cas)技术。

(一)基因组编辑技术发展历程

最早被发现于 1995 年的锌指核酸酶，由特异性识别 DNA 的锌指蛋白(zinc finger protein，ZFP)和 Fok Ⅰ核酸内切酶的剪切结构域构成，属于第一代人工核酸酶。每个锌指蛋白

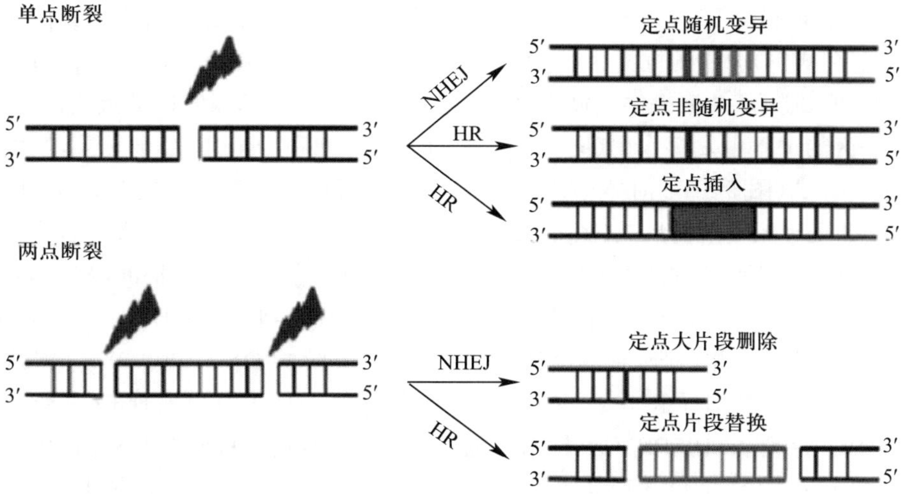

图 9-7　基于核酸内切酶的基因组编辑技术基本原理(引自李碧春,2019)

都能够识别一个特定的三联体碱基,当多个锌指蛋白按照特定序列结合在一起后就能够形成一条含有特异性碱基序列的 DNA 片段,该片段具有特异识别功能。2011 年,科学家首次运用 ZFNs 技术获得基因编辑猪、兔。ZFNs 技术首次实现了人为地在特定位点引入双链缺口,使实现高效、定点的基因编辑成为可能。但 ZFNs 的模块设计、构建以及筛选过程十分烦琐,成本高,应用受限。

2010 年,科学家发现来源于植物病原菌的类转录激活因子效应蛋白(transcription activator-like effector,TALE),该蛋白能特异性识别并结合宿主的基因并影响其表达。它也能够特异性识别一段 DNA 序列,并切割双链 DNA,实现对特定位点的基因敲除、敲入、修复等基因操作。该项技术已用于大鼠、小鼠和斑马鱼等各类研究中。随着技术的发展,TALENs 技术是目前商业化最成功的技术,但其设计和操作十分繁琐,绝大多数实验室都难以自行完成 TALENs 技术的完整操作,对其推广造成了障碍。

1987 年,日本科学家石美(Y. Ishino)等在 K12 大肠杆菌的碱性磷酸酶基因附近发现串联间隔重复序列,随后发现这种间隔重复序列广泛存在于细菌和古细菌的基因组中,在 2002 年被正式命名为成簇的规律间隔的短回文重复序列(clustered regularly interspersed short palindromic repeats,CRISPR)。研究者发现具有活性的 CRISPR 基因组附近通常存在一组高度保守的编码 CRISPR 关联蛋白(CRISPR associated protein,Cas)的基因,CRISPR 转录出的 RNA 与 Cas 蛋白形成核酸复合物,识别并切割外源 DNA,共同发挥 CRISPR/Cas 系统的获得性免疫功能。2012 年,金柯(M. Jinek)等将 CRISPR RNA(crRNA)改造为保留了基本特性的单向指导 RNA(sgRNA),并优化了化脓链菌来源的 Cas9 蛋白,构建了 Cas9/sgRNA 蛋白核酸复合体系,首次在体外系统中进行基因编辑,标志着 CRISPR/Cas 基因组编辑技术成功问世。2013 年年初张锋等科学家将 CRISPR/Cas 技术正式发展为一项新的基因组定点修饰技术。CRISPR/Cas 技术迅速成为继 ZFNs 和 TALENs 之后的第三代基因组编辑技术。

(二)基因组编辑(CRISPR/Cas9 系统)的构成与工作原理

科学家将 CRISPR/Cas 系统进行了进一步简化,以应用最广泛的 CRISPR/Cas9 系统为例,该位点包含一个 CRISPR 序列,四个编码基因(Cas9、Cas1、Cas2 和 Csn2)和反式激活 crRNA (trans-activating CRISPR RNA，tracrRNA)。CRISPR阵列包含由来自噬菌体和其他入侵遗传元件的间隔区(彩色矩形)分隔的重复区域(黑色菱形)。Cas9基因编码一种核酸酶，通过切割与现有间隔区匹配的入侵DNA来提供免疫力，而Cas1、Cas2和Csn2基因编码的蛋白质在入侵DNA中获得新间隔区的过程中发挥作用(图9-8A)；CRISPR阵列和tracrRNA被转录，产生长的前体crRNA和tracrRNA(图9-8B)；前体crRNA(pre-crRNA)和tracrRNA通过互补序列杂交，并被Cas9和RNaseⅢ处理成更短的形式(图9-8C)；生成的Cas9/tracrRNA/crRNA复合物开始搜索与间隔区序列(用红色显示)匹配的DNA序列。与靶位点的结合还需要保护间隔相邻基序(protospacer adjacent motif，PAM)的存在，它可被Cas9蛋白特异性识别(图9-8D)；一旦Cas9与crRNA和靶DNA匹配的靶位点相结合，它就会切割PAM位点上游的DNA(图9-8E)。将这个系统中所需的RNA合并成一条向导RNA(sgRNA)，人工设计的sgRNA可以实现Cas9蛋白切割任意指定的一段DNA序列。CRISPR/Cas技术摆脱了合成并组装具有特异性DNA识别能力蛋白模块的烦琐操作，其sgRNA的设计和合成工作量远远小于TALENs和ZFNs技术的DNA识别模块的构建过程，且毒性远远低于ZFNs技术。然而CRISPR/Cas技术也有上下文依赖性，目前只能应用于上游有PAM序列的靶位。

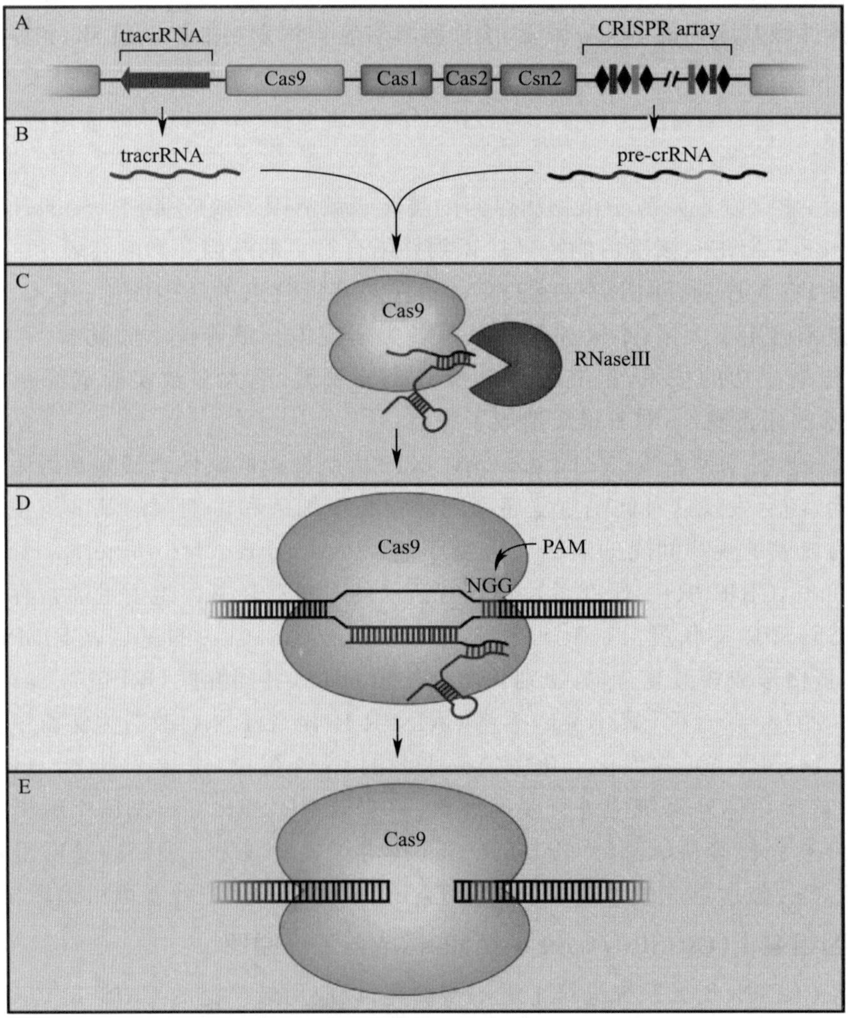

图 9-8　CRISPR/Cas9 组成及工作原理(引自 Lander，2016)

(三)基因组编辑技术的应用

自2013年张锋等科学家将CRISPR/Cas技术发展为一项新的基因组定点修饰技术,接下来,整个生命科学领域见证了基因编辑技术的飞速发展。目前,基因组编辑技术已经成功运用到农业科学、生命科学等领域,在畜禽生长和抗病性状改良、实验动物疾病模型构建、精准医疗等方面取得了许多显著的重要成果。

1. 利用CRISPR/Cas系统提高动物生产性能

肌肉生长抑制素(myostatin,MSTN)基因对肌肉生长发育具有重要调控作用。科学家采用CRISPR/Cas9技术,先后获得了敲除MSTN基因的绵羊和MSTN双等位基因敲除猪,使基因编辑的绵羊、猪均表现出更好的产肉性能。

2. 利用CRISPR/Cas系统提高动物抗病性能

分化簇163(cluster of differentiation 163,CD163)被认为是猪蓝耳病病毒的受体基因,采用基因编辑技术,美国科学家和我国科学家先后获得CD163基因敲除的基因编辑猪,使猪对猪蓝耳病具有完全的抗性。

3. 利用CRISPR/Cas系统重编写实验动物

农业动物是人类健康研究的重要模式动物,相比小鼠,猪无论从器官大小、生理结构和基因组都更接近于人,利用CRISPR基因编辑技术,针对中国小型猪研制出人类重要疾患的小型家猪模型,将会为靶向药物的开发提供重要帮助。2018年,我国科学家利用基因编辑技术和体细胞核移植技术成功培育出世界首例亨廷顿舞蹈病基因敲入猪,精准模拟人类神经退行性疾病。杨璐菡博士团队采用CRISPR基因编辑技术于2017年、2018年、2019年分别培育出内源病毒序列失活的小猪1.0、2.0、3.0,这些基因编辑小猪的细胞在进行异种器官移植的时候更不容易产生免疫排斥反应,可为人类移植提供安全有效器官。

4. 利用CRISPR/Cas系统精准治疗人类疾病

早年衰老症候群(Hutchinson-Gilford Progeria syndrome),简称早衰症,是一种极端罕见的先天性遗传疾病,患者身体的老化过程十分迅速,大约每800万个新生儿之中就有一位患此病。科学家采用基因编辑系统CRISPR/Cas9系统在体外修正发生单碱基突变的A型核纤层蛋白(Lamin A)基因的早衰症患儿的细胞,而后注射入小鼠体内,预后情况良好,该技术成熟后将惠及目前全球存在的400名早衰症患儿。

在治疗地中海贫血症中,研究者将地中海贫血症患者的皮肤细胞诱导分化为诱导性多功能干细胞(inducible pluripotent stem cell,iPSC),然后应用CRISPR/Cas9技术修复β珠蛋白基因,将基因修复后的iPSC诱导分化成红细胞,该红细胞能稳定表达正常的β珠蛋白。该研究为治疗人类地中海贫血症提供了非常好的思路。时隔7年,刘如谦团队使用团队开发的新型腺嘌呤碱基编辑器ABE8e-NRCH和sgRNA,通过电穿孔导入$CD34^+$造血干细胞和祖细胞(HSPC)进行碱基编辑,经过编辑的HSPC细胞植入小鼠后持久存在,该小鼠镰刀型红细胞比例显著降低。研究结果再次有力证明,对自体造血干细胞进行离体单碱基编辑后移植,是非常有潜力的一次性治疗镰状细胞病的方法。

近年来,研究人员利用不同的基因组编辑工具实现了许多动物基因组的改造,相信在不久的将来,动物生产领域将取得巨大进展。作为目前最受欢迎的基因编辑工具——CRISPR/Cas9系统仍然具有较高的脱靶活性,这是该技术改进的主要方向。此外,随着基因编辑系统在人类医学的应用，大量模式动物的建立，许多基于基因编辑系统的临床实验已经进行或即将开展，可以预见，基因编辑系统将继续为全面揭示基因功能、动物育种、基因治疗、药物研究等方面做出巨大贡献。

小　结

基因工程是一种 DNA 操作技术，目的是改变生物原有遗传特性。要实现这个目的，需要以分子遗传学为理论基础，以分子生物学和微生物学的现代研究方法为手段，借助限制性内切酶、DNA 连接酶等各种工具酶，将不同来源的目的基因与含有多种元件的载体在体外重组，而后将重组子导入受体细胞，将目的基因整合到受体细胞 DNA 上，实现大量表达。整个基因工程包括目的基因的获取、目的基因体外重组、外源基因导入受体细胞的方法以及重组体的筛选与鉴定。

以基因工程为核心技术，与其他学科相互交叉融合，在动物克隆、转基因动物、基因组改造等方面取得各种突破。动物克隆技术可培育优良畜种和生产实验动物，挽救濒危动物。转基因技术在畜牧生产、医学、保护濒危动物、保护环境等方面有广泛的应用。基因组编辑技术，这种可以在基因组水平上对 DNA 序列进行改造的遗传操作技术的出现，实现了科学家定向改变动物遗传构成的梦想。随着动物基因组学海量数据的不断增加，人们将筛选到越来越多与动物各种优良特性相关的基因，利用基因工程技术，设计分子育种，培育更多具有优良性状的动物品种。

复习思考题

1. 什么是基因工程？基因工程的基本步骤有哪些？
2. 简述基因工程中主要工具酶的类型和作用。
3. 基因工程中载体的基本要求有哪些？
4. 获取目的基因的方法主要有哪几种？
5. 简述外源基因导入受体细胞的方法。
6. 重组体的筛选与鉴定的方法有哪些？
7. 简述转基因动物的概念以及转基因动物技术的一般步骤。
8. 简述动物克隆的概念以及动物克隆技术的一般步骤。
9. 简述 CRISPR/Cas 系统的构成与工作原理。
10. 讨论基因编辑技术的应用前景。

CHAPTER 10

第十章 动物遗传学实验指导

实验一　细胞有丝分裂标本片的制备与观察

一、实验目的

1. 理解细胞有丝分裂各个时期遗传物质规律性变化，掌握细胞分裂的制片技术；
2. 学会用显微镜观察细胞在不同分裂时期的分裂象及染色体的特点。

二、实验原理

生物在产生体细胞的过程中，主要采用有丝分裂方式。染色体在细胞分裂的间期、前期、中期、后期、末期具有不同的形态，细胞核和细胞膜也呈规律性变化。因此可依据染色体及细胞核变化的特征进行细胞不同分裂时期的判断。用各种分裂旺盛的组织经过适当的取材处理，并加以固定、离析、染色、压片，进行有丝分裂象染色体形态观察。

三、实验仪器及材料

1. 实验仪器：显微镜、培养箱、载玻片、盖玻片、眼科镊子、解剖针等。
2. 实验材料：卡诺氏固定液（Carnoys fixative）、醋酸洋红、小麦根尖或洋葱根尖。

四、实验方法与步骤

1. 准备

（1）材料准备：①小麦根尖培养，②洋葱根尖培养。

将小麦种子或洋葱放在盛满水的烧杯中浸泡 24 h 后，倒掉水分。将一张浸湿的滤纸放入培养皿中，然后再放入种子，上面盖上另一个培养皿，置于 25 ℃下培养。待长出根尖 0.5～1 cm 后，在上午 11 点细胞处于分裂高峰期，用刀片取下，放在广口瓶中，进行预处理。

(2)用具：眼科镊子，刀片，广口瓶，解剖针，盖玻片，大培养皿，小培养皿，立式染缸，染色板，酒精灯，量筒 100 mL、10 mL。

(3)所需药品及配制：无水乙醇，冰醋酸，1 mol/L 盐酸，醋酸洋红染色液。

1 mol/L 盐酸配制：取 82.5 mL 浓盐酸，用蒸馏水定容至 1 000 mL。

醋酸洋红染液配制：称取 1 g 洋红，取 100 mL 45%醋酸加热煮沸，停止加热后缓慢加入称好的 1 g 洋红，不断搅动加快溶解。完全溶解后，重新加热煮沸 1～2 min。(可选做步骤：用细线悬挂一枚生锈的铁钉浸入染色液中，约 1 min 后取出。染色液中加入微量的铁离子可增强洋红的染色能力。)室温静置 12 h，过滤，滤液放入棕色瓶中贮存。注意避免阳光直射。

2. 预处理(可选步骤)用 0.05%～0.2%秋水仙素处理纵切根尖，2～4 h。

3. 固定　用卡诺氏固定液(冰醋酸∶无水乙醇＝1∶3)固定 2～24 h，再放在 95%、85%、75%酒精中各 0.5 h，最后在 70%的酒精中保存。一般是新固定的材料为好。保存在乙醇里的材料，在观察前最好用卡诺氏固定液再固定 1～2 h。

4. 解离　用镊子从卡诺氏固定液中取出根尖，用胶头滴管吸取蒸馏水吹洗根尖，吸水纸吸走蒸馏水，滴加 1 mol/L 盐酸解离 5 min 左右，也可置于 60 ℃水浴锅中解离。解离后吸走多余的盐酸。

5. 水洗(可选步骤)　用胶头滴管吸取蒸馏水轻轻吹洗根尖 3 次，洗去材料中的药品利于染色。注意：解离后根尖软化，漂洗时注意不要将根尖中分生组织部分丢失，动作一定要轻。

6. 染色　在载玻片上滴一滴醋酸洋红染色 7～10 min，待根尖为暗红色时，将染色后的根尖放在一清洁的载玻片上，去除根冠和伸长区，再加少量染液染色。

7. 分色　在染好的根尖上加一滴 45%的醋酸分色，使细胞质变浅，染色体清晰。

8. 压片　以双层吸水纸覆在盖玻片上，左手按住盖玻片，右手拇指用力压片；或用一个双面刀片插到载玻片和盖玻片之间的一角，然后用解剖针柄轻敲盖玻片，然后将刀片撤出，再用针柄敲盖玻片，细胞很容易散开(注意：用力适当、均匀，防止盖玻片破碎、滑动)。然后在酒精灯火焰上过 3～4 次。加盖玻片附以吸水纸压片。

9. 镜检和烤片　先用低倍镜检查有丝分裂四个时期典型特征的细胞，再转高倍镜观察(图 10-1 和图 10-2)。若染色过深，片子不清，可以烤片。方法是让片子在火焰上过几次，以盖玻片上的水气刚消失为止，不可沸腾。烤片时应将片子不断在手背上试温，以不烫手为宜，反复镜检。

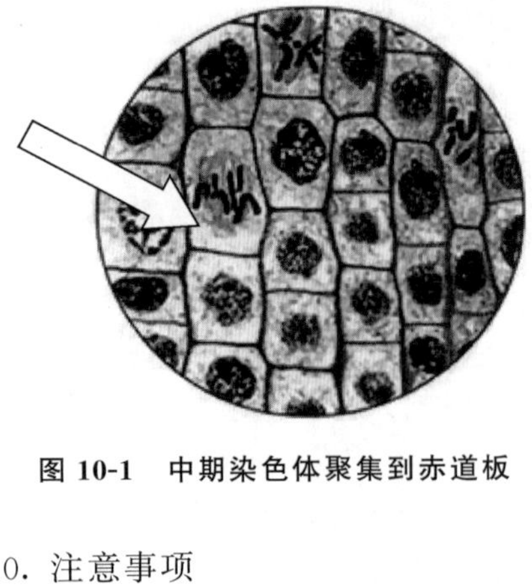

图 10-1　中期染色体聚集到赤道板

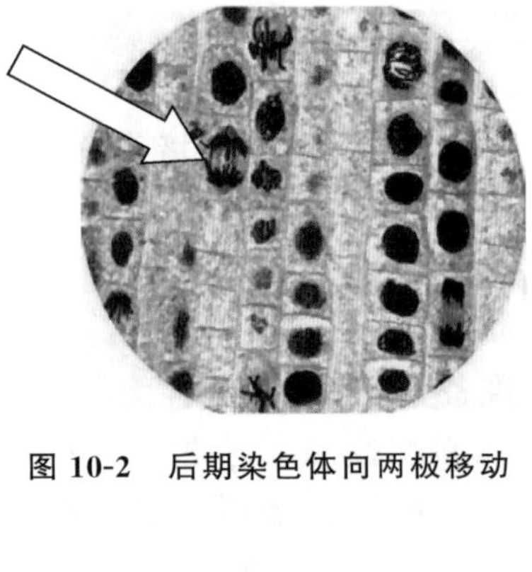

图 10-2　后期染色体向两极移动

10. 注意事项

(1)采样时间要适宜。

(2)解离的时间适宜。

(3)取材不宜过多,少一些有利于着色和细胞分散。

五、实验报告及作业

1. 绘制小麦(洋葱)根尖细胞有丝分裂各个时期的图像并请对各个时期的特点加以总结。

2. 对本次实验进行总结讨论。

实验二 动物染色体核型分析

一、实验目的

1. 了解动物外周血淋巴细胞培养技术及其染色体标本制备技术。

2. 观察分析动物细胞有丝分裂中期染色体的长短、臂比和随体有无等形态特征,掌握染色体核型分析的方法。

二、实验原理

生物细胞内具有特定的染色体组成,叫作染色体组型。染色体组型分析也称核型分析,它是研究一个物种细胞核内染色体的数目及各染色体的形态特征,如对染色体的长度、着丝点位置、臂比和随体有无等观测,并依次分类配对排列、编号,从而为细胞遗传学、分类学和进化遗传学等研究及疾病诊断提供依据。

三、实验仪器及材料

1. 实验仪器:普通生物显微镜、眼科镊子、手术剪等。

2. 实验材料:家猪染色体照片(图 10-3)。

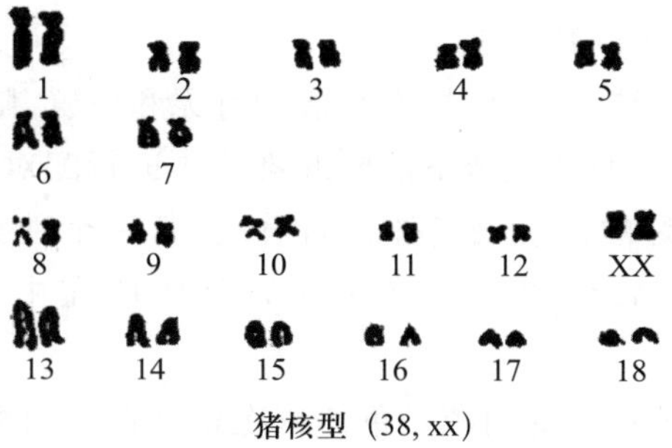

图 10-3 猪染色体核型图

四、实验方法与步骤

1. 动物(家猪)染色体照片制备

(1)配制培养基。量取 RPMI1640 培养基 80 mL,小牛血清(杭州四季青)20 mL,加入植物血凝素(PHA)4.8 mg,加青霉素—链霉素溶液(双抗)2 000 IU,肝素 120 IU,混匀,备用。

(2)采集血样。用 5 mL 灭菌注射器(已加 0.2 mL0.2%肝素溶液湿润针管)自猪耳缘静脉或前腔静脉采血 5 mL。

(3)外周血淋巴细胞培养。用 1 mL 吸管吸取 0.5 mL 血样加入细胞培养瓶中(培养瓶中已加入 5 mL 培养液),混匀,置于 38.5~39.5 ℃恒温培养箱中培养 66~72 h。

在终止培养前 4~6 h,每个培养瓶内加入 0.04%秋水仙素 1~3 滴,使细胞分裂终止在中期。培养结束后,用滴管将培养液轻轻吸打混匀,并分别放入 7 mL 塑料离心管中,进行低渗及固定处理。

(4)染色体标本的制备。将预冷的载玻片(在冰水中预冷)倾斜 45°角,在距离玻片约 30 cm 的空中,用滴管垂直地把细胞悬液(2~3 滴)滴在玻片上距上端约 1/3 处,然后朝相反方向迅速将其吹干,并在酒精灯火焰上(微火)过几下,之后再用电吹风吹干或自然晾干。

(5)镜检和摄影。将标本片置于显微镜下观察染色体的形态,对染色体处于同一平面、分散良好、长短适中、轮廓清楚、数目完整的中期分裂象进行显微照相、冲洗和放大。

2. 测量、配对与分析

(1)测量。将染色体逐一剪下,并用游标卡尺依次测量染色体长度,以及长臂和短臂的长度(分别量到着丝点中部)。计算臂比时,随体计入臂长与否均须注明。

$$\text{臂比}=\frac{\text{长臂长度}(q)}{\text{短臂长度}(p)}$$

染色体长度的表示方法有两种,绝对长度和相对长度。

绝对长度:即用测微尺直接在显微镜下测量得到的实际长度(μm),或经显微摄影后在放大照片上的换算长度。

相对长度:以百分比表示,计算公式为:$\text{染色体相对长度}=\frac{\text{染色体长度}}{\text{染色体组总长度}}\times 100\%$

注意:计算相对长度时,染色体的长度和染色体组的总长用任何长度单位都可以,二者保持单位一致即可。相对长度排除了因技术原因引起的染色体短缩程度不同所产生的差异,相对长度是一个较稳定的可比较的数值。

(2)配对。根据所测数据结合目测,按次缢痕的有无和位置、随体的形态和大小、染色体的大小、臂比值是否相等,将放大照片上剪下的同源染色体进行配对。

(3)分类排列。将配对好的同源染色体进行分类,每一个种类的染色体从大到小依次排列,放在对应那种类型的最后位置。如猪的性染色体放在中着丝粒染色体的最小一对之后。

(4)剪贴。把上述已经排列好的同源染色体依次粘贴在绘图纸上。粘贴时,应使着丝点处于同一水平线上,并一律短臂在上,长臂在下。

(5)填表。将上述结果整理成"染色体形态测量数据表"。表中包含下列各项:染色体序号、绝对长度(μm)、相对长度(%)、长臂长度(μm)、短臂长度(μm)、臂比及染色体形态类型。表头注明单倍的染色体实际总长(μm)。

染色体大小的确定:规定 1 μm 以下的为极小染色体,1~4 μm 的为小染色体,4~12 μm 为中染色体,12 μm 以上的为大染色体。

五、实验报告及作业

1. 对猪的染色体中期分裂图片中的染色体进行分类、排列，并粘贴到图中对应位置制作染色体核型图（图 10-4）。

实验二　家猪染色体核型分析

专业：__________ 班级：__________ 学号：__________ 姓名：__________

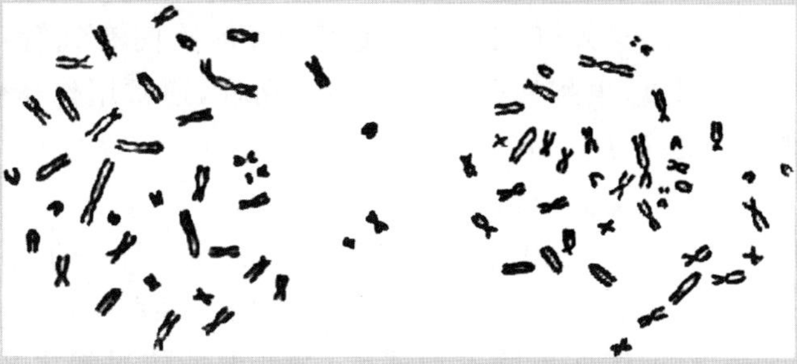

♂

A ____ ____ ____ ____ ____
1 2 3 4 5

B ____ ____
6 7

C ____ ____ ____ ____ ____ ____
8 9 10 11 12 xy

D ____ ____ ____ ____ ____ ____
13 14 15 16 17 18

♀

A ____ ____ ____ ____ ____
1 2 3 4 5

B ____ ____
6 7

C ____ ____ ____ ____ ____ ____
8 9 10 11 12 xx

D ____ ____ ____ ____ ____ ____
13 14 15 16 17 18

图 10-4　猪染色体核型分析图制作

2. 简要描述实验观测到的染色体核型。

实验三　果蝇的形态鉴别及遗传性状的观察

一、实验目的

1. 了解果蝇的生活史，学会果蝇的培养技术。
2. 掌握果蝇的雌雄鉴别方法和突变性状的识别方法，为果蝇的杂交实验打下基础。

二、实验原理

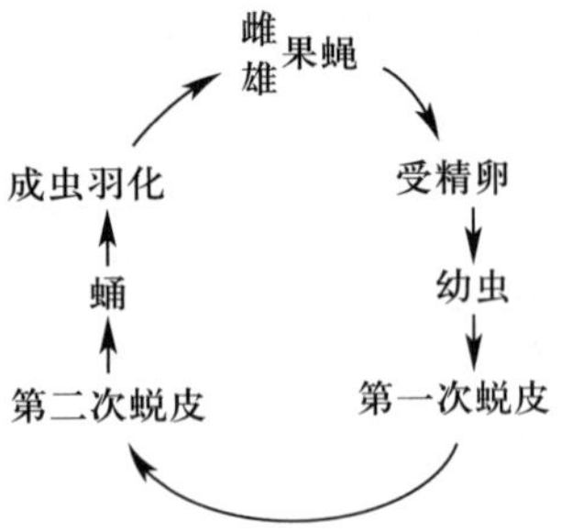

图 10-5　果蝇的生活史

果蝇(fruit fly)，属于节肢动物门有气管亚门昆虫纲双翅目果蝇属，果蝇属共有 900 多个品种，通常用作遗传实验材料的是黑腹果蝇(*Drosophila melanogaster*)。

生活史：

1. 果蝇的生活周期(图 10-5)　卵→幼虫→蛹→成虫→卵

2. 生活周期长短与温度的关系(表 10-1)　一般温度在 30 ℃以上能使果蝇不育或死亡，低温能使果蝇生活周期延长，生活力下降，饲养果蝇的最适温度 20～25 ℃。

表 10-1　生活周期长短与饲养温度的关系

温度	10 ℃	15 ℃	20 ℃	25 ℃
卵→幼虫			8 d	5 d
幼虫→成虫	57 d	18 d	6 d	4 d

3. 果蝇的繁育

只要温度适宜又有充足的食物，果蝇就能进行正常繁育，果蝇以酵母菌为食，因此实验室内凡能发酵的基质，均可作为果蝇饲料。常用的有玉米饲料、香蕉饲料、米粉饲料三种(表 10-2)，果蝇一般在恒温箱内培养，野生型果蝇生活力很强，突变型生活力较弱，在培养中要防止霉菌污染，须精心管理才行。

表 10-2　三种果蝇饲料的配方

配料	水/mL	琼脂/g	蔗糖/g	香蕉浆/g	玉米粉/g	米粉/g	麸皮/g	酵母粉/g	丙酸/g
玉米饲料	150	1.5	13	—	17	—	—	1.4	1
米粉饲料	100	2	10	—	—	8	8	1.4	1
香蕉饲料	50	1.6	—	50	—	—	—	1.4	0.5～1

4. 果蝇性别及突变性状

果蝇的每一个体细胞染色体只有 4 对，3 对为常染色体，1 对为性染色体(♂XY，♀XX)。在幼虫期雌雄不易区别，在成虫期区别相当容易。雄蝇个体一般比雌蝇个体要小。腹部环纹 5 条，腹尖颜色深(从背面看第三条环纹后呈黑色)，在第一对脚的跗节前端表面有梳状黑毛一束，称为性梳(Sex combs)；雌蝇个体较大，腹部环纹七条，前肢跗节无性梳。实验中选用的果蝇突变性状大多数肉眼可见，或用放大镜可见，如红眼、白眼；长翅、痕迹翅；灰体、黑檀体等。

另有些性状则要在解剖镜下鉴定，如焦刚毛与直刚毛等。突变性状的基因符号及所在染色体上座位见表 10-3。凡与野生型果蝇一致的性状都标以基因符号(＋)。

表 10-3 实验中使用的果蝇突变品系

影响部位	突变性状	基因符号	在染色体上座位
翅	痕迹翅	*Vg*	Ⅱ R 67.0
眼色	白眼	*W*	X 1.5
刚毛	焦刚毛	*Sn*3	X 21.0
翅形	小翅	*m*	X36.1
体色	黑檀体	*e*	Ⅲ R 70.7

如上所述，果蝇具有以下特点：饲养容易，世代间隔短，染色体数少，唾腺染色体制作方便，雌雄好鉴别，突变性状多等，而且多数是形态突变便于观察，因此果蝇是理想的遗传实验材料。

三、实验仪器及材料

1. 实验仪器　恒温箱、解剖镜、放大镜、培养瓶、棉花、纱布、剪刀、麻醉瓶、干燥箱、灭菌锅、白瓷板、铝锅、电炉、玻璃棒、200 mL 量筒、1 000 mL 和 250 mL 烧杯、酒精灯、镊子、角匙、毛笔、滤纸。

2. 实验材料　丙酸(或乳酸)、乙醚、煤油、75％酒精、琼脂、蔗糖、米粉、麸皮、酵母粉(片)、野生型果蝇(红眼、长翅、灰身)以及常见的多种类突变品系。

四、实验方法与步骤

1. 米粉饲料制备(每组制取一份 200 mL 水样的米粉饲料)

取 100 mL 水→加入剪碎的琼脂→加热溶解→加入用另 100 mL 水调成的米粉、麸皮、蔗糖糊、调匀→加热煮至熟透→加入酵母粉、丙酸充分调匀→分装培养瓶，盖上棉塞→冷却后用酒精棉擦干瓶内积水，插入滤纸片盖上棉塞即可。

附：①制备前培养瓶、滤纸(用酒精浸湿)、100 mL 烧杯干燥灭菌、棉花、纱布高压蒸汽消毒。培养瓶棉塞在饲料制成前做完。②果蝇饲料干湿适宜不起块、煮熟透、不受污染，分装培养瓶后一周内不起霉不长杂菌；熟练地鉴别雌雄和各突变品系，接种时不混种，保持存活。

2. 性别和突变性状的鉴别

(1)在实验前用酒精棉将镊子、白瓷板和手指擦净，毛笔尖用手指揉软(切记要保持毛笔和麻醉瓶干燥)。

(2)性别观察。将原种瓶振动使果蝇震落瓶底，去掉棉塞套上麻醉瓶，然后将果蝇转入麻醉瓶，盖上棉塞。雄果蝇在第一对足的跗节前端有梳状黑毛一束，即性梳；雌果蝇无性梳。

(3)突变性状观察。在麻醉瓶棉塞里端滴上 2～3 滴乙醚，麻醉果蝇随后将其倒入白瓷板(或表玻璃)，在放大镜下或解剖镜下观察其眼睛颜色、翅形、体色、刚毛、腹部环纹及雄蝇的性梳，鉴别雌雄及各种突变性状，再分别装入培养瓶贴上标签。

五、实验报告及作业

1. 制作出适合果蝇生长的最佳饲料。

2. 学会鉴别果蝇雌雄个体的方法和果蝇突变性状的识别方法。

实验四　果蝇唾液腺染色体标本片的制备与观察

一、实验目的

1. 了解果蝇唾液染色体形成机理以及在细胞遗传学研究中的重要意义。
2. 掌握果蝇唾腺染色体标本片的制片方法。

二、实验原理

果蝇的唾腺细胞发育到一定阶段后就不再进行有丝分裂，但细胞中的染色质丝仍在不断复制，这样就形成了含有上千条(1 000～4 000 条)平行而紧密排列的多线染色质丝拷贝，其染色体比其他细胞长 100～200 倍，大 1 000～2 000 倍。这种巨大染色体又称为多线染色体。

果蝇的唾腺位于幼虫前端的食道两侧(图 10-6)。剖取果蝇唾腺细胞进行制片观察，可见到一个由 4 对染色体的着丝粒结合形成的染色中心，以及向四周伸展的 5 条染色体臂，其中第 4 对染色体为粒状，与染色中心密切相连(图 10-7)。由于每条染色体的染色线在不同的区段螺旋化程度不一，染色后可观察到一系列宽窄不同、染色深浅不一或明暗相间的横纹(图 10-8)。利用这些特征不仅可以鉴别不同的染色体，还可以结合遗传实验结果进行基因定位。此外，由于其体细胞同源染色体的配对，易于进行染色体的缺失、重复、倒位和易位的细胞学观察和研究。

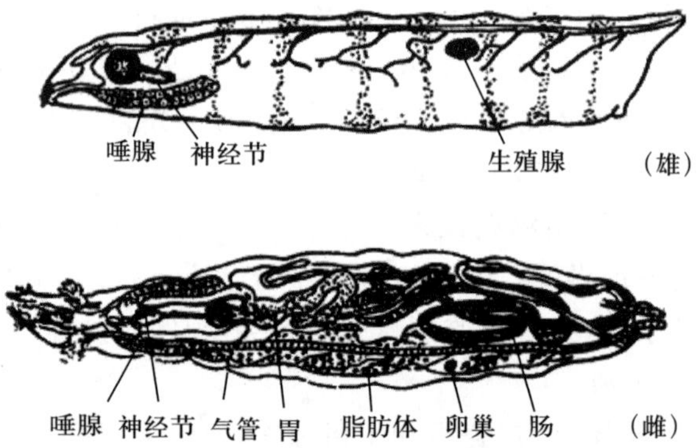

图 10-6　果蝇的三龄幼虫

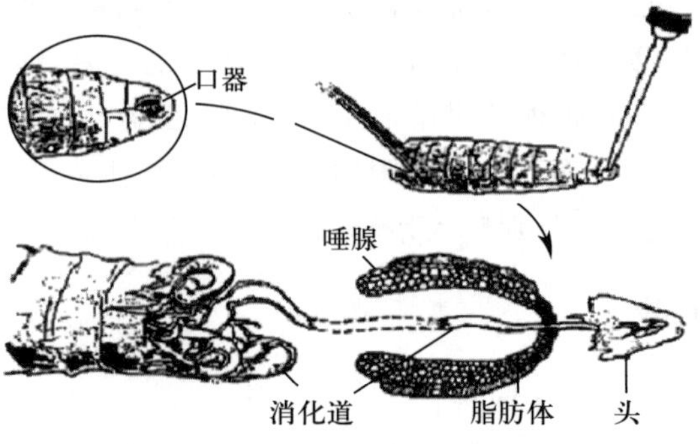

图 10-7　果蝇唾液腺剥离示意图

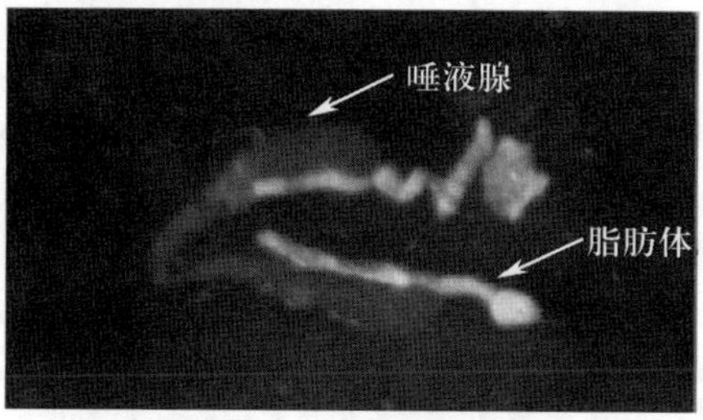

图 10-8 分离出的果蝇唾液腺

三、实验仪器及材料

1. 实验仪器 放大镜、解剖针、显微镜、载玻片、盖玻片、玻璃皿、镊子、滴管、吸水纸、酒精灯。

2. 实验材料 果蝇的三龄幼虫活体。蒸馏水、生理盐水(0.7%NaCl)、1 mol/L 盐酸、1%醋酸洋红、熔化的石蜡、无水乙醇。

四、实验方法与步骤

1. 果蝇幼虫的获得 气候温暖季节，用一个玻璃皿，放一些腐烂水果，吸引果蝇飞进来，在腐烂的水果上生活、交配、产卵、卵孵化，当幼虫准备化蛹前，即为三龄幼虫，此时虫体肥大，便于解剖，是制备唾腺染色体的最理想时期。

2. 唾液腺剖取 选取发育良好、虫体肥大的三龄幼虫，用 0.7%的生理盐水洗净后放在载玻片上，再滴上几滴生理盐水，在放大镜下，左手持镊子压住虫体中后部，右手持解剖针按住头部(即口器稍后处)轻轻向前拉动，使头部扯离虫体，此时可看到一对透明微白的长形小囊，这就是果蝇幼虫的唾液腺。唾液腺的侧面常附有泡沫状脂肪体，可用解剖针剔除，以保证制片质量。整个剖取过程须在生理盐水中进行。

3. 解离 把载玻片上的幼虫其他部分除去，用吸水纸小心吸去生理盐水(注意吸水纸应离开唾液腺，以免吸附唾液腺)，加 1 滴 1 mol/L 盐酸，解离 2～3 min，使组织疏松，以便压片时细胞分散，染色体展开。

4. 染色 用吸水纸吸去盐酸，加 1 滴蒸馏水轻轻冲洗后吸干，加 2 滴 1%醋酸洋红染色 15～20 min。

5. 压片 盖上盖玻片(如染液不够，可在盖玻片的四周再加 1 滴渗入)，在酒精灯上稍加热，然后用吸水纸包被玻片，吸干多余染色液，并用手指轻压盖玻片(注意勿使盖玻片移动)，使核中的染色体分散开。若要做永久性标本片，则用熔化的石蜡把盖玻片的四周封好。

6. 观察 先在低倍镜下找到分散相好的唾腺染色体，然后调高倍镜观察，绘制出果蝇的唾腺染色体图(图 10-9)。

7. 注意事项

(1)实验选用果蝇幼虫一定要选肥大的三龄幼虫，因为这种幼虫的唾腺染色体比较容易观察。

(2)在分离唾腺的过程中一定要保持唾腺在生理盐水中浸润，不能使唾腺变干。

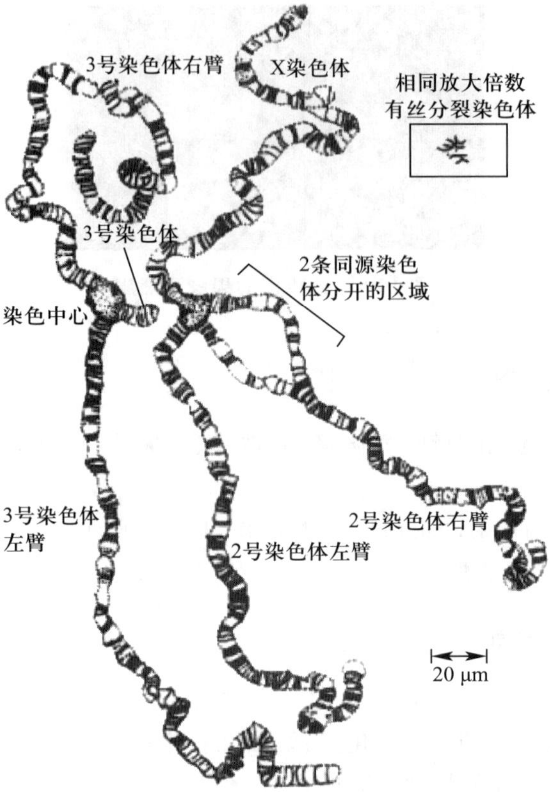

图 10-9　果蝇唾腺细胞多线染色体

(3)分离出唾腺后最好用 1 mol/L 盐酸解离 2～3 min。

(4)染色时,如果醋酸洋红中有较多的杂质,最好将杂质去除。

(5)压片时必须垂直用力,压的时候不能使盖玻片移动。

(6)如果镜头中的载玻片上气泡过多,则可以再加一滴蒸馏水后,再垂直按压盖玻片后观察。

五、实验报告及作业

1. 绘制你所观察到的果蝇唾腺及唾腺染色体。
2. 讨论本次实验操作的关键点。

实验五　家禽自别雌雄杂交模式设计与验证

一、实验目的

1. 通过实验进一步理解伴性遗传的原理,掌握家禽自别雌雄设计原理。
2. 学会用不同伴性性状鉴别雏鸡雌雄。

二、实验原理

人们很早以前就开始对家禽的性别鉴定进行研究，并积累了一定的经验，如根据鸡的外形、鸣声等鉴别雌雄，但这种方法准确度很低。后来采用翻肛法来鉴别，该方法技术性强、准确率低。利用伴性遗传原理，通过现代育种技术建立自别雌雄品系并用于实践，大大提高了雌雄鉴别的准确率和效率。其原理是：鸡的性染色体构型是 ZW 型，公鸡为 ZZ 型，母鸡为 ZW 型，凡是伴性基因都位于 Z 染色体上，因此，伴性性状总是伴随着 Z 染色体的分离和重组而表现出来，例如金色与银色、快羽与慢羽、芦花与非芦花等。

1. 金银色伴性性状自别雌雄原理　金色羽和银色羽是受伴性基因控制的，银色羽为显性，金色羽为隐性，利用金色羽公鸡和银色羽母鸡交配，则后代所有的金色羽雏鸡为母雏，银色羽为公雏，其遗传原理如图 10-10 所示。

2. 快慢羽伴性性状自别雌雄原理　快羽和慢羽受位于 Z 染色体上的一对基因控制，慢羽为显性，快羽为隐性。用快羽公鸡和慢羽母鸡交配，子代快羽均为母鸡，而慢羽为公鸡，其遗传原理如图 10-11 所示。

P　Z^sZ^s(♂)　×　Z^SW (♀)
金色公鸡　　银色母鸡
⇩
F_1　Z^SZ^s　　Z^sW
银色公雏　　金色母雏

图 10-10　金银色伴性性状遗传

P　Z^kZ^k(♂)　×　Z^KW (♀)
快羽公鸡　　慢羽母鸡
⇩
F_1　Z^KZ^k　　Z^kW
慢羽公雏　　快羽母雏

图 10-11　快慢羽伴性性状遗传

3. 芦花羽色的伴性遗传原理　芦花羽是由 Z 染色体上显性芦花基因 B 控制，它的等位基因 b 纯合时为非芦花，若用非芦花公鸡和芦花母鸡交配则雄鸡全部芦花，而雌鸡全部非芦花，其遗传原理如图 10-12 所示。

P　Z^bZ^b(♂)　×　Z^BW (♀)
非芦花公鸡　　芦花母鸡
⇩
F_1　Z^BZ^b　　Z^bW
芦花公鸡　　非芦花母鸡

图 10-12　芦花羽色伴性性状遗传

三、实验仪器与材料

1. 实验仪器　放大镜、解剖板、孵化器、照蛋灯等。
2. 实验材料　根据金银羽或快慢羽自别雌雄的商品鸡(待鉴定)。

四、实验方法与步骤

1. 按特定的杂交组合进行杂交，所产蛋进行记录后分别孵化。杂交前需将公母隔离两周后再进行杂交，雏鸡要分群带翅号。

2. 将商品化雏鸡放到试验台上，用肉眼观察其羽色、羽速或芦花与非芦花等性状。

(1)银色羽与金色羽：银色羽初生雏为白色或银灰色，金色羽初生雏为金黄色。

(2)快羽与慢羽：家禽翅膀上面有主翼羽上面覆盖的一层称覆主翼羽，在主翼羽后面的称副翼羽，在副翼羽上面覆盖的称为覆副翼羽。快羽和慢羽主要是根据鸡出壳 48 h 内主翼羽和覆主翼羽的相对长度而定的。快羽的特征是：当雏鸡出壳后主翼羽的羽轴已发育得很好，主翼羽明显比覆主翼羽长；而慢羽特征是主翼羽的羽轴发育差，使主翼羽和覆主翼羽等长。

(3)芦花与非芦花：芦花成鸡的特征是羽毛呈黑白相间的横斑条纹，非芦花无横斑条纹。雏鸡为芦花羽时，绒羽为黑色，头上有乳白色或黄色斑点。非芦花雏鸡头顶上没有浅色斑块。纯种芦花鸡中由于有显性基因 *B* 的积加作用，故雏鸡在出壳时也能自别雌雄；雌鸡较雄鸡颜色深，头顶上淡黄色小斑块呈卵圆形，而在雄鸡大且边缘不规则。

3. 根据伴性遗传原理鉴别雌雄。

4. 将雏鸡进行解剖，观察其生殖腺，以鉴定实验中的商品鸡是依据何种伴性性状自别雌雄的。

5. 留养一部分雏鸡进行饲养，并带上翅号，做好记录，7 周后观察验证。

五、实验报告及作业

1. 根据你的观察结果指出商品鸡自别雌雄的伴性性状，并说明其原理。

2. 已知某企业欲培养四系配套的杂交鸡，父母代根据快慢羽自别雌性，商品代根据金银羽自别雌性，试设计出该四系配套的双自别雌雄杂交模式。

实验六　果蝇的伴性遗传

一、实验目的

1. 通过实验进一步理解伴性遗传的特点，并正确区分伴性遗传与非伴性遗传。

2. 通过杂交实验验证并掌握伴性遗传的规律，掌握数据统计处理方法。

二、实验原理

果蝇的染色体有 X 和 Y 两种，雌性是 XX，为同配性别；雄性是 XY，为异配性别。伴性基因主要位于 X 染色体上，而 Y 染色体上没有相应的等位基因，所以这类遗传也叫 X-连锁遗传。

果蝇的红眼与白眼是一对相对性状，由单基因控制，位于 X 染色体上，基因之间的关系为红眼对白眼完全显性。当红眼果蝇(♀)和白眼果蝇(♂)杂交，F_1 中的果蝇均为红眼，F_2 中红眼果蝇：白眼果蝇=3：1，其中雌果蝇中全为红眼，在雄果蝇中红眼果蝇：白眼果蝇=1：1。当反交时，F_1 中的雌果蝇为红眼，雄果蝇却为白眼，F_2 中红眼果蝇：白眼果蝇=1：1，在雌果蝇或雄果蝇中红眼果蝇与白眼果蝇的比例均为 1：1。如图 10-13 所示。

三、实验仪器与材料

1. 实验仪器　大试管、麻醉瓶、瓷板、毛笔等。

A：	红眼雌[♀]×白眼雄[♂]	A：	白眼雌[♀]×红眼雄[♂]
P：	$X^{+}X^{+} \times X^{w}Y$	P：	$X^{w}X^{w} \times X^{+}Y$
	↓		↓
F1：	$X^{+}X^{w} \times X^{+}Y$	F1：	$X^{+}X^{w} \times X^{w}Y$
	↓		↓
F2：	$X^{+}X^{+}$ $X^{+}X^{w}$ $X^{+}Y$ $X^{w}Y$	F2：	$X^{+}X^{w}$ $X^{w}X^{w}$ $X^{+}Y$ $X^{w}Y$
表型：	♀[+] ♀[+] ♂[+] ♂[*w*]	表型：	♀[+] ♀[*w*] ♂[+] ♂[*w*]

图 10-13　果蝇白眼性状的遗传

2. 实验材料　黑腹果蝇(*Drosophila melanogaster*)品系：野生型(红眼)$X^{+}X^{+}$，$X^{+}Y$；突变型(白眼)$X^{w}X^{w}$，$X^{w}Y$。乙醚、果蝇培养基等。

四、实验方法和步骤

1. 收集处女蝇：由于雌蝇生殖器官中有贮精囊，一次交配可保留大量精子，供多次排卵受精用，因此做杂交实验前必须收集未交配过的处女蝇。由于孵化出的幼蝇在 12 h 内(更可靠是 8 h)不交尾，因此必须在这段时间内把♀、♂蝇分开培养，所得的♀蝇即为处女蝇。

2. 准备好培养基，按正、反交组合，把已麻醉的红眼♀、白眼♂和红眼♂、白眼♀分别放入不同试管内进行杂交，每管 3～5 对。贴上标签，注明杂交组合、杂交日期、操作者姓名。

3. 6～7 d 后，见到有 F_1 幼虫出现，即除去亲本果蝇(一定要除干净)。

4. 再过 3～4 d，观察 F_1 成蝇的性状。(正、反交有什么不同？眼色与性别的关系如何？)

5. 将所出现的 F_1 中♀、♂果蝇麻醉后，挑 3～5 对放入新的培养基继续饲养(此处无须处女蝇)。两组合后代不能混合，应分别培养。

6. 6～7 d 后又需除干净 F_1 亲本果蝇。

7. 再过 3～4 d，F_2 成蝇出现，麻醉后倒出观察眼色和性别，进行统计。

8. 每隔 1～2 d 统计一次，累积 6～7 d 数据，填入下列表 10-4、表 10-5 中。

表 10-4　果蝇 F_1 观察记录

观察日期	F_1 类型			
	正交(红眼♀×白眼♂)		反交(白眼♀×红眼♂)	
	红眼♀	红眼♂	红眼♀	白眼♂
合计				
比例				

表 10-5　果蝇 F_2 观察记录

观察日期	F_2 类型							
	正交组合 F_2				反交组合 F_2			
	红眼♂	白眼♂	红眼♀	白眼♀	红眼♂	白眼♂	红眼♀	白眼♀
合计								
比例								

χ^2 测定：

$$\chi^2 = \frac{\sum(\text{观察值}-\text{理论值})^2}{\text{理论值}}$$

根据 χ^2 测定，查 χ^2 表，$n=4-1=3$，$P_{0.05}=7.815$；$n=2-1$，$P_{0.05}=3.841$。若所得的 $\chi^2 < P_{0.05}$，可以认为观察值是符合假设的。具体对这个实验来说，所得到的实验结果应该是符合伴性遗传的假设，也就是说眼色的这对性状是由位于性染色体 X 上的一对等位基因控制的。若所得的 $\chi^2 > P_{0.05}$，则说明所得到的结果不符合伴性遗传的结果。

五、实验报告及作业

1. 完成上面的统计表格，并做 χ^2 测验，解释实验结果。
2. 试解释在伴性遗传过程中，为什么亲代的正反交的后代有差异？

实验七　采用 PCR 方法快速鉴定动物性别

一、实验目的

1. 通过本实验让学生熟悉分子遗传学实验的基本操作技术，理解 *SRY* 基因鉴定性别的原理。

2. 掌握小鼠基因组 DNA 的快速粗提方法、PCR 实验和琼脂糖凝胶电泳实验的操作步骤。

二、实验原理

SRY 基因为雄性性别决定基因，它是 Y 染色体上具有决定生物雄性性别的基因片段。人的 *SRY* 基因位于 Yp11.3，只含有一个外显子，没有内含子，转录单位长约 1.1 kb，编码一个含 204 个氨基酸残基的蛋白质。由于 SRY 蛋白含有一个典型的 DNA 结合结构域：高泳动类非组蛋白(high mobility group，HMG)盒基序，类似于已知的转录因子，所以推测 SRY 编码一个转录因子。SRY 的 HMG 域以一种序列特异的方式与 DNA 相结合，在双螺旋结构中引入一

个尖锐的转折。

基因组 DNA 的提取原理：细胞裂解液破坏细胞膜、核膜，并变性蛋白，蛋白酶 K 将所有蛋白质降解，使 DNA 分子被释放出来。分离出来的 DNA 分子经高盐沉淀蛋白质，最后可获得纯净的 DNA。

聚合酶链反应(polymerase chain reaction)简称 PCR。PCR 技术原理：PCR 技术是一种体外核酸扩增系统，根据 *SRY* 基因的序列，合成特异引物，经 PCR 扩增仪的变性、退火和延伸三个步骤的多次循环，形成与模板链互补的新 DNA 链，产物长度 300 bp 左右。目的 DNA 的数量以 2^n 指数形式累计，经过 25～30 个周期后，DNA 的扩增倍数为 $(1+x)^n$，这里 x 是扩增效率，n 为 PCR 循环次数。每完成一次循环周期需要 2～3 min，1～2 h 就能将所需基因放大几百万倍。

(1)模板 DNA 的变性：模板 DNA 经加热至 94 ℃左右一定时间后，使模板 DNA 双链或经 PCR 扩增形成的双链 DNA 解离，使之成为单链，以便它与引物结合，为下轮反应做准备。

(2)模板 DNA 与引物的退火(复性)：模板 DNA 经加热变性成单链后，温度降至 55 ℃左右，引物与模板 DNA 单链的互补序列配对结合。

(3)引物的延伸：DNA 模板—引物结合物在 TaqDNA 聚合酶的作用下，以 dNTPs 为反应原料，靶序列为模板，按碱基配对与半保留复制原理，合成一条新的与模板 DNA 链互补的半保留复制链。

琼脂糖凝胶电泳：DNA 含有 PO_4^{3-} 基团，在 pH 为 8.0 的缓冲液中带负电，在电场中向正极移动。自由电泳时，由于不同大小的 DNA 片段的电荷密度大致相同，各核酸分子难以分开；选用适当浓度的琼脂糖凝胶作为支持物，使之具备一定的孔径，即可发挥分子筛效应(凝胶孔径对大小不同的分子有不同的阻力)，使大小不同的核酸片段迁移率出现较大差异，达到分离的目的；同样条件对 marker 电泳；DNA 经溴化乙啶(EB)染色，溴化乙啶可以插入 DNA 双螺旋结构两个碱基之间，与核酸形成络合物，在紫外(300 nm，360 nm)激发下，产生橘黄色荧光(590 nm 可见光)。由于 EB 是强致癌剂，现在开发出了安全的染料，如 SYBR Green、GelRed、GoldView、4S Green 等。

三、实验仪器与材料

1. 实验仪器　高压灭菌器、离心机、恒温水浴锅、冰箱、PCR 仪、电泳仪、电泳槽、凝胶成像系统、微波炉、微量移液器、0.2mL 离心管、1.5mL 离心管。

2. 实验材料

(1)小鼠尾巴。

(2)50 mmol/L NaOH：称取 0.4 g NaOH 粉末加入 180 mL 双蒸水中，定容到 200 mL，室温保存。

1 mol/L Tris • HCl(pH 8.0)：在 800 mL 双蒸水中加入 121.1 g Tris Base，再加入浓盐酸，待溶液冷至室温后调定 pH，加水定容至 1 L，分装后高压灭菌，室温保存。

50×TAE：242 g Tris base，57.1 mL 乙酸，100 mL 的 0.5 mol/L EDTA(pH 8.0)，完全溶解后，双蒸水定容至 1 000 mL。使用时用双蒸水稀释为 1×TAE 工作液。

0.5 mol/L EDTA(pH 8.0)：在 800 mL 双蒸水中加入 186.1 g $Na_2EDTA \cdot 2H_2O$，加 NaOH 调 pH，加双蒸水定容至 1 L，分装后高压灭菌，室温保存。

琼脂糖、DNA marker(DL 2 000)、PCR buffer、dNTPs、rTaq polymerase、双蒸水、Loading buffer、核酸染料。

(3)目的基因引物。

正向引物(SRY-F):5′-CTTTTTCCAGGAGGCACAGA-3′

反向引物(SRY-R):5′-AACAGGCTGCCAATAAAAGC-3′

四、实验方法与步骤

1. 裂解法提取动物基因组 DNA(快速粗提)

(1)剪取 3 mm 左右的鼠尾,置于干净的 1.5 mL 离心管。

(2)加 50 mmol/L NaOH 180 μL,置于涡旋振荡器充分振荡。

(3)95~100 ℃温浴 10 min。

(4)加 1 mol/L Tris-HCl(pH 8.0)20 μL,置于涡旋振荡器充分振荡。

(5)室温,12 000 r/min 离心 10 min。

(6)取 2~4 μL 上清液进行 PCR 反应。

已抽提好的小鼠 DNA 样品,可直接作为模板进行 PCR 扩增反应。

2. PCR 扩增实验

(1)引物设计　根据小鼠 *SRY* 基因序列(NCBI Reference Sequence:NM_011564.1)设计扩增片段 250 bp 的引物。

引物设计方法有:在线设计(NCBI、Primer 3.0),专业软件(Primer、Oligo 系列)。

(2)PCR 反应体系(表 10-6)。

表 10-6　PCR 反应体系

组分	加样量/μL
10×PCR Buffer	1.0
10 mmol/L dNTPs	0.2
primer F	0.2
primer R	0.2
rTaq polymerase	0.1
DNA	3.0
ddH_2O	4.3
Total	10.0

按照反应体系标示量加入各反应成分,加完后在漩涡振荡器上混匀,离心机上离心,上样。注意做阴性对照(不加模板,加双蒸水)、阳性对照(雄性小鼠 DNA 样)。

(3)PCR 扩增

PCR 反应程序:94 ℃预变性 5 min;94 ℃变性 30 s,60 ℃退火 35 s,72 ℃延伸 40 s,35 个循环;72 ℃延伸 10 min,15 ℃保存 5 min。

将 PCR 仪按照以上扩增条件设置反应程序,开始扩增。扩增结束后,PCR 产物放置于 4 ℃冰箱,待电泳检测。

3. 琼脂糖凝胶电泳检测实验

(1)安装电泳制胶盒:将有机玻璃的电泳制胶盒洗净,晾干,放在水平实验台上,插上样品梳。

(2)琼脂糖凝胶的制备：制备 1.2%～1.5%琼脂糖凝胶，比如，称取 3.6～4.5 g 琼脂糖于三角瓶中，加入 30 mL 1×TAE 电泳缓冲溶液，置微波炉或沸水浴中加热至完全溶化，取出摇匀；将冷却到 60 ℃(不烫手)的琼脂糖溶液，加适量核酸染料至琼脂糖溶液中，轻轻混匀，注意不要产生气泡。

不同大小的 DNA 需要用不同浓度的琼脂糖凝胶进行电泳分离，如表 10-7 所示。

表 10-7　琼脂糖凝胶浓度与 DNA 长度之间的关系表

凝胶浓度/%	最佳线性 DNA 分辨范围/bp
0.5	1 000～30 000
0.7	800～12 000
1.0	500～10 000
1.2	400～7 000
1.5	200～3 000
2.0	50～2 000

(3)灌胶：将混匀的琼脂糖溶液，轻轻倒入电泳制胶盒内，胶厚度不宜超过 0.5 cm，胶太厚会影响检测的灵敏度。待琼脂糖胶凝固后，将制胶盒放入电泳槽内，在电泳槽内加入电泳缓冲液，然后拔出梳子。

(4)加样：将 DNA Loading buffer、DNA Marker(DL2000)、阳性对照、阴性对照以及样品用微量加样枪依次加入样品孔中，根据样品孔的大小每孔加 3～10 μL，取 3～5 μL 样品 PCR 扩增产物加入样品孔中，记录样品的点样次序和加样量。

(5)电泳：安装好电极导线，点样孔一端接负极，另一端接正极，打开电源，调电压至 3～5 V/cm，当溴酚蓝移到距凝胶前沿 1～2 cm 时，停止电泳。(电压 80～120 V，大约 20 min)

(6)观察：取出凝胶，放在凝胶成像系统(或荧光观察仪)中观察、照相记录电泳图谱。操作时要小心，必须戴手套。

(7)报告结果：目的扩增产物大小为 250 bp，所以我们可以根据 PCR 扩增产物在琼脂凝胶上是否形成 250 bp 的条带来判断扩增是否发生。

(8)注意事项：

①碱裂解法提取小鼠基因组 DNA 中，95～100 ℃温浴 10 min，可用电炉煮沸或金属浴 10 min，这个过程需注意安全，防止烫伤。

②PCR 反应需要在一个没有 DNA 污染的干净环境中进行。

③试剂、样品及所用的 EP 管、枪头都需高压灭菌，操作过程需要戴手套，防止核酸和核酸酶污染。

④使用 rTaq 酶需要置于冰上，使用完后需要立即放回－20 ℃冰箱，保持酶的活性。

五、实验报告及作业

1. 详细记录实验过程，准确描述实验结果。
2. 对影响实验成败的关键步骤进行分析讨论。

实验八　人群遗传性状统计及其结构分析

一、实验目的

1. 理解孟德尔群体遗传平衡及群体遗传结构的含义。
2. 学会用群体遗传学的基本理论分析群体的遗传结构。

二、实验原理

1908 年，英国数学家哈迪（G. Hardy）和德国医生温伯格（W. Weinberg）分别独立地证明：在一个不发生突变、迁移和选择的无限大的随机交配群体中，基因频率和基因型频率在世代繁衍中将保持恒定，此时 $D=p^2$，$H=2pq$，$R=q^2$，这就是哈迪-温伯格（Hardy-Weinberg）定律。人类的各种性状都是由特定的基因控制的。通过对特定人群某性状的调查与分析，可以得知该性状的表型频率，根据表型频率可进一步估算基因频率和基因型频率，即依据哈迪-温伯格定律即可分析判断该群体遗传结构。

三、实验仪器及材料

1. 实验仪器　显微镜、双凹玻片（或普通载玻片）、采血针、青霉素小瓶、吸管、牙签或小玻棒、记号笔、胶布、棉球。

2. 实验材料　A 型和 B 型标准血清、70%乙醇、0.9%生理盐水。

3. 参与实验人员的各种相关性状　实验中要注意安全、卫生；调查分析他人的性状时，要取得对方的同意，并尊重每个人的隐私权。

四、实验方法与步骤

1. 人类 ABO 血型检测

人类 ABO 血型是人体的一种遗传性状，它受一组复等位基因（I^A、I^B、i）控制，是红细胞血型系统的一种。人类的红细胞表面有 A 和 B 两种抗原，血清中有抗 B(β)和抗 A(α)两种天然抗体，依抗原和抗体存在的情况，可将人类的血型分为 A、B、AB、O 四种血型（表 10-8）。

表 10-8　ABO 血型遗传特征

表型	基因型	红细胞膜上的抗原	血清中的天然抗体
A	I^AI^A，I^Ai	A	(β)抗 B
B	I^BI^B，I^Bi	B	(α)抗 A
AB	I^AI^B	A、B	
O	ii		(β)抗 B、(α)抗 A

由于 A 抗原只能和抗 A 结合，B 抗原只能和抗 B 结合，因此可以利用已知的 A 型标准血清（即 A 型人的血清，又叫抗 B 血清）和 B 型标准血清（即 B 型人的血清，又叫抗 A 血清）来鉴定未知血型，两种标准血清内所含每一种抗体将凝集含有相应抗原的红细胞。因此一种血液

其红细胞在A型标准血清中发生凝集者为B型，在B型标准血清中凝集者为A型，在两种标准血清中都凝集者为AB型，在两种标准血清中都不凝集者为O型。

一般实验室常用的方法有试管法与玻片法。试管法的优点是敏感，较少发生假凝集；玻片法则简便易行，但玻片法如果控制不好，易发生不规则的凝集现象。本实验用玻片法。

(1)准备：取一清洁的双凹玻片（或用普通载玻片玻璃蜡笔划出方格代替）两端上角分别用记号笔或胶布注明A和B及受试者姓名，然后分别用吸管吸取A型和B型标准血清各一滴，滴入相应凹面（或方格）内。

(2)采血：用70%酒精棉球消毒受试者的耳垂或指端，待酒精干后，用无菌的采血针刺破皮肤，用吸管取1～2滴血放入盛有0.3～0.5 mL生理盐水的青霉素小瓶中，用吸管轻轻吹打成约5%的红细胞生理盐水悬液。

(3)滴片：在玻片的每一凹格（或方格）内分别滴一滴制好的红细胞悬液（注意滴管不要触及标准血清），然后立即用牙签或小玻棒分别搅拌液体，使血球和标准血清充分混匀。

(4)观察：在室温下每隔数分钟轻轻晃动玻片几次，以加速凝集，10～30 min后观察有无凝集现象。若混匀的血清由混浊变为透明，出现大小不等的红色颗，则表明无凝集现象；若观察不清可在显微镜的低倍镜下观察；若室温过高，可将玻片放于加有湿棉花的培养皿中以防干涸；室温过低将玻片置于37 ℃恒温箱中，以促其凝集。

(5)判断：根据ABO血型检查结果，判断血型。

实验时应注意：①标准血清必须有效；②红细胞悬液不宜过浓或过稀；③反应时间及温度要适中，应注意辨别假阴性和假阳性。

2. 卷舌性状的调查

在人群中，有的人能够卷舌，即舌的两侧能在口腔中向上卷成筒状，称为卷舌者，受显性基因（*T*）控制，有的人则不能（图10-14）。列表统计本次实验所有参与者的卷舌性状测试结果，留作进一步分析之用。

3. 眼睑性状的调查

人群中的眼睑可分为单眼皮和双眼皮两种性状。假设双眼皮受显性基因控制，为显性性状；单眼皮为隐性性状（图10-15）。列表统计本次实验所有参与者的眼睑性状测试结果，留作进一步分析之用。

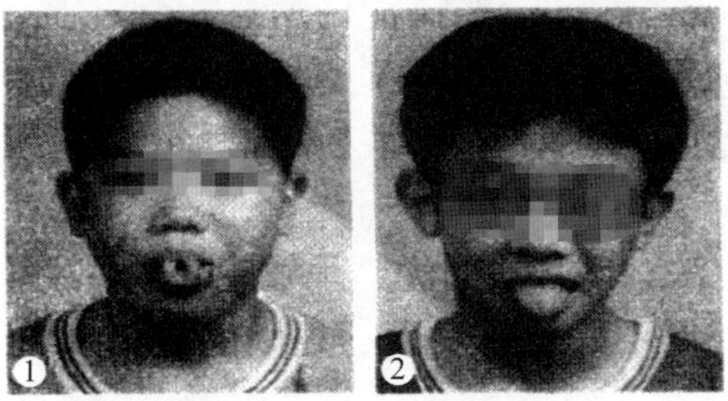

图10-14　卷舌与翻舌

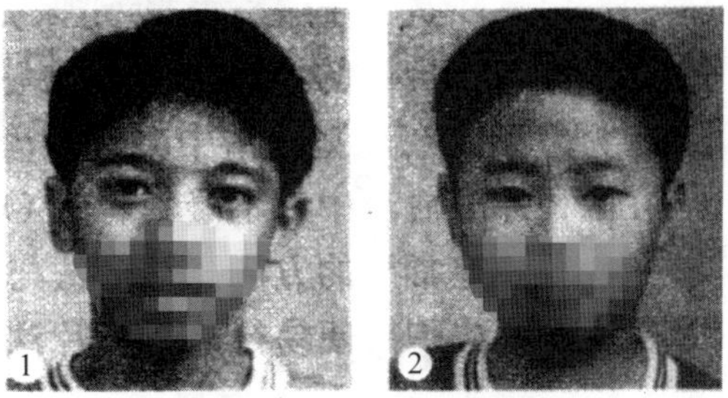

图10-15　眼睑性状

4. 耳垂性状的调查

人群中不同个体的耳朵可明显区分为有耳垂与无耳垂两种情况，该性状是受一对等位基因控制的，有耳垂为显性性状，无耳垂为隐性性状（图10-16）。列表统计本次实验所有参与者的耳垂性状测试结果，留作进一步分析之用。

5. 额前发际的调查

在人群中，有些人前额发际基本上属于平线，有些人前额正中发际向下延伸呈峰形，即明显地向前突出，形成 V 字形发际，称美人尖（图 10-17）。美人尖属于显性遗传。列表统计本次实验所有参与者的前额发际性状测试结果，留作进一步分析之用。

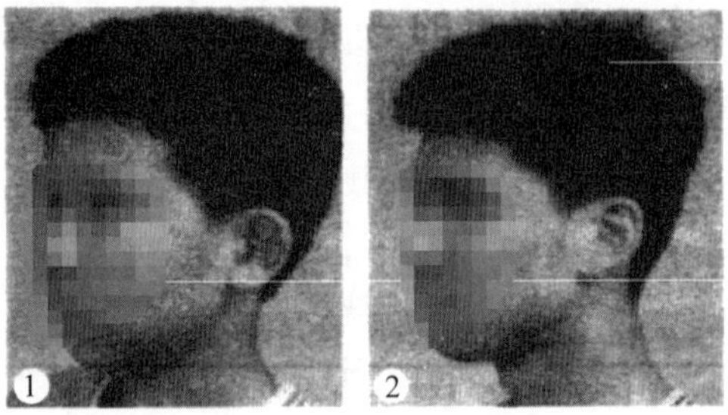

图 10-16　耳垂性状

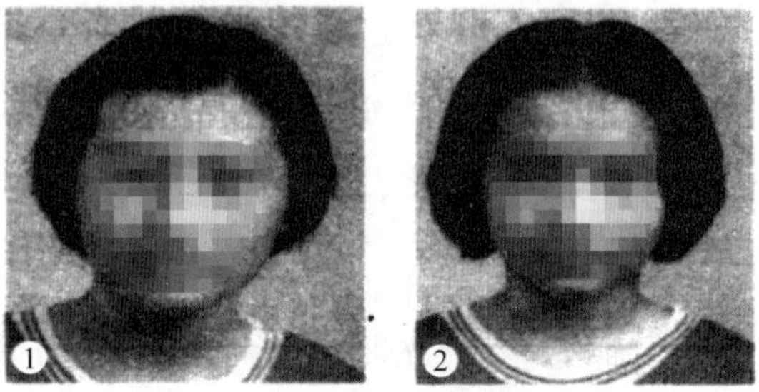

图 10-17　额前发际性状

6. 发式和发旋的调查

人类的发式有卷发和直发之分。东方人多为直发，为隐性性状，卷发则为显性性状；每个人头顶稍后方的中线处都有一个发旋（有的人不止一个），其螺旋方向受遗传因素控制，顺时针方向者为显性性状，逆时针方向者为隐性性状。列表统计本次实验所有参与者的发式和发旋性状测试结果，留作进一步分析之用。

7. 拇指端关节外展

在从群中，有的人拇指的最后一节能弯向指背面与拇指垂直轴线呈 60°角，性状呈隐性遗传，即该性状的纯合个体的拇指端可向后弯曲 60°（图 10-18）。列表统计本次实验所有参与者的拇指端关节外展性状测试结果，留作进一步分析之用。

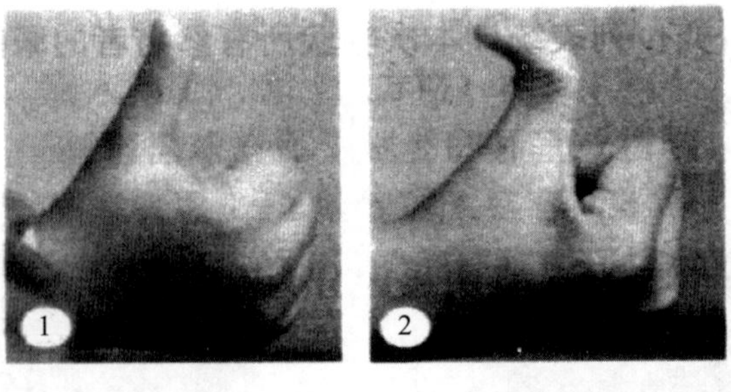

图 10-18　拇指端关节外展性状

五、实验报告及作业

1. 假定人群处于遗传平衡状态，根据本次 ABO 血型的调查结果，计算基因频率和基因型频率。最后对实验群体的表型频率的理论性与实际值的符合度进行卡方检验，验证所有实验参与者所组成的群体是否是平衡群体。

2. 将本次实验所取得的各个单基因性状（卷舌、眼睑、耳垂、发际、发式、发旋、拇指端关节外展）的调查结果整理到“特定人群若干遗传性状调查表”（表 10-9）中，根据这套来自所有实验参与者的测试数据，计算基因频率、基因型频率；推算出显性纯合体与杂合体的比例（假设本实验人群处于遗传平衡状态）。

表 10-9　特定人群若干遗传性状调查表

受试群体名称____________调查分析日期____________

姓名	卷舌		眼睑		耳垂		发际		发式		发旋		拇指端关节外展		血型			
	T	t	E	e	F	f	G	g	H	h	C	c	K	k	A 型	B 型	AB 型	O 型
总计																		

实验九　人类 X 染色质的制片与观察

一、实验目的

1. 掌握观察与鉴别 X 染色质的简易方法。

2. 学会 X 染色体识别其形态特征及所在部位，为进一步研究人体染色体的畸变与疾病诊断提供参考依据。

二、实验原理

1949 年，加拿大学者巴尔（M. L. Barr）等人在雌猫的神经元细胞核中首次发现一种染色较深的浓缩小体，而在雄猫则没有这种结构。进一步研究发现，除猫外，其他雌性哺乳动物（包括人类）也同样有这种显示性别差异的结构。而且不仅是神经元细胞，在其他细胞的间期核中也可以见到这一结构。称之为巴氏小体，也称为 X 染色质。正常女性的间期细胞核中紧贴核膜内缘有一个染色较深，大小约为 1 μm 的三角形或椭圆形小体，即 X 染色质。间期核内 X 染色质的数目总是比 X 染色体的数目少 1。正常女性有 2 条 X 染色体，因此只有 1 个 X 染色质；若有 3 条 X 染色体，就会有 2 个 X 染色质，以此类推。正常男性只有 1 条 X 染色体，所以没有 X 染色质。

三、实验仪器及材料

1. 实验仪器　灭菌玻璃片、酒精棉球、光学显微镜、带数码相机的光学显微镜；

2. 实验材料　60%冰醋酸、45%冰醋酸、改良苯酚品红。

四、实验方法与步骤

1. 口腔颊部黏膜细胞巴氏小体观察

刮取颊部黏膜上皮细胞(用灭菌玻璃片)→涂片(两片 45°角)→60%冰醋酸固定 5 min→吸去冰醋酸,用改良苯酚品红染色 1～2 min→压片→镜检。

2. 发根细胞巴氏小体观察

拔取带毛囊头发一段→45%冰醋酸解离 5 min→剥取毛囊→染色 2～3 min→压片观察。在女性间期细胞核内侧靠近核膜处有约 1 μm 大小的反光极强的颗粒状亮点,即为巴氏小体。材料不同,观察结果可能有不同,且必须和核仁区别开来(核仁往往离核膜较远或接近核中央部位)。

3. 注意事项

(1)刮口腔上皮前要漱口。

(2)刮时用灭菌玻璃片的宽边,勿用一角,以免划破口腔。

(3)第一次刮下的脱落细胞用酒精棉球擦去,在原位重复刮一下制片。

(4)盛放酒精棉球的小广口瓶,瓶盖用完即时盖好;正常女性口腔黏膜细胞中 30%～50%有一个巴氏小体,男性则低于 1%～2%。

(5)涂片略干再加改良苯酚品红溶液。

(6)染色时间不要太长,否则核质着色深,X 染色质体不易区分。

(7)毛囊细胞要充分解离,压片前可先用解剖针敲片,使细胞解离。

(8)可数细胞的标准:核质染色呈网状或颗粒状;核膜清晰,无缺损;染色适度,周围无杂质。

Y 染色质:正常男性的间期细胞用荧光染料染色后,在细胞核内可出现一荧光小体,直径为 0.3 μm 左右,称为 Y 染色质。Y 染色体长臂远端部分为异染色质,可被荧光染料染色后发出荧光。这是男性特有的,女性细胞中不存在。细胞中 Y 染色质的数目与 Y 染色体的数目相同。如核型为 47,XYY 的个体,细胞核中有两个 Y 染色质。

4. 实验结果

(1)在显微镜下观察,口腔黏膜细胞和毛囊细胞被染成淡蓝色,细胞核被染成深蓝色,X 染色质小体染色更深,接近紫色。X 染色质小体在显微镜下为一个结构致密、轮廓清楚、染色较深的小体,且往往位于核膜边缘,其形状大多呈卵圆形。

(2)毛囊细胞是多核细胞,因此在一个细胞中可以观察到多个核。

(3)由显微镜可以看出,用男生细胞制作的装片中的细胞核内物质均匀,但基本观察不到巴氏小体。由显微镜可以看出,女生的口腔黏膜细胞或者毛囊细胞一部分的装片可以看到明显的 X 染色质小体。

(4)女生口腔黏膜和毛囊装片中观察到的巴氏小体大多数位于核膜边缘,这是因为在细胞周期 S 期中,异染色质比常染色质更晚进行复制,由于它的螺旋化与其他染色体不同步,而至被推挤到核膜边缘。

五、实验报告及作业

1. 在标本片上观察 30 个可数细胞,计算显示 X 染色质细胞所占百分比。

2. 在观察的细胞中选择 4～5 个典型细胞,图示 X 染色质体的形态和部位。

参考文献

[1]吴常信．动物遗传学[M].2 版．北京:高等教育出版社,2015.
[2]吴仲贤．动物遗传学[M]. 北京:农业出版社,1981.
[3]李宁．动物遗传学[M].2 版．北京:中国农业出版社,2003.
[4]李宁．动物遗传学[M].3 版．北京:中国农业出版社,2011.
[5]张玉静．分子遗传学[M]. 北京:科学出版社,2004.
[6]朱军．遗传学[M].3 版．北京:中国农业出版社,2002.
[7]朱军．遗传学[M].4 版．北京:中国农业出版社,2018.
[8]张沅．家畜育种学[M].2 版．北京:中国农业出版社,2018.
[9]庞有志．动物遗传育种学[M]. 北京:中国农业大学出版社,2001.
[10]李婉涛,张京和．动物遗传育种[M].3 版．北京:中国农业大学出版社,2016.
[11]李婉涛,赵淑娟．动物遗传育种[M].4 版,北京:中国农业大学出版社,2021.
[12]郭荣昌．动物遗传学[M]. 北京:经济科学出版社,1997.
[13]赵兴波．动物遗传学[M].4 版．北京:中国农业出版社,2020.
[14]李碧春．动物遗传学[M]. 北京:中国农业出版社,2019.
[15]李碧春．动物遗传学[M].3 版．北京:中国农业出版社,2016.
[16]李碧春,徐琪．动物遗传育种学[M]. 北京:中国农业出版社,2019.
[17]李碧春．动物遗传学实验教程[M]. 北京:中国农业大学出版社,2014.
[18]朱玉贤,李毅,郑晓峰．现代分子生物学[M].4 版．北京:高等教育出版社,2012.
[19]徐晋麟,徐沁,陈淳．现代遗传学原理[M].3 版．北京:科学出版社,2018.
[20]戴灼华,王亚馥．遗传学[M].3 版．北京:高等教育出版社,2016.
[21](美)克卢格,等．遗传学基础[M].8 版．北京:高等教育出版社,2016.
[22]J D 沃森,T A 贝克,S P 贝尔,等．基因的分子生物学．7 版[M]. 杨焕明,主译．北京:科学出版社,2015.
[23]刘祖洞,乔守怡,吴燕华,等．遗传学[M].3 版,北京:高等教育出版社,2013.
[24]张飞雄．普通遗传学[M].3 版,北京:科学出版社,2015.
[25]张桂权．普通遗传学[M],北京:中国农业出版社,2005.
[26]杨业华．普通遗传学[M]. 北京:高等教育出版社,2000.
[27]杨业华．普通遗传学[M].2 版．北京:高等教育出版社,2006.
[28]刘庆昌．遗传学[M].2 版,北京:科学出版社,2010.
[29]刘庆昌．遗传学[M].3 版,北京:科学出版社,2015.

[30]刘祖洞．遗传学[M]．北京：高等教育出版社，1990．
[31]刘祖洞，吴燕华，乔守怡，等．遗传学[M]．4 版．北京：高等教育出版社，2021．
[32]刘祖洞，江绍慧．遗传学实验[M]．2 版．北京：人民卫生出版社，1980．
[33]张贵友，林琳，吴琼．普通遗传学实验指导[M]．北京：清华大学出版社，2003．
[34]王修海，单长民，杨康鹃．医学遗传学实验指导[M]．3 版．北京：科学出版社，2015．
[35]徐秀芳，张丽敏，丁海燕．遗传学实验指导[M]．武汉：华中科技大学出版社，2013．
[36]朱冬发．遗传与育种学实验指导[M]．北京：科学出版社，2011．
[37]戴灼华，王亚馥，粟翼玟．遗传学[M]．2 版．北京：高等教育出版社，2008．
[38]张劳，李玉奎．群体遗传学概论[M]．北京：中国农业出版社，1999．
[39]门正明，詹铁生．动物遗传学[M]．兰州：兰州大学出版社，1993．
[40]李和平．动物群体与数量遗传学[M]．哈尔滨：东北林业大学出版社，2019．
[41]盛志廉，吴常信．数量遗传学[M]．北京：中国农业出版社，1995．
[42]盛志廉，陈瑶生．数量遗传学[M]．北京：科学出版社，2001．
[43]吴常信，鲍海港．从 QTL 到基因组选择·10 000 个科学难题·农业科学卷[M]．北京：科学出版社，2011．
[44]杨焕明．基因组学[M]．北京：科学出版社，2016．
[45]体解剖学与组织胚胎学名词审定委员会．组织学与胚胎学名词．2 版[M]．北京：科学出版社，2014．
[46]刘志国．基因工程原理与技术[M]．北京：化学工业出版社，2016．
[47]陈伟，陈才，王宵燕，等．猪 VRTN 基因 SINE 转座子插入多态与生长和繁殖性状的关联分析[J]．农业生物技术学报，2019，027(003)：464-470．
[48]王昊泽，王秀利．DNA 甲基化及其在水产养殖动物中的应用研究进展[J]．河北渔业，2017(08)：48-53．
[49]王志刚，吴建新．DNA 甲基转移酶分类，功能及其研究进展[J]．遗传，2009(09)：37-46．
[50]黄庆，郭颖，府伟灵．人类表观基因组计划[J]．生命的化学，2004(02)：101-103．
[51]游隆信．母性影响和细胞质遗传[J]．生物学通报，2006(09)：28-29．
[52]师丹丹，马应，丁燕玲，等．DNA 甲基化介导动物肥胖的研究进展[J]．饲料研究，2021，44(06)：143-146．
[53]宋星睿，凌晓婷，赵楚斌，等．DNA 胞嘧啶的甲基化与去甲基化进展[J]．分析科学学报，2021，37(04)：473-478．
[54]霍晓芳，张俊武．Sirtuin：依赖 NAD^+ 的去乙酰化酶[J]．生命的化学，2005(03)：181-184．
[55]曹端方，杨娜．组蛋白去乙酰化酶的结构及应用[J]．生物化学与生物物理进展，2015，42(11)：978-993．
[56]丁健，王飞，金景姬，等．表观遗传之染色质重塑[J]．生物化学与生物物理进展，2015，42(11)：994-1002．
[57]丁勇，许超，吴季辉，等．表观遗传学研究进展[J]．中国科学：生命科学，2017，47(01)：3-15．

[58]路畅，黄银花．动物长链非编码 RNA 研究进展[J]．遗传，2017，39(11)：1054-1065.

[59]张勤．基因组学时代的数量遗传学[C]//中国动物遗传育种研究进展．第 11 次全国动物遗传育种学术讨论会论文集．北京：中国农业科学技术出版社，2001.

[60]潘登科，张莉，周艳荣，等．体细胞核移植生产转 ω-3 脂肪酸去饱和酶基因 sFat-1 克隆猪[J]．中国科学(C 辑：生命科学)，2009，39(3)：295-302.

[61]陈国宏，张勤．动物遗传原理与育种方法[M]．北京：中国农业出版社，2009.

[62]浙江农业大学．遗传学[M]．北京：中国农业出版社，1986.

[63]赵淑娟，庞有志，邓雯，等．河南大尾寒羊染色体核型与 G 带分析[J]．西北农林科技大学学报，2008(03)：39-43.

[64]Griffiths A J，Gelbart W M，Lewontin R C，et al. Modern genetic analysis[M]. New York：W H Freeman & co. 2010.

[65]Lush J L. Animal breeding plan[M]. Iowa state coll. Press. Ames， Iowa，1945.

[66]Sun B K，Lee J T. X-Chromosome Inactivation[M]. In：Encyclopedic Reference of Genomics and Proteomics in Molecular Medicine. Springer，Berlin，Heidelberg. 2006.

[67]Forsdyke D R，Mortimer R. Chargaffs legacy[J]. Gene，2000，261：127-137.

[68]Pearson H. What is a gene? [J]. Nature，2006，441：399-401.

[69]Sung C H，et al. Crystal structure of a junction between B-DNA and Z-DNA reveals two extruded bases[J]. Nature，2005：437.

[70]Kaelin C B，Mcgowan K A，Barsh G S. Developmental Genetics of Color Pattern Establishment in Cats[J]. 2020.

[71]Okada N. Transfer RNA-like structure of the human Alu family：implications of its generation mechanism and possible functions[J]. Journal of Molecular Evolution，1990，31(6)：500-510.

[72]Finnegan D J. Eukaryotic transposable elements and genome evolution[J]. Trends in Genetics，1989，5(4)：103-107.

[73]Lisch D. How important are transposons for plant evolution? [J]. Nature Reviews Genetics，2013，14(1)：49.

[74]Clark L A，Wahl J M，Rees C A，et al. Retrotransposon insertion in SILV is responsible for merle patterning of the domestic dog. Proc Natl Acad Sci USA，103：1376-1381[J].

[75]Dall'Olio S，Scotti E，Fontanesi L，et al. Analysis of the 227 bp short interspersed nuclear element(SINE)insertion of the promoter of the myostatin(MSTN)gene in different horse breeds[J]. Veterinaria Italiana，2014，50(3)：193-197.

[76]Suzuki MM，Bird A. DNA methylation landscapes：provocative insights from epigenomics. Nat Rev Genet 9：465-476[J]. Nature Reviews Genetics，2008，9(6)：465-476.

[77]Kaushik P，Anderson J T. Obesity：epigenetic aspects[J]. Biomolecular Concepts，2016，7(3)：145-155.

[78]Umer M，Herceg Z. Deciphering the epigenetic code：an overview of DNA methylation analysis methods[J]. Antioxidants & Redox Signaling，2013，18(15)：1972-1986.

[79]Waterland R A，Jirtle R L. Transposable Elements：Targets for Early Nutritional

Effects on Epigenetic Gene Regulation[J]. Molecular and Cellular Biology,2003,23(15):5293-5300.

[80]Flaus A,Martin D M A,Barton G J,et al. Identification of multiple distinct Snf2 subfamilies with conserved structural motifs[J]. Nucleic Acids Research, 2006,34(10):2887-2905.

[81]Clapier C R,Cairns B R. The biology of chromatin remodeling complexes[J]. Annual Review of Biochemistry,2009(78):273-304.

[82]Fisher R A. The correlation between relatives on the supposition of Mendelian inheritance[J]. Transactions of the Royal Society of Edinburgh,1918(52):399-433.

[83]Klein R J,Zeiss C,Chew E Y,et al. Complement factor H polymorphism in age-related macular degeneration[J]. Science,2005,308(5720):385-389.

[84]Meuwissen T H E,Hayes B J,Goddard M E. Prediction of Total Genetic Value Using Genome-Wide Dense Marker Maps[J]. Genetics,2001,157(4):1819-1829.

[85]Gondro C,Van der Werf J,Hayes B. Genomic Selection in Animal Breeding Programs[J]. Genome-Wide Association Studies and Genomic Prediction,2013:543-561.

[86]Hu Z L,Park C A,Reecy J M. Building a livestock genetic and genomic information knowledgebase through integrative developments of Animal QTLdb and CorrDB[J]. Nucleic Acids Research,2019,47(D1):D701-D710.

[87]Ollivier,L. Etude du déterminisme génétique de l'hypertrophie musculaire chezle porc de Piétrain[J]. Annales de Zootechnie,1968(17):393-407.

[88]Le Roy P,Naveau J,Elsen J M,et al. Evidence for a new major gene influencing meat quality in pigs[J]. Genet Res,1990,55(1):33-40.

[89]Charlier C,Coppieters W,Farnir F,et al. The mh gene causing double-muscling in cattle maps to bovine Chromosome 2[J]. Mammalian Genome,1995,6,788-792.

[90]Roux P F,Boitard S,Blum Y,et al. Combined QTL and selective sweep mappings with coding SNP annotation and cis-eQTL analysis revealed PARK2 and JAG2 as new candidate genes for adiposity regulation[J]. G3 (Bethesda), 2015, 5(4): 517-529.

[91]Cao X, Wang Y, Shu D, et al. Food intake-related genes in chicken determined through combinatorial genome-wide association study and transcriptome analysis[J]. Anim Genet,2020(51):741-751.

[92]Japp R G,Mohammadian M. Sex-linked dwarfism and egg production of broiler dams[J]. Poult Sci,1969,48(1):344-346.

[93]Selvarajah T,Jerome F N,Summers J D,et al. Some effects of sex-linked dwarfism in llayer-type fowls[J]. Poult Sci,1970,49(4):1142-1144.

[94]Clop A,Marcq F,Takeda H,et al. A mutation creating a potential illegitimate microRNA target site in the myostatin gene affects muscularity in sheep[J]. Nat Genet,2006(38):813-818.

[95]Johnson P L,McEwan J C,Dodds K G,et al. A directed search in the region of

GDF8 for quantitative trait loci affecting carcass traits in Texel sheep[J]. Journal of Animal Science,2005,83(9):1988-2000.

[96]Olsen H G,Nilsen H,Hayes B,et al. Genetic support for a quantitative trait nucleotide in the ABCG2 gene affecting milk composition of dairy cattle[J]. BMC Genet, 2007(8):32.

[97]Cao J,Wei C,Zhang S,et al. Screening of reproduction-related single-nucleotide variations from MeDIP-seq data in sheep[J]. Mol Reprod Dev,2016,83(11):958-967.

[98]Bodin L,Lecerf F,Pisselet C,et al. How many mutations are associated with increased ovulation rate and little size in progeny of Lacaune meat sheep[C]. In 'Proceedings of the International Workshop on Major Genes and QTL in Sheep and Goats', (Ed. L. Bodin.) 2003: 2-11. (Institut National De La Recherche Agronomique:Toulouse,France.)

[99]Qi M Y,Xu L Q,Zhang J N,et al. Effect of the Booroola fecundity (FecB) gene on the reproductive performance of ewes under assisted reproduction[J]. Theriogenology,2020(142):246-250.

[100]Pryce J E,Goddard M E,Raadsma H W,et al. Deterministic models of breeding scheme designs that incorporate genomic selection[J]. J Dairy Sci,2010,93(11): 5455-5466.

[101]Pimentel E C,König S. Genomic selection for the improvement of meat quality in beef[J]. J Anim Sci,2012,90(10):3418-3426.

[102]Lillehammer M,Meuwissen T H,Sonesson A K. Genomic selection for maternal traits in pigs[J]. J Anim Sci,2011,89(12):3908-3916.

[103]Shumbusho F,Raoul J,Astruc J M,et al. Potential benefits of genomic selection on genetic gain of small ruminant breeding programs[J]. J Anim Sci,2013,91(8): 3644-3657.

[104]Sitzenstock F,Ytournel F,Sharifi A R,et al. Efficiency of genomic selection in an established commercial layer breeding program[J]. Genet Sel Evol, 2013, 45(1):29.

[105]Dekkers J C M,Stricker C,Fernando R L,et al. Implementation of genomic selection in egg layer chickens[C]. In:Proceeding of the 2009 ADSA-CSAS-ASAS Joint Annual,Meeting,Montreal (Canada),12-16 July 2009.

[106]Wang K J,Hu H F,Tian Y D,et al. The chicken pan-genome reveals gene content variation and a promoter region deletion in IGF2BP1 affecting body size[J]. Mol Biol Evol,2021,msab231.

[107]Hammer R E,Pursel V G,Rexroad C E Jr,et al. Production of transgenic rabbits,sheep and pigs by microinjection[J]. Nature,1985,315(6021):680-683.

[108]Epstein C J,Avraham K B,Lovett M,et al. Transgenic mice with increased Cu/Zn-superoxide dismutase activity:animal model of dosage effects in Down syndrome [J]. Proc Natl Acad Sci USA,1987,84(22):8044-8048.

[109]Barrangou R, Fremaux C, Deveau H, et al. CRISPR provides acquired resistance against viruses in prokaryotes[J]. Science, 2007, 315:1709-1712.

[110] Jinek M, Chylinski K, Fonfara I, et al. A programmable dual-RNA-guided DNA endonuclease in adaptive bacterial immunity[J]. Science, 2012, 337(6096):816-821.

[111]Lander ES. The Heroes of CRISPR[J]. Cell, 2016, 164(1-2):18-28.

[112]Crispo M, Mulet A P, Tesson L, et al. Efficient generation of Myostatin knock-out Sheep using CRISPR/Cas9 technology and microinjection into zygotes[J]. PLoS One, 2015, 10(8):e0136690.

[113]Wang K K, Ouyang H S, Xie Z C, et al. Efficient generation of myostatin mutations in pigs using the CRISPR/Cas9 system[J]. Sci Rep, 2015, 5:16623.

[114]Whitworth K M, Lee K, Benne J A, et al. Use of the CRISPR/Cas9 system to produce genetically engineered pigs from in vitro-derived oocytes and embryos[J]. Biol Reprod, 2014, 91(3):78.

[115]Guo C, Wang M, Zhu Z, et al. Highly Efficient Generation of Pigs Harboring a Partial Deletion of the CD163 SRCR5 Domain, Which Are Fully Resistant to Porcine Reproductive and Respiratory Syndrome Virus 2 Infection[J]. Front. Immunol, 2019, 10:1846.

[116]Yan S, Tu Z, Liu Z, et al. A huntingtin knock-in pig model recapitulates features of selective neurodegeneration in Huntington's disease[J]. Cell, 2018, 173:989-1002.

[117]Scobie L, Denner J, Schuurman H J. Inactivation of porcine endogenous retrovirus in pigs using CRISPR/Cas9, editorial commentary[J]. Xenotransplantation, 2017, 24(6):1303-1307.

[118]Yue Y, Xu W, Kan Y, et al. Extensive germline genome engineering in pigs[J]. Nat Biomed Eng, 2021, 5:134-143.

[119]Koblan L W, Erdos M R, Wilson C, et al. In vivo base editing rescues Hutchinson-Gilford progeria syndrome in mice[J]. Nature, 2021, 589:608-614.

[120]Xie F, Ye L, Chang J C, et al. Seamless gene correction of β-thalassemia mutations in patient-specific iPSCs using CRISPR/Cas9 and piggyBac[J]. Genome Res, 2014, 24(9):1526-1533.

[121]Newby G A, Yen J S, Woodard K J, et al. Base editing of haematopoietic stem cells rescues sickle cell disease in mice[J]. Nature, 2021.